申延合 / 编著

完全学习手册

3ds Max+VRay

三维动画 完全实战 技术手册

清华大学出版社

北京

内 容 简 介

Autodesk 3ds Max 2016 是 Autodesk 公司开发的基于 PC 系统的三维制作和动画渲染软件，广泛应用于工业设计、广告、影视、游戏、建筑设计等领域。

全书共分 14 章，分别介绍了 3ds Max 2016 的基础知识、工作环境及文件操作、三维模型的创建与编辑、二维图形的建模、复合对象的建模、网格及多边形的建模、NURBS 和面的建模、材质与贴图、灯光照明与摄影机等内容。通过本书的学习可以帮助读者更好地掌握 3ds Max 2016 的使用方法和动画制作思路，提高读者的软件应用以及动画制作水平。在本书的后面有 3 章课后实用项目指导，涉及 3ds Max 在影视广告、电视台等行业应用领域中的案例制作，以增强读者就业的实践性。

本书内容丰富、语言通俗、结构清晰，适合初、中级读者学习使用，也可以供从事游戏制作、影视制作和三维设计等从业人员的阅读，同时还可以作为大中专院校相关专业、相关计算机培训班的上机指导教材。

图书在版编目（CIP）数据

3ds Max+VRay 三维动画完全实战技术手册 / 申延合编著 . — 北京：清华大学出版社，2019（2023.8重印）
（完全学习手册）

ISBN 978-7-302-49335-8

Ⅰ．① 3… Ⅱ．①申… Ⅲ．①三维动画软件—手册 Ⅳ．① TP391.414-62

中国版本图书馆 CIP 数据核字（2018）第 004234 号

责任编辑：陈绿春
封面设计：潘国文
责任校对：徐俊伟
责任印制：宋　林

出版发行：清华大学出版社
　　　　　网　　　址：http://www.tup.com.cn，http://www.wqbook.com
　　　　　地　　　址：北京清华大学学研大厦 A 座　　　　邮　　编：100084
　　　　　社　总　机：010-83470000　　　　　　　　　邮　　购：010-62786544
　　　　　投稿与读者服务：010-62776969, c-service@tup.tsinghua.edu.cn
　　　　　质量反馈：010-62772015, zhiliang@tup.tsinghua.edu.cn
印 装 者：三河市铭诚印务有限公司
经　　销：全国新华书店
开　　本：188mm×260mm　　　　印　　张：26.25　　　　字　　数：908 千字
版　　次：2019 年 5 月第 1 版　　　印　　次：2023 年 8 月第 4 次印刷
定　　价：79.00 元

产品编号：069884-01

前言

随着计算机技术的飞速发展，计算机技术的应用领域也越来越广，三维动画技术也在各个方面得到广泛应用，动画制作软件层出不穷，而 3ds Max 则是这些动画制作软件中的佼佼者，广泛应用于工业设计、广告、影视、游戏、建筑设计等领域。3ds Max 2016 融合了当今现代化工作流程所需的概念和技术。由此可见，3ds Max 2016 提供了可以帮助艺术家拓展其创新能力的全新工作方式。

最新的 3ds Max 2016 软件在建模技术、材质编辑、环境控制、动画设计、渲染输出和后期制作等方面日趋完善；内部算法也有很大的改进，提高了制作和渲染输出的速度，渲染效果达到工作站级的水准；功能和界面划分更合理、更人性化，以全新的风貌展现给从事三维动画制作的人士。

我们组织编写这本书的初衷就是为了帮助广大用户快速、全面地学会应用 3ds Max 2016，因此本书在内容编写和结构编排上充分考虑到广大初学者的实际情况，采用由浅入深、循序渐进的方法，通过实用的操作指导和有代表性的绘图实例，让读者直观、迅速地了解 3ds Max 的主要功能，并能在实践中充分掌握这个优秀的三维设计软件。本书既有打基础、筑根基的部分，又不乏综合创新的例子。书中每个实例都分阶段地给出了从初始文件到完成效果的主要制作步骤，每一步都包括操作说明、对应的效果图和参数的设置界面，对于需要注意的地方添加了"注意"和"提示"部分进行说明。

本书适于 3ds Max 的新手进行入门学习，同时也可作为使用 3ds Max 进行设计和制作动画的人员的参考书，以及动画制作培训班的教学用书。

为便于阅读理解，本书的写作风格遵从如下约定：

- 书中出现的中文菜单和命令将用【】括起来，以示区分。此外，为了使语句更简洁易懂，书中所有的菜单和命令之间以竖线 | 分隔，例如，进入【编辑】菜单，再选择【移动】命令，就用【编辑】|【移动】表示。

- 用加号（+）连接的两个或三个键表示快捷键，在操作时表示同时按下这两个或三个键。例如，Ctrl+V 是指在按下 Ctrl 键的同时，再按下 V 键；Ctrl+Alt+F10 是指在按下 Ctrl 和 Alt 键的同时，按下功能键 F10。

- 在没有特殊指定时，单击、双击和拖动是指用鼠标左键单击、双击和拖动，右击是指用鼠标右键单击。

本书的出版可以说凝结了许多人的心血、凝聚了许多人的汗水和思想。在这里我想对每一位曾经为本书付出劳动的人们表达自己的感谢和敬意。

本书由申延合编著，参与本书编写的还有郑庆荣、刘爱华、刘孟辉、唐红连、刘志珍、郑桂英、唐文杰、潘瑞兴、于莹莹、田爱忠、郑庆柱、郑庆军、郑秀芹、郑元辛、郑永水、张立山、郑元芝、郑庆亮、郑庆桐、郑永新。

由于编写时间有限，书中疏漏之处在所难免，欢迎广大读者和有关专家批评指正。

本书的相关素材可以通过扫描右侧的二维码在益阅读平台进行下载。

本书的相关素材也可以通过下面的地址或者扫描右下侧的二维码在百度网盘进行下载。

链接：https://pan.baidu.com/s/1JyLUpJMiv-d6gFFmduad1Q

提取码：afrh

如果在配套素材下载过程中碰到问题，请联系陈老师，联系邮箱：chenlch@tup.tsinghua.edu.cn。

益阅读平台

作者

2019 年 1 月

百度网盘

目录

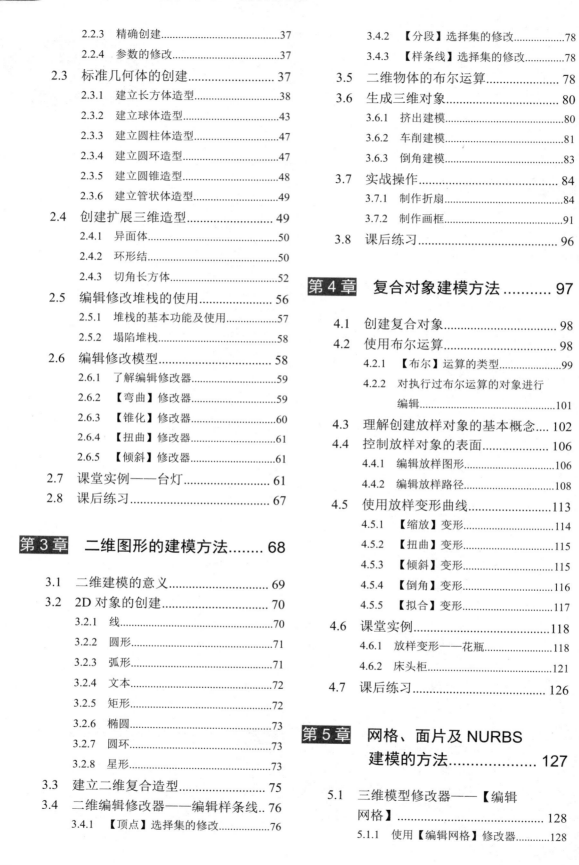

第1章

初识 3ds Max 及文件操作

3ds Max 2016拥有强大的功能，它的操作界面也非常复杂。本章将主要围绕3ds Max 2016的应用领域、屏幕布局和定制界面进行介绍，使读者首先对3ds Max 2016的用途、界面有所了解。

本章首先对三维动画、三维动画的就业范围及应用范围进行介绍，然后介绍3ds Max 2016的安装与启动，最后对屏幕的布局和界面设置做统一的讲解，使读者尽快熟悉3ds Max 2016的操作界面。

1.1 什么是三维动画

三维动画又称3D动画，是随着计算机软硬件技术的发展而产生的一种新兴技术。

1.1.1 认识三维动画

三维动画软件在计算机中首先建立一个虚拟的世界，设计师在这个虚拟的三维世界中按照要表现的对象建立模型及场景，再根据要求设定模型的运动轨迹、虚拟摄影机的运动和其他动画参数，最后按要求为模型赋上特定的材质，并打上灯光。当这一切完成后就可以让计算机自动运算，生成最后的画面了。

下面通过一些影片的花絮和文字叙述，学习和掌握三维动画的概念。

从目前的一些电影中，可以看到其实三维动画早就伴随在人们身边，并跻身于影视制作领域。在1991年拍摄的《魔鬼终结者》第二集，发明并第一次使用三维动画和动态捕捉技术后，电影制作中便开始大量使用数字特技技术。在1993年的《侏罗纪公园》影片中，恐龙的再现大量使用了计算机三维图形生成恐龙角色，并且获得奥斯卡最佳视觉效果奖。之后又有很多像《变形金刚》《明日边缘》《环太平洋》等令观众津津乐道的好作品，如图1.1和图1.2所示。

图1.1　　　　　　　　　　　　　　　　　图1.2

而1995年制作完成的第一部全计算机制作的三维动画片《玩具总动员》，则开辟了计算机电影制作技术的新篇章，《驯龙高手》、《怪物史莱克》都是全计算机制作的三维动画片，如图1.3～图1.5所示。

图1.3　　　　　　　　　　　　　　　　　图1.4

图 1.5

随着计算机技术的发展，三维动画技术在电影中的使用也越来越广泛，例如 《钢铁侠》《阿凡达》等都是采用计算机三维技术与传统影视结合的产物，同时也使计算机角色动画技术又向前迈进了一大步，如图 1.6 和图 1.7 所示。

图 1.6

图 1.7

三维动画是随着时代和科技技术的发展，以及计算机硬件的不断更新、功能的不断完善而新兴的一门可以形象地描绘虚拟及超现实实物或空间的动画制作技术。三维动画的制作采用了复杂的光照模拟技术，在 X、Y 和 Z 三度空间中制作出真假难辨的动画影像，较二维卡通片更加形象、生动、吸引人，如图 1.8 ～图 1.11 所示。而同样使用三维技术制作的其他领域的模型也足以以假乱真。

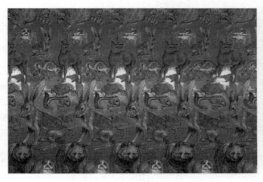

图 1.8

图 1.9

如果将二维定义为一张纸，三维就是一个盒子。而三维中所涉及到的透视则是一门几何学，它可以将一个空间或物体准确地表现在一个二维平面上。一个手臂抬起的动作如果使用三维技术制作，只需要几个简单的步骤：首先在软件中创建手的模型，然后进行材质调整并赋予当前的手模型，再打上灯光、架设摄像机，最后设置手的运动路径并进行渲染即可制作完成。

图 1.10

图 1.11

再看一下你所生活和工作的环境空间，你眼前的显示器、键盘、书桌，以及喝水的杯子、手中拿着的书等。再回想一下近来在电视中所看的电影，你会发现三维动画已经充斥着整个视频影视媒体。我们都存在于一个三维的空间里，而我们同样也可以生动、形象地使用计算机将它们描述出来。如图 1.12 所示，这是三维动画技术中最为常见的效果图，在这里通过计算机三维技术不但可以逼真地模拟出其外观，同时还可以加上制作者的创意，使其艺术化。

图 1.12

使用三维动画所制作的作品有着立体感，不再是平面表现的动画形式。其写实能力很强，表现力大，使一些结构复杂的形体，如机器产品的内部结构、工作原理，以及人们平时不能看见的部分，也能轻而易举地表现出来。另外，三维动画的清晰度高、色彩饱和度好。一个优秀的三维动画作品具有非常强的视觉冲击力，同时三维动画的使用有利于提高画面的视觉效果，而且制作时可利用的素材也非常多。

1.1.2 三维动画专业的就业范围

三维动画技术模拟真实物体的方式使其成为非常有用的工具。由于其精确性、真实性和无限的可操作性，被广泛应用于医学、教育、军事、娱乐等诸多领域。在影视广告制作方面，这项新技术能够给人耳目一新的感觉，因此受到了众多客户的欢迎。三维动画可以用于广告和电影电视剧的特效制作（如爆炸、烟雾、下雨、光效等）、特技制作（撞车、变形、虚幻场景或虚幻角色等）、广告产品展示、片头飞字等。三维动画专业的就业范围比较广泛，三维动画属于比较热门的专业，下面列举了三维动画专业的就业范围。

（1）广告公司、影视公司、电视台、影视后期公司，以及各类制造业、服务业等各类从事影视制作工作的企业。

（2）电视台栏目制作人员。

（3）建筑咨询类公司从事建筑效果图、建筑动画的制作。

（4）制片厂、电视剧制作中心等各类事业单位，从事影片特效、影片剪辑等工作。

（5）影视公司、电视台、动画制作公司从事二维动画、三维动画制作等工作。

1.2 三维动画的应用范围

随着计算机三维影像技术的不断发展，三维图形技术越来越被人们所看重。三维动画因为其比平面图更直观，更能给观赏者身临其境的感觉，尤其适用于那些尚未实现或准备实施的项目，可提前领略实施后的效果。

三维动画，从简单的几何体模型如一般产品展示、艺术品展示，到复杂的人物模型；三维动画从静态、单个的模型展示，到动态、复杂的场景，如房产酒店三维动画、三维漫游、三维虚拟城市、角色动画等。所有这一切，三维动画都能依靠其强大的技术实力为你实现。

1.2.1 广告动画

动画广告是广告普遍采用的一种表现方式，动画广告中一些画面有的是纯动画，也有实拍和动画相结合的。在表现一些实拍无法完成的画面效果时，就要用到动画来完成或两者结合。如广告用的一些动态特效就是采用 3D 动画完成的，我们所看到的广告，从制作的角度看，几乎都或多或少地用到了动画。致力于三维数字技术在广告动画领域的应用和延伸，将最新的技术和最好的创意在广告中得到应用，各行各业广告传播将创造更多的价值，数字时代的到来，将深远地影响着广告的制作模式和广告的发展趋势。

1.2.2 媒体影视动画

影视三维动画涉及影视特效创意、前期拍摄、影视 3D 动画、特效后期合成、影视剧特效动画等。随着计算机在影视领域的延伸和制作软件的增加，三维数字影像技术扩展了影视拍摄的局限性，在视觉效果上弥补了拍摄的不足，在一定程度上计算机制作的费用远比实拍所产生的费用要低得多，同时为剧组因预算费用、外景地天气、季节变化节省了大量的时间。在这里不得不提的是中国第一家影视动画公司"环球数码"，2000 年开始投巨资发展中国影视动画事业，从影视动画人才培训、影片制作、院线播放硬件和发行三大方面发展，由环球数码投资的《魔比斯环》是一部国产全三维数字魔幻电影，也是目前中国三维电影史上投资最大、最重量级的史诗巨片，耗资超过 1.3 亿元人民币。是400 多名动画师，历经 5 年精心打造而成的三维影视电影惊世之作。制作影视特效动画的计算机设备硬件均为 3D 制作人员专业有计算机。影视三维动画从简单的影视特效到复杂的影视三维场景都能表现得淋漓尽致。

1.2.3 建筑领域

3D 技术在我国的建筑领域得到了广泛的应用。早期的建筑动画由于 3D 技术上的限制和创意制作上的单一，制作出的建筑动画只是简单的摄影及运动动画。随着现在 3D 技术的提升与创作手法的多样化，建筑动画从脚本创作到精良的模型制作、后期的电影剪辑手法，以及原创音乐音效、情感式的表现方法，使建筑动画的制作综合水准越来越高，建筑动画费用也比以前更低，如图 1.13 和图 1.14 所示。

图 1.13

图 1.14

建筑漫游动画包括房地产漫游动画、小区浏览动画、楼盘漫游动画、三维虚拟样板房、楼盘 3D 动画宣传片、地产工程投标动画、建筑概念动画、房地产电子楼书、房地产虚拟现实等。

1.2.4　规划领域

规划领域包括道路、桥梁、隧道、立交桥、街景、夜景、景点、市政规划、城市规划、城市形象展示、数字化城市、虚拟城市、城市数字化工程、园区规划、场馆建设、机场、车站、公园、广场、报亭、邮局、银行、医院、数字校园建设、学校等，如图1.15和图1.16所示分别为体育场馆和学校规划图。

图 1.15

图 1.16

1.2.5　医疗卫生

三维动画可以形象地演示人体内部组织的细微结构和变化，如图1.17所示，给学术交流和教学演示带来了极大的便利。可以将细微的手术放大到屏幕上，并进行观察学习，对医疗事业具有重大的现实意义。

图 1.17

1.2.6　军事科技及教育

三维技术最早应用于飞行员的飞行模拟训练，除了可以模拟现实中飞行员要遇到的恶劣环境，同时也可以模拟战斗机飞行员在空战中的格斗以及投弹等训练。

现在三维技术的应用范围更广泛，不单单可以使飞行学习更加安全，同时在军事上，三维动画用于导弹的弹道的动态研究，爆炸后的爆炸强度以及碎片轨迹研究等。此外，在军事上还可以通过三维动画技术来模拟战场，进行军事部署和演习、航空航天以及导弹变轨等技术上，效果如图1.18所示。

图 1.18

1.2.7　生物化学工程

生物化学领域较早地就引入了三维技术，用于研究生物分子之间的结构组成方式。复杂的分子结构无法靠想象来研究，所以三维模型可以给出精确的分子构成，相互组合方式可以利用计算机进行计算，简化了大量的研究工作，效果如图1.19所示。遗传工程利用三维技术对DNA分子进行结构重组，产生新的化合物，给研究工作带来了极大的帮助，如图1.20所示。

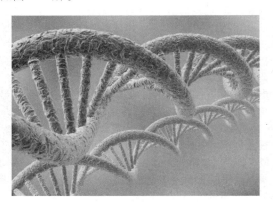

图 1.19

图 1.20

1.2.8 三维动画制作

三维动画从简单的几何体模型到复杂的人物模型，单个的模型展示，到复杂的场景如道路、桥梁、隧道、市政、小区等线型工程和场地工程的景观设计工作都表现得淋漓尽致。

三维动画技术在影视广告制作方面，这项新技术能够给人耳目一新的感觉，因此受到了众多客户的欢迎。三维动画可以用于广告和电影电视剧的特效制作、特技、广告产品展示、片头飞字等，如图 1.21 和图 1.22 所示。

图 1.21

图 1.22

1.2.9 园林景观领域

园林景观动画涉及景区宣传、旅游景点开发、

地形地貌表现，国家公园、森林公园、自然文化遗产保护、历史文化遗产记录，园区景观规划、场馆绿化、小区绿化、楼盘景观等动画表现的制作。

园林景观 3D 动画是将园林规划建设方案，用 3D 动画表现的一种方案演示方式。其效果真实、立体、生动，是传统效果图所无法比拟的，如图 1.23 所示。园林景观动画将传统的规划方案，从纸上或沙盘上演变到了电脑中，真实还原了一个虚拟的园林景观。目前，动画在三维技术制作大量植物模型上有了一定的技术突破和制作方法，使得用 3D 软件制作出的植物更加真实，动画在植物种类上也积累了大量的数据资料，使得园林景观植物动画更生动。

图 1.23

1.2.10 产品演示

三维动画的主要作用就是用来模拟，通过动画的方式展示想要达到的预期效果。例如在数字城市建设中，在各个领域的应用是不同的，那么如何形象地向参观者介绍数字城市的成果呢？那就需要制作一个三维动画，通过动画的形式还原现实的情况，从而让参观者更加直观地了解这项技术的应用。

产品动画涉及：工业产品动画，如汽车动画、飞机动画、轮船动画、火车动画、舰艇动画、飞船动画等；电子产品动画，如手机动画、医疗器械动画、监测仪器仪表动画、治安防盗设备动画等；机械产品动画，如机械零部件动画、油田开采设备动画、钻井设备动画、发动机动画等；产品生产过程动画，如产品生产流程、生产工艺等三维动画制作，如图 1.24 和图 1.25 所示。

图 1.24

图 1.25

1.3 了解界面布局

众所周知，每个软件在其操作界面上都有菜单栏和工具栏。正确地掌握屏幕的布局才能使你的操作更加方便、快捷。现在就从 3ds Max 的操作界面开始讲述，一步一步引导你，让你对 3ds Max 界面上的操作按钮与命令了如指掌。

启动 3ds Max 2016 应用程序后，可以看到如图 1.26 所示的软件界面，按其功能大致可以分为视图区、对象选择区、菜单栏、工具栏、命令面板区、视图控制区、动画控制区、状态行与提示行 8 大块。

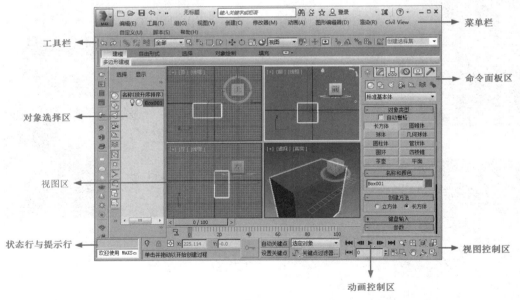

图 1.26

> **提示**
>
> 在 3ds Max 中工作，条理性非常重要，头脑要保持清醒，时刻了解自己的每一步操作。

下面将简略地介绍主要操作区域的划分及其功能。

1.3.1 菜单栏

菜单栏位于屏幕的顶端，包括【编辑】、【工具】、【组】、【视图】、【创建】、【修改器】、【动画】、【图形编辑器】、【渲染】、【Civil View】、【自定义】、【脚本】、【帮助】13个菜单，3ds Max 的菜单栏与标准的 Windows 软件中的菜单栏非常相似，如图 1.27 所示。

图 1.27

在这里将每个菜单的功能总结如下。

- 【编辑】菜单：提供对物体进行编辑的基本工具，如【撤销】、【重做】等。

- 【工具】菜单：提供多种工具，与工具行基本相同。

- 【组】菜单：用于控制成组对象。

- 【视图】菜单：用于控制视图及对象的显示情况。

- 【创建】菜单：提供了与创建命令面板中相同的选项，同时也方便了操作。

- 【修改器】菜单：可以直接通过菜单操作，对场景中的对象进行编辑修改，与面板右侧的修改命令面板相同。

- 【动画】菜单：用于控制场景元素的动画，可使用户快速、便捷地进行工作。

- 【图形编辑器】菜单：用于动画的调整，以及使用图解视图进行场景对象的管理。

- 【渲染】菜单：用于控制渲染着色、视频合成、环境设置等。

- 【Civil View】：是一款供土木工程师和交通运输基础设施规划人员使用的可视化工具。使用 Civil View 之前，必须将其初始化，然后重新启动 3ds Max。

- 【自定义】菜单：提供了多个让用户自行定义的设置选项，以使用户能够依照自己的喜好进行调整。

- 【脚本】菜单：提供了用户编制脚本程序的各种选项。

- 【帮助】菜单：提供了用户所需要的使用参考，以及软件的版本信息等内容。

1.3.2 工具栏

工具栏包括两部分：主工具栏和标签工具栏。主工具栏包括各种选择工具、捕捉工具、渲染工具等，还有一些是菜单中的快捷键按钮，可以直接打开某些控制窗口，如材质编辑器、渲染设置等，如图 1.28 所示。

图 1.28

提示

无论显示分辨率高低，上面这些命令按钮都可以显示出来，对于 800×600 的显示分辨率，只能显示部分命令按钮，在操作中需要使用鼠标进行拖曳，对于更高的显示分辨率（1024×768 以上），才会一次全部显示出所有的快捷工具行。命令按钮的图标被设计得非常形象，用过几次后就能记住它们，并且当用鼠标在按钮上停留几秒钟后，就会出现当前按钮的文字提示，帮助了解该按钮的含义。

在 3ds Max 2016 的工具栏中虽然也增加了一些工具，但是最为常用的 X、Y、Z 轴的坐标选项按钮却没有。其实这几个按钮并没有被 3ds Max 2016 取消，只是开发者将其设置为浮动面板了，只需选择【自定义】|【显示 UI】|【显示浮动工具栏】命令，即可打开【轴约束】、【容器】等面板，如图 1.29 所示。

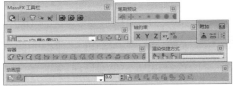

图 1.29

1.3.3　动画时间控制区

动画控制区位于状态行与视图控制区之间，另外包括视图区下的时间滑块，它们用于动画时间的控制。在这里不但可以开启动画制作模式，同时也可以随时对当前动画场景插入关键帧，而且制作完成后的动画也可以在激活的视图中进行实时播放。在该区域的最右侧是一些进行时间快进，回放等的导航按钮，如图 1.30 所示。

图 1.30

1.3.4　命令面板区

如果把视图区比作人的面孔，那么我们可以把命令面板区看作 3ds Max 的中枢神经系统。这个中枢神经系统由【创建】、【修改】、【层次】、【运动】、【显示】、【实用程序】6 部分构成。这 6 个子面板可以分别完成相应的工作。命令面板区包括了大多数的造型和动画命令，如图 1.31 所示是选择【创建】|【几何体】|【标准基本体】|【球体】命令创建的，并在其下面提供了丰富的设置参数。它们分别用于建立所有对象、修改加工对象、连接设置和反向运动设置、运动变化控制、显示控制、应用程序选择等。

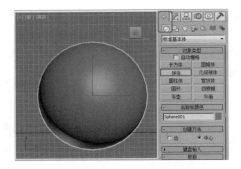

图 1.31

1.3.5　视图区

视图区在 3ds Max 操作界面中占主要面积，是进行动画制作的主要工作区域，它又分为顶视图、前视图、左视图、透视图 4 个工作窗口。通过这四个不同的视图你可以从不同角度去观察创建的各种造型。

> **提示**
>
> 对于视图区的控制，主要在【自定义】|【视口配置】菜单中完成，它提供每个细节方案的控制能力，一旦你对 3ds Max 的默认设置感到厌倦，可以通过它来设置自己喜欢的视图。

1.3.6　状态栏与提示行

在视图左下方和动画控制区之间是状态行，主要可分为当前状态行和提示信息行两部分，显示当前状态及选择锁定方式，如图 1.32 所示。

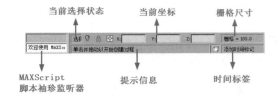

图 1.32

- 【当前选择状态】：显示当前选择对象的数目和类型。如果是同一类型的对象，它可以显示出对象的类别，【选择了 1 个对象】表示当前有一个物体被选择，如果场景中还有灯光等多个不同类型的选择状态，则显示为【选择了三个实体】。

- 【提示信息】：它针对当前选择的工具和程序，提示下一步的操作指导，如提示信息【渲染时间 0:00:00】。

- 【当前坐标】：显示的是当前鼠标的世界坐标值或变换操作时的数值。当鼠标不操作物体，只在视图上移动时，它会显示当前的世界坐标值；如果使用了变换工具，将根据工具、轴向的不同而显示。例如使用移动工具时，它依据当前的坐标系显示位置的数值；使用旋转工具时显示当前活动轴上的旋转角度；使用缩放工具时显示当前缩放轴上的缩放比例。

- 【栅格尺寸】：显示当前栅格中一个方格的边长，它的值会随视图显示的放缩而变化。例如放大显示时，栅格尺寸会缩小，因为总的栅格数是不变的。

- 【时间标签】：时间标签是一个非常快捷的方式，能通过文字符号指定特定的帧标记，使你能够迅速跳到想去的帧。未设定时它是个空白框，当鼠标左键或右键单击此处时，会弹出一个菜单，上层是【添加标记】和【编辑标记】两个选项。单击【添加标记】可将当前帧加入到标签中，弹出的【添加时间标记】对话框，如图1.33所示。

图1.33

➢ 【添加时间标记】：该对话框中各选项的功能说明如下：

◆ 【时间】：显示标记指定的当前帧。

◆ 【名称】：在此项目中可以输入一个文字串即标签名称，它将与当前的帧号一起显示。

◆ 【锁定时间】：开启此选项可以将标签锁定到一个特殊的帧上。

◆ 【相对于】：指定其他的标记，当前标记将保持与该标记的相对偏移。例如在10帧指定一个时间标记，在第40帧指定第二个标记，将第一个标记指定相对于到第二个标记，这样，如果第一个标记移动到第35帧，则第二个标记自动移动到55帧以保持两标记间有30帧。这种相对关系是一种单方面的偏移，系统不允许建立循环的从属关系，如果第二个标记的位置发生变化，第一个标记不会受影响。

➢ 【编辑时间标记】：该对话框中各选项的功能与【添加时间标记】对话框中的选项功能有相同的，这里就不再介绍了，如图1.34所示，说明如下。

图1.34

◆ 【编辑标记】：弹出时间标签编辑框，与增加标签框中内容大致相同，主要是用来修改已指定的标签。

◆ 【删除标记】：将当前标签列表框中选中的标签删除。

- 【MAXScirpt脚本袖珍监听器】：分为粉色和白色的上下两个窗口，粉色窗口是宏记录窗口，用于显示最后记录中的信息；白色窗口是脚本编写窗口，用于显示最后编写的脚本命令，3ds Max会自动执行直接输入到白色窗口内的脚本语言。

1.3.7 视图控制区

位于视图右下角的是视图控制区，其中的控制按钮可以控制视图区中各视图的显示状态，如视图的放缩、旋转、摇移等，如图1.35所示。另外，视图控制区的各按钮会因所用视图的不同而呈现不同的状态。

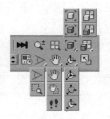

图1.35

1.4 定制 3ds Max 的界面

如果你是一位计算机动画设计师或建模师，选择 3ds Max 来提升你的工作效率是一个不错的选择。这是当前最新、效率最高的工程设计可视化软件，它的启动画面就非常吸引人，如图 1.36 所示。

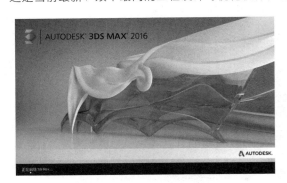

图 1.36

1.4.1 改变界面的外观

与前期的软件版本相比较，3ds Max 2016 的用户界面有了很大的改进，增加了许多访问工具和命令。可控的标签面板和快捷菜单提供了快速的工具选择方式，使工作更加方便，大大提高了工作效率。

1.4.2 改变和定制工具栏

工具栏上的图标有大小之分，根据用户的习惯，可自行定制工具栏。下面将介绍如何改变和定制工具栏，阅读完本节的内容后可以让你对工具栏操纵自如，从而提高工作效率。

1. 改变工具栏

在高分辨率显示器下使用主工具栏的按钮更加容易，在小尺寸屏幕上它们将超出屏幕的可视范围，但是可以拖动面板得到所需的部分。另外可单击【自定义】|【首选项】面板，单击【常规】选项卡，将其中的【使用大工具栏按钮】复选框取消选择，这样在工具栏中将使用小图标显示主工具栏，确保屏幕尽可能地显示工具图标，并保存有足够的工作空间，如图 1.37 所示。

3ds Max 的命令可以显示为图标按钮，也可以作为文本按钮。用户现在可以创建自己的工具和工具栏，只需将操作过程记录为宏，再将它们转换为工具栏上的工具图标即可。

3ds Max 2016 界面的各个元素现在可以被重新

排列，用户可以根据自己的喜好去定义界面，而且可以对设定的用户界面进行保存、调入和输出。

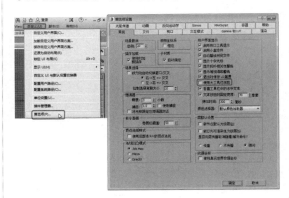

图 1.37

2. 定制工具栏

选择菜单栏中的【自定义】|【自定义用户界面】命令，在弹出的【自定义用户界面】对话框中单击【工具栏】选项卡，如图 1.38 所示，接下来将介绍该选项卡中的一些选项。

图 1.38

- 【组】：将 3ds Max 2016 包含的全部构成用户界面元素划分为几大组，并以树状结构显示。组中包含类别，类别下又有功能项目。选择一个组时，该组所包含的类别及功能项目也同时显示在各自的窗口中，如图 1.39 所示。

- 【类别】：将组选定的项目进一步细分，如图 1.40 所示。

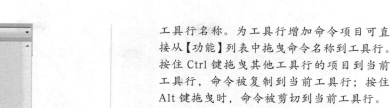

图 1.39

图 1.40

- 【操作】：列出可执行的命令项目，如图1.41
所示。

图 1.41

- 【新建】：单击该按钮，在弹出的对话框中
输入工具行的名称，视图中会出现新建的

工具行名称。为工具行增加命令项目可直
接从【功能】列表中拖曳命令名称到工具行。
按住 Ctrl 键拖曳其他工具行的项目到当前
工具行，命令被复制到当前工具行；按住
Alt 键拖曳时，命令被剪切到当前工具行。

- 【删除】：删除选择的工具行。

- 【重命名】：为指定的工具行重命名。

- 【隐藏】：隐藏选择的工具行。

- 【快速访问工具栏】组：拖曳【操作】列
表中的相应操作，并将其放在【快速访问
工具栏】组的列表中。工具栏将更新以显
示新按钮。如果选中的操作没有关联图标，
则工具栏中将显示通用按钮，如图 1.42
所示。

图 1.42

- ➢ 【上移】：在列表中向上移动选定按钮，
这样会将该按钮移动到工具栏的左侧。

- ➢ 【下移】：在列表中向下移动选定按钮，
这样会将该按钮移动到工具栏的右侧。

- ➢ 【移除】：从列表和工具栏中移除选定
按钮。

- 【加载】：用于从一个 .ui 文件中导入自定
义的工具行设置。

- 【保存】：将当前的工具行设置为以 .ui 格
式进行保存。

- 【重置】：恢复工具行的设置为默认设置。

1.4.3 编辑命令面板内容

命令面板位于 3ds Max 界面的右侧，是 3ds
Max 的核心工作区，提供了丰富的工具，用于完成
模型的创建编辑、动画轨迹的设置、灯光和摄像机
的控制等，外部插件的窗口也位于这里。对于命令
面板的使用，包括按钮、输入区、下拉列表等，都
非常容易，鼠标的动作也很简单，单击或拖动即可。

无法同时显示的区域，只要使用鼠标上下滑动即可。

如果将创建命令面板比作生产车间，那么修改命令面板就是精细加工车间，它可以对物体增加各种各样的改动，每次改动都会被记录下来，像堆箱子一样堆积起来，创建参数位于底层。你可以进入任何一层调节参数，也可以在不同层之间复制和粘贴，还可以无限制地加入或删除各种各样的加工设置，最终目的就是塑造出完美的造型和动画。

提示

默认的修改命令面板放置在视图右侧，如果没有显示或者需要改变它的位置，可以在主工具行的空白位置处右击，然后从浮动菜单中选择修改命令面板，如图 1.43 所示。在修改面板的右侧边界处右击，也可以弹出该浮动菜单，在该菜单中可以选择修改面板放置在视图中的位置。选择浮动时，修改面板会以浮动框的形式出现在视图中，可以自由变换它的位置。

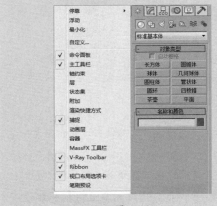

图 1.43

单击 （修改）按钮，打开修改命令面板，该面板同以往版本软件已大不相同了，各种编辑修改工具被涵盖在修改器下拉列表中。编辑对象时你可以非常便捷地打开编辑修改器，从修改器列中选择所需的编辑工具。

在编辑堆栈中，为对象所施加的编辑都成了可视化的选项，并将以前版本中的子选项直接放置在编辑堆栈中，成为所使用编辑工具的下拉式子选项。在操作时，可以对每个编辑工具选项的状态进行控制，因为在每个编辑命令工具前都有一个 图标，在 3ds Max 2016 中，该工具直接放置在为对象所施加的编辑器前面，这样非常直观。针对当前的修改命令，如果其为活动状态，当前修改命令有效，并作用于当前对象；如果它为不活动状态，当前修改命令会暂时失效，不作用于当前对象，如图 1.44

所示。

图 1.44

1.4.4　动画时间的设置

单击动画控制区右下角的【时间配置】按钮，可打开【时间配置】对话框，在该对话框中的【动画】区域下，指定当前时间片段的开始时间。

例如，有一段动画的关键帧分布在 0 ～ 50 帧范围内，需要将动画时间设置为 50 帧。首先单击动画控制区右下角的 （时间配置）按钮，在打开的【时间配置】对话框中，将【动画】区域下的【结束时间】设置为 100，然后单击【确定】按钮，完成动画时间的设置，如图 1.45 所示。

图 1.45

1.4.5　设置 3ds Max 的快捷键

在这里可以根据用户的使用习惯设置命令项目的快捷键。快捷键的设置有很大的灵活性，可以针对多个命令项目设置同一个快捷键，只要是这些命令项目在不同的命令面板下，例如轨迹视图或材质编辑器即可。虽然一个快捷键对应多个命令选项，但每次只执行当前活动面板中的相应命令选项。只有在当前活动的面板中没有这个快捷键的设定时，3ds Max 才会自动在主用户界面搜索该快捷键对应的命令项目。

在主工具行有一个 ▣（快捷键切换）按钮。单击开启该按钮时，启动主用户界面的快捷键操作和次级用户界面的快捷键操作。如果两者出现冲突，则优先次级用户界面的操作；关闭该按钮时，只启动主用户界面的快捷键操作。

- 【组】：将 3ds Max 2016 包含的全部构成用户界面的元素划分成几大组，以树状结构显示，组中包括类别，类别下又有功能项目。选择一个组时，该组包含的类别及功能项目同时也会显示在各自的窗口中。

- 【类别】：将组中选定的项目进一步分类。

- 【操作】：列出可执行快捷键的命令项目。

- 【快捷键】：为选择的命令设置快捷键。

- 【指定到】：将设置的快捷键指定给选择的命令项目。

- 【移除】：移除指定给命令项目的快捷键设定。

- 【写入键盘表】：将设置好的快捷键方案以 txt 格式保存。

- 【加载】：用于从一个 .kbd 文件中导入自定义的快捷键设置。

- 【保存】：将当前的快捷键设置以 kbd 格式进行保存。

- 【重置】：恢复快捷键设置为默认的设置。

01 选择菜单栏中的【自定义】|【自定义用户界面】命令，在打开的对话框中进入【键盘】选项卡，如图 1.46 所示。

图 1.46

02 在【组】和【类别】项目中，选择将要指定快捷键的功能。

03 在【操作】列表窗口中选择命令项目，这里选择的是【选择对象】命令。

04 在【热键】右侧的指定快捷键窗口中输入相应的快捷键，这里按下的是 Alt+Shift+V 快捷键。

05 最后，单击【指定】按钮。

1.5 文件的打开与保存

文件的打开与保存是操作过程中最重要的环节之一，本节将重点讲解文件的打开与保存。

1.5.1 打开文件

单击【应用程序】按钮 ▧，在弹出的下拉列表中选择【打开】命令，即可弹出【打开文件】对话框，在该对话框中选择 3ds Max 2016 支持的场景文件，单击【打开】按钮，即可将需要的文件打开。

3ds Max 文件包含场景的全部信息，如果一个场景使用了当前 3ds Max 软件不具备的特殊模块，那么打开该文件时，这些信息将会丢失。

具体操作步骤如下：

01 启动 3ds Max 2016 后，单击【应用程序】按钮 ▧，在弹出的下拉列表的右侧显示出了最近使用过的文件，在文件上单击即可将其打开，如图 1.47 所示。

图 1.47

02 或者在下拉列表中选择【打开】选项,弹出【打开文件】对话框,如图 1.48 所示。

图 1.48

03 在【打开文件】对话框中选择要打开的文件后,单击【打开】按钮或者双击该文件即可打开文件。

提示

在快速访问工具栏中单击【打开文件】按钮,或者按 Ctrl+O 快捷键,同样可以弹出【打开文件】对话框。

1.5.2 保存文件

【保存】命令与【另存为】命令在 3ds Max 2016 中都用于对场景文件的保存,但它们在使用和存储方式上又有不同之处。

选择【保存】命令,将当前场景进行快速保存,覆盖旧的文件,这种保存方法没有提示。如果是新建的场景,第一次执行【保存】命令和【另存为】命令效果相同,系统都会弹出【文件另存为】对话

框,用于指定文件的存储路径和名称等。

提示

当使用【保存】命令进行保存时,所有场景信息也将一同保存,例如视图划分设置、视图放缩比例、捕捉和栅格设置等。

而使用【另存为】命令进行场景文件的存储,系统将以一个新的文件名称来存储当前场景,以便不改动旧的场景文件。

单击【应用程序】按钮,在弹出的下拉列表中将鼠标移至【另存为】选项上,此时,会在右侧显示出另存为文件的 4 种方式,包括【另存为】、【保存副本为】、【保存选定对象】和【归档】,如图 1.49 所示。

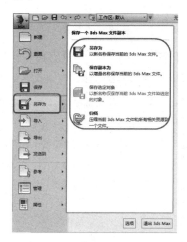

图 1.49

● 选择【另存为】命令,可以弹出【文件另存为】对话框,首选需要设置存储路径并输入文件名称,然后在【保存类型】下拉列表中,可以选择 3ds Max 的早期版本,设置完成后单击【保存】按钮即可,如图 1.50 所示。

图 1.50

- 【保存副本为】命令用来以不同的文件名保存当前场景的副本。该选项不会更改正在使用的文件的名称。【保存副本为】不会像【保存】那样更新原始文件名，并且【保存】不会更新上次使用【保存副本为】命令保存的文件。

- 使用【保存选定对象】命令可以另存当前场景中选中的对象，而不保存未被选中的对象。

- 使用【归档】命令可以创建列出场景位图及其路径名称的压缩归档文件或文本文件。

1.6 场景中物体的创建

在 3ds Max 2016 中创建一个简单的三维物体可以有多种方式，下面就以最常用的命令面板方式创建一个【半径】为 100 的圆柱体对象。

01 首先，使用鼠标右键激活顶视图。

02 选择【创建】 ※ |【几何体】 ◎ |【圆柱体】工具。

03 在顶视图中单击并拖曳鼠标，拉出底圆的半径，并释放鼠标，然后向下或向上拖曳出圆柱体的高度，单击，完成圆柱体的制作，效果如图 1.51 所示。

04 切换到【修改】 ☑ 命令面板中，在【参数】卷展栏中将【半径】设置为100，【高度分段】设置为5，【边数】设置为40，这样场景中的圆柱体对象的表面细节增加了，同时表面也更加光滑了，如图 1.52 所示。

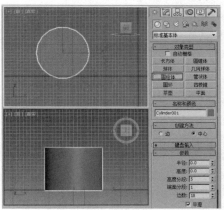

图 1.51

图 1.52

3ds Max 提供了多种三维模型的创建工具。对于基础模型，可以通过【创建】 ※ 命令面板直接建立标准的几何体和几何图形，包括标准几何体、特殊几何体、二维图形、灯光、摄影机、辅助物体、空间扭曲物体、特殊系统等。对于复杂的几何体，可以通过【放样】造型、【面片】造型、【曲面】造型、粒子系统等特殊造型方法，以及通过【修改】 ☑ 命令面板对物体进行修改。

1.7 对象的选择

选择对象可以说是 3ds Max 最基本的操作。无论对场景中的任何物体做何种操作和编辑，首先要做的就是选择该对象。为了方便用户，3ds Max 提供了多种选择对象的方式。

1.7.1 单击选择

单击选择对象就是使用工具栏中的【选择对象】工具 ▣，并通过在视图中单击相应的物体来选择对象。

一次单击只可以选择一个对象或一组对象。在按住 Ctrl 键的同时，可以单击选择多个对象，在按住 Alt 键的同时，在选中的对象上单击，可以取消选中该对象。

1.7.2　按名称选择

在选择的工具中有一个非常好用的工具，它就是【按名称选择】工具，该工具可以通过对象名称进行选择，所以该工具要求对象的名称具有唯一性，这种选择方式快捷、准确，通常用于复杂场景中对象的选择，如图 1.53 所示。

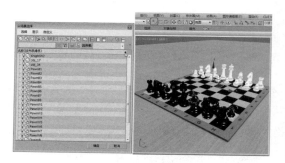

图 1.53

在工具栏中单击【按名称选择】按钮，也可以通过按 H 键直接打开【从场景选择】对话框，在该对话框中选择对象时，按住 Shift 键可以选择多个连续的对象，按住 Ctrl 键可以选择多个非连续对象，选择完成后单击【确定】按钮，即可在场景中选择相应的对象。

1.7.3　工具选择

在 3ds Max 中的选择工具有单选工具、组合选择工具。

单选工具为【选择对象】工具。

组合选择工具包括：【选择并移动】工具、【选择并旋转】工具、【选择并均匀缩放】工具、【选择并链接】工具和【断开当前选择链接】工具等。

1.7.4　区域选择

在 3ds Max 2016 中提供了 5 种区域选择工具：【矩形选择区域】工具、【圆形选择区域】工具、【围栏选择区域】工具、【套索选择区域】工具和【绘制选择区域】工具。其中，【套索选择区域】工具用来创建不规则的选区，如图 1.54 所示。

图 1.54

> **提示**
>
> 使用套索工具配合范围选择工具可以非常方便地将要选择的物体从众多交错的物体中选取出来。

1.7.5　范围选择

范围选择有两种方式：一种是窗口范围选择方式，另一种是交叉范围选择方式。通过 3ds Max 工具栏中的【交叉】按钮可以进行两种选择方式的切换。若选择【交叉】按钮状态，则选择场景中的对象时，对象物体不管是局部还是全部被框选，只要有部分被框选，则整个物体将被选中，如图 1.55 所示。单击【交叉】按钮，即可切换到【窗口】按钮状态，只有对象物体全部被框选，才能选中该对象。

图 1.55

1.8　使用组

组，顾名思义就是由多个对象组成的集合。成组以后不会对原对象做任何修改，但对组的编辑会影响到组中的每一个对象。成组以后，只要单击组内的任意一个对象，整个组都会被选中，如果想单独对组内对象进行操作，必须先将组暂时打开。组存在的意义就是使用户同时对多个对象进行同样的操作成为可能，如图 1.56 所示。

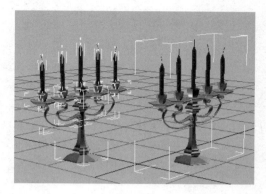

图 1.56

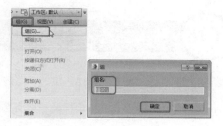

图 1.57

1.8.1 组的建立

在场景中选择两个以上的对象，在菜单栏中选择【组】|【组】命令，在弹出的对话框中输入组的名称（默认组名为【组001】并自动按序递加），单击【确定】按钮即可，如图 1.57 所示。

1.8.2 打开组

若需要对组内对象单独进行编辑则将组打开。每执行一次【组】|【打开】命令，只能打开一级群组。

在菜单栏中选择【组】|【打开】命令，这时群组的外框会变成粉红色，可以对其中的对象进行单独修改。移动其中的对象，则粉红色边框会随着变动，表示该物体正处在该组的打开状态。

1.8.3 关闭组

在菜单栏中选择【组】|【关闭】命令，可以将暂时打开的组关闭，返回到组的状态。

1.9 移动、旋转和缩放物体

在 3ds Max 中，对物体进行编辑修改最常用到的就是物体的移动、旋转和缩放。移动、旋转和缩放物体有三种方式。

第一种是直接在主工具栏选择相应的工具：【选择并移动】工具 ⊕、【选择并旋转】工具 ⊙、【选择并均匀缩放】工具 🔲，然后在视图区中用鼠标实施操作，也可在工具按钮上右击，弹出变换输入浮动框，直接输入数值进行精确操作。

第二种是通过执行【编辑】|【变换输入】命令，在打开的变换文本框中对对象进行精确的位移、旋转、放缩操作，如图 1.58 所示。

图 1.58

第三种就是在状态栏的【坐标显示】区域中输入调整坐标值，这也是一种方便、快捷、精确的调整方法，如图 1.59 所示。

【绝对模式变换输入】按钮 🔲 用于设置世界空间中对象的确切坐标，单击该按钮，可以切换到【偏移模式变换输入】🔲 状态，如图 1.60 所示，偏移模式相对于其现有坐标来变换对象。

图 1.59   图 1.60

1.10 坐标系统

若要灵活地对对象进行移动、旋转、缩放，就要正确地选择坐标系统。

3ds Max 2016提供了9种坐标系统可供选择，如图1.61所示。

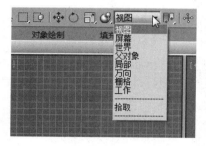

图1.61

各个坐标系的功能说明如下。

- 【视图】坐标系统：这是默认的坐标系统，也是使用最普遍的坐标系统，实际上它是【世界】坐标系统与【屏幕】坐标系统的结合。在正视图中（如顶、前、左等）使用屏幕坐标系统，在透视图中使用世界坐标系统。

- 【屏幕】坐标系统：在所有视图中都使用同样的坐标轴向，即X轴为水平方向，Y轴为垂直方向，Z轴为景深方向，这正是我们所习惯的坐标轴向，它把计算机屏幕作为X、Y轴向，计算机内部延伸为Z轴向。

- 【世界】坐标系统：在3ds Max中从前方看，X轴为水平方向，Z轴为垂直方向，Y轴为景深方向。这种坐标轴在任何视图中都固定不变，以它为坐标系统可以固定在任何视图中都有相同的操作效果。

- 【父对象】坐标系统：使用选择物体的父物体的自身坐标系统，这可以使子物体保持与父物体之间的依附关系，在父物体所在的轴向上发生改变。

- 【局部】坐标系统：使用物体自身的坐标轴作为坐标系统。物体自身轴向可以通过【层次】 命令面板中【轴】|【仅影响轴】内的命令进行调节。

- 【万向】坐标系统：该系统用于在视图中使用Euler XYZ控制器的物体的交互式旋转。应用它，用户可以使XYZ轨迹与轴的方向形成一一对应关系。其他的坐标系统会保持正交关系，而且每次旋转都会影响其他坐标轴的旋转，但万向旋转模式则不会产生这种效果。

- 【栅格】坐标系统：以栅格物体的自身坐标轴作为坐标系统，栅格物体主要用来辅助制作。

- 【工作】坐标系统：使用工作轴坐标系，可以随时使用坐标系，无论工作轴处于活动状态与否。

- 【拾取】坐标系统：选择屏幕中的任意一个对象，它的自身坐标系统作为当前坐标系统。这是一种非常有用的坐标系统，例如我们想要将一个球体沿一块倾斜的木板滑下，就可以拾取木板的坐标系统作为球体移动的坐标依据。

1.11 控制、调整视图

在3ds Max中，为了方便用户操作，提供了多种控制、调整视图的工具。

1.11.1 使用视图控制按钮控制、调整视图

在屏幕右下角有8个图形按钮，它们是当前激活视图的控制工具，实施各种视图显示的变化。根据视图种类的不同，相应的控制工具也会有所不同，如图1.62所示为激活透视视图时的控制按钮。

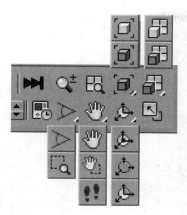

图 1.62

- 【缩放】按钮：在任意视图中单击并上下拖曳可拉近或推远视景。

- 【缩放所有视图】按钮：单击按钮后上下拖曳，同时在其他所有标准视图内进行放缩显示。

- 【最大化显示】按钮：将所有物体以最大化的方式显示在当前激活视图中。

- 【最大化显示选定选择】按钮：将所选择的物体以最大化的方式显示在当前激活的视图中。

- 【所有视图最大化显示】按钮：将所有视图以最大化的方式显示在全部标准视图中。

- 【所有视图最大化显示选定对象】按钮：将选中的物体以最大化的方式显示在全部标准视图中。

- 【最小/最大化视口切换】按钮：将当前激活视图切换为全屏显示，快捷键为Alt+W。

- 【环绕子对象】按钮：将当前选定子对象的中心作为旋转的中心。当视图围绕其中心旋转时，当前选择将保持在视图中的同一个位置上。

- 【选定的环绕】按钮：将当前选中的中心用作旋转的中心。当视图围绕其中心旋转时，选定对象将保持在视图中的同一位置上。

- 【环绕】按钮：将视图中心用作旋转中心。如果对象靠近视图的边缘，它们可能会旋出视图范围。

- 【平移视图】按钮：单击该按钮后四处拖动，可以进行平移观察，配合Ctrl键可以加速平移，快捷键为Ctrl+P。

- 【视野】按钮：调整视图中可见的场景数量和透视张角量，更改视野与更改摄影机上的镜头效果相似。视野越大，即可看到更多的场景，而透视会被扭曲，这与使用广角镜头相似；视野越小，看到的场景就越少，而透视会展平，这与使用长焦镜头类似。

- 【缩放区域】按钮：在视图中框取局部区域，将其放大显示，快捷键为Ctrl+W。在透视图中没有该命令，如果想使用它，可以先将透视图切换至用户视图，进行区域放大后再切换回透视图。

1.11.2 视图的布局转换

在默认状态下，3ds Max 使用 3 个正交视图和一个透视图来显示场景中的物体。

其实 3ds Max 共提供了 14 种视图配置方案，用户完全可以按照自己的需求来任意配置各视图。操作步骤为：在菜单栏中选择【视图】|【视口配置】命令，在弹出的【视口配置】对话框中选择【布局】选项卡，选择一个布局方案后单击【确定】按钮即可，如图 1.63 所示。

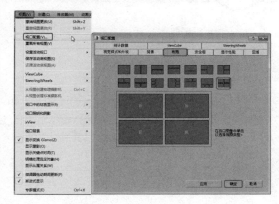

图 1.63

在 3ds Max 中视图类型除默认的顶视图、前视图、左视图、透视视图外，还有正交视图、摄影机视图、后视图等多种视图类型，如图 1.64 所示。

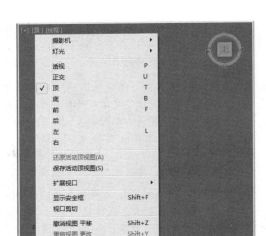

图 1.64

杂的场景时，应尽量使用线框模式，只有当需要观看最终效果时，才将真实模式开启。

此外，3ds Max 2016 中还提供了其他几种视图显示模式。单击视图左上角的【线框】文字，在弹出的菜单中提供了多种显示模式，如图 1.65 所示。

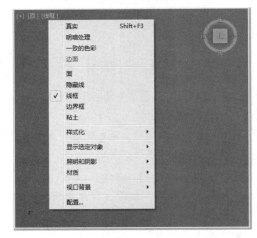

图 1.65

1.11.3　视图显示模式的控制

在系统默认设置下，顶、前和左三个正交视图采用线框显示模式，透视视图则采用真实的显示模式。真实模式显示效果逼真，但刷新速度慢；线框模式只能显示物体的线框轮廓，但刷新速度快，可以加快计算机的处理速度，特别是当处理大型、复

1.12　复制物体

在制作大型场景的过程中，有时候需要复制大量的物体，在 3ds Max 中提供了多种复制物体的方法。

1.12.1　最基本的复制方法

选择所要复制的一个或多个物体，在菜单栏中选择【编辑】|【克隆】命令，在弹出的【克隆选项】对话框中选择复制物体的方式，如图 1.66（a）所示。还有一个更简便的方法，就是按住 Shift 键，再使用【移动】工具进行复制，但这种方法比【克隆】命令多一项【副本数】的设置，如图 1.66（b）所示。

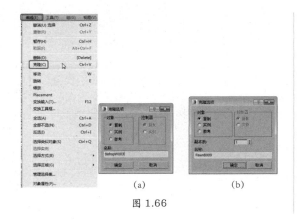

（a）　　　　　（b）

图 1.66

【克隆选项】对话框中各选项的功能说明如下：

● 【复制】：将当前对象原地复制一份。快捷键为 Ctrl+V。

● 【实例】复制：复制物体与源物体相互关联，改变一个，另一个也会发生相同的变化。

● 【参考】复制：参考复制与关联复制不同的是，复制物体发生改变时，源物体并不随之发生改变。

● 【副本数】：指定复制的个数，并按照所指定的坐标轴向进行等距离复制。

1.12.2 镜像复制

当要得到物体的反射效果时，就一定要用到镜像复制功能，如图1.67所示。使用【镜像】工具可以复制出相同的另外一半角色模型。【镜像】工具可以移动一个或多个选中的对象，沿着指定的坐标轴镜像到另一个方向，同时也可以产生具备多种特性的复制对象。选择要进行镜像复制的对象，在菜单栏中选择【工具】|【镜像】命令，或者在工具栏中单击【镜像】按钮，弹出【镜像：世界坐标】对话框，如图1.68所示。

图1.67

图1.68

【镜像：世界 坐标】对话框中各选项的功能说明如下：

● 【镜像轴】：提供了6种对称轴向用于镜像，每当进行选择时，视图中的选择对象就会即时显示出镜像的效果。

● 【偏移】：指定镜像对象与原对象之间的距离，该距离值是通过两个对象的轴心点来计算的。

● 【克隆当前选择】：确定是否复制，以及复制的方式。

➢ 【不克隆】：只镜像对象，不进行复制。

➢ 【复制】：复制一个新的镜像对象。

➢ 【实例】：复制一个新的镜像对象，并指定为关联属性，这样改变复制对象将对原始对象也产生相同的作用。

下面就来实际操作一下，学习如何使用该工具。

01 选择【创建】|【几何体】|【标准基本体】|【长方体】工具，在前视图中绘制一个长方体，如图1.69所示。

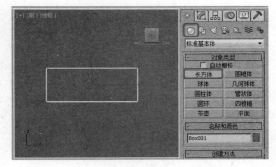

图1.69

02 在工具栏中单击【镜像】按钮，弹出【镜像：屏幕 坐标】对话框，在该对话框中设置【镜像轴】为Y轴，设置【偏移】为200，然后选择【复制】选项，如图1.70所示。设置完成后单击【确定】按钮。

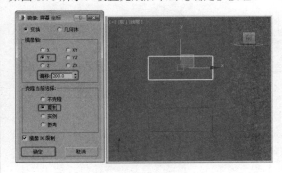

图1.70

03 此时就可以看到对长方体对象进行镜像后的效果。

1.13　使用阵列工具

【阵列】可以大量、有序地复制对象，它可以控制产生一维、二维、三维的阵列复制。例如想要制作如图 1.71 所示的效果时，使用阵列复制功能可以方便且快速地得到该效果。

图 1.71

选择要进行阵列复制的对象，在菜单栏中选择【工具】|【阵列】命令，弹出【阵列】对话框，如图 1.72 所示。【阵列】对话框中各参数的功能说明如下。

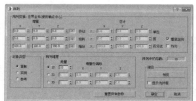

图 1.72

【阵列变换】选项组：用来设置在 1D 阵列中，3 种类型阵列的变量值，包括位置、角度、比例。左侧为增量计算方式，要求设置增值数量；右侧为总计计算方式，要求设置最后的总数量。如果我们想在 X 轴方向上创建间隔为 10 个单位的一行对象，即可在【增量】下的【移动】前面的 X 文本框中输入 10。如果想在 X 轴方向上创建总长度为 10 的一行对象，那么即可在【总计】下的【移动】后面的 X 文本框中输入 10。

- 增量 X/Y/Z 微调器：设置的参数可以应用于阵列中的各个对象。

  ➤ 【移动】：指定沿 X、Y 和 Z 轴方向每个阵列对象之间的距离。使用负值时，可以在该轴的负方向创建阵列。

  ➤ 【旋转】：指定阵列中每个对象围绕 3 个轴中的任意一轴旋转的度数。使用负值时，可以沿着绕该轴的顺时针方向创建阵列。

  ➤ 【缩放】：指定阵列中每个对象沿 3 个轴中的任意一轴缩放的百分比。

- 总计 X/Y/Z 微调器：设置的参数可以应用于阵列中的总距、度数或百分比缩放。

  ➤ 【移动】：指定沿 3 个轴中每个轴的方向，所得阵列中两个外部对象轴点之间的总距离。

  ➤ 【旋转】：指定沿 3 个轴中的每个轴应用于对象的旋转总度数。例如，可以使用此方法创建旋转总度数为 360°的阵列。

  ➤ 【缩放】：指定对象沿 3 个轴中的每个轴缩放的总计。

- 【重新定向】：在以世界坐标轴旋转复制原对象时，同时也对新产生的对象沿其自身的坐标系统进行旋转定向，使其在旋转轨迹上总保持相同的角度，否则所有的复制对象都与原对象保持相同的方向。

- 【均匀】：选择此选项后，【缩放】文本框中会有一个允许输入，这样可以锁定对象的比例，使对象只发生体积的变化，而不产生变形。

【对象类型】选项组：设置产生的阵列复制对象的属性。

- 【复制】：标准复制属性。

- 【实例】：产生关联复制对象，与原对象息息相关。

● 【参考】：产生参考复制对象。

【阵列维度】选项组：用于添加阵列变换维数。附加维数只是定位用的，未使用旋转和缩放。

● 1D：设置第一次阵列产生的对象总数。

● 2D：设置第二次阵列产生的对象总数，右侧的 X、Y、Z 文本框用来设置新的偏移值。

● 3D：设置第三次阵列产生的对象总数，右侧 X、Y、Z 文本框用来设置新的偏移值。

【阵列中的总数】：设置最后阵列结果产生的对象总数目，即 1D、2D、3D 三个【数量】值的乘积。

【重置所有参数】：将所有参数还原为默认设置。

下面来学习怎样使用【阵列】工具。

01 选择【创建】 |【几何体】 |【标准基本体】|【圆环】工具，在前视图中创建一个圆环，将其【半径1】和【半径2】分别设置为 100 和 0.5，如图 1.73 所示。

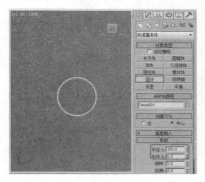

图 1.73

02 切换到【修改】 命令面板，在【参数】卷展栏中选中【启用切片】复选框，将【切片起始位置】设置为 180，如图 1.74 所示。

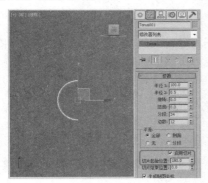

图 1.74

03 在菜单栏中选择【工具】|【阵列】命令，在打开的【阵列】对话框中，将【旋转】的 Y 轴设置为

18，在【阵列维度】选项组中将 1D 的数量设置为 20，单击【确定】按钮，如图 1.75 所示。

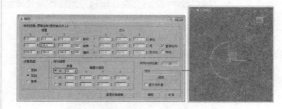

图 1.75

04 在前视图中选择 Torus001 对象，切换到【修改】 命令面板，在【参数】卷展栏中将【切片起始位置】设置为 0.1，单击时间控制区中的【自动关键点】按钮，如图 1.76 所示。

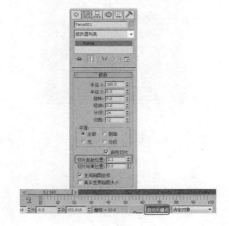

图 1.76

05 将滑块拖曳至 100 帧处，将【切片起始位置】设置为 180，如图 1.77 所示，再次单击【自动关键点】按钮，将其关闭。然后单击【播放动画】按钮 ，播放动画。

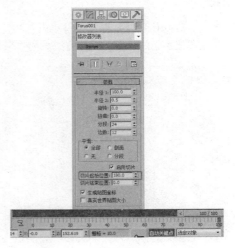

图 1.77

1.14 使用对齐工具

【对齐】工具就是通过移动操作使物体自动与其他对象对齐，所以它在物体之间并没有建立什么特殊的关系，在工具栏中单击【对齐】按钮，并拾取目标对象后，会弹出【对齐当前选择】对话框，如图1.78所示。

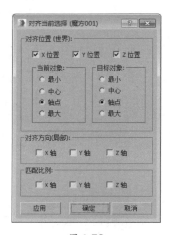

图 1.78

【对齐当前选择】对话框中各选项的功能说明如下。

- 【对齐位置（屏幕）】：根据当前的参考坐标系来确定对齐的方式。

  ➤ 【X位置】/【Y位置】/【Z位置】：指定相应位置对齐依据的轴向，可以单方向对齐，也可以多方向对齐。

- 【当前对象】/【目标对象】：分别设定当前对象与目标对象对齐的设置。

  ➤ 【最小】：以对象表面最靠近另一个对象选择点的方式进行对齐。

  ➤ 【中心】：以对象中心点与另一个对象的选择点进行对齐。

  ➤ 【轴心】：以对象的轴心点与另一个对象的选择点进行对齐。

  ➤ 【最大】：以对象表面最远离另一个对象选择点的方式进行对齐。

- 【对齐方向（局部）】：指定方向对齐依据的轴向，方向的对齐是根据对象自身坐标系完成的，3个轴向可任意选择。

- 【匹配比例】：将目标对象的缩放比例沿指定的坐标轴向施加到当前对象上。要求目标对象已经进行了缩放修改，系统会记录缩放的比例，将比例值应用到当前对象上。

1.15 课堂实例——制作挂表

本例将介绍使用【阵列】、【挤出】和几何体来制作挂表的效果，在制作中将使用三维捕捉、对齐等工具来调整模型的位置，制作完成后的效果如图1.79所示。

图 1.79

01 选择【创建】|【几何体】|【标准基本体】|【圆柱体】工具，在前视图中创建一个圆柱体。切换至【修改】命令面板，在【参数】卷展栏中，将【半径】设置为105，【高度】设置为5，【高度分段】设置为1，【端面分段】设置为1，【边数】设置为60，如图1.80所示。

02 选择创建的圆柱体对象，为其添加【UVW贴图】修改器，在【参数】卷展栏中将【贴图】设置为【平面】，如图1.81所示。

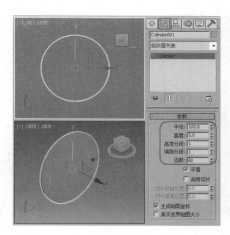

图 1.80

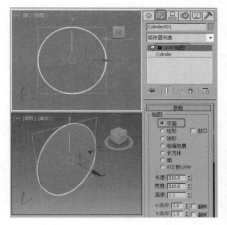

图 1.81

03 选择【创建】|【几何体】【标准基本体】|【长方体】工具，在前视图中创建一个长方体。切换至【修改】命令面板，在【参数】卷展栏中，将【长度】设置30，【宽度】设置为5，【高度】设置为2，如图1.82所示。

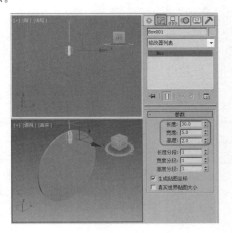

图 1.82

04 在工具栏中单击【捕捉开关】按钮，然后右击该按钮，弹出【栅格和捕捉模式】对话框，在【捕捉】选项卡中选择【轴心】选项并将其关闭。切换至【层次】命令面板中，在【调整轴】卷展栏中单击【仅影响轴】按钮，然后调整轴心位置，调整效果如图1.83所示。

图 1.83

05 在菜单栏中执行【工具】|【阵列】命令，弹出【阵列】对话框，在【增量】组中将【旋转】的【Z轴】设置为90，在【阵列维度】组中将【1D】设置为4，设置完成后单击【确定】按钮，阵列效果如图1.84所示。

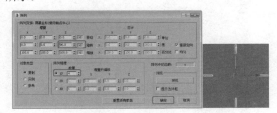

图 1.84

06 继续选择第一个长方体对象，在菜单栏中执行【工具】|【阵列】命令，弹出【阵列】对话框，在【增量】组中将【旋转】的【Z轴】设置为30，在【阵列维度】组中将【1D】设置为3，设置完成后单击【确定】按钮，如图1.85所示。

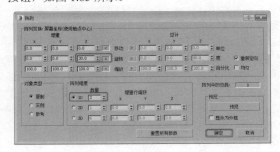

图 1.85

07 分别选择第二次阵列的长方体对象，切换至【修改】命令面板中，在【参数】卷展栏中，将【长度】

设置为15，如图1.86所示。

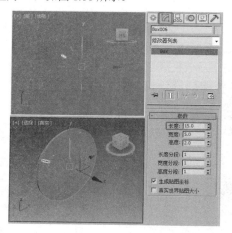

图 1.86

08 使用同样的方法，阵列其他对象并设置相同的参数。选择【创建】|【图形】|【样条线】|【矩形】工具，在前视图中创建一个矩形对象，在【参数】卷展栏中，将【长度】设置为75，【宽度】设置为220，【角半径】设置为20，如图1.87所示。

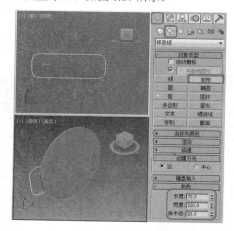

图 1.87

09 选择创建的矩形对象，按【Ctrl+C】快捷键将其复制，按【Ctrl+V】快捷键将其粘贴。弹出【克隆选项】对话框，在【对象】组中选择【复制】选项，然后单击【确定】按钮即可。选中复制的矩形对象，在工具箱中右击【选择并旋转】按钮，弹出【旋转变换输入】对话框，在【绝对：世界】组中将【Y】设置为90，然后关闭该对话框即可，复制旋转效果如图1.88所示。

10 选择其中一个矩形对象并将其命令为【表盘底座】，切换至【修改】命令面板，添加【编辑样条线】修改器，在【几何体】卷展栏中单击【附加】按钮，然后在场景中拾取另一个矩形，如图1.89所示。

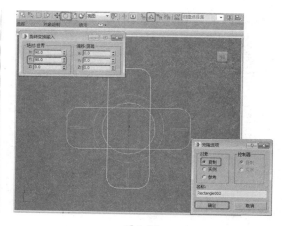

图 1.88

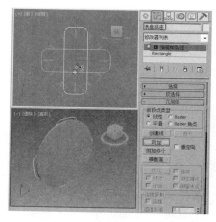

图 1.89

11 关闭【附加】按钮，然后将当前选择集定义为【样条线】，在场景中选择一个矩形样条线，在【几何体】卷展栏中单击【布尔】按钮，然后单击【并集】按钮，拾取另一个矩形，并集效果如图1.90所示。

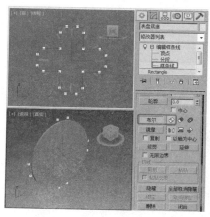

图 1.90

12 关闭选择集，添加【挤出】修改器，在【参数】卷展栏中，将【数量】设置为8，如图1.91所示。

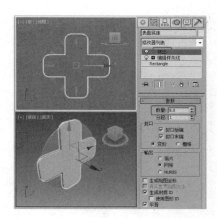

图 1.91

13 选择【创建】|【图形】【样条线】【文本】工具，在【参数】卷展栏中，将【字体】设置为【汉仪菱心体简】，【大小】设置为100，在文本中输入6，然后在前视图的合适位置单击并创建文本对象，创建文本的效果如图1.92所示。

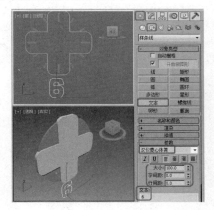

图 1.92

14 切换至【修改】命令面板，在【修改器列表】中添加【挤出】修改器，在【参数】卷展栏中，将【数量】设置为8，如图1.93所示。

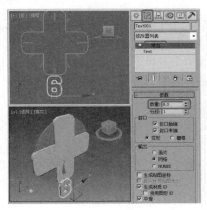

图 1.93

15 在【修改器列表】中添加【锥化】修改器，在【参数】卷展栏中，将【曲线】设置为2，【主轴】设置为Y，【效果】设置为X，添加【锥化】修改器的效果如图1.94所示。

图 1.94

16 将【锥化】修改器的当前选择集定义为【Gizmo】，在工具栏中选择【选择并移动】工具，沿Y轴向下拖曳，调整的效果如图1.95所示。

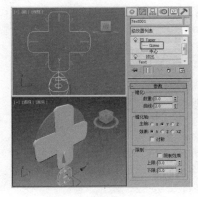

图 1.95

17 使用同样的方法创建文本12并设置参数，在场景中调整该模型的【Gizmo】时，沿Y轴向上拖曳，调整的效果如图1.96所示。

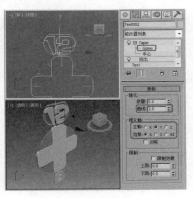

图 1.96

18 使用同样的方法创建文本 3，调整文本【锥化】修改器中的【中心】选择集，在【参数】卷展栏中，将【曲线】设置为 2，【主轴】设置为 X，【效果】设置为 Y，调整的效果如图 1.97 所示。

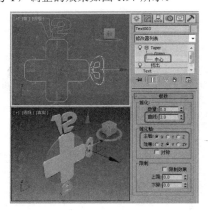

图 1.97

19 使用创建文本 3 的方法创建文本 9，创建的效果如图 1.98 所示。

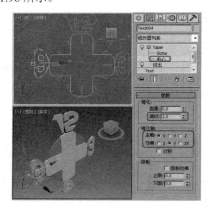

图 1.98

20 在工具栏中选择【捕捉开关】工具，并在该工具上右击，弹出【对齐当前选择】对话框，设置相关属性，如图 1.99 所示。

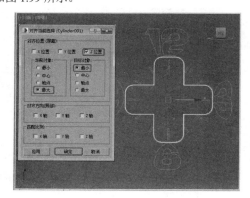

图 1.99

21 选择【创建】|【几何体】|【标准基本体】|【球体】工具，在【参数】卷展栏中，将【半径】设置为 7，【半球】设置为 0.3，如图 1.100 所示。

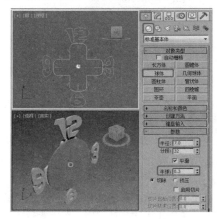

图 1.100

22 选中创建的球体对象，在工具栏中选择【对齐】工具，在前视图中选择【Cylinder01】，弹出【对齐当前选择】对话框，将【对齐位置】设置为【Z 位置】，【当前对象】设置为【最小】，【目标对象】设置为【最大】，设置完成后单击【确定】按钮，如图 1.101 所示。

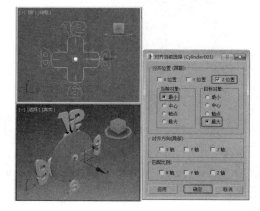

图 1.101

23 选择【创建】|【图形】|【样条线】|【线】工具，在前视图中创建线，切换至【修改】命令，将其命名为【时针】，在【渲染】卷展栏中，选中【在渲染中启用】和【在视口中启用】复选框，将【厚度】设置为 5，【边】设置为 3，【角度】设置为 −0.01，如图 1.102 所示。

24 选择【创建】|【图形】|【样条线】|【线】工具，在前视图中创建线，切换至【修改】命令，将其命名为【分针】，在【渲染】卷展栏中，选中【在渲染中启用】和【在视口中启用】复选框，将【厚度】设置为 5，【边】设置为 3，【角度】设置为 −0.01，如图 1.103 所示。

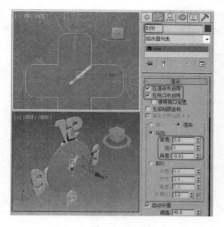

图 1.102

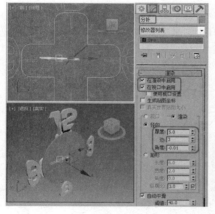

图 1.103

25 继续选择【创建】|【图形】|【样条线】|【线】工具，在前视图中创建线，切换至【修改】命令，将其命名为【秒针】，在【渲染】卷展栏中，选中【在渲染中启用】和【在视口中启用】复选框，将【厚度】设置为5，【边】设置为3，【角度】设置为 −0.01，如图 1.104 所示。

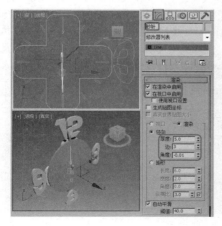

图 1.104

26 使用【选择并移动】工具，在场景中分别调整【时针】、【分针】和【秒针】的位置，调整的效果如图1.105所示。

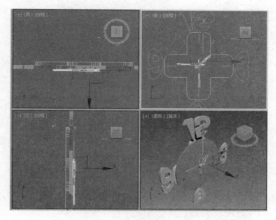

图 1.105

27 按 M 键弹出【材质编辑其】对话框，选择一个新的样本球，并将其重命名为【表材质】，在【Blinn 基本参数】卷展栏中，将【环境光】和【漫反射】的颜色参数均设置为 255,255,255，设置的效果如图1.106 所示。

图 1.106

28 切换至【贴图】卷展栏，单击【漫反射颜色】后面的【无】按钮，弹出【材质/贴图浏览器】对话框，选择【位图】选项，然后单击【确定】按钮，如图1.107所示。

29 选择【Clylinder】对象，在【材质编辑其】对话框中单击【转到父对象】按钮，然后单击【将材质指定给选定对象】和【视口中显示明暗处理材质】按钮，将材质指定给【Clylinder】对象，如图1.108所示。

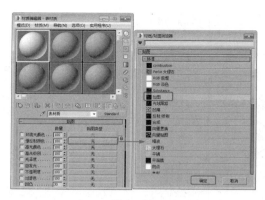

图 1.107

图 1.108

30 继续选择【Clylinder】对象，切换到【修改】命令面板，将当前选择集定义为【Gizmo】，在前视图中按 F3 键，将模型以实体方式显示并移动【Gizmo】的位置，如图 1.109 所示。

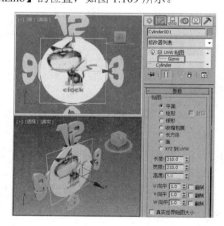

图 1.109

31 选择【创建】|【几何体】|【标准基本体】|【长方体】工具，在前视图中创建长方体对象，切换到【修改】命令面板中，将【颜色】设置为白色，在【参数】

卷展栏中，将【长度】设置为 1000，【宽度】设置为 1000，【高度】设置为 0，如图 1.110 所示。

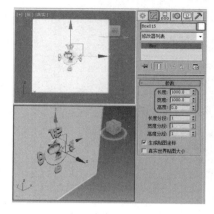

图 1.110

32 选择创建长方体对象，右击，在弹出的快捷菜单中执行【对象属性】命令，弹出【对象属性】对话框，在【显示属性】组中选中【透明】选项，然后单击【确定】按钮，如图 1.111 所示。

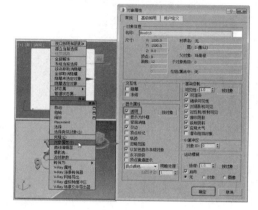

图 1.111

33 按 8 键弹出【环境和效果】对话框，在【公用参数】卷展栏中单击【环境贴图】下面的【无】按钮，弹出【材质/贴图浏览器】对话框，在该对话框中选择【位图】选项，然后单击【确定】按钮，如图 1.112 所示。

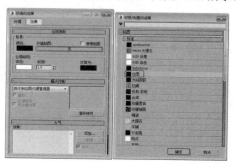

图 1.112

34 打开【材质编辑器】对话框，将【环境贴图】拖曳至一个新的样本球上，在弹出的【实例（副本）贴图】对话框中单击【确定】按钮即可，在【坐标】卷展栏中选择【屏幕】选项，如图 1.113 所示。

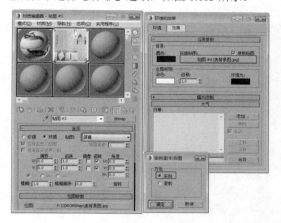

图 1.113

35 激活透视视图，按 Alt+B 快捷键，弹出【视口配置】对话框，在【背景】选项卡中选择【使用环境背景】选项，单击【确定】按钮。激活透视图如图 1.114 所示。

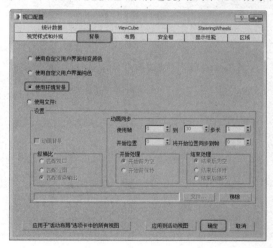

图 1.114

36 选择创建的平面，在【材质编辑器】对话框中选择一个新的样本球，单击【Standard】按钮，在弹出的【材质 / 贴图浏览器】对话框中选择【天光 / 投影】选项，然后单击【将材质指定给选定给选定对象】按钮，将材质指定给平面对象，如图 1.115 所示。

37 选择【创建】|【摄影机】|【标准】|【目标】命令，在顶视图中创建摄影机对象并调整其位置，切换至【修改】命令面板，在【参数】卷展栏中，将【镜头】设置为 35，然后激活透视视图，按 C 键将其转换为摄影机视图，如图 1.116 所示。

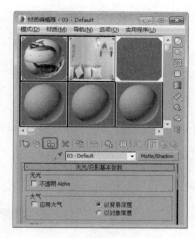

图 1.115

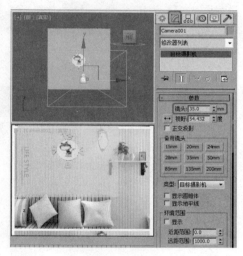

图 1.116

38 选择【创建】|【灯光】|【标准】|【天光】工具，在顶视图中创建天光，如图 1.117 所示。

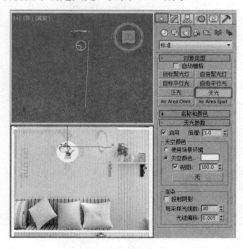

图 1.117

39 在菜单栏中执行【渲染】|【渲染设置】命令，弹出【渲染设置】对话框，选择【高级照明】选项卡并将其设置为【光跟踪器】，在【参数】卷展栏中，将【附加环境光】的颜色参数设置为47,47,47，如图1.118所示。

40 激活摄影机视图，按F9进行渲染，渲染效果如图1.119所示。

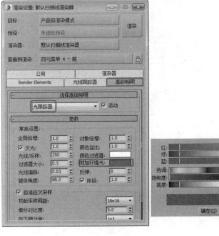

图 1.118

图 1.119

1.16 课后练习

1. 简述移动、旋转和缩放物体的方法？

2. 简述更改视图布局的方法？

第2章

三维模型的创建与编辑

在三维动画的制作中三维模型是最重要的一部分，三维模型可以使用【标准基本体】、【扩展基本体】等工具来创建，但是，如果需要制作复杂的三维模型效果，就需要使用编辑修改器，本章将介绍创建三维模型的方法，以及编辑修改器的使用方法。

2.1 认识三维模型

我们在数学里学到点、线、面构成了几何图形，由众多几何图形相互连接构成了三维模型。在 3ds Max 中提供了建立三维模型的更简单、快捷的方法，那就是通过命令面板下的创建工具在视图中单击拖曳即可制作出漂亮的基本三维模型。

三维模型在三维动画制作中占有主要的部分，三维模型的种类也是多种多样的，制作三维模型的过程即建模的过程。在基本模型的基础上通过几何体、多边形、面片建模及 NURBS 建模等方法可以组合成复杂的三维模型。如图 2.1 所示，这幅精美的室内效果图就是使用了其中的几何体、多边形建模的方法完成的。

图 2.1

2.2 几何体创建时的调整

几何体的创建方法非常简单，只要选中创建工具并在视图中单击并拖动，重复几次即可完成。

在创建简单模型之前，我们先来认识一下【创建】命令面板。【创建】命令面板是其中最复杂的一个命令面板，内容巨大，分支众多，仅在【几何体】的次级分类项目里就有【标准基本体】、【扩展基本体】、【复合对象】、【粒子系统】、【面片栅格】、【实体对象】、【门】、【NURBS曲面】、【窗】、【mental ray】、【AEC 扩展】、【Point Cloud Objects】、【动力学对象】、【楼梯】、【Alembic】、【VRay】等基本类型。同时又有【创建方法】、【对象类型】、【名称和颜色】、【键盘输入】、【参数】等控制卷展栏，如图 2.2 所示。

图 2.2

2.2.1 确立几何体创建的工具

在【对象类型】卷展栏中以按钮方式列出所有可用的工具，单击相应工具按钮，在视图中拖曳就可以建立相应的对象，如图2.3所示。

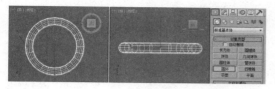

图 2.3

2.2.2 对象名称和颜色

在【名称和颜色】卷展栏下，左框显示对象的名称，一般在视图中创建一个物体，系统会自动赋予一个表示自身类型的名称，如Box001、Sphere001等，同时允许自定义对象名称。名称右侧的颜色块显示对象颜色，单击它可以调出对象颜色设置框。如图2.4所示，在顶视图中创建了一个茶壶，打开【名称和颜色】卷展栏，单击右侧的色块此时会弹出【对象颜色】对话框，在其中选择一种颜色，单击【确定】按钮，此时茶壶的颜色变为色块的颜色。左侧文本框中自动赋予的名称为Teapot001。

图 2.4

2.2.3 精确创建

一般我们都采用单击拖动的方式创建物体，这样创建物体的参数及位置等往往不会一次性达到我们的目的，所以还需要对其参数及位置进行修改。除此之外，还可以通过直接在【键盘输入】卷展栏中输入对象的坐标值及参数来完成，输入完成后单击【创建】按钮，具有精确尺寸的对象就呈现在你所安排的视图坐标点上了。

激活顶视图，单击【管状体】按钮，在【键盘输入】卷展栏输入【内径】、【外径】、【高度】的参数，最后单击【创建】按钮，此时会发现在视图中已创建了管状体，如图2.5所示。

图 2.5

注意

不同的几何体创建工具，其【键盘输入】卷展栏中的参数也会有所不同。

2.2.4 参数的修改

在命令面板中，每个创建工具都有其自己的可调节参数，这些参数可以在第一次创建对象时在【创建】命令面板中直接进行修改，也可以在【修改】命令面板中进行修改。通过修改这些参数可以产生不同形态的几何体。如锥体工具可以产生圆锥、棱锥、圆台、棱台等。大多数工具都有切片参数，允许你像切蛋糕一样切割物体，从而产生不完整的几何体，如图2.6所示。

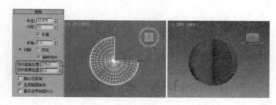

图 2.6

2.3 标准几何体的创建

标准几何体非常容易建立，只需单击拖动鼠标，交替几次即可完成，也可以通过键盘输入来建立。学习建立标准的几何体是学习3ds Max的基础，一定要将其学扎实。

【标准基本体】工具栏如图 2.7 所示。

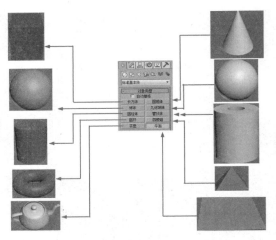

图 2.7

- 【长方体】：用于建立长方体造型。

- 【球体】：用于建立球体造型。

- 【圆柱体】：用于建立圆柱体造型。

- 【圆环】：用于建立圆环造型。

- 【茶壶】：用于建立茶壶造型。

- 【圆锥体】：用于建立圆锥体造型。

- 【几何球体】：用于建立简单的几何形球面。

- 【管状体】：用于建立管状造型。

- 【四棱锥】：用于建立金字塔形造型。

- 【平面】：用于建立无厚度的平面形状。

下面对一些常用的工具进行简单的介绍。

2.3.1 建立长方体造型

【长方体】工具可以用来制作正六面体或矩形，如图 2.8 所示。其中，长、宽、高的参数控制长方体的形状，如果只输入其中的两个数值，则产生矩形平面。片段的划分可以产生栅格长方体，多用于修改加工的原型物体，如波浪平面、山脉地形等。

01 选择【创建】 ✱ |【几何体】 ◎ |【标准基本体】|【长方体】工具后，在顶视图中单击，并向右下方移动鼠标，拖出长方体对象的长、宽后单击确定。

02 释放鼠标，移动鼠标，确定高度。

03 单击，完成制作。

提示

配合 Ctrl 键可以建立正方形底面的立方体。在【创建方法】卷展栏中选中【立方体】单选按钮，可以直接创建正方体模型。

完成对象的创建后，可以在命令面板中对其参数进行修改。其参数面板如图 2.8 所示。

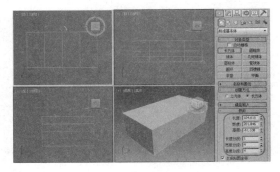

图 2.8

长方体【参数】卷展栏中的各功能说明如下。

- 【长度】/【宽度】/【高度】：确定三边的长度。

- 【长度分段】/【宽度分段】/【高度分段】：控制长、宽、高三边的片段划分数。

- 【生成贴图坐标】：自动指定贴图坐标。

- 【真实世界贴图大小】：选中此复选框，贴图大小将由绝对尺寸决定，与对象的相对尺寸无关；若不选中，则贴图大小符合创建对象的尺寸。

上机小练习：笔记本

本例将介绍如何利用长方体制作笔记本，主要通过为创建的长方体添加修改器及材质来体现笔记本的真实效果，如图 2.9 所示。

图 2.9

01 选择【创建】|【几何体】|【长方体】工具，在顶视图中创建长方体，并命名为【笔记本皮 01】，在【参数】卷展栏中，将【长度】设置为 220，【宽度】设置为 155，【高度】设置为 0.1，如图 2.10 所示。

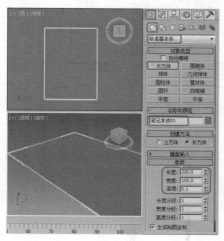

图 2.10

02 切换至【修改】命令面板，在修改器列表中选择【UVW 贴图】修改器，在【参数】卷展栏中选择【长方体】单选按钮，在【对齐】选项组下单击【适配】按钮，如图 2.11 所示。

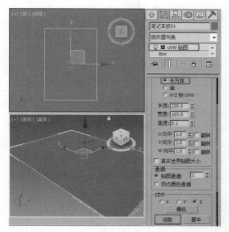

图 2.11

03 按 M 键，在弹出的对话框中选择一个材质样本球，将其命名为【书皮 01】，在【Blinn 基本参数】卷展栏中，将【环境光】的 RGB 值设置为 22,56,94，【自发光】设置为 50，【高光级别】和【光泽度】分别设置为 54、25，如图 2.12 所示。

04 在【贴图】卷展栏中单击【漫反射颜色】右侧的【无】按钮，在弹出的对话框中双击【位图】按钮，在弹出的对话框中选择【笔记本封面 .jpg】贴图文件，如图 2.13 所示。

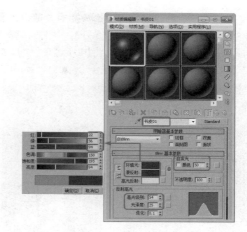

图 2.12

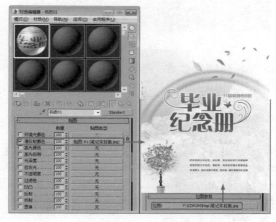

图 2.13

05 在【贴图】卷展栏中单击【凹凸】右侧的【无】按钮，在弹出的对话框中双击【噪波】按钮，在【坐标】卷展栏中，将【瓷砖】下的 X、Y、Z 分别设置为 1.5、1.5、3，在【噪波】卷展栏中，将【大小】设置为 1，如图 2.14 所示。

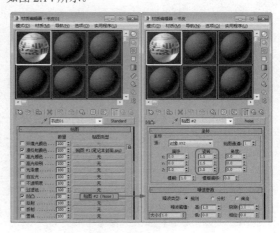

图 2.14

06 将设置完成后的材质指定给选定的对象即可，激活前视图，在工具栏中单击【镜像】按钮，在弹出的对话框中选中【Y】单选按钮，将【偏移】设置为−6，选中【复制】单选按钮，如图2.15所示。

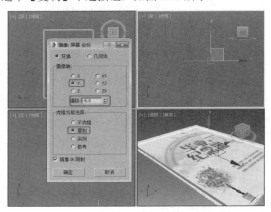

图 2.15

07 单击【确定】按钮，在【材质编辑器】对话框中，将【书皮01】拖曳至一个新的材质样本球上，将其命名为【书皮02】，在【贴图】卷展栏中，单击【漫反射颜色】右侧的子材质通道，在【位图参数】卷展栏中，单击【位图】右侧的按钮，在弹出的对话框中选择【笔记本封面2.jpg】贴图文件，在【坐标】卷展栏中，将【角度】下的【U】和【W】分别设置为−180和180，如图2.16所示。

图 2.16

08 将材质指定给选定的对象即可，选择【创建】|【几何体】|【标准基本体】|【长方体】工具，在顶视图中绘制一个【长度】、【宽度】、【高度】分别为220、155、5的长方体，并将其命名为【本】，如图2.17所示。

09 绘制完成后，在视图中调整其位置，在【材质编辑器】对话框中选择一个材质样本球，将其命名为【本】。单击【高光反射】左侧的按钮，在弹出的对话框中单击【是】按钮，将【环境光】的RGB值设置为255,255,255，【自发光】设置为30，如图

2.18所示。

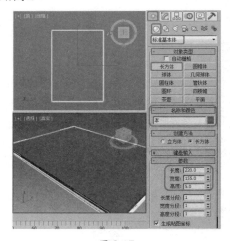

图 2.17

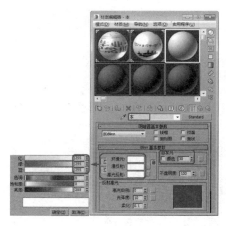

图 2.18

10 将设置完成后的材质指定给选定对象即可，选择【创建】|【图形】|【圆】工具，在前视图中绘制一个半径为5.6的圆，并将其命名为【圆环】如图2.19所示。

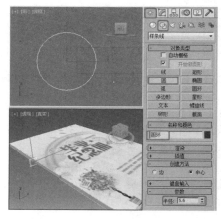

图 2.19

11 切换至【修改】命令面板，在【渲染】卷展栏中选中【在渲染中启用】和【在视口中启用】复选框，如图2.20所示。

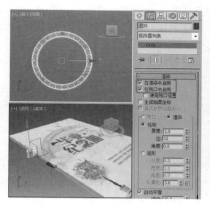

图 2.20

12 在视图中调整圆环的位置，并复制圆环，效果如图2.21所示。

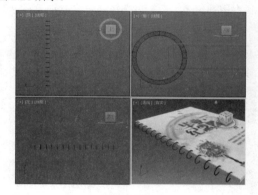

图 2.21

13 选中所有的圆环，将其颜色设置为【黑色】，在视图中选择所有对象，在菜单栏中选择【组】|【组】命令，在弹出的对话框中将【组名】设置为【笔记本】，单击【确定】按钮，如图2.22所示。

图 2.22

14 使用【选择并旋转】工具和【选择并移动】工具，对成组后的笔记本进行调整，效果如图2.23所示。

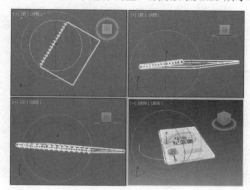

图 2.23

15 选择【创建】|【几何体】|【标准基本体】|【平面】工具，在顶视图中创建平面，在【参数】卷展栏中，将【长度】和【宽度】分别设置为1987、2432，【长度分段】、【宽度分段】均设置为1，在视图中调整其位置，如图2.24所示。

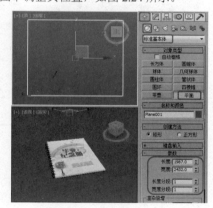

图 2.24

16 在修改器下拉列表中选择【壳】修改器，使用其默认参数即可，如图2.25所示。

图 2.25

17 继续选中该对象，右击，在弹出的快捷菜单中选择【对象属性】命令，如图 2.26 所示。

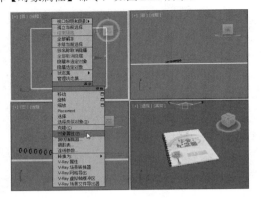

图 2.26

18 执行该操作后，将会打开【对象属性】对话框，在弹出的对话框中选中【透明】复选框，如图 2.27 所示。

图 2.27

19 单击【确定】按钮，继续选中该对象，按 M 键打开【材质编辑器】对话框，在该对话框中选择一个材质样本球，并将其命名为【地面】，单击【Standard】按钮，在弹出的对话框中选择【无光 / 投影】选项，如图 2.28 所示。

图 2.28

20 单击【确定】按钮，将该材质指定给选定对象即可，按 8 键弹出【环境和效果】对话框，在【公用参数】卷展栏中单击【无】按钮，在弹出的【材质 / 贴图浏览器】对话框中双击【位图】按钮，再在弹出的对话框中打开本书相关素材中的【桌子 .JPG】素材文件，如图 2.29 所示。

图 2.29

21 在【环境和效果】对话框中将环境贴图拖曳至新的材质样本球上，在弹出的【实例（副本）贴图】对话框中选中【实例】单选按钮，并单击【确定】按钮，如图 2.30 所示。

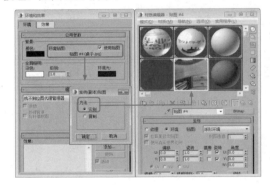

图 2.30

22 在【坐标】卷展栏中，将贴图设置为【屏幕】，激活【透视】视图，按 Alt+B 快捷键，在弹出的对话框中选中【使用环境背景】单选按钮。设置完成后，单击【确定】按钮，显示背景后的效果如图 2.31 所示。

图 2.31

23 选择【创建】 ■ |【摄影机】 ■ |【目标】工具，在视图中创建摄影机，激活【透视】视图，按 C 键将其转换为摄影机视图，在其他视图中调整摄影机的位置，效果如图 2.32 所示。

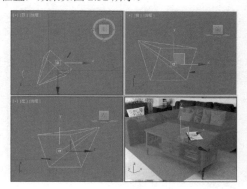

图 2.32

24 选择【创建】 ■ |【灯光】 ■ |【标准】|【泛光】工具，在顶视图中创建泛光灯，并在其他视图中调整灯光的位置，切换至【修改】命令面板，在【强度/颜色/衰减】卷展栏中，将【倍增】设置为 0.35，如图 2.33 所示。

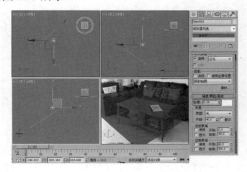

图 2.33

25 选择【创建】 ■ |【灯光】 ■ |【标准】|【天光】工具，在顶视图中创建天光，切换到【修改】命令面板，在【天光参数】卷展栏中选中【投射阴影】复选框，如图 2.34 所示。至此，笔记本效果图就制作完成了，对完成后的场景进行渲染、保存即可。

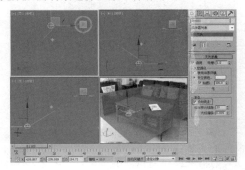

图 2.34

2.3.2 建立球体造型

【球体】工具可用来制作球体，通过参数修改可以制作局部球体（包括半球体）。

选择【创建】 ■ |【几何体】 ■ |【标准基本体】|【球体】工具后，即可在视图中创建球体，如图 2.35 所示。

图 2.35

具体操作步骤如下。

01 选择【球体】工具后，在视图中单击拖动鼠标拉出球体。

02 释放鼠标，完成球体的制作。

03 修改参数，可以制作不同形状的球体。

球体的【参数】卷展栏如图 2.36 所示。

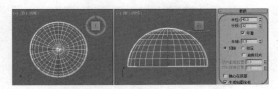

图 2.36

球体各项参数的功能说明如下。

- 【半径】：设置半径的大小。

- 【分段】：设置表面划分的段数，值越高，表面越光滑，造型也越复杂。

- 【平滑】：是否对球体表面进行自动光滑处理（默认为开启）。

- 【半球】：值由 0 到 1 可调，默认为 0，表示建立完整的球体；增加数值，球体会逐渐减少；值为 0.5 时，制作出半球体；值为 1 时，什么都没有了。

- 【切除】：通过在半球断开时将球体中的顶点和面"切除"来减少它们的数量。默认设置为启用。

- 【挤压】：保持原始球体中的顶点数和面数，将几何体向着球体的顶部"挤压"，直到体积越来越小。

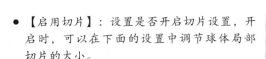
- 【启用切片】：设置是否开启切片设置，开启时，可以在下面的设置中调节球体局部切片的大小。

- 【切片起始位置】/【切片结束位置】：控制沿球体轴切片的度数。

- 【轴心在底部】：在建立球体时，球体重心设置在球体的正中央，开启此选项会将重心设置在球体的底部。

- 【生成贴图坐标】：自动指定贴图坐标。

- 【真实世界贴图大小】：选中此复选框，贴图大小将由绝对尺寸决定，与对象的相对尺寸无关；若不选中，则贴图大小符合创建对象的尺寸。

上机小练习：篮球

本例介绍篮球的制作方法，首先使用【球体】创建一个球体，再使用【编辑网格】删除一半球体，并使用【对称】、【编辑多边形】等命令对球体进行编辑，最后为球体添加背景，并使用【摄影机】渲染效果，完成后的效果如图 2.37 所示。

图 2.37

01 选择【文件】|【重置】命令，重新设定场景。

02 激活顶视图，选择【创建】|【几何体】|【球体】工具，在顶视图中创建一个【半径】为 100 的球体，并将其命名为【篮球】，如图 2.38 所示。

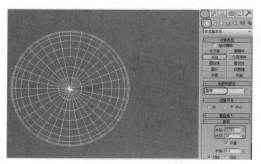

图 2.38

03 单击【修改】按钮，进入修改命令面板，在修改器列表中选择【编辑网格】修改器，将当前的选择集定义为【多边形】，然后拖动鼠标选取球体的一半，如图 2.39 所示。

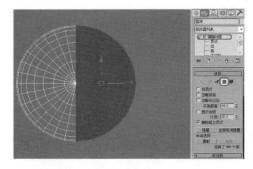

图 2.39

04 按 Delete 键将其删除，重新定义当前的选择集为【顶点】，在工具栏中选择【选择并移动】工具，在顶视图中用鼠标框选圆球体的中心点并拖动，如图 2.40 所示。

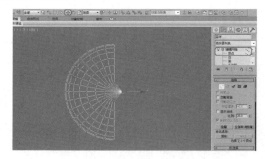

图 2.40

05 在修改器列表中选择【对称】修改器，使用【对称】修改器上的【镜像】命令，在【参数】卷展栏中将【镜像轴】定义为 X 轴，并选中【翻转】复选框，将两个球合并在一起，如图 2.41 所示。

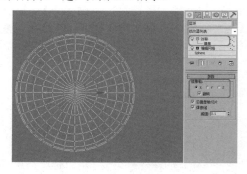

图 2.41

06 在修改器列表中选择【编辑多边形】修改器，将当前的选择集定义为【边】，在顶视图结合 Ctrl 键将边选取，并在其他视图中查看是否漏选，确定当

前的选择集为【边】，在【编辑边】卷展栏中单击
【切角】后面的□按钮，将【切角量】设置为1，
最后单击【确定】按钮，结果如图2.42所示。

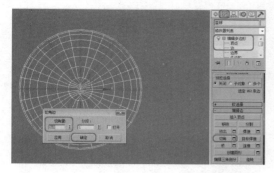

图 2.42

07 将当前的选择集定义为【多边形】，选择一开始
编辑的边。确定当前的选择集为【多边形】，在【编
辑多边形】卷展栏中单击【挤出】后面的□按钮，
在打开的【挤出多边形】对话框中，将【挤出类型】
区域下的【本地法线】选项选中，【挤出高度】设
置为 –2，最后单击【确定】按钮，如图2.43所示。

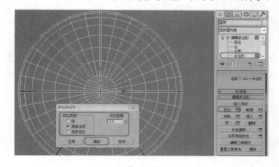

图 2.43

08 确定当前的选择集为【多边形】，在【多边形：
材质ID】卷展栏中，将【设置ID】设置为2，如图
2.44所示。

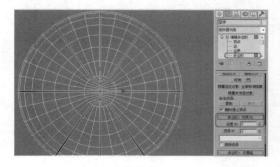

图 2.44

09 选择【编辑】|【反选】菜单命令，将其反选，选
中剩余的部分。在【多边形：材质ID】卷展栏中，
将【设置ID】设置为1，如图2.45所示。

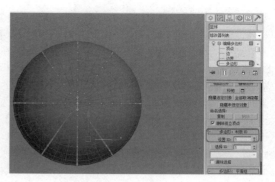

图 2.45

10 在修改器列表中为篮球指定一个【网格平滑】修
改器，在【细分量】卷展栏中，将【迭代次数】设
置为2，如图2.46所示。

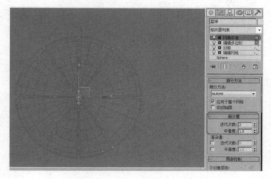

图 2.46

11 打开材质编辑器，激活一个样本球，单击名称栏
左侧的Stadard按钮，在打开的【材质/贴图浏览器】
对话框中选择【多维/子对象】材质。在【多维/子
对象基本参数】卷展栏中单击【设置数量】按钮，
在打开的【设置材质数量】对话框中，将【材质数量】
设置为2，单击【确定】按钮，如图2.47所示。

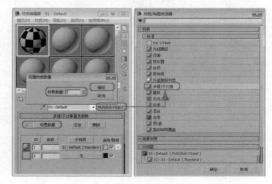

图 2.47

12 按照ID的排列单击1号材质后面的材质按钮，
进入该子级材质面板，在【明暗器基本参数】卷展
栏中，将阴影模式定义为【Blinn】。在【Blinn基

本参数】卷展栏中，将锁定的【环境光】和【漫反射】颜色设置为230,79,20，【自发光】区域下的【颜色】设置为13，【反射高光】区域下的【高光级别】和【光泽度】分别设置为27、16。在【贴图】卷展栏中，将【凹凸】后面的【数量】设置为50，然后单击通道后的【无】贴图按钮，在打开的材质浏览器中选择【噪波】贴图，单击【确定】按钮。进入【凹凸】材质层级，在【坐标】卷展栏中，将【瓷砖】下的X、Y、Z均设置为6。在【噪波参数】卷展栏中，将【大小】设置为11，如图2.48所示。

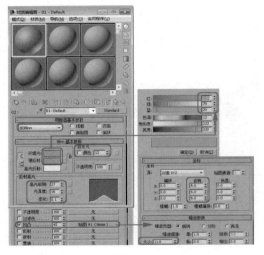

图 2.48

13 单击【转到父对象】 按钮，回到顶层面板。单击2号材质后面的材质按钮，进入到【材质/贴图浏览器】对话框选择【标准】选项，如图2.49所示。

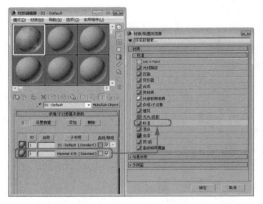

图 2.49

14 进入该子级材质面板中，在【明暗器基本参数】卷展栏中，将阴影模式定义为【Blinn】，在【Blinn基本参数】卷展栏中，将锁定的【环境光】和【漫反射】颜色设置为0,0,0，【自发光】区域下的【颜色】设

置为50，【反射高光】区域下的【高光级别】和【光泽度】分别设置为69、16，如图2.50所示。

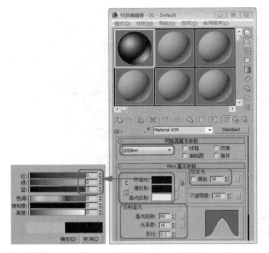

图 2.50

15 单击【转到父对象】 按钮，回到顶层面板中，最后单击 按钮将当前材质赋予视图中的对象。按8键打开【环境和效果】对话框，单击【公共参数】卷展栏中【环境贴图】的【无】按钮，在弹出的【材质/贴图浏览器】对话框中选择【位图】材质，在该对话框中找到本书相关素材中的CDROM\Map\背景01.jpg，将【环境和效果】对话框中的背景材质拖动到第二个材质样本球的贴图中，在弹出的【实例（副本）贴图】对话框中选中【实例】单选按钮，在【坐标】卷展栏中，选中【环境】单选按钮，在【贴图】右侧的下拉列表中选择【屏幕】选项，设置【U】|【瓷砖】为1，设置【V】|【瓷砖】为1，如图2.51所示。

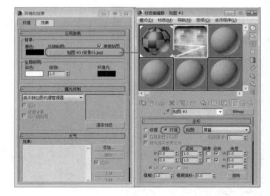

图 2.51

16 选择【创建】|【灯光】|【标准】|【天光】命令，在场景中绘制天光，并添加泛光灯，选择【创建】|【几何体】|【平面】工具，在场景中绘制平面，如图2.52所示。

图 2.52

2.3.3　建立圆柱体造型

选择【创建】|【几何体】|【标准基本体】|【圆柱体】工具，可以创建圆柱体，如图 2.53 所示。通过修改参数还可以做出棱柱体、局部圆柱或棱柱体，如图 2.53 所示。

图 2.53

01 在视图中单击并拖动鼠标，拉出底面圆形，释放并移动鼠标确定柱体的高度。

02 单击，完成柱体的制作。

03 调节参数改变柱体类型。

圆柱体的【参数】卷展栏如图 2.54 所示。

图 2.54

圆柱体各项参数的功能说明如下。

● 【半径】：确定底面和顶面的半径。

● 【高度】：确定柱体的高度。

● 【高度分段】：确定柱体在高度上的分段数。如果要弯曲柱体，高的分段数可以产生光滑的弯曲效果。

● 【端面分段】：确定两端面上沿半径的片段划分数。

● 【边数】：确定圆周上的片段划分数（即棱柱的边数），对于圆柱体，边数越多越光滑。

● 【平滑】：是否在建立柱体的同时进行表面自动光滑，对圆柱体而言应将其开启；对棱柱体而言要将其关闭。

● 【启用切片】：设置是否开启切片设置，开启它，可以在下面的设置中调节柱体局部切片的大小。

● 【切片起始位置】/【切片结束位置】：控制沿柱体轴切片的度数。

● 【生成贴图坐标】：自动指定贴图坐标。

● 【真实世界贴图大小】：选中此复选框，贴图大小将由绝对尺寸决定，与对象的相对尺寸无关；若不选中，则贴图大小符合创建对象的尺寸。

2.3.4　建立圆环造型

【圆环】工具可用来制作立体的圆环圈，截面为正多边形，通过对正多边形边数、光滑度，以及旋转等属性的控制来产生不同的圆环效果，如图 2.55 所示。

图 2.55

01 选择【创建】|【几何体】|【标准基本体】|【圆环】工具，在视图中单击并拖动鼠标，拉出一级圆环。

02 释放并移动鼠标，确定二级圆环，单击，完成圆环的制作，如图 2.56 所示。

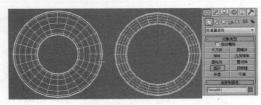

图 2.56

03 调节参数，控制形态。

圆环的【参数】卷展栏如图 2.57 所示。

图 2.57

圆环各项参数的功能说明如下。

- 【半径1】：设置圆环中心与截面正多边形的中心距离。
- 【半径2】：设置截面正多边形的内径。
- 【旋转】：设置每一片段截面沿圆环轴旋转的角度，如果进行扭曲设置或以不光滑表面着色，可以看到其效果。
- 【扭曲】：设置每个截面扭曲的度数，产生扭曲的表面。
- 【分段】：确定圆周上片段划分的数目，值越大，得到的圆形越光滑，较少的值可以制作几何棱环，例如台球桌上的三角框。
- 【边数】：设置环形横截面圆形的边数。通过减小此数值，可以创建类似于棱锥的横截面，而不是圆形。
- 【平滑】选项组：设置光滑属性。
  - ➢ 【全部】：对整个表面进行光滑处理。
  - ➢ 【侧面】：光滑相邻面的边界。
  - ➢ 【无】：不进行光滑处理。
  - ➢ 【分段】：光滑每个独立的片段。
- 【启用切片】：是否进行切片设置，开启它可进行更多设置，制作局部的圆环。
- 【切片起始位置】/【切片结束位置】：分别设置切片两端切除的幅度。
- 【生成贴图坐标】：自动指定贴图坐标。
- 【真实世界贴图大小】：选中此复选框，贴图大小将由绝对尺寸决定，与对象的相对尺寸无关；若不选中，则贴图大小符合创建对象的尺寸。

2.3.5　建立圆锥造型

【圆锥体】工具可用来制作圆锥、圆台、棱锥、棱台，以及它们的局部，如图 2.58 所示。这是一个制作功能比较强大的建模工具。

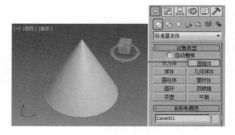

图 2.58

选择【创建】|【几何体】|【标准基本体】|【圆锥体】工具后，即可在视图中创建圆锥体。

01 在顶视图中单击并拖动鼠标，拉出圆锥体的一级半径。

02 释放鼠标并向上移动，定义圆锥的高度。

03 单击并向圆锥的内侧或外侧拖动鼠标，定义圆锥的二级半径。

04 单击鼠标，完成圆锥体的创建，如图 2.59 所示。

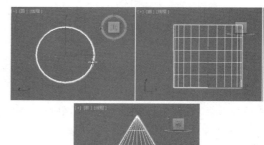
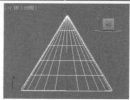

图 2.59

【圆锥体】工具的【参数】卷展栏如图 2.60 所示。

图 2.60

【圆锥体】工具各项参数的功能说明如下。

- 【半径1】/【半径2】：分别设置锥体两个端面（顶面和底面）的半径。如果两个值都不为0，则产生圆台或棱台体；如果有一个值为0，则产生锥体；如果两值相等，则产生柱体。

- 【高度】：设置锥体的高度。

- 【高度分段】：设置锥体高度上的划分段数。

- 【端面分段】：设置两端平面沿半径辐射的片段划分数。

- 【边数】：设置端面圆周上的片段划分数。值越高，锥体越光滑。对棱锥来说，边数决定它属于几棱锥。

- 【平滑】：是否进行表面光滑处理。开启它，产生圆锥、圆台；关闭它，产生棱锥、棱台。

- 【启用切片】：是否进行局部切片处理，制作不完整的锥体。

- 【切片起始位置】/【切片结束位置】：分别设定切片局部的起始和终止幅度。

- 【生成贴图坐标】：自动指定贴图坐标。

- 【真实世界贴图大小】：选中此复选框，贴图大小将由绝对尺寸决定，与对象的相对尺寸无关；若不选中，则贴图大小符合创建对象的尺寸。

2.3.6 建立管状体造型

【管状体】用来建立各种空心管状物体，包括圆管、棱管以及局部圆管，如图2.61所示。

图2.61

01 选择【创建】 | 【几何体】 | 【标准基本体】

|【管状体】工具，在视图中单击并拖动鼠标，拉出一个圆形线圈。

02 释放并移动鼠标，确定圆环的大小。单击并移动鼠标，确定圆管的高度。

03 单击鼠标，完成圆管的制作。

管状体的【参数】卷展栏如图2.62所示。

图2.62

管状体各项参数的功能说明如下。

- 【半径1】/【半径2】：分别确定圆管的内径和外径。

- 【高度】：确定圆管的高度。

- 【高度分段】：确定圆管高度上的片段划分数目。

- 【端面分段】：确定上下底面沿半径轴的分段数目。

- 【边数】：设置圆周上边数的多少。值越大，圆管越光滑；对棱管来说，边数值决定它属于几棱管。

- 【平滑】：对圆管的表面进行光滑处理。

- 【启用切片】：是否进行局部圆管切片。

- 【切片起始位置】/【切片结束位置】：分别限制切片局部的幅度。

- 【生成贴图坐标】：自动指定贴图坐标。

- 【真实世界贴图大小】：选中此复选框，贴图大小将由绝对尺寸决定，与对象的相对尺寸无关；若不选中，则贴图大小符合创建对象的尺寸。

2.4 创建扩展三维造型

扩展基本体是3ds Max复杂基本体的集合，本节将介绍几个在实际操作中常用到的扩展基本体。

2.4.1 异面体

使用【异面体】可通过几个系列的多面体生成对象，如图 2.63 所示。

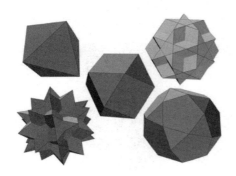

图 2.63

01 选择【创建】■|【几何体】○|【扩展基本体】|【异面体】工具，在其【参数】卷展栏中设置各项参数。

02 设置完成后在任意视图中单击并拖动鼠标，然后释放鼠标，完成异面体的创建。

异面体的【参数】卷展栏如图 2.64 所示。

图 2.64

异面体各项参数的功能说明如下。

【系列】选项组：使用该组参数可选择要创建的多面体类型。

- 【四面体】：创建一个四面体。

- 【立方体/八面体】：创建一个立方体或八面多面体（取决于参数设置）。

- 【十二面体/二十面体】：创建一个 12 面体或 20 面体（取决于参数设置）。

- 【星形 1】/【星形 2】：创建两个不同的类似星形的多面体。

提示

用户可以在异面体类型之间设置动画。单击启用【自动关键点】按钮，转到任意帧，然后选中【系列】单选按钮。类型之间没有插值，模型只是从一个星形跳转到立方体或四面体，如此而已。

【系列参数】选项组：用于设置 P、Q 参数。

- 【P】/【Q】：为多面体顶点和面之间提供两种方式变换的关联参数。

【轴向比率】选项组：多面体可以拥有多达 3 种多面体的面，如三角形、方形或五角形。这些面可以是规则的，也可以是不规则的。如果多面体只有一种或两种面，则只有一个或两个轴向比率参数处于活动状态，不活动的参数不起作用。

- 【P】/【Q】/【R】：控制多面体一个面反射的轴。实际上，这些字段具有将其对应面推进或推出的效果，默认值为 100。

- 【重置】：将轴返回默认设置。

【顶点】选项组：该选项组中的参数决定多面体每个面的内部几何体。【中心】和【中心和边】会增加对象中的顶点数，因此增加面数。这些参数不可设置动画。

- 【基点】：面的细分不能超过最小值。

- 【中心】：通过在中心放置另一个顶点（其中的边是从每个中心点到面角）来细分每个面。

- 【中心和边】：通过在中心放置另一个顶点（其中边是从每个中心点到面角，以及到每个边的中心）来细分每个面。与【中心】相比，【中心和边】会使多面体中的面数加倍。

- 【半径】：以当前单位设置任何多面体的半径。

- 【生成贴图坐标】：自动指定贴图坐标。

2.4.2 环形结

使用【环形结】可以通过在正常平面中围绕 3D 曲线绘制 2D 曲线来创建复杂或带结的环形。3D 曲线（称为基础曲线）既可以是圆形，也可以是环形结，如图 2.65 所示。

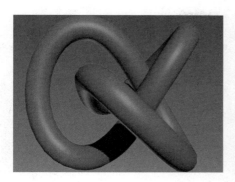

图 2.65

01 选择【创建】 ▓ |【几何体】 ◎ |【扩展基本体】|【环形节】工具，在任意视口中进行单击并拖动鼠标，先定义环形结的大小。

02 再垂直移动鼠标可定义半径，单击以完成环形的创建。

环形节的【参数】卷展栏如图 2.66 所示。

图 2.66

环形节各项参数的功能说明如下。

【基础曲线】选项组：提供影响基础曲线的参数。

- 【结】/【圆】：使用【结】时，环形将基于其他各种参数自身交织；如果使用【圆】，基础曲线是圆形。

- 【半径】：设置基础曲线的半径。

- 【分段】：设置围绕环形周界的分段数。

- 【P】/【Q】：描述上下（P）和围绕中心（Q）的缠绕数值（只有在选中【结】时才处于活动状态）。

- 【扭曲数】：设置曲线周围的星形中的【点】数（只有在选中【圆】时才处于活动状态）。

- 【扭曲高度】：设置指定为基础曲线半径百分比的【点】的高度。

【横截面】选项组：提供影响环形结横截面的参数。

- 【半径】：设置横截面的半径。

- 【边数】：设置横截面周围的边数。

- 【偏心率】：设置横截面主轴与副轴的比率。值为 1 将提供圆形横截面，其他值将创建椭圆形的横截面。

- 【扭曲】：设置横截面围绕基础曲线扭曲的次数。

- 【块】：设置环形结中的凸出数量。要注意，【块高度】微调器值必须大于 0 才能看到相应的效果。

- 【块高度】：设置块的高度，作为横截面半径的百分比。要注意，【块】微调器值必须大于 0 才能看到相应的效果。

- 【块偏移】：设置块起点的偏移，以度数来测量，该值的作用是围绕环形设置块的动画。

【平滑】选项组：提供用于改变环形结平滑显示和渲染的选项。这种平滑不能移动或细分几何体，只能添加平滑组信息。

- 【全部】：对整个环形结进行平滑处理。

- 【侧面】：只对环形结的相邻面进行平滑处理。

- 【无】：环形结为面状效果。

【贴图坐标】选项组：提供指定和调整贴图坐标的方法。

- 【生成贴图坐标】：基于环形结的几何体指定贴图坐标。

- 【偏移 U/V】：设置沿着 U 向和 V 向偏移贴图坐标。

- 【平铺 U/V】：设置沿着 U 向和 V 向平铺贴图坐标。

2.4.3 切角长方体

使用【切角长方体】工具可以创建具有倒角或圆形边的长方体，如图2.67所示。

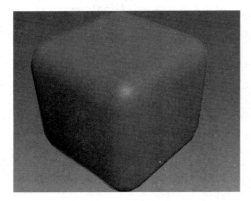

图 2.67

01 选择【创建】 | 【几何体】 | 【扩展基本体】 | 【切角长方体】工具，在任意视口单击并拖动鼠标确定切角长方体底部，然后释放鼠标。

02 再次垂直移动鼠标确定长方体的高度，单击设置其高度。然后再次移动鼠标确定圆角的半径，释放鼠标完成切角长方体的创建。

切角长方体的【参数】卷展栏如图2.68所示。

图 2.68

切角长方体各项参数的功能说明如下。

- 【长度】、【宽度】、【高度】：设置切角长方体的相应维度。

- 【圆角】：切开切角长方体的边。值越高切角长方体边上的圆角将更加精细。

- 【长度分段】、【宽度分段】、【高度分段】：设置沿着相应轴的分段数量。

- 【圆角分段】：设置长方体圆角边时的分段数，添加圆角分段将增加圆形边。

- 【平滑】：混合切角长方体的面的显示，从

而在渲染视图中创建平滑的外观。

- 【生成贴图坐标】：生成将贴图材质应用于切角长方体的坐标，默认设置为启用。

- 【真实世界贴图大小】：控制应用于该对象的纹理贴图材质所使用的缩放方法。缩放值由位于应用材质的【坐标】卷展栏中的【使用真实世界比例】控制。默认设置为禁用状态。

上机小练习：鞋盒

本例将讲解制作鞋盒的方法，其效果如图2.69所示。

图 2.69

01 选择【创建】 | 【几何体】 | 【扩展基本体】 | 【切角长方体】工具，在顶视图中创建切角长方体，将切角长方体的【名称】设置为【鞋盒盖】，在【参数】卷展栏中，将【长度】、【宽度】、【高度】、【圆角】的参数分别设置为172、328、18、2，【圆角分段】设置为3，如图2.70所示。

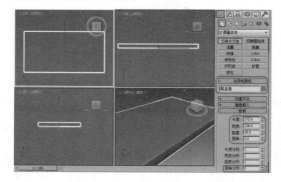

图 2.70

02 切换至【修改】面板，为图形添加【编辑多边形】修改器，将选择集定义为【多边形】，激活透视视图，并旋转视图，选择底部的多边形，按Delete键删除，删除后的效果如图2.71所示。

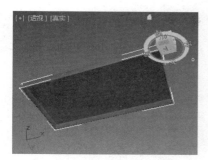

图 2.71

03 关闭当前选择集，选择【创建】|【几何体】|【扩展基本体】|【切角长方体】工具，在顶视图中绘制切角长方体，将切角长方体的【名称】设置为【鞋盒】，在【参数】卷展栏中，将【长度】、【宽度】、【高度】、【圆角】的参数分别设置为 172、328、110、2，如图 2.72 所示。

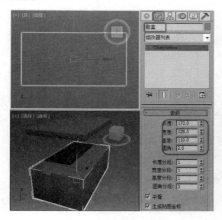

图 2.72

04 切换至【修改】面板，为图形添加【编辑多边形】修改器，将选择集定义为【多边形】，激活透视视图，选中顶部的多边形，按 Delete 键删除，删除后的效果如图 2.73 所示。

图 2.73

05 关闭当前选择集，使用【选择并移动】工具，移动对象，如图 2.74 所示。

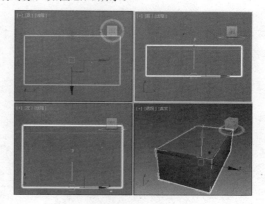

图 2.74

06 选择【鞋盒盖】对象，添加【UVW 贴图】修改器，如图 2.75 所示。

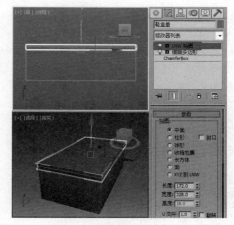

图 2.75

07 使用同样的方法，为【鞋盒】添加【UVW 贴图】修改器，如图 2.76 所示。

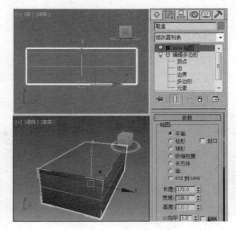

图 2.76

08 按 M 键弹出【材质编辑器】对话框，将【名称】设置为【鞋盒盖】，【自发光】设置为 30，如图 2.77 所示。

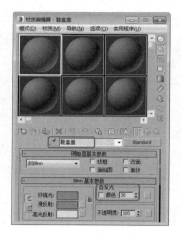

图 2.77

09 单击【漫反射】右侧的按钮，弹出【材质 / 贴图浏览器】对话框，选择【位图】选项，单击【确定】按钮，弹出【选择位图图形文件】对话框，在弹出的对话框中选择【鞋盒材质 1.jpg】贴图文件，如图 2.78 所示。

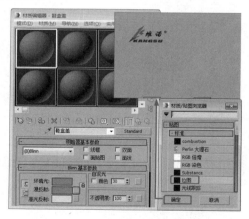

图 2.78

10 单击【转到父对象】按钮，选择【鞋盒盖】对象，单击【将材质指定给选定对象】和【视口中显示明暗处理材质】按钮，如图 2.79 所示。

图 2.79

11 选择一个新的材质样本球，将【名称】设置为【鞋盒】，【环境光】和【漫反射】的颜色均设置为白色，【自发光】设置为 30，如图 2.80 所示。

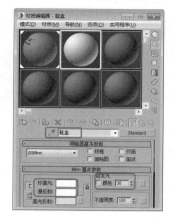

图 2.80

12 单击【漫反射】右侧的按钮，弹出【材质 / 贴图浏览器】对话框，选择【位图】选项，单击【确定】按钮，弹出【选择位图图形文件】对话框，在弹出的对话框中选择【鞋盒材质 2.jpg】贴图文件，如图 2.81 所示。

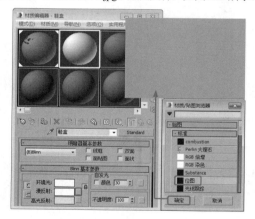

图 2.81

13 单击【转到父对象】按钮，选择【鞋盒】对象，单击【将材质指定给选定对象】和【视口中显示明暗处理材质】按钮，如图 2.82 所示。

图 2.82

14 按8键弹出【环境和效果】对话框，在【公用参数】卷展栏中单击【无】按钮，在弹出的【材质/贴图浏览器】对话框中双击【位图】贴图，再在弹出的对话框中打开本书相关素材中的【鞋盒背景.JPG】素材文件，如图2.83所示。

图 2.83

15 在【环境和效果】对话框中将环境贴图拖曳至新的材质样本球上，在弹出的【实例（副本）贴图】对话框中选中【实例】单选按钮，并单击【确定】按钮，在【坐标】卷展栏中，将贴图设置为【屏幕】，如图2.84所示。

图 2.84

16 激活透视视图，按 Alt+B 快捷键，在弹出的对话框中选中【使用环境背景】单选按钮，设置完成后，单击【确定】按钮，显示背景后的效果，如图2.85所示。

图 2.85

17 选择【创建】|【几何体】|【标准基本体】|【长方体】工具，在顶视图中绘制长方体，切换至【修改】面板，将【颜色】设置为【白色】，【参数】卷展栏下方的【长度】、【宽度】、【高度】分别设置为2255、1870、1，【长度分段】、【宽度分段】、【高度分段】均设置为1，适当调整对象的位置，如图2.86所示。

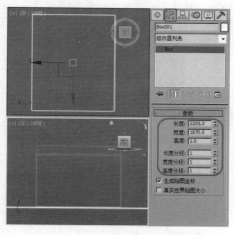

图 2.86

18 按M键弹出【材质编辑器】对话框，单击【Standard】按钮，弹出【材质/贴图浏览器】对话框，选择【天光/投影】材质，单击【确定】按钮，选择绘制的长方体，单击【将材质指定给选定对象】按钮，如图2.87所示。

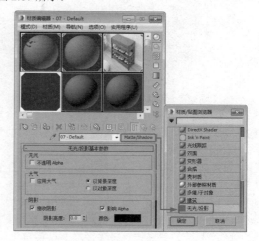

图 2.87

19 继续选择长方体对象，右击，在弹出的快捷菜单中执行【对象属性】命令，如图2.88所示。

20 弹出【对象属性】对话框，选中【透明】复选框，单击【确定】按钮，如2.89所示。

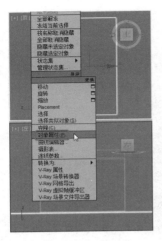

图 2.88

图 2.89

21 选择【创建】 |【摄影机】 |【目标】工具，在视图中创建摄影机，激活透视视图，按 C 键将其转换为摄影机视图，在其他视图中调整摄影机的位置，效果如图 2.90 所示。

22 选择【创建】 |【灯光】 |【标准】|【泛光】工具，在顶视图中创建泛光，适当调整泛光的位置，切换至【修改】面板，展开【常规参数】卷展栏，选中【阴影】选项组中的【启用】复选框，展开【强度/颜色/衰减】卷展栏，将【倍增】设置为 0.2，如图 2.91 所示。

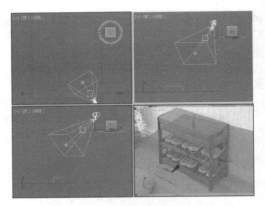

图 2.90

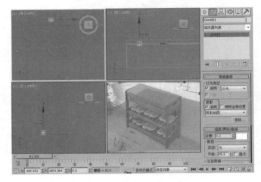

图 2.91

23 选择【创建】 |【灯光】 |【标准】|【天光】工具，在顶视图中创建天光，适当调整天光的位置，切换至【修改】面板，选中【渲染】选项组中的【投射阴影】复选框，如图 2.92 所示。至此，鞋盒效果就制作完成了，激活透视视图，按 F9 键对完成后的场景进行渲染、保存即可。

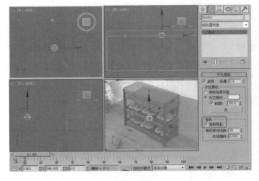

图 2.92

2.5 编辑修改堆栈的使用

编辑修改器堆栈是用来管理应用到对象上的编辑修改器的空间，在【修改】 命令面板中使用修改器的同时，就进入了堆栈中。在对象的堆栈内，多个修改器的选择集，甚至不相邻的选择集可以被剪切、复制和粘贴。这些编辑修改器的选择集也可以应用于完全不同的对象上。

2.5.1 堆栈的基本功能及使用

在 3ds Max 2016 软件中，编辑修改器堆栈是功能最强大的。编辑修改器堆栈包含了一个列表和五个按钮，如图 2.93 所示。要掌握 3ds Max 2016，熟练使用编辑修改器堆栈和工具栏是最重要的。编辑修改器堆栈提供了访问每个对象建模历史的工具，在进行的每个建模操作都存储在那里，以便于返回相应步骤调整或者删除。堆栈中的操作可以与场景一起保存，直到删除为止，这样可以顺利完成建模工作。

图 2.93

编辑修改器堆栈本身是一个列表。当选择一个对象后，添加给对象的每个编辑修改器都会显示在堆栈列表中，并且最后添加的编辑修改器会显示在堆栈顶部，如图 2.94 所示。添加给对象的第一个编辑修改器，也就是 3ds Max 2016 作用于对象的最早信息显示在堆栈的底部。对于基本几何体来说，它们的参数总是在堆栈的底部。由于这是对象的开始状态，因此，不能在堆栈中的下面再放置编辑修改器。

图 2.94

堆栈列表周围的按钮在管理堆栈方面的作用不同。堆栈中的每一个条目都可以单独操作和显示。

【锁定堆栈】：冻结堆栈的当前状态，它使你能够在变换场景对象的情况下，仍然保持原来选择对象的编辑修改器的激活状态。

【显示最终结果开 / 关切换】：确定堆栈中的其他编辑修改器是否显示它们的结果，这使你能够直接看到编辑修改器的效果，而不必被其他的编辑修改器影响。建模者常在调整一个编辑修改器的时候关闭该按钮，在检查编辑修改器的效果时开启该按钮。当堆栈的剩余部分需要内存太多，且交互加强的时候，关闭该按钮可以节省时间。

【使唯一】：使对象关联编辑修改器独立。该按钮用来除去共享同一编辑修改器的其他对象的关联，它断开了与其他对象的关联。

【从堆栈中移除修改器】：从堆栈中删除选择的编辑修改器。

【配置修改器集】：单击该按钮将弹出一个菜单，通过该菜单，可以配置如何在【修改】命令面板中显示和选择修改器。在菜单中选择【配置修改器集】命令，将弹出【配置修改器集】对话框，如图 2.95 所示。在该对话框中可以设置编辑修改器列表中编辑修改器的个数，以及将编辑修改器加入或者移出编辑修改器列表。

可以按照使用习惯及兴趣任意地重新组合按钮类型。在对话框中，【按钮总数】用来设置列表中所能够容纳的编辑修改器的数量，在左侧的编辑修改器的名称上双击，即可将该编辑修改器加入到列表中。或者直接用鼠标拖曳，也可以将编辑修改器从列表中加入或删除。

　　单击【配置修改器集】按钮 后，在弹出的菜单中选择【显示按钮】命令，可以将编辑修改器以按钮形式显示，如图 2.96 所示。

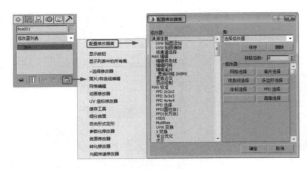

图 2.95

图 2.96

　　菜单中的【显示列表中的所有集】命令可以将默认的编辑修改器中的编辑器，按照功能的不同进行有效划分，使用户在设置操作中便于查找和选择。

　　💡：切换当前编辑修改器的结果是否应用于对象。没有激活时编辑修改器是不起任何作用的。只有当此选项处于激活状态时，编辑修改器的数据才能传递给选择的对象，默认状态为激活。

　　在【编辑堆栈】对话框中可以对当前所选择的修改器进行特定的编辑，例如编辑修改显示、独立或删除等操作，唯独缺少了最为关键的【塌陷】选项，并且在【配置修改器集】 中也没有了塌陷堆栈等诸多命令工具。

　　其实，作为编辑堆栈中最为重量级的塌陷堆栈选项并没有被取消，它被安置在右键快捷菜单中了。在操作中，只需在修改器堆栈区域右击，在弹出的快捷菜单中选择【塌陷到】或者【塌陷全部】命令塌陷堆栈，如图 2.97 所示。

图 2.97

2.5.2　塌陷堆栈

　　编辑修改器堆栈中的每一步都将占用内存，这对于宝贵的内存来说是非常糟糕的事情。为了使被编辑修改的对象占用尽可能少的内存，可以塌陷堆栈。塌陷堆栈的操作非常简单。

01 在编辑堆栈区域中右击。
02 在弹出的快捷菜单中选择一种塌陷类型。
03 如果选择【塌陷到】命令，可以将当前选择的一个编辑修改器和在它下面的编辑修改器塌陷；如果选择【塌陷全部】命令可以将所有堆栈列表中的编辑修改器塌陷。

　　通常在建模已经完成，并且不再需要进行调整时执行【塌陷堆栈】操作，塌陷后的堆栈不能进行恢复，因此执行此操作时一定要慎重。

2.6　编辑修改模型

　　使用基本对象创建工具只能创建一些简单的模型，如果想修改模型，使其有更多的细节并增加逼真程度，就要用到编辑修改器。在上一节，我们对编辑修改器堆栈有了一定的认识，接下来将学习如何使用编辑修改器修改模型。

2.6.1　了解编辑修改器

每一个编辑修改器都有很强的模型塑造能力，但是在 3ds Max 中，很少单独使用某一个编辑修改器，一般都为组合使用。组合使用编辑修改器能大幅度提高建模的灵活性。

编辑修改器的应用非常简单，首先选择操作对象，然后在【修改】🗹命令面板中的【修改器列表】中选择编辑修改器，即可编辑修改对象，如图 2.98 所示。编辑修改器被分配在编辑修改器堆栈的当前层，并准备接受数值。新添加的编辑修改器总是位于堆栈的顶层。

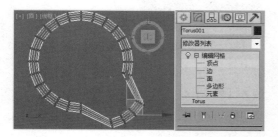

图 2.98

2.6.2　【弯曲】修改器

【弯曲】修改器可以对物体进行弯曲处理，如图 2.99 所示，可以调节弯曲的角度和方向，以及弯曲依据的坐标轴向，还可以限制弯曲在一定区域内，弯曲的【参数】卷展栏如图 2.100 所示。

图 2.99

图 2.100

【弯曲】修改器的各项参数的功能说明如下。

【弯曲】选项组：用于设置弯曲的角度和方向。

- 【角度】：设置弯曲的角度大小，为 1°～360°。

- 【方向】：用来调整弯曲方向的变化。

【弯曲轴】选项组：设置弯曲的坐标轴向。

【限制】选项组。

- 【限制效果】：对物体指定限制效果，影响区域将由上、下限值来确定。

- 【上限】：设置弯曲的上限，在此限度以上的区域将不会受到弯曲影响。

- 【下限】：设置弯曲的下限，在此限度与上限之间的区域将都受到弯曲影响。

除了这些基本的参数之外，【弯曲】修改器还包括两个次物体选择集：Gizmo 和【中心】，对于 Gizmo，可以对其进行移动、旋转、缩放等变换操作，在进行这些操作时将影响弯曲的效果。【中心】也可以被移动，从而改变弯曲所依据的中心点。

下面将通过对四边形面片的弯曲来更深入地认识和了解【弯曲】修改器。

01 选择【创建】✳|【几何体】◎|【面片栅栏】|【四边形面片】工具，并在顶视图中创建一个【长度】、【宽度】、【宽度分段】分别为 160、300、30 的四边形面片，如图 2.101 所示。

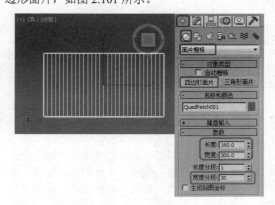

图 2.101

02 切换到【修改】🗹命令面板，在【修改器列表】中选择【弯曲】修改器，将当前选择集定义为【中心】。在顶视图中，将中心轴沿 X 轴向右拖动，在【参数】卷展栏中，设置弯曲【角度】为 –1080°，在【弯曲轴】选项组中选中 X 轴，选择【限制效果】复选框，将【上限】设置为 300，此时会发现面片已卷起，如图 2.102 所示。

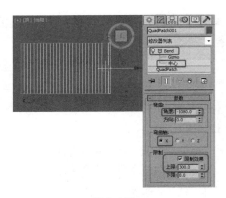

图 2.102

03 将时间滑块拖至99帧处，单击【自动关键点】按钮，将顶视图中的中心轴沿 X 轴向左拖动，将其卷起，如图 2.103 所示，单击关闭【自动关键点】按钮，再单击【播放】按钮，即可观看动画效果。

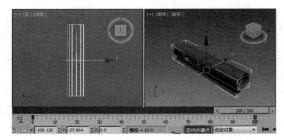

图 2.103

注意

在使用【弯曲】修改器之前，必须为弯曲的模型设置足够的分段值，如需要对圆柱体进行弯曲时，必须将【高度分段】值设置得高一些，以便使弯曲之后的模型比较光滑。

2.6.3 【锥化】修改器

【锥化】修改器是通过缩放物体的两端而产生锥形的轮廓，同时还可以加入光滑的曲线轮廓，允许控制锥化的倾斜度、曲线轮廓的曲度，还可以限制局部锥化效果，如图 2.104 所示。

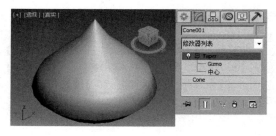

图 2.104

【锥化】修改器的【参数】卷展栏（如图 2.105 所示）中各参数的功能说明如下。

图 2.105

【锥化】选项组。

- 【数量】：设置锥化倾斜的程度。

- 【曲线】：设置锥化曲线的弯曲程度。

【锥化轴】选项组：设置锥化依据的坐标轴向。

- 【主轴】：设置基本依据轴向。

- 【效果】：设置影响效果的轴向。

- 【对称】：设置一个对称的影响效果。

【限制】选项组。

- 【限制效果】：打开限制效果，允许限制锥化影响在 Gizmo 物体上的范围。

- 【上限】/【下限】：分别设置锥化限制的区域。

接下来以一个圆柱体为例，讲解【锥化】修改器的使用方法。

01 选择【创建】 |【几何体】 |【标准基本体】 |【圆柱体】工具，在顶视图中创建一个【半径】、【高度】、【高度分段】、【边数】分别为32、126、5、18的圆柱体。

02 切换到【修改】 命令面板，在【修改器列表】中选择【锥化】修改器，在【参数】卷展栏中，将【数量】设置为0.05，【曲线】设置为 −2.45，【主轴】设置为 Z 轴，【效果】设置为 XY 轴，如图 2.106 所示。

提示

【锥化】修改器与【弯曲】修改器相同，也有 Gizmo 和【中心】两个次物体选择集。

图 2.106

2.6.4 【扭曲】修改器

【扭曲】修改器可以沿指定轴向扭曲物体的顶点，从而产生扭曲的表面效果。它允许限制物体的局部受到扭曲作用，如图 2.107 所示。

图 2.107

【扭曲】修改器的【参数】卷展栏如图 2.108 所示。

图 2.108

各项参数的功能说明如下。

【扭曲】选项组。

- 【角度】：设置扭曲的角度大小。

- 【偏移】：设置扭曲向上或向下的偏向度。

【扭曲轴】选项组：设置扭曲依据的坐标轴向。

【限制】选项组。

- 【限制效果】：打开限制效果，允许限制扭曲影响在 Gizmo 物体上的范围。

- 【上限】/【下限】：分别设置扭曲限制的区域。

2.6.5 【倾斜】修改器

【倾斜】修改器对物体或物体的局部在指定的轴向上产生偏斜变形，【倾斜】修改器的【参数】卷展栏如图 2.109 所示。

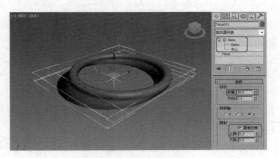

图 2.109

其中各项参数的功能说明如下。

【倾斜】选项组。

- 【数量】：设置与垂直平面偏斜的角度，在 1 ～ 360 之间，值越大，偏斜越大。

- 【方向】：设置偏斜的方向（相对于水平面），在 1 ～ 360 之间。

【倾斜轴】选项组：设置偏斜依据的坐标轴向。

【限制】选项组。

- 【限制效果】：打开限制效果，允许限制偏斜影响在 Gizmo 物体上的范围。

- 【上限】/【下限】：分别设置偏斜限制的区域。

2.7 课堂实例——台灯

本例将讲解如何制作台灯，利用【圆柱体】和【布尔】工具创建出灯罩和灯罩顶边，利用【切角长方体】制作支架，利用【圆柱体】创建灯罩和灯，效果如图 2.110 所示，其中具体操作方法如下。

图 2.110

01 打开本书相关素材中的素材\第2章\【工艺灯.max】，选择【创建】|【几何体】|【扩展基本体】|【切角圆柱体】工具，在顶视图中创建一个【半径】为200，【高度】为10，【圆角】为1，【边数】为50的切角圆柱体，将其命名为【台灯底座】，如图2.111所示。

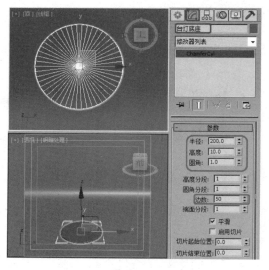

图 2.111

02 选择【创建】|【几何体】|【标准基本体】|【圆柱体】工具，在顶视图中创建【半径】为190，【高度】为600，【高度分段】为1，【边数】为50的圆柱体，将其命名为【灯罩】，再次使用【圆柱体】工具，绘制半径为180的圆柱体作为布尔运算的对象，如图2.112所示。

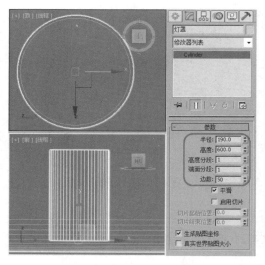

图 2.112

> **提示**
>
> 再次绘制圆柱体时，需要在状态栏中单击【捕捉开关】按钮，在弹出的对话框中选中【轴心】复选框。

03 在场景中选择【灯罩】对象，选择【创建】|【几何体】|【复合对象】|【布尔】工具，在【拾取布尔】卷展栏中单击【拾取操作对象B】按钮，在前视图中选择新创建的圆柱体，在【操作】选项组中选择【差集（A-B）】选项，如图2.113所示。

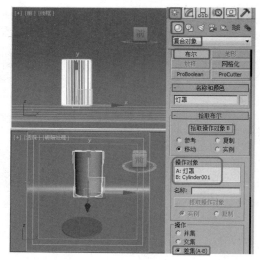

图 2.113

04 选择上一步创建的布尔对象，按Ctrl+V快捷键，在弹出的对话框中选择【复制】单选按钮，将【名称】定义为【灯罩顶边】，单击【确定】按钮，如图2.114所示。

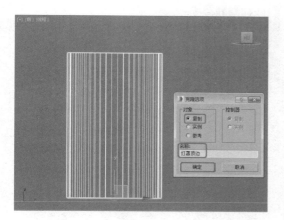

图 2.114

05 选择【灯罩顶边】，激活前视图，在工具箱中右击【选择并均匀缩放】工具，在弹出的对话框中将【绝对：局部】选项组中的【Z】设置为 2，如图 2.115 所示。

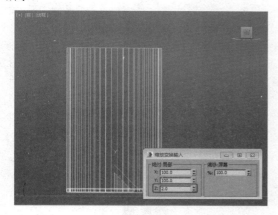

图 2.115

06 使用【选择并移动】工具，对文档中绘制的所有对象进行适当调整，完成后的效果如图 2.116 所示。

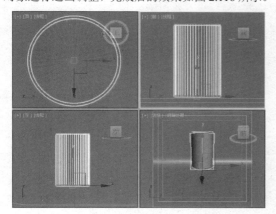

图 2.116

07 选择【创建】|【几何体】|【扩展基本体】|【切

角长方体】工具，在前视图中创建图形，在【参数】卷展栏中，将【长度】、【宽度】、【高度】、【圆角】、【长度分段】和【圆角分段】分别设置为 700、30、30、2、4 和 3，然后将其命名为【支架 1】，使用【选择并移动】工具在场景中调整图形的位置，如图 2.117 所示。

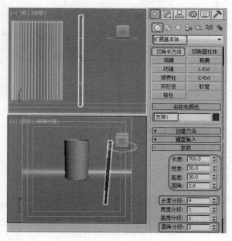

图 2.117

08 确定【支架 1】对象处于选中状态，单击【修改】按钮，进入【修改】命令面板，为其添加【编辑网格】修改器，将当前选择集定义为【顶点】，在场景中调整顶点的位置，完成后的效果如图 2.118 所示，关闭选择集。

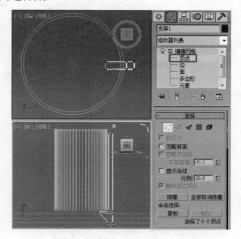

图 2.118

09 确定【支架 1】对象处于选中状态，激活顶视图，单击【层次】按钮，进入【层次】面板，选中【轴】选项，在【调整轴】组中单击【仅影响轴】按钮，选择工具箱中的【对齐】工具，在场景中选中【台灯底座】对象，在弹出的对话框中选中【X 位置】、【Y位置】和【Z 位置】3 个复选框，并选择【当前对象】

和【目标对象】选项组中的【轴点】单选按钮，设置完成后单击【确定】按钮，如图2.119所示。

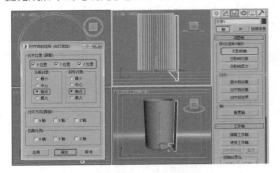

图 2.119

10 选择【支架1】对象，激活顶视图，执行【工具】|【阵列】命令，在弹出的对话框中，将【旋转】下的Z轴设置为120.0，【对象类型】设置为【复制】，【阵列维度】选项组中1D后面的【数量】设置为3，设置完成后单击【确定】按钮，如图2.120所示。

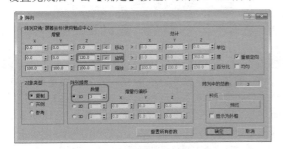

图 2.120

11 激活顶视图，单击开启【捕捉开关】按钮，选择【创建】|【几何体】|【圆柱体】工具，在顶视图中创建一个圆柱体，在【参数】卷展栏中，将【半径】、【高度】、【高度分段】和【边数】分别设置为42、106、1和50，然后将其命名为【灯口】，并放置到【台灯底座】的中央，如图2.121所示。

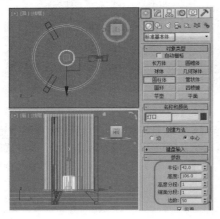

图 2.121

12 继续使用【圆柱体】工具在顶视图中创建一个圆柱体，在【参数】卷展栏中，将【半径】、【高度】、【高度分段】和【边数】分别设置为34、106、1和50，如图2.122所示。

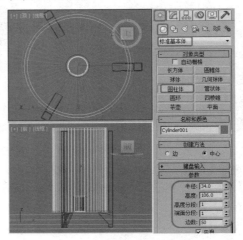

图 2.122

13 选择场景中的【灯口】对象，选择【创建】|【几何体】|【复合对象】|【布尔】工具，在【拾取布尔】卷展栏中单击【拾取操作对象B】按钮，在顶视图中选择圆柱体，在【操作】选项组中选择【差集（A-B）】单选按钮，如图2.123所示。

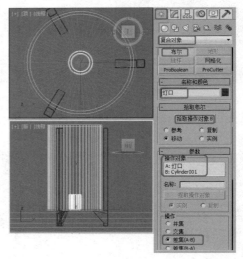

图 2.123

14 选择【创建】|【几何体】|【扩展基本体】|【切角圆柱体】工具，在顶视图中创建图形，在【参数】卷展栏中，将【半径】、【高度】、【圆角】、【圆角分段】和【边数】分别设置为38、400、20、6和50，然后在左视图中调整图形的位置，如图2.124所示。

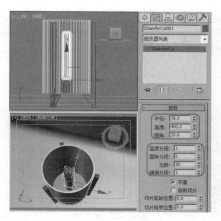

图 2.124

15 按 M 键打开【材质编辑器】，单击【获取材质】按钮，弹出【材质／贴图浏览器】对话框，单击【材质／贴图浏览器】按钮，在其下拉列表中选择【打开材质库】命令，打开本书相关素材中的 Map\【"灯材质库 .mat"】文件，单击【打开】按钮，选择空样本球，双击添加的材质，将其添加到【材质编辑器】中，如图 2.125 所示。

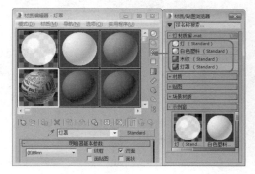

图 2.125

16 分别为台灯对象指定材质，如图 2.126 所示。

图 2.126

17 选择台灯对象，在菜单栏中执行【组】|【组】命令，将台灯成组，在命令行中输入 H 命令，弹出【从场景中选择】对话框，单击【Line001】左侧的按钮，将对象隐藏，如 2.127 所示。

图 2.127

18 按 8 键弹出【环境和效果】对话框，在【公用参数】卷展栏中单击【无】按钮，在弹出的【材质／贴图浏览器】对话框中双击【位图】贴图，再在弹出的对话框中打开本书相关素材中的【台灯背景 .JPG】素材文件，如图 2.128 所示。

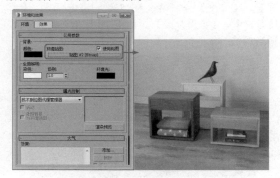

图 2.128

19 在【环境和效果】对话框中，将环境贴图拖曳至新的材质样本球上，在弹出的【实例（副本）贴图】对话框中选中【实例】单选按钮，并单击【确定】按钮，在【坐标】卷展栏中，将贴图设置为【屏幕】，如图 2.129 所示。

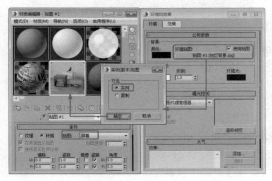

图 2.129

20 激活透视视图，按 Alt+B 快捷键，在弹出的对话框中单击【使用环境背景】单选按钮，设置完成后，单击【确定】按钮，显示背景后的效果，如图 2.130 所示。

图 2.130

21 选择【创建】|【几何体】|【标准基本体】|【长方体】工具，在顶视图中绘制长方体，切换至【修改】面板，将【参数】卷展栏下方的【长度】、【宽度】、【高度】分别设置为 1800、1800、0.3，【长度分段】、【宽度分段】、【高度分段】均设置为 1，适当调整对象的位置，如图 2.131 所示。

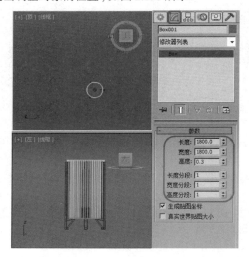

图 2.131

22 按 M 键弹出【材质编辑器】对话框，单击【Standard】按钮，弹出【材质 / 贴图浏览器】对话框，选择【天光 / 投影】材质，单击【确定】按钮，选择绘制的长方体，单击【将材质指定给选定对象】按钮，如图 2.132 所示。

23 继续选择长方体对象，右击，在弹出的快捷菜单中执行【对象属性】命令，如图 2.133 所示。

24 弹出【对象属性】对话框，选中【透明】复选框，单击【确定】按钮，如 2.134 所示。

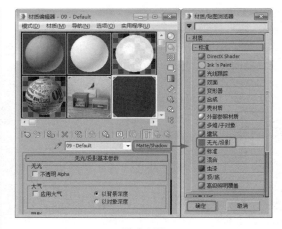

图 2.132

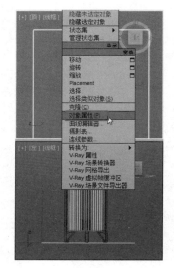

图 2.133

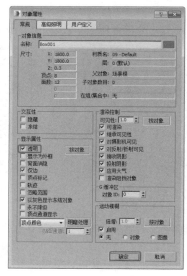

图 2.134

25 选择【台灯】对象，单击【选择并旋转】按钮，沿 Z 轴旋转 100°。选择【创建】▣|【摄影机】▨|【目标】工具，在视图中创建摄影机，激活透视视图，按 C 键将其转换为摄影机视图，在其他视图中调整摄影机位置，效果如图 2.135 所示。

26 选择【创建】▣|【灯光】◁|【标准】|【天光】工具，在顶视图中创建天光，适当调整天光的位置，如图 2.136 所示。至此，台灯就制作完成了，激活透视视图，按 F9 键对完成后的场景进行渲染、保存即可。

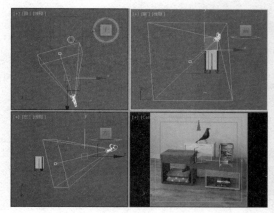

图 2.135

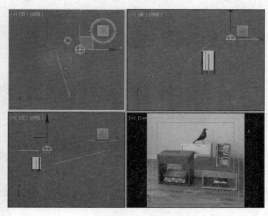

图 2.136

2.8 课后练习

1. 简述精确创建三维模型的方法？

2. 简述塌陷堆栈的作用？

第3章

二维图形的建模方法

二维图形是指由一条或多条样条线构成的平面图形，二维图形建模是三维造型的基础，一些使用三维建模无法制作的模型，可以通过使用二维图形并施加修改器来制作，本章将介绍二维图形的建模方法，以及将二维图形转换为三维模型的修改器。

3.1 二维建模的意义

在实际操作中，二维图形是三维模型建立的一个重要基础，二维图形有以下用途。

作为平面和线条物体：对于封闭的图形，加入网格物体编辑修改器，可以将它变为无厚度的薄片物体，用作地面、文字图案、广告牌等，也可以对其进行点面的加工，产生曲面造型，并且，设置在相应的参数后，这些图形也可以渲染。默认情况下以一个星形作为截面，产生带厚度的实体，并且可以指定贴图坐标，如图 3.1 和图 3.2 所示。

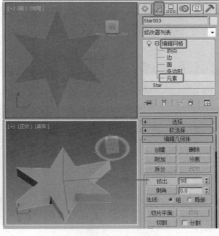

图 3.1   图 3.2

作为挤出、车削等加工成型的截面图形：可以经过【挤出】修改，增加厚度，产生三维框，【车削】将曲线图形进行中心旋转放样，产生三维模型。

作为放样物体使用的曲线：在放样过程中，使用的曲线都是图形，它们可以作为路径、截面图形，如图 3.3 所示为放样图形后并使用【缩放】命令调整的效果。

作为运动的路径：图形可以作为物体运动时的轨迹，使物体沿着它进行运动，如图 3.4 所示。

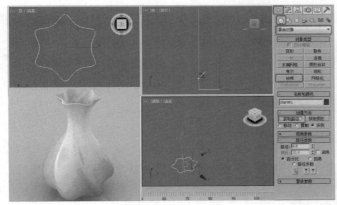

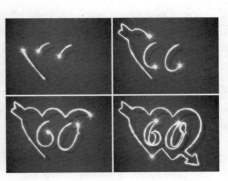

图 3.3   图 3.4

3.2 2D 对象的创建

2D 图形的创建是通过【创建】❄ |【图形】◎面板下的选项实现的，创建图形的面板如图 3.5 所示。大多数的曲线类型都有共同的设置参数，如图 3.6 所示。下面对各项通用参数的功能进行介绍。

图 3.5

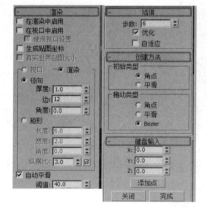

图 3.6

【渲染】卷展栏: 用来设置曲线的可渲染属性。

- 【在渲染中启用】：选中此复选框，可以在视图中显示渲染网格的厚度。

- 【在视口中启用】：选中该复选框，可以使设置的图形作为 3D 网格显示在视图中（该选项对渲染不产生影响）。

- 【使用视口设置】：控制图形按视图设置进行显示。

- 【生成贴图坐标】：对曲线指定贴图坐标。

- 【视口】：基于视图中的显示来调节参数（该选项对渲染不产生影响）。当【显示渲染网格】和【使用视口设置】两个复选框都被选中时，该选项可以被选中。

- 【渲染】：基于渲染器来调节参数，当选中【渲染】单选按钮时，图形可以根据【厚度】参数来渲染图形。

- 【厚度】：设置曲线渲染时的粗细。

- 【边】：设置可渲染样条曲线的边数。

- 【角度】：调节横截面的旋转角度。

【插值】卷展栏: 用来设置曲线的光滑程度。

- 【步数】：设置两顶点之间由多少个直线片段构成曲线，值越高，曲线越光滑。

- 【优化】：自动检查曲线上多余的【步数】片段。

- 【自适应】：自动设置【步数】数值，以产生光滑的曲线，直线的【步数】设置为 0。

【键盘输入】卷展栏: 使用键盘方式建立，只要输入所需要的坐标值、角度值及参数值即可，不同的工具会有不同的参数输入方式。

另外，除了【文本】、【截面】和【星形】工具之外，其他的创建工具都有一个【创建方法】卷展栏，该卷展栏中的参数需要在创建对象之前进行选择，这些参数一般用来确定是以边缘作为起点创建对象，还是以中心作为起点创建对象。只有【弧】工具的两种创建方式与其他对象不同。

3.2.1 线

【线】工具可以绘制任何形状的封闭或开放曲线（包括直线），如图 3.7 所示。

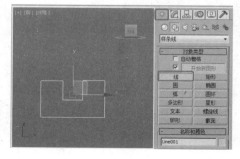

图 3.7

01 选择【创建】 |【图形】 |【样条线】|【线】工具，在视图中单击确定线条的第一个节点。

02 移动鼠标到达想要结束线段的位置单击，创建一个节点，右击结束直线段的创建。

提示

在绘制线条时，当线条的终点与第一个节点重合时，系统会提示是否关闭图形，单击【是】按钮即可创建一个封闭的图形；如果单击【否】按钮，则继续创建线条。在创建线条时，通过按住鼠标拖动，可以创建曲线。

在命令面板中，【线】的【创建方法】卷展栏如图 3.8 所示，这些选项需要在创建线条之前设置。

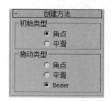

图 3.8

【线】的【创建方法】卷展栏中各项目的功能说明如下。

● 【初始类型】：设置单击后，拖曳出的曲线类型，包括【角点】和【平滑】两种，可以绘制出直线和曲线。

● 【拖动类型】：设置单击并拖动鼠标时引出的曲线类型，包括【角点】、【平滑】和【Bezier】三种，【Bezier】（贝赛尔）曲线是最优秀的曲度调节方式，通过两个控制柄来调节曲线的弯曲。

3.2.2 圆形

【圆】工具用来建立圆形，如图 3.9 所示。

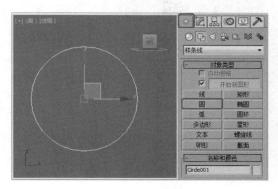

图 3.9

选择【创建】 |【图形】 |【样条线】|【圆】工具，在场景中单击并拖动来创建圆形。在【参数】卷展栏中只有一个【半径】参数可以设置，如图 3.10 所示。

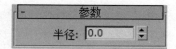

图 3.10

【半径】：设置圆形的半径大小。

3.2.3 弧形

【弧】工具用来制作圆弧曲线和扇形，如图 3.11 所示。

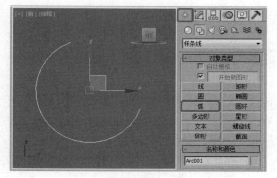

图 3.11

01 选择【创建】 |【图形】 |【样条线】|【弧】工具，在视图中单击并拖动鼠标，拖出一条直线。

02 到达一定的位置后释放鼠标，移动并单击，确定圆弧的半径。

当完成对象的创建之后，可以在命令面板中对其参数进行修改。其参数卷展栏如图 3.12 和图 3.13 所示。

图 3.12

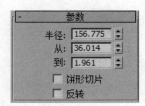

图 3.13

【弧】工具的各项功能说明如下。

【创建方法】卷展栏

- 【端点-端点-中央】：这种建立方式是先引出一条直线，以直线的两端点作为弧的两端点，然后移动鼠标，确定弧长。

- 【中心-端点-端点】：这种建立方式是先引出一条直线，作为圆弧的半径，移动鼠标，确定弧长，这种建立方式对扇形的建立非常有利。

【参数】卷展栏

- 【半径】：设置圆弧的半径大小。

- 【从】/【到】：设置弧起点和终点的角度。

- 【饼形切片】：打开此选项，将建立封闭的扇形。

- 【反转】：将弧线方向反转。

3.2.4　文本

　　【文本】工具可以直接产生文字图形，在中文版 Windows 平台中可以直接产生各种字体的中文字形，字形的内容、大小、间距都可以调整，在完成了动画制作之后，仍可以修改文字的内容。

　　选择【创建】|【图形】|【样条线】|【文本】工具，在【参数】卷展栏中的文本框中输入文本，然后在视图中直接单击即可创建文本图形，如图 3.14 所示。在【参数】卷展栏中可以对文本的字体、字号、间距以及文本的内容进行修改，【文本】工具的【参数】卷展栏如图 3.15 所示。

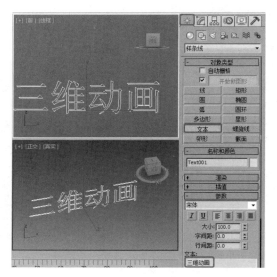

图 3.14

图 3.15

【参数】卷展栏中各项目的功能说明如下。

- 【大小】：设置文字的尺寸。

- 【字间距】：设置文字之间的间隔距离。

- 【行间距】：设置文字行与行之间的距离。

- 【文本】：用来输入文本文字。

- 【更新】：设置修改参数后，视图是否立刻进行更新显示。遇到大量文字处理时，为加快显示速度，可以开启【手动更新】选项，自行指示更新视图。

3.2.5　矩形

　　【矩形】工具是经常用到的一种工具，它可以用来创建矩形，如图 3.16 所示。

图 3.16

　　创建矩形与创建圆形时的方法基本一致，都是通过拖动鼠标来创建的。在【参数】卷展栏中包含3 个常用参数，如图 3.17 所示。

图 3.17

矩形【参数】卷展栏中各项目的功能说明如下。

- 【长度】/【宽度】：设置矩形的长、宽数值。
- 【角半径】：设置矩形的四角是直角，还是有弧度的圆角。

提示

创建矩形，配合 Ctrl 键可以创建正方形。

3.2.6　椭圆

【椭圆】工具可以用来绘制椭圆形，如图 3.18 所示。

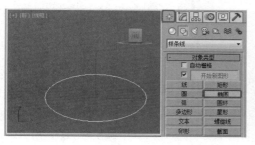

图 3.18

与圆形的创建方法相同，只是椭圆形使用【长度】和【宽度】两个参数来控制椭圆形的大小和形态，其【参数】卷展栏如图 3.19 所示。

图 3.19

3.2.7　圆环

【圆环】工具可以用来制作同心的圆环，如图 3.20 所示。

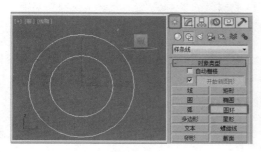

图 3.20

圆环的创建要比圆形稍麻烦一些，它相当于创建两个圆形，下面我们来创建一个圆环。

01 选择【创建】◈|【图形】◎|【样条线】|【圆环】工具，在视图中单击并拖动鼠标，拖曳出一个圆形后释放鼠标。

02 再次移动鼠标，向内或向外再拖曳出一个圆形，单击完成圆环的创建。

在【参数】卷展栏中圆环有两个半径参数（半径 1、半径 2），分别对两个圆形的半径进行设置，如图 3.21 所示。

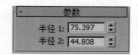

图 3.21

3.2.8　星形

【星形】工具可以建立多角星形，尖角可以钝化为圆角，制作齿轮图案；尖角的方向可以扭曲，产生倒刺状矩齿；参数的修改可以产生许多奇特的图案，因为它是可以渲染的，所以即使交叉，也可以用作一些特殊的图案花纹。

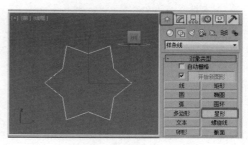

图 3.22

星形的创建方法如下。

01 选择【创建】◈|【图形】◎|【样条线】|【星形】工具，在视图中单击并拖动鼠标，定义一级半径。

02 释放鼠标左键后，再次拖曳出二级半径，单击完成星形的创建。

星形的【参数】卷展栏如图 3.23 所示。

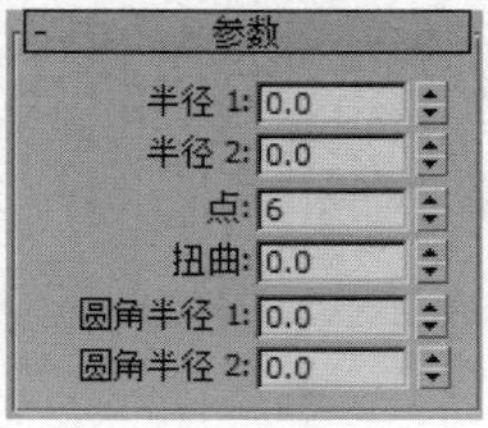

图 3.23

- 【半径1】/【半径2】：分别设置星形的内径和外径。

- 【点】：设置星形的尖角个数。

- 【扭曲】：设置尖角的扭曲度。

- 【圆角半径1】/【圆角半径2】：分别设置尖角的内外圆角半径。

上机小练习：五角星

五角星在日常生活中随处可见，本例将讲解如何利用 3d Max 软件制作五角星，如图 3.24 所示。首先利用【星形】命令，绘制出星形形状，并利用【挤出】和【编辑网格】修改器进行修改。

01 首先打开本书相关素材中的素材\第 3 章\【五角星素材 .dwg】文件，素材的效果如图 3.24 所示。

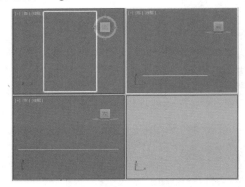

图 3.24

02 在命令面板中执行【创建】|【图形】|【星形】命令，在前视图中绘制星形形状，绘制的效果如图 3.25 所示。

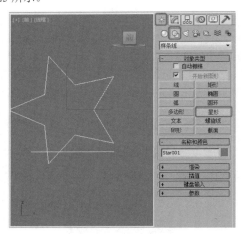

图 3.25

03 选择绘制的五角星图形对象，打开【修改】命令面板，将【名称】设置为【五角星】，【颜色】设置为【红色】，在【参数】卷展栏中，将【半径1】设置为 100，【半径2】设置为 35，【点】设置为 5，如图 3.26 所示。

图 3.26

04 在【修改】命令面板的【修改器列表】中选择【挤出】修改器，将【参数】卷展栏中的【数量】设置为 20，如图 3.27 所示。

图 3.27

05 选择五角星对象，在工具栏中单击【选择并旋转】按钮，将其旋转，如图 3.28 所示。

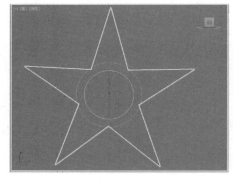

图 3.28

06 在【修改】命令面板中选择【编辑网格】修改器，并将当前选择集定义为【顶点】，在顶视图中框选如图 3.29 所示的顶点。

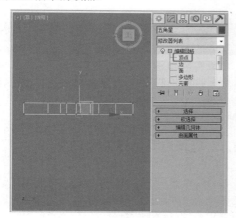

图 3.29

07 在工具栏中单击【选择并均匀缩放】按钮，在前视图中将选择的顶点进行缩放，使其缩放到最小，如图 3.30 所示。

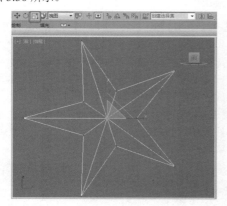

图 3.30

08 退出【顶点】选择集，显示摄影机。使用【选择并移动】和【选择并旋转】工具对对象进行适当移动和旋转，调整后的显示效果如图 3.31 所示。

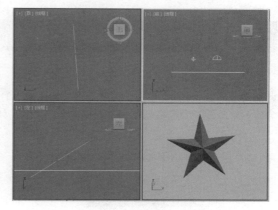

图 3.31

09 切换至摄影机视图中，按 F9 键进行渲染，渲染完成后的效果如图 3.32 所示。

图 3.32

3.3 建立二维复合造型

　　单独使用以上介绍的工具，一次只可以制作一个特定的图形，如圆形、矩形等，当我们需要创建一个连接并嵌套的复合图形时，则需要在【创建】■|【图形】◎命令面板中将【对象类型】卷展栏中的【开始新图形】复选框取消选中。在这种情况下，创建圆形、星形、矩形及椭圆形等图形，将不再创建单独的图形，而是创建一个复合图形，它们共用一个轴心点，也就是说，无论创建多少图形，都将视为一个图形，如图 3.33 所示。

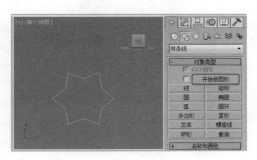

图 3.33

提示

当需要重新创建一个独立的图形时，不要忘了将【开始新图形】按钮前的复选框选中。

3.4 二维编辑修改器——编辑样条线

通常，直接使用【图形】工具创建的二维图形不能够直接生成三维物体，需要对它们进行编辑修改才能转换为三维物体。在对二维图形进行编辑修改时，【编辑样条线】修改器是首选工具，它提供了对顶点、分段、样条线 3 个次级物体级别的编辑修改功能，如图 3.34 所示。

图 3.34

在对使用【线】工具绘制的图形进行编辑修改时，可以不必为其指定【编辑样条线】修改器，因为它本身包含了与【编辑样条线】相同的参数和命令。不同的是，它还保留一些基本参数的设置，如【渲染】、【插值】等参数，如图 3.35 所示。

图 3.35

下面分别对【编辑样条线】修改器的 3 个次级别物体的修改方法进行讲解。

3.4.1 【顶点】选择集的修改

在对二维图形进行编辑修改时，最基本、最常用的就是对【顶点】选择集的修改。通常会对图形进行添加点、移动点、断开点、连接点等操作，以至调整到需要的形状。

下面通过对矩形指定【编辑样条线】修改器的例子，学习【顶点】选择集的修改方法，以及常用的修改命令。

01 选择【创建】✳|【图形】◎|【样条线】|【矩形】工具，在前视图中创建一个矩形。

02 切换到【修改】◿命令面板，在【修改器列表】中选择【编辑样条线】修改器，在修改器堆栈中定义当前选择集为【顶点】。

03 在【几何体】卷展栏中单击【优化】按钮，并在矩形线段的适当位置单击，为矩形添加顶点，如图 3.36 所示。

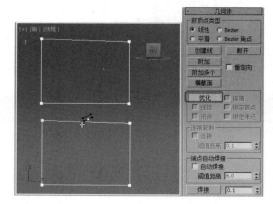

图 3.36

04 添加完顶点后单击【优化】按钮，或者在视图中右击关闭【优化】按钮，在工具栏中选择【选择并移动】工具⊕，在顶点处右击，在弹出的对话框中选择相应的调整工具，如图 3.37 所示，将其调整为如图 3.38 所示的形状。

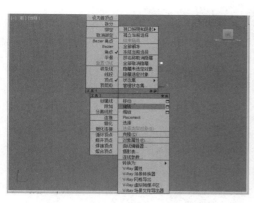

图 3.37

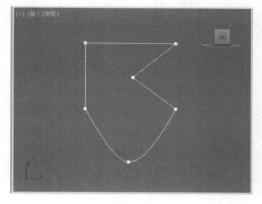

图 3.38

当在选择的顶点上右击时，会在弹出的快捷菜单中的【工具 1】区内看到点的 5 种类型：【Bezier 角点】、【Bezier】、【角点】、【平滑】及【重置切线】，如图 3.39 所示。其中被选中的类型是当前选择点的类型。

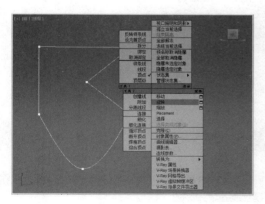

图 3.39

每一种类型的功能说明如下。

- 【Bezier 角点】：这是一种比较常用的节点类型，通过分别对它的两个控制手柄进行调节，可以灵活地控制曲线的曲率。

- 【Bezier】：通过调整节点的控制手柄来改变曲线的曲率，以达到修改样条曲线的目的，它没有【Bezier 角点】调节起来那么灵活。

- 【角点】：使各点之间的【步数】按线性、均匀方式分布，也就是直线连接。

- 【平滑】：该属性决定了经过该节点的曲线为平滑曲线。

- 【重置切线】：在可编辑样条线【顶点】层级时，可以使用标准方法选择一个和多个顶点并移动它们。如果顶点属于【Bezier】或【Bezier 角点】类型，还可以移动和旋转控制柄，进而影响在顶点联接的任何线段的形状。还可以使用切线复制 / 粘贴操作在顶点之间复制和粘贴控制柄，同样也可以使用【重置切线】功能，重置控制柄或在不同类型之间切换。

提示

在一些二维图形中最好将一些直角处的点类型改为【角点】类型，这有助于提高模型的稳定性。

在对二维图形进行编辑修改时，除了经常用到的【优化】按钮外，还有一些比较常用的命令，如下所述。

- 【连接】：连接两个断开的点。

- 【断开】：使闭合图形变为开放图形。通过【断开】按钮使点断开，先选中一个节点后单击【断开】按钮，此时单击并移动该点，会看到线条已断开。

- 【插入】：该功能与【优化】按钮相似，都是加点命令，只是【优化】按钮是在保持原图形不变的基础上增加节点，而【插入】是一边加点一边改变原图形的形状。

- 【设置为首顶点】：第一个节点是用来标明一个二维图形的起点，在放样设置中各个截面图形的第一个节点决定【表皮】的形成方式，此功能就是使选中的点成为第一个节点。

提示

在开放图形中只有两个端点中的一个能被改为第一个节点。

- 【焊接】：此功能可以将两个断点合并为一个节点。

● 【删除】：删除节点。

● 【锁定控制柄】：该选项只对【Bezier 节点】和【Bezier 角点】生效。选择该选项，当选择多个节点时，移动其中一个节点的控制手柄，其他节点的控制手柄也相应变动。当节点的类型为【Bezier 角点】时，选择【相似】时，只有同一侧的手柄变动；激活【全部】时，移动一侧的手柄时，所有选中节点两个的手柄都跟着变动。

3.4.2 【分段】选择集的修改

【分段】是连接两个节点之间的边线，当对线段进行变换操作时，也相当于在对两端的点进行变换操作。下面对【分段】常用的命令按钮进行介绍。

● 【断开】：将选择的线断打断，类似点的打断。

● 【优化】：与【顶点】选择集中的【优化】功能相同。

● 【拆分】：通过在选择的线段上加点，将选择的线段分成若干条线段，通过在其后面的文本框中输入要加入节点的数值，然后单击该按钮，即可将选择的线段细分为若干条线段。

● 【分离】：将当前选择的段分离。

3.4.3 【样条线】选择集的修改

【样条线】级别是二维图形中另一个功能强大

的次物体修改级别，相连接的线段即为一条样条曲线。在样条曲线级别中，【轮廓】与【布尔】运算的设置最为常用，尤其是在建筑效果图的制作中，如图 3.40 所示。

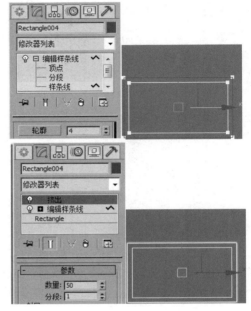

图 3.40

【布尔】运算类似于传统的雕刻建模技术，因此，布尔运算建模是许多建模者常用，也非常喜欢使用的技术。通过使用基本几何体，可以快速、容易地创建任何非有机体的对象。

将当前选择集定义为【样条线】，在【几何体】参数卷展栏中的【布尔】运算命令可以将两个原样条曲线结合在一起。

布尔运算可以让两个重叠、封闭、非自交的图形通过数学逻辑运算来产生新的图形。

下面通过一个小实例来学习布尔运算的使用方法。

01 选择【创建】 ✳ |【图形】 ◎ |【样条线】|【矩形】工具，在前视图中创建一个【长度】和【宽度】分别为 200 和 400 的矩形，如图 3.41 所示。

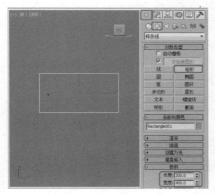

图 3.41

02 选择【创建】 ✳ |【图形】 ◎ |【样条线】|【圆】工具，在前视图中创建一个【半径】为 120 的圆形，如图 3.42 所示。

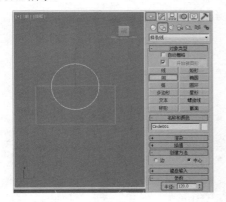

图 3.42

03 选择矩形对象，切换到【修改】 ☑ 命令面板，在【修改器列表】中选择【编辑样条线】修改器，在【几何体】卷展栏中单击【附加】按钮，并在视图中选择圆形，如图 3.43 所示。

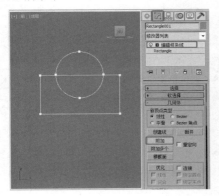

图 3.43

04 单击【附加】按钮将其关闭，并在修改器堆栈中将当前选择集定义为【样条线】。

05 在视图中选择矩形样条曲线，在【几何体】卷展栏中单击【布尔】运算按钮，并在视图中选择圆形样条曲线，完成样条曲线的并集，如图 3.44 所示。

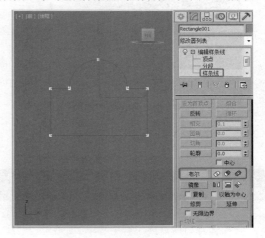

图 3.44

06 按 Ctrl+Z 快捷键恢复布尔运算之前的状态，在【布尔】运算按钮后面单击【差集】按钮 ◎，然后单击【布尔】按钮并在视图中选择圆形图形，完成差集运算，如图 3.45 所示。

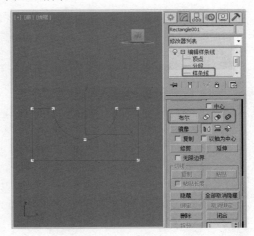

图 3.45

07 再次按 Ctrl+Z 快捷键恢复差集之前的状态，在【布尔】运算按钮后面单击【相交】按钮 ◎，然后单击【布尔】运算按钮并在视图中选择图形，完成并集运算，如图 3.46 所示。

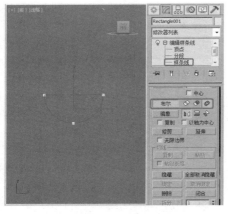

图 3.46

3.6 生成三维对象

在前面几节中讲述了有关基本 2D 造型的创建，以及在选择集基础上编辑修改的方法，但是如何将这些经过编辑修改的对象变成一个栩栩如生的 3D 模型呢？在本节中将主要使用编辑修改器列表中的几个常用的 2D 编辑修改器来实现这一操作。

3.6.1 挤出建模

【挤出】修改器用于将一个样条曲线图形增加厚度，挤成三维实体，如图 3.47 所示。这是一种非常常用的建模方法，也是一个物体转换模块，可以进行面片、网格物体、NURBS 物体三类模型的输出。

图 3.47

【挤出】修改器的【参数】卷展栏中各项目的功能说明如下。

- 【数量】：设置挤出的深度。

- 【分段】：设置挤出厚度上的片段划分数。

- 【封口始端】：在顶端加面封盖物体。

- 【封口末端】：在底端加面封盖物体。

- 【变形】：用于变形动画的制作，保证点面恒定不变。

- 【栅格】：对边界线进行重排列处理，以最精简的点面数来获取优秀的造型。

- 【面片】：将挤出物体输出为面片模型，可以使用【编辑面片】修改命令。

- 【网格】：将挤出物体输出为网格模型，可以使用【编辑网格】修改命令。

- 【NURBS】：将挤出物体输出为 NURBS 模型。

- 【生成贴图坐标】：将贴图坐标应用到挤出对象中。默认设置为禁用。

- 【真实世界贴图大小】：控制应用于该对象的纹理贴图材质所使用的缩放方法。缩放值由位于应用材质的【坐标】卷展栏中的【使用真实世界比例】控制。默认设置为启用。

- 【生成材质 ID】：将不同的材质 ID 指定给挤出对象的侧面与封口。特别是侧面 ID 为 3，封口 ID 为 1 和 2 时。

- 【使用图形 ID】：将材质 ID 指定给在挤出产生的样条线中的线段，或指定给在 NURBS 挤出产生的曲线子对象。

- 【平滑】：应用光滑处理到挤出模型。

下面以齿轮为例来讲解【挤出】修改器的使用方法。

01 选择【创建】■|【图形】■|【样条线】|【星形】工具，在顶视图中创建一个星形，将其命名为【齿轮】，在【参数】卷展栏中，将【半径 1】设置为 100，【半径 2】设置为 60，【点】设置为 16，【圆角半径 1】设置为 21，【圆角半径 2】设置为 7，如图 3.48 所示。

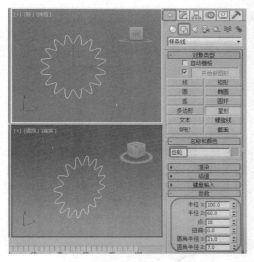

图 3.48

02 选择【创建】■|【图形】■|【样条线】|【圆】工具，在顶视图中的星形中心创建一个圆形，在【参数】卷展栏中，将【半径】设置为 12，如图 3.49 所示。

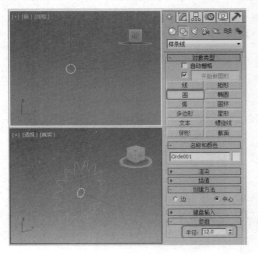

图 3.49

03 单击【修改】■按钮，进入修改命令面板，从【修改器列表】中选择【编辑样条线】修改器，然后在【几何体】卷展栏中单击【附加】按钮，并在顶视图中选择前面创建的齿轮图形，选择完成后的图形与当前图形成为一体，如图 3.50 所示。

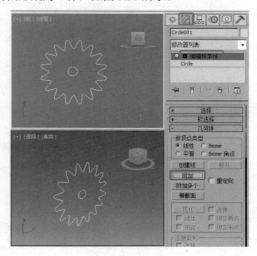

图 3.50

04 在【修改器列表】中选择【挤出】修改器，然后在【参数】卷展栏中，将【数量】设置为 18，完成的效果如图 3.51 所示。

图 3.51

3.6.2 车削建模

【车削】修改器是通过旋转一个二维图形，产生三维造型，效果如图 3.52 所示。这是非常实用的造型工具，大多数中心放射物体都可以用这种方法完成，它还可以将完成后的造型输出为【面片】造型或 NURBS 造型。

图 3.52

【车削】修改器【参数】卷展栏中各项功能说明如下。

- 【度数】：设置旋转成型的角度，360°为一个完整环形，小于360°为不完整的扇形。

- 【焊接内核】：将中心轴向上重合的点进行焊接精减，以得到结构相对简单的造型，如果要作为变形物体，不能将此项打开。

- 【翻转法线】：将造型表面的法线方向反转。

- 【分段】：设置旋转圆周上的片段划分数，值越高，造型越光滑。

- 【封口】选项组。

  ➢ 【封口始端】：将顶端加面覆盖。

  ➢ 【封口末端】：将底端加面覆盖。

  ➢ 【变形】：不进行面的精简计算，以便用于变形动画的制作。

  ➢ 【栅格】：进行面的精简计算，不能用于变形动画的制作。

- 【方向】选项组：设置旋转中心轴的方向。

  ➢ 【X】/【Y】/【Z】：分别设置不同的轴向。

- 【对齐】选项组：设置图形与中心轴的对齐方式。

  ➢ 【最小】：将曲线内边界与中心轴对齐。

  ➢ 【中心】：将曲线中心与中心轴对齐。

  ➢ 【最大】：将曲线外边界与中心轴对齐。

【车削】修改器通过绕轴旋转出一个图形或NURBS曲线来创建三维对象。下面将介绍【车削】修改器的使用方法，具体操作步骤如下。

01 打开本书相关素材中的素材\第3章\【车削建模素材.dwg】文件，打开素材后的效果如图3.53所示。

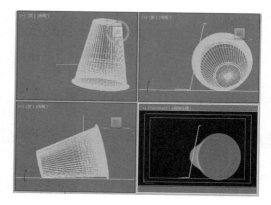

图 3.53

02 在视图中选择"一次性水性01"对象，切换到【修改】命令面板，在【修改器列表】中选择【车削】修改器，如图3.54所示。

图 3.54

03 在【参数】卷展栏中选中【焊接内核】复选框，将【分段】设置为50，在【对齐】选项组中选中【最小】选项，如图3.55所示。

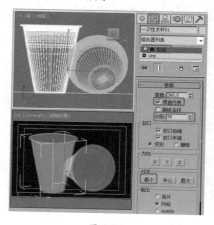

图 3.55

04 激活摄影机视图，按 F9 键进行渲染，渲染完成后的效果如图 3.56 所示。

图 3.56

3.6.3 倒角建模

【倒角】修改器是对二维图形进行挤出成形，并且在挤出的同时，在边界上加入线性或弧形倒角。它只能对二维图形使用，一般用来完成文字标志的制作，如图 3.57 所示。

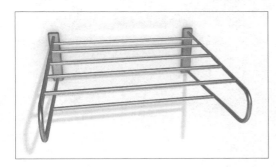

图 3.57

【倒角】修改器卷展栏中各项目的功能说明如下。

【倒角值】卷展栏

- 【起始轮廓】：设置原始图形的外轮廓大小，如果其为 0 时，将以原始图形为基准，进行倒角制作。

- 【级别 1】/【级别 2】/【级别 3】：分别设置 3 个级别的【高度】和【轮廓】。

【参数】卷展栏

- 【封口】：对造型两端进行加盖控制，如果两端都进行加盖处理，则为封闭实体。

  ➤ 【始端】：将开始截面封顶加盖。

  ➤ 【末端】：将结束截面封顶加盖。

- 【封口类型】：设置顶端表面的构成类型。

  ➤ 【变形】：不处理表面，以便进行变形操作，制作变形动画。

  ➤ 【栅】：进行表面网格处理，其产生的渲染效果要优于【变形】方式。

- 【曲面】：控制侧面的曲率、光滑度，以及指定贴图坐标。

  ➤ 【线性侧面】：设置倒角内部片段划分为直线方式。

  ➤ 【曲线侧面】：设置倒角内部片段划分为弧形方式。

  ➤ 【分段】：设置倒角内部的片段划分数，较多的片段划分主要用于弧形倒角。

  ➤ 【级间平滑】：控制是否将平滑组应用于倒角对象侧面。封口会使用与侧面不同的平滑组。启用此项后，对侧面应用平滑组，侧面显示为弧状。禁用此项后不应用平滑组，侧面显示为平面倒角。

- 【避免线相交】：对倒角进行处理，但总保持顶盖不被光滑，防止轮廓彼此相交。它通过在轮廓中插入额外的顶点并用一条平直的线段覆盖锐角来实现。

- 【分离】：设置边之间所保持的距离，最小值为 0.01。

现在我们对【倒角】修改器有了一定的了解，下面将通过实例讲解如何使用【倒角】修改器，具体操作步骤如下。

01 打开本书相关素材中的素材\第 3 章\【倒角建模素材 .dwg】文件，打开素材的显示效果如图 3.58 所示。

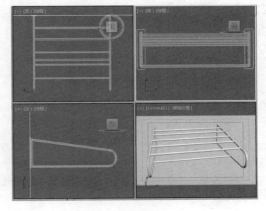

图 3.58

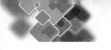
02 在视图中选择【固定板 001】对象，然后切换至【修改】命令面板，在【修改器列表】中选择【倒角】修改器，如图 3.59 所示。

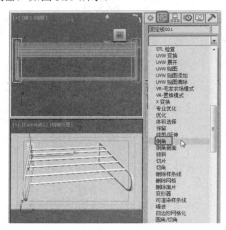

图 3.59

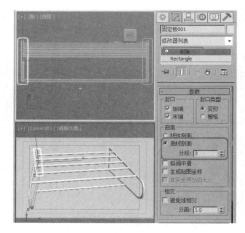

图 3.60

03 在【参数】卷展栏中选择【曲面】选项组中的【曲线侧面】单选按钮，将【分段】设置为 3；在【倒角值】卷展栏中，将【级别 1】的【高度】设置为 5，选中【级别 2】复选框并将【高度】设置为 3，【轮廓】设置为 −3，如图 3.60 和图 3.61 所示。

04 使用同样的方法为【固定板 002】对象进行【倒角】修改器的设置，设置完成后，激活摄影机视图，按 F9 键进行渲染。

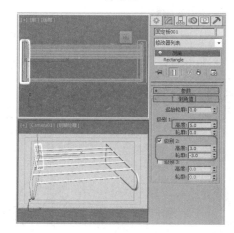

图 3.61

3.7 实战操作

3.7.1 制作折扇

本例将讲解如何制作折扇。首先利用【矩形】工具、【编辑样条线】修改器、【挤出】修改器、【UVW 贴图】修改器，制作扇面；然后使用【编辑样条线】修改器，将其转换为可编辑多边形，对其进行修改，将其旋转复制，最后给扇面和扇骨指定材质，折扇完成的效果如图 3.62 所示。

01 选择【创建】|【图形】|【矩形】工具，在顶视图中创建一个矩形对象，在【参数】卷展栏中，将【长度】设置为 1，【宽度】设置为 360，绘制效果如图 3.63 所示。

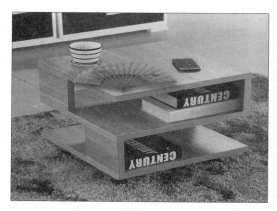

图 3.62

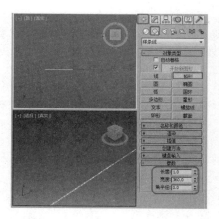

图 3.63

02 单击【修改】按钮，进入【修改】命令面板，在修改器列表中选择【编辑样条线】修改器，将当前选择集定义为【分段】，在场景中选择上下两段分段，在【几何体】卷展栏中，将【拆分】设置为 32，单击【拆分】按钮，如图 3.64 所示。

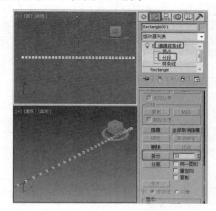

图 3.64

03 将当前选择集定义为【顶点】，选择所有的顶点对象，然后右击，在弹出的快捷菜单中执行【角点】命令，如图 3.65 所示。

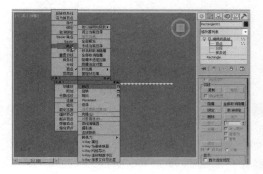

图 3.65

04 在【场景】中调整顶点的位置，调整效果如图 3.66 所示。

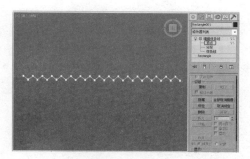

图 3.66

05 将当前选择集关闭，在修改器列表中选择【挤出】修改器，在【参数】卷展栏中，将【数量】设置为 150，在【输出】卷展栏中选中【面片】单选按钮，如图 3.67 所示。

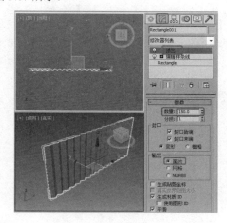

图 3.67

06 在修改器列表中，选择【UVW 贴图】修改器，在【参数】卷展栏中选中【长方体】单选按钮，在【对齐】选项组中单击【适配】按钮，如图 3.68 所示。

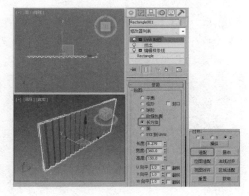

图 3.68

07 确定模型处于选中状态，将其【命名】为【扇面01】，在修改器列表中选择【弯曲】修改器，在【参数】卷展栏中，将【角度】设置为 160，选中【弯曲轴】选项组中的【X】单选按钮，如图 3.69 所示。

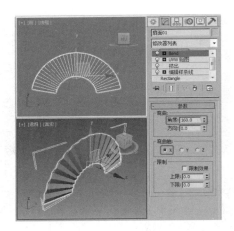

图 3.69

08 选择【创建】|【几何体】|【长方体】工具，在前视图中创建【长度】、【宽度】、【高度】分别为 300、12、1 的长方体，将其命名为【扇骨 01】，如图 3.70 所示。

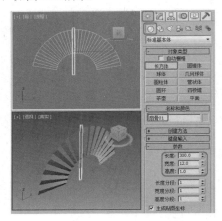

图 3.70

09 在场景中选择【扇骨 01】，右击，在弹出的快捷菜单中执行【转换为】|【转换为可编辑多边形】命令，如图 3.71 所示。

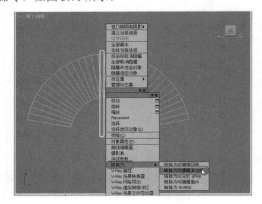

图 3.71

10 进入【修改】命令面板，将当前选择集定义为【顶点】，在场景中选择下面的两个顶点，使用【选择并均匀缩放】工具将其缩放到合适大小，缩放效果如图 3.72 所示。

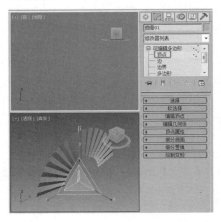

图 3.72

11 关闭当前选择集，使用【选择并移动】和【选择并旋转】工具调整【扇骨 01】的位置，调整效果如图 3.73 所示。

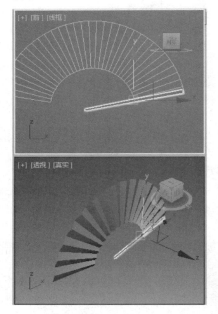

图 3.73

12 选择【创建】|【图形】|【线】命令，在场景中绘制两条与扇面边平行的线，绘制效果如图 3.74 所示。

13 选择【扇骨 01】，单击【层次】按钮，进入【层次】面板，再单击【轴】按钮，在【调整轴】卷展栏中单击【仅影响轴】按钮，然后在场景中将轴移动到两条线段的交点处，如图 3.75 所示。

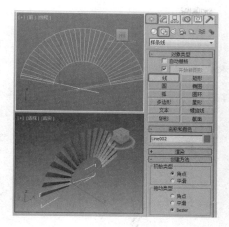

图 3.74

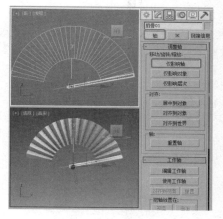

图 3.75

14 单击关闭【仅影响轴】按钮，将【扇骨】复制并进行旋转、调整其位置，效果如图 3.76 所示。

图 3.76

15 在场景中调整扇骨，将其调整至扇面的两端，效果如图 3.77 所示。

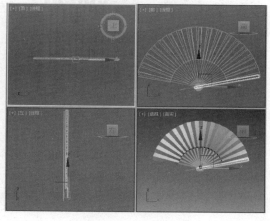

图 3.77

16 选择【创建】|【几何体】|【圆柱体】工具，在场景中创建一个【半径】为 3，【高度】为 15 的圆柱体，创建完成后对圆柱体进行调整，效果如图 3.78 所示。

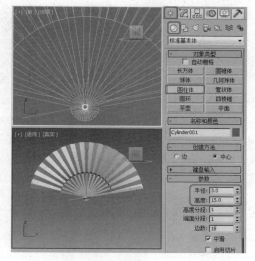

图 3.78

17 按 M 键，打开【材质编辑器】对话框，选择一个空白的材质样本球，将其命名为【木纹】，在【Blinn 基本参数】卷展栏中，将【高光级别】和【光泽度】设置为 76、47，如图 3.79 所示。在【贴图】卷展栏中单击【漫反射颜色】通道后的【无】按钮，在弹出的对话框中选择【位图】选项，单击【确定】按钮，如图 3.80 所示。

图 3.79

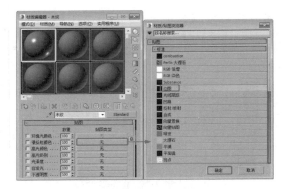

图 3.80

18 弹出【选择位图图像文件】对话框，选择本书相关素材中的 Map/【木纹 .jpg】图像之时，如图 3.81 所示。

图 3.81

19 选择所有的【扇骨】对象，单击【将材质指定给

选定对象】和【视口中显示明暗处理材质】按钮，将材质指定为场景中所有的【扇骨】对象，指定材质后的显示效果如图 3.82 所示。

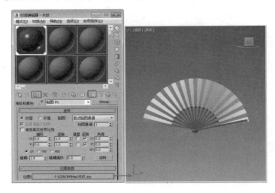

图 3.82

20 选择一个新的材质样本球，将其命名为【扇面】，在【明暗器基本参数】卷展栏中选中【双面】复选框，如图 3.83 所示。在【贴图】卷展栏中单击【漫反射颜色】通道后的【无】按钮，在弹出的对话框中选择【位图】选项，单击【确定】按钮，再在弹出的对话框中选择【扇面 .jpg】文件，单击【打开】按钮，进入下一层级，然后选择扇面对象并指定材质，如图 3.84 所示。

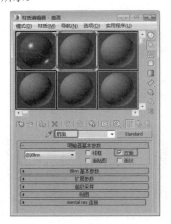

图 3.83

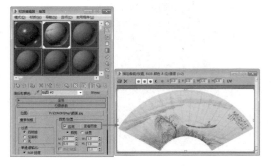

图 3.84

21 确定扇面处于选中状态，进入【修改】命令面板，在修改器列表中选择【UVW贴图】修改器，在【参数】卷展栏中，选择【长方体】选项，将【长度】设置为9.85，【宽度】设置为830，【高度】设置为330，如图3.85所示。

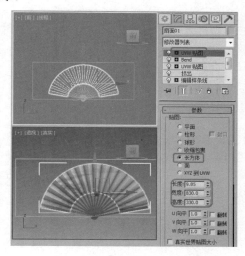

图 3.85

22 选择【创建】|【几何体】|【长方体】命令，在前视图中绘制一个长方体，将该长方体调整至合适的位置，切换至【修改】命令面板，将其【颜色】设置为白色，将其命名为【背景】，在【参数】卷展栏中，将【长度】设置为470，【宽度】设置为650，【高度】设置为0，如图3.86所示。

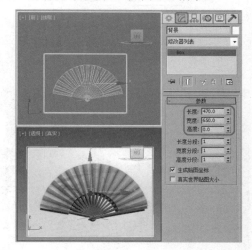

图 3.86

23 选中长方体对象，右击，在弹出的快捷菜单中执行【对象属性】命令，如图3.87所示。

24 弹出【对象属性】对话框，在【显示属性】选项组中选中【透明】选项，然后单击【确定】按钮，如图3.88所示。

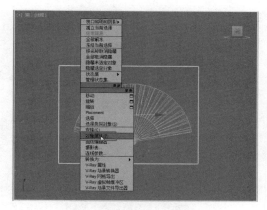

图 3.87

图 3.88

25 选择创建的平面，在【材质编辑器】对话框中选择一个新的样本球，单击【Standard】按钮，在弹出的【材质/贴图浏览器】对话框中选择【天光/投影】选项，然后单击【确定】按钮，如图3.89所示。

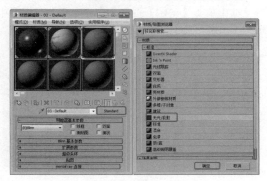

图 3.89

26【天光/投影基本参数】卷展栏的参数保持默认，单击【将材质指定给选定给选定对象】按钮，将材质指定给平面对象，如图3.90所示。

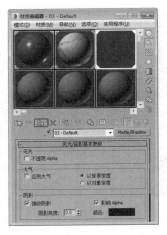

图 3.90

27 按 8 键，弹出【环境和效果】对话框，在【公用参数】卷展栏中单击【环境贴图】下的【无】按钮，弹出【材质 / 贴图浏览器】对话框，选择【位图】选项，然后单击【确定】按钮。在弹出的对话框中选择本书相关素材中的 Map\【桌子 2.jpg】素材文件，如图 3.91 所示。

图 3.91

28 在【环境和效果】对话框中将【环境贴图】拖曳到一个新的样本球上，在弹出的【实例（副本）贴图】对话框中单击【确定】按钮，在【坐标】卷展栏中选择【屏幕】选项，如图 3.92 所示。

图 3.92

29 激活透视图，Alt+B 快捷键，弹出【视口配置】对话框，在【背景】选项卡中选择【使用背景环境】选项，然后单击【确定】按钮，如图 3.93 所示。

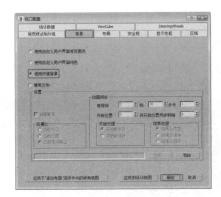

图 3.93

30 选择【创建】|【摄影机】|【目标】命令，在顶视图中创建摄影机，在【参数】卷展栏中，将【镜头】设置为 42mm，如图 3.94 所示。

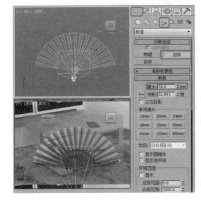

图 3.94

31 激活透视图，按 C 键将其调整为摄影机视图，在其他视图中调整摄影机的位置，调整摄影机效果如图 3.95 所示。

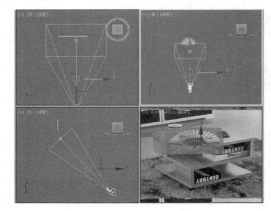

图 3.95

32 选择【创建】|【灯光】|【泛光】工具，在顶视图中创建泛光灯，在前视图中创建泛光灯，在【强度 / 颜色 / 衰减】卷展栏中，将【倍增】设置为 0.3，

然后单击【常规参数】中的【排除】按钮,如图 3.96 所示。

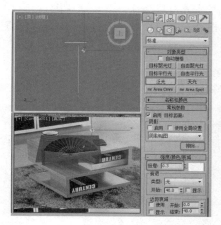

图 3.96

33 弹出【排除 / 包含】对话框,在左侧列表框中选择【背景】和【扇面 01】选项并将其排除,如图 3.97 所示。

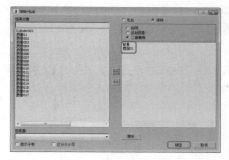

图 3.97

34 选择【创建】|【灯光】|【天光】工具,在前视图中创建天光,在【天光参数】卷展栏中,将【倍增】设置为 0.8,选中【使用场景环境】选项,如图 3.98 所示。

图 3.98

提示

在【常规】参数卷展栏中单击【排除】按钮,在弹出的【排除 / 包含】对话框中可以设置包含或排除的对象,当选择【排除】后,可以排除灯光对该对象的照射效果。

35 在菜单栏中执行【渲染】|【渲染设置】命令,在弹出的【渲染设置】对话框中选择【高级照明】选项卡,在【选择高级照明】卷展栏中选择【光跟踪器】照明方式,如图 3.99 所示。

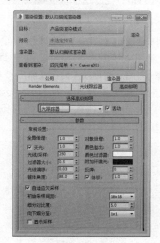

图 3.99

36 在其他视图中调整灯光的位置,然后将其渲染输出即可,渲染效果如图 3.100 所示。

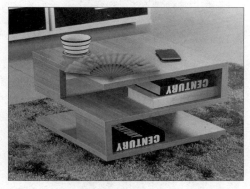

图 9.100

3.7.2 制作画框

本例将介绍木质画框的制作方法,首先使用【线】工具绘制画框的截面图形,然后通过【车削】修改器移动轴心点的位置,从而得到画框的造型,画面部分直接使用【长方体】工具创建,完成后的效果如图 3.101 所示。

图 3.101

01 选择【创建】 |【图形】 |【样条线】|【线】
工具，在顶视图中绘制一个闭合的样条曲线，并将
其命名为【画框1】，切换至【修改】命令面板，在【插
值】卷展栏中，将【步数】设置为12，当前选择集
定义为【顶点】，然后在视图中调整样条线，调节
效果如图 3.102 所示。

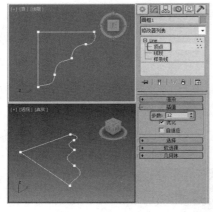

图 3.102

02 关闭当前选择集，在工具栏中右击【选择并旋转】
工具 ，在弹出的【旋转变换输入】对话框中，将
【绝对：世界】区域下的【Y】值设置为45，旋转
效果如图 3.103 所示。

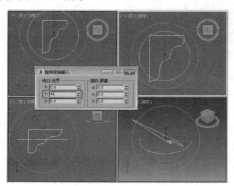

图 3.103

提示

所有样条线曲线划分为近似真实曲线的较小直
线。样条线上的每个顶点之间的划分数量称为
【步数】。步数越多，曲线越平滑。

03 在修改器下拉列表中选择【车削】修改器，在【参
数】卷展栏中，将【分段】设置为4，如图 3.104 所示。

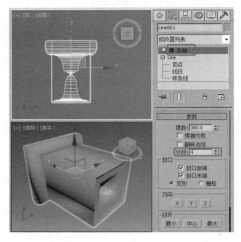

图 3.104

04 将当前选择集定义为【轴】，使用【选择并移动】
工具 在前视图中沿 X 轴向右移动轴心点的位置，
沿 Y 轴向下移动轴心点的位置，如图 3.105 所示。

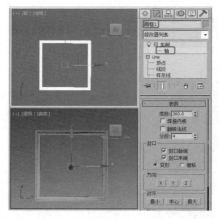

图 3.105

05 关闭当前选择集，确认【画框 1】对象处于选中
状态，按 M 键打开【材质编辑器】对话框，选择
一个新的材质样本球，将其命名为【画框】，在【明
暗器基本参数】卷展栏中选择【Phong】，在【Phong
基本参数】卷展栏中，将【环境光】和【漫反射】
的颜色参数设置为 255,255,255，【自发光】设置为
10，在【反射高光】选项组中，将【高光级别】和【光
泽度】分别设置为 60、50，直接单击【将材质指定

给选定对象】按钮，将材质指定给【画框】对象，如图 3.106 所示。

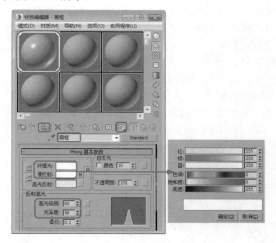

图 3.106

06 选择【创建】 | 【几何体】 | 【长方体】工具，在前视图中创建一个长方体，将其命名为【画 1】，切换到【修改】命令面板，在【参数】卷展栏中，将【长度】和【宽度】均设置为 1300，【高度】设置为 1，如图 3.107 所示。

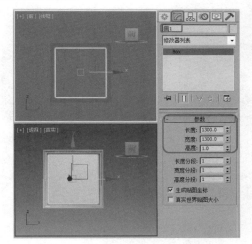

图 3.107

07 在场景中调整【画 1】对象的位置，调整完成后，按 M 键打开【材质编辑器】对话框，选择一个新的材质样本球，将其命名为【画 01】，在【Blinn 基本参数】卷展栏中，将【反射高光】选项组中的【高光级别】和【光泽度】分别设为 14、24，如图 3.108 所示。

08 打开【贴图】卷展栏，单击【漫反射颜色】右侧的【无】按钮，在弹出的【材质 / 贴图浏览器】对话框中选择【位图】贴图，单击【确定】按钮，如图 3.109 所示。

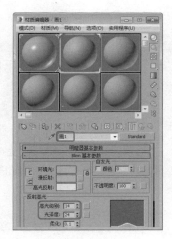

图 3.108

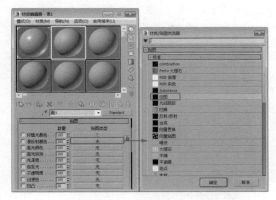

图 3.109

09 在弹出的对话框中打开本书相关素材中的【画框壁纸 1.jpg】素材文件，在【位图参数】卷展栏中选中【裁剪 / 放置】选项组中的【应用】复选框，并单击右侧的【查看图像】按钮，在弹出的对话框中通过调整控制柄来指定裁剪区域，如图 3.110 所示。

图 3.110

10 调整完成后，单击【转到父对象】按钮 和【将材质指定给选定对象】按钮 ，将材质指定给【画】对象，指定材质的显示效果如图 3.111 所示。

图 3.111

11 按 Ctrl+A 快捷键选择所有对象,在前视图中按住 Shift 键沿 X 轴移动复制对象,在弹出的对话框中选中【实例】单选按钮,将【副本数】设置为2,单击【确定】按钮,如图 3.112 所示。

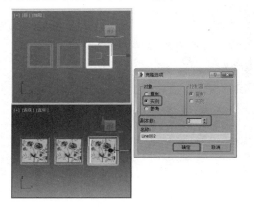

图 3.112

12 选中复制出的【画 002】对象,按 M 键打开【材质编辑器】对话框,选择一个新的材质样本球,并将其命名为【画 2】,在【Blinn 基本参数】卷展栏中,将【反射高光】选项组中的【高光级别】和【光泽度】分别设置为14、24,如图 3.113 所示。

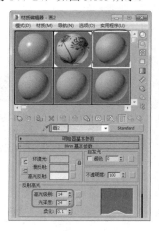

图 3.113

13 在【贴图】卷展栏中单击【漫反射颜色】右侧的【无】按钮,在弹出的【材质/贴图浏览器】对话框中双击【位图】贴图,并在弹出的对话框中打开本书相关素材中的【画框壁纸 2.jpg】文件,在【位图参数】卷展栏中选中【裁剪/放置】选项组中的【应用】复选框,并单击右侧的【查看图像】按钮,在弹出的对话框中通过调整控制柄来指定裁剪区域,如图 3.114 所示。调整完成后,单击【转到父对象】按钮 和【将材质指定给选定对象】按钮 ,将材质指定给【画 002】对象。

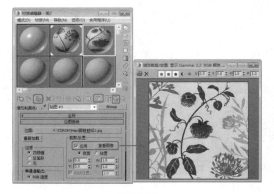

图 3.114

14 使用同样的方法,为【画 003】对象设置材质,设置材质后的效果如图 3.115 所示。

图 3.115

15 选择【创建】 |【几何体】 |【平面】工具,在顶视图中创建平面,切换到【修改】命令面板,在【参数】卷展栏中,将【长度】设置为2600,【宽度】设置为4500,如图 3.116 所示。

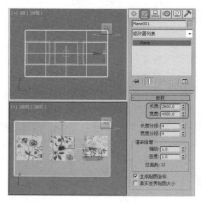

图 3.116

16 右击平面对象，在弹出的快捷菜单中选择【对象属性】命令，弹出【对象属性】对话框，在【显示属性】选项组中选中【透明】复选框，单击【确定】按钮，如图 3.117 所示。

图 3.117

17 按 M 键打开【材质编辑器】对话框，选择一个新的材质样本球，并单击【Standard】按钮，在弹出的【材质/贴图浏览器】对话框中选择【无光/投影】材质，单击【确定】按钮，如图 3.118 所示。在【无光/投影基本参数】卷展栏中使用默认设置，直接单击【将材质指定给选定对象】按钮即可。

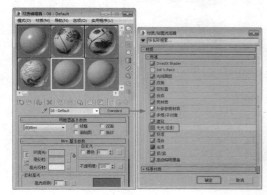

图 3.118

18 按 8 键弹出【环境和效果】对话框，在【公用参数】卷展栏中单击【无】按钮，在弹出的【材质/贴图浏览器】对话框中双击【位图】贴图，再在弹出的对话框中打开本书相关素材中的【画框背景图 .JPG】文件，如图 3.119 所示。

19 在【环境和效果】对话框中，将【环境贴图】按钮拖曳至新的材质样本球上，在弹出的【实例（副本）贴图】对话框中选中【实例】单选按钮，并单击【确定】按钮，然后在【坐标】卷展栏中，将贴图设置为【屏幕】，如图 3.120 所示。

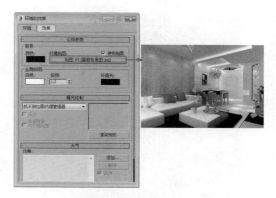

图 3.119

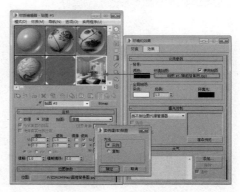

图 3.120

20 激活【透视】视图，按 Alt+B 快捷键，弹出【视口背景】对话框，在【背景】选项卡中选择【使用环境背景】，然后单击【确定】按钮，如图 3.121 所示。

图 3.121

21 选择【创建】|【摄影机】|【目标】工具，在视图中创建摄影机，激活透视视图，按 C 键将其转换为摄影机视图，切换到【修改】命令面板，在【参数】卷展栏中，将【镜头】设置为 35，如图 3.122 所示。

22 在其他视图中调整摄影机的位置，调整后的显示效果如图 3.123 所示。

图 3.122

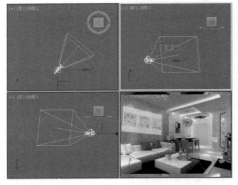

图 3.123

23 选择【创建】 ■|【灯光】 ■|【标准】|【天光】工具，在顶视图中创建天光，切换到【修改】命令面板，在【天光参数】卷展栏中选中【投射阴影】复选框，如图 3.124 所示。至此，画框就制作完成了，

将场景文件保存即可。

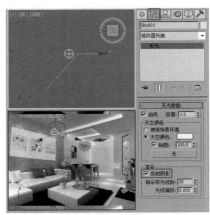

图 3.124

24 激活摄影机视图，按 F9 键进行渲染，渲染效果如图 3.125 所示。

图 3.125

3.8 课后练习

1. 简述建立二维复合造型的方法？

2. 简述【倒角】修改器的作用？

第4章
复合对象建模方法

复合对象通常是将两个或多个现有对象组合成单个对象。在复合对象中，【布尔】和【放样】两种建模方法比较常用，因此，在本章中将对这两种建模方法进行详细介绍，主要包括【布尔】运算的类型、控制放样对象的表面，以及放样的变形控制器等。

4.1 创建复合对象

选择【创建】|【几何体】|【复合对象】工具，即可打开复合对象命令面板。

复合对象是将两个以上的物体通过特定的合成方式结合为一个物体。对于合并的过程不仅可以反复调节，还可以表现为动画方式，使一些高复杂度的造型和动画制作成为可能。复合对象面板如图4.1所示。

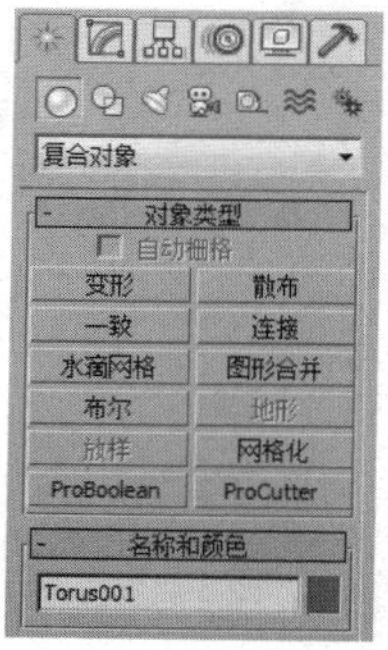

图 4.1

复合对象命令面板包括以下命令。

- 【变形】：变形是一种与2D动画中的中间动画类似的动画技术。【变形】对象可以合并两个或多个对象，方法是插补第一个对象的顶点，使其与另外一个对象的顶点位置相符。

- 【散布】：散布是复合对象的一种形式，将所选的源对象散布为阵列，或散布到分布对象的表面。

- 【一致】：通过将某个对象（称为包裹器）的顶点投影至另一个对象（称为包裹对象）的表面。

- 【连接】：通过对象表面的【洞】连接两个或多个对象。

- 【水滴网格】：水滴网格复合对象可以通过几何体或粒子创建一组球体，还可以将球

体连接起来，就好像这些球体是由柔软的液态物质构成的一样。

- 【图形合并】：创建包含网格对象和一个或多个图形的复合对象。这些图形嵌入在网格中（将更改边与面的模式），或从网格中消失。

- 【地形】：通过轮廓线数据生成地形对象。

- 【网格化】：以每帧为基准将程序对象转化为网格对象，这样可以应用修改器，如弯曲或UVW贴图。它可用于任何类型的对象，但主要为使用粒子系统而设计。

- 【ProBoolean】：布尔对象通过对两个或多个其他对象执行布尔运算，将它们组合起来。ProBoolean将大量功能添加到传统的3ds Max布尔对象中，如每次使用不同的布尔运算，立刻组合多个对象的能力。ProBoolean还可以自动将布尔结果细分为四边形面，这有助于网格平滑和涡轮平滑。

- 【ProCutter】：主要目的是分裂或细分体积。ProCutter运算结果尤其适合在动态模拟中使用。

> **提示**
>
> 在以上介绍的工具中，【布尔】和【放样】工具会经常被用到，本章会对这两个工具进行详细介绍。

4.2 使用布尔运算

【布尔】运算类似于传统的雕刻建模技术，因此，布尔运算建模是许多建模者常用，也是非常喜欢使用的技术。通过使用基本几何体，可以快速、容易地创建任何非有机体的对象。

在数学里，【布尔】意味着两个集合之间的比较；而在3ds Max中，是两个几何体次对象集之间的比较。

布尔运算是根据两个已有对象定义一个新的对象。

　　在 3ds Max 中，根据两个已经存在的对象创建一个布尔组合对象来完成布尔运算。两个存在的对象称为运算对象，进行布尔运算的方法如下。

01 在场景中创建一个球体和圆柱体对象，将它们放置在如图 4.2 所示的位置。

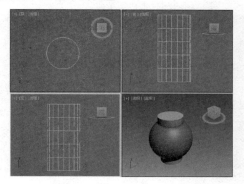

图 4.2

02 在视图中选择创建的圆柱体对象，然后选择【创建】|【几何体】|【复合对象】|【布尔】工具，即可进入布尔运算模式。在【拾取布尔】卷展栏中单击【拾取操作对象 B】按钮，在场景中拾取球体对象，并在【参数】卷展栏的【操作】选项组中选中【差集（B-A）】运算方式，布尔后的效果如图 4.3 所示。

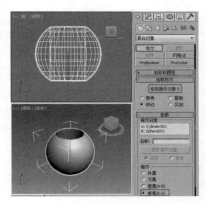

图 4.3

　　【布尔】运算是对两个以上的物体进行并集、差集、交集和切割运算，得到新的物体形状。下面将通过上面创建的物体介绍 4 种运算的作用。

4.2.1 【布尔】运算的类型

1. 并集运算

　　【并集】：将两个造型合并，相交的部分被删

除，成为一个新物体，与【结合】命令相似，但造型结构已发生变化，相对产生的造型复杂度较低。

　　在视图中选择创建的圆柱体对象，选择【创建】|【几何体】|【复合对象】|【布尔】工具，在【参数】卷展栏中选中【操作】选项组中的【并集】单选按钮，然后在【拾取布尔】卷展栏中单击【拾取操作对象 B】按钮，在场景中拾取球体对象，得到的效果如图 4.4 所示。

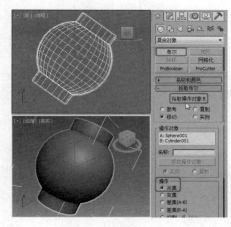

图 4.4

2. 交集运算

　　【交集】：将两个造型相交的部分保留，不相交的部分删除。

　　在视图中选择创建的圆柱体对象，选择【创建】|【几何体】|【复合对象】|【布尔】工具，在【参数】卷展栏中选中【操作】选项组中的【交集】单选按钮，然后在【拾取布尔】卷展栏中单击【拾取操作对象 B】按钮，在场景中拾取球体对象，得到的效果如图 4.5 所示。

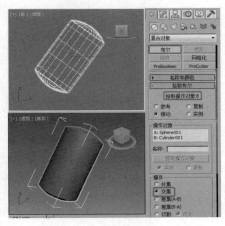

图 4.5

99

3. 差集运算

【差集】：将两个造型进行相减处理，得到一种切割后的造型。这种方式对两个物体相减的顺序有要求，会得到两种不同的结果，其中【差集（A-B）】是默认的一种运算方式。

在视图中选择创建的圆柱体对象，选择【创建】|【几何体】|【复合对象】|【布尔】工具，在【参数】卷展栏中选中【操作】选项组中的【差集（A-B）】单选按钮，然后在【拾取布尔】卷展栏中单击【拾取操作对象B】按钮，在场景中拾取球体对象，得到的效果如图4.6所示。

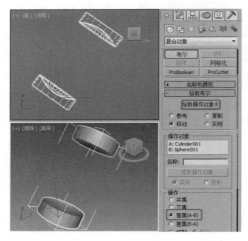

图 4.6

4. 切割运算

【切割】：切割布尔运算方式共有4种，包括【优化】、【分割】、【移除内部】和【移除外部】，如图4.7所示。

图 4.7

- 【优化】：在操作对象B与操作对象A的相交之处，在操作对象A上添加新的顶点和边。3ds Max将采用操作对象B相交区域内的面来优化操作对象A的结果几何体。由相交部分所切割的面被细分为新的面。可以使用此选项来细化包含文本的长方体，

以便为对象指定单独的材质ID。

- 【分割】：类似于【细化】编辑修改器，不过这种剪切还沿着操作对象B剪切操作对象A的边界，添加第二组顶点和边或两组顶点和边。此选项产生属于同一个网格的两个元素。可使用【分割】沿着另一个对象的边界将一个对象分为两个部分。

- 【移除内部】：删除位于操作对象B内部的操作对象A的所有面。此选项可以修改和删除位于操作对象B相交区域内部的操作对象A的面。它类似于【差集】操作，不同的是3ds Max不添加来自操作对象B的面。可以使用【移除内部】从几何体中删除特定区域。

- 【移除外部】：删除位于操作对象B外部的操作对象A的所有面。此选项可以修改和删除位于操作对象B相交区域外部的操作对象A的面。它类似于【交集】操作，不同的是3ds Max不添加来自操作对象B的面。可以使用【移除外部】从几何体中删除特定区域。

5. 布尔的其他选项

除了上面介绍的几种运算方式之外，在【布尔】命令下还有以下设置选项。

【名称和颜色】：对布尔后的物体进行命名及设置颜色。

【拾取布尔】卷展栏：选择操作对象B时，根据在【拾取布尔】卷展栏中为布尔对象所提供的几种选择方式，可以将操作对象B指定为参考、移动（对象本身）、复制或实例化，如图4.8所示。

图 4.8

- 【拾取操作对象B】按钮：此按钮用于选择布尔操作中的第二个对象。

- 【参考】：将原始物体的参考复制品作为运算物体B，以后改变原始物体时，也会同时改变布尔物体中的运算物体B，但改变运算物体B时，不会改变原始物体。

- 【复制】：将复制一个原始物体作为运算物体B，不破坏原始物体。

● 【移动】：将原始物体直接作为运算物体B，它本身将不存在。

● 【实例】：将原始物体的关联复制品作为运算物体B，以后对两者之一进行修改时都会影响另一个。

【参数】卷展栏：在该卷展栏中主要用于显示操作对象的名称，以及布尔运算方式，如图4.9所示。

图 4.9

● 【操作对象】：显示出当前的操作对象的名称。

● 【名称】：显示运算物体的名称，允许进行名称修改。

● 【拾取操作对象】：此按钮只有在修改命令面板中才有效，它将当前指定的运算物体重新提取到场景中，作为一个新的可用物体，包括【实例】和【复制】两种方式，这样进入布尔运算的物体仍可以被释放回场景中。

【显示/更新】卷展栏：这里控制的是显示效果，不影响布尔运算，如图4.10所示。

图 4.10

● 【结果】：只显示最后的运算结果。

● 【操作对象】：显示所有的运算物体。

● 【结果＋隐藏的操作对象】：在视图中显示出运算结果以及隐藏的运算物体，主要用

于动态布尔运算的编辑操作，其显示效果与【操作对象】的显示效果类似。

● 【始终】：更改操作对象（包括实例化或引用的操作对象B的原始对象）时立即更新布尔对象。

● 【渲染时】：仅当渲染场景或单击【更新】按钮时才更新布尔对象。如果采用此选项，则视图中并不始终显示当前的几何体，但在必要时可以强制更新。

● 【手动】：仅当单击【更新】按钮时才更新布尔对象。如果采用此选项，则视图和渲染输出中并不始终显示当前的几何体，但在必要时可以强制更新。

● 【更新】：更新布尔对象。如果选择了【始终】，则【更新】按钮不可用。

4.2.2　对执行过布尔运算的对象进行编辑

经过布尔运算后的对象点面分布特别混乱，出错的概率会越来越高，这是由于经布尔运算后的对象会增加很多面片，而这些面是由若干个点相互连接构成的，这样一个新增加的点就会与相邻的点连接，这种连接具有一定的随机性。随着布尔运算次数的增加，对象结构变得越来越混乱。这就要求布尔运算的对象最好有多个分段数，这样可以大大减少布尔运算出错的概率。

如果经过布尔运算之后的对象产生不了需要的结果，可以在【修改】命令面板中为其添加修改器，然后对其进行编辑修改。

还可以在修改器堆栈上右击，在弹出的快捷菜单中选择要转换的类型，包括【可编辑网格】、【可编辑面片】、【可编辑多边形】和【可变形gPoly】，如图4.11所示，然后对布尔后的对象进行调整即可。

图 4.11

4.3 理解创建放样对象的基本概念

【放样】与布尔运算一样，属于合成对象的一种建模工具。放样建模的原理就是在一条指定的路径上排列截面，从而形成对象的表面，如图4.12所示。

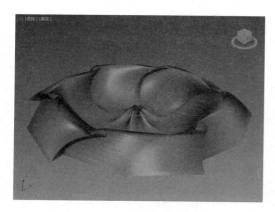

图4.12

放样对象由两个因素组成：放样路径和放样截面。选择【创建】|【几何体】命令，在【标准基本体】标签下拉列表中选择【复合对象】，即可在【对象类型】卷展栏中看到【放样】工具按钮。当然，这个按钮需要在场景中选中二维图形时才可以被激活，如图4.13所示。

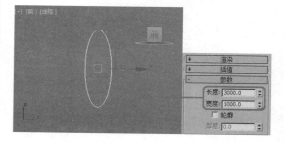

图4.13

放样建模的基本步骤如下：

创建资源型，资源型包括路径和截面图形。

选择一个型，在【创建方法】卷展栏中单击【获取路径】或者【获取图形】按钮并拾取另一个型。如果先选择作为放样路径的型，则选取【获取图形】，然后拾取作为截面图型的样条曲线。如果先选择作为截面的样条曲线，则选取【获取路径】并拾取作为放样路径的样条曲线。

下面使用放样创建一个有厚度且弯曲的心形。

01 选择【创建】|【图形】|【样条线】|【椭圆】工具，在前视图中绘制椭圆，并切换到【修改】命令面板，展开【参数】卷展栏，将【长度】设置为3000，【宽度】设置为1000，效果如图4.14所示。

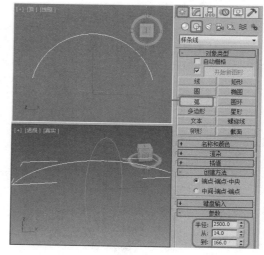

图4.14

02 调整完成后关闭当前选择集。选择【创建】|【图形】|【样条线】|【弧】工具，在顶视图中绘制一条【半径】为2500、【从】为14、【到】为166的弧形，作为放样路径，如图4.15所示。

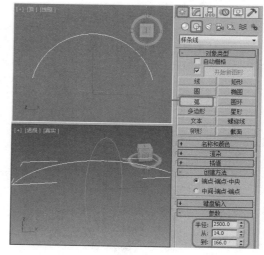

图4.15

03 确定弧形处于选中状态，选择【创建】|【几何体】|【复合对象】|【放样】工具，在【创建方法】卷展栏中单击【获取图形】按钮，然后在视图中选择作为截面图形的椭圆，随即产生放样对象，如图4.16所示。

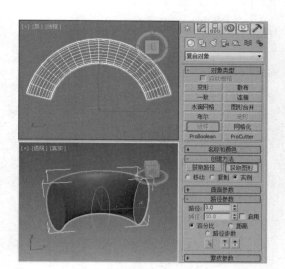

图 4.16

放样建模中常用的术语包括：图型、路径、截面图形、变形曲线、第一个节点。

- 【图型】：在放样建模中包括两种：路径和截面图形。路径型只能包括一个样条曲线，截面可以包括多个样条曲线。但沿同一路径放样的截面图形必须有相同数目的样条曲线。

- 【路径】：指定截面图形排列的中心。

- 【截面图形】：在指定路径上排列连接产生表面的图形。

- 【变形曲线】：通过部分工具改变曲线来定义放样的基本形式。这些曲线允许对放样物体进行修改，从而调整型的比例、角度和大小。

- 【第一个节点】：创建放样对象时拾取的第一个截面图形总是首先同路径和第一个节点对齐，然后从第一个节点到最后一个节点拉伸表皮创建对象的表面。如果第一个节点同其他节点不在同一条直线上，放样对象将产生奇怪的扭曲。因为在放样建模中，第一个拾取的截面图形总是与放样路径的第一个点对齐的，所以在创建放样路径和截面图形时总按照从右到左的顺序。

放样是三维建模中最为强大的一个建模工具，它的参数也比较复杂，如图4.17所示。放样建模中各项参数的功能说明如下。

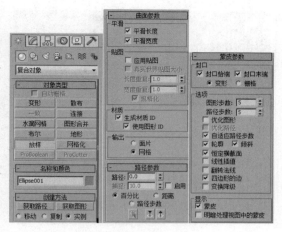

图 4.17

1. **【创建方法】卷展栏**

- 【获取路径】：在先选择图形的情况下获取路径。

- 【获取图形】：在先选择路径的情况下拾取截面图形。

- 【移动】：选择的路径或截面不产生复制品，这意味着点选后的型在场景中不独立存在，其他路径或截面无法再使用。

- 【复制】：选择后的路径或截面产生原型的一个复制品。

- 【实例】：选择后的路径或截面产生原型的一个关联复制品，关联复制品与原型间相关联，即对原型进行修改时，关联复制品也随之改变。

2. **【曲面参数】卷展栏**

【平滑】选项组。

- 【平滑长度】：沿着路径的长度提供平滑曲面，当路径曲线或路径上的图形更改大小时，这类平滑非常有用，默认设置为启用。

- 【平滑宽度】：围绕横截面图形的周界提供平滑曲面，当图形更改顶点数或更改外形时，这类平滑非常有用，默认设置为启用，如图4.18所示。

图 4.18

【贴图】选项组。

- 【应用贴图】: 启用和禁用放样贴图坐标。启用【应用贴图】才能访问其余的项目。

- 【真实世界贴图大小】: 控制应用于该对象的纹理贴图材质所使用的缩放方法。缩放值由位于应用材质的【坐标】卷展栏中的【使用真实世界比例】设置控制。默认设置为禁用状态。

- 【长度重复】: 设置沿着路径的长度重复贴图的次数。贴图的底部放置在路径的第一个顶点处。

- 【宽度重复】: 设置围绕横截面图形的周界重复贴图的次数。贴图的左边缘将与每个图形的第一个顶点对齐,为模型设置贴图后的效果如图 4.19 所示。

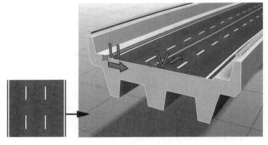

图 4.19

- 【规格化】: 决定沿着路径长度和图形宽度,路径顶点间距如何影响贴图。启用该选项后,将忽略顶点,将沿着路径长度并围绕图形平均应用贴图坐标和重复值;如果禁用,主要路径划分和图形顶点间距将影响贴图坐标间距,将按照路径划分间距或图形顶点间距成比例地应用贴图坐标和重复值。

【材质】选项组。

- 【生成材质 ID】: 在放样期间生成材质 ID。

- 【使用图形 ID】: 提供使用样条线材质 ID 来定义材质 ID 的选择。

提示

图形材质 ID 用于为道路提供两种材质:用于支撑物和栏杆的水泥、带有白色通车车道的沥青,如图 4.20 所示。

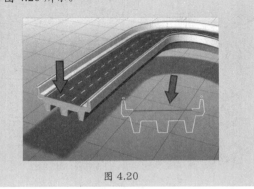

图 4.20

【输出】选项组:控制放样建模产生哪种类型的物体,包括【面片】和【网格】物体。

- 【面片】: 可以让对象产生弯曲的表面,易于操纵对象的细节。

- 【网格】: 可以让对象产生多边形的网面。

3. 【路径参数】卷展栏

- 【路径】: 设置截面图形在路径上的位置。提供【百分比】和【距离】两种方式来控制截面插入的位置。通过输入值或拖动微调器来设置路径的级别。如果【捕捉】处于启用状态,该值将变为上一个捕捉的增量。该路径值依赖于所选择的测量方法。更改测量方法将导致路径值的改变,如图 4.21 所示。

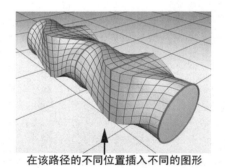

在该路径的不同位置插入不同的图形

图 4.21

提示

图形 ID 将从图形横截面继承而来,而不是从路径样条线继承。

- 【捕捉】：选择【启用】复选框，打开【捕捉】功能，此功能用来设定每次使用微调按钮调节参数时的间隔。

- 【百分比】：将路径级别表示为路径总长度的百分比。

- 【距离】：将路径级别表示为路径第一个顶点的绝对距离。

- 【拾取图形】按钮：用来选取截面，使该截面成为作用截面，以便选取截面或更新截面。

- 【上一个图形】按钮：转换到上一个截面图形。

- 【下一个图形】按钮：转换到下一个截面图形。

4. 【蒙皮参数】卷展栏

【封口】选项组：控制放样物体的两端是否封闭。

- 【封口始端】：控制路径的开始处是否封闭。

- 【封口末端】：控制路径的终点处是否封闭，如图 4.22 所示。

禁用封口时放样的路线　　　启用封口时放样的路线

图 4.22

- 【变形】：按照创建变形目标所需的可预见且可重复的模式排列封口面。变形封口能产生细长的面，与那些采用栅格封口创建的面一样，这些面也不进行渲染或变形。

- 【栅格】：在图形边界处修剪的矩形栅格中排列封口面。此方法将产生一个由大小均等的面构成的表面，这些面可以被其他修改器很容易地变形。

【选项】选项组：用来控制放样的一些基本参数。

- 【图形步数】：设置截面图形顶点之间的步幅数。图形步数的大小不同，所得到图形的效果也不同，如图 4.23 所示。

左：图形步数为0
右：图形步数为4

图 4.23

- 【路径步数】：设置路径图形顶点之间的步幅数，如图 4.24 所示。

路径步数设置为1时放样的帧　　　路径步数设置为5时放样的帧

图 4.24

提示

图形步数的大小，会影响围绕放样周界的边的数目。路径步数的大小会影响放样长度方向的分段的数目。

- 【优化图形】：设置对图形表面进行优化处理，这样将会自动控制光滑的程度，而不去理会步幅的数值。

- 【优化路径】：如果启用，则对于路径的直线分段，忽略【路径步数】。【路径步数】设置仅适用于弯曲截面。仅在【路径步数】模式下才可用。默认设置为禁用状态。

- 【自适应路径步数】：对路径进行优化处理，这样将不理会路径步幅值。

- 【轮廓】：控制截面图形在放样时，自动更正自身角度以垂直路径，得到正常的造型。

- 【倾斜】：控制截面图形在放样时，依据路径在 Z 轴上的角度改变而进行倾斜，使它总与切点保持垂直。

- 【恒定横截面】：可以让截面在路径上自行放缩，以保证整个截面都有统一的尺寸。

- 【线性插值】：控制放样对象是否使用线性或曲线插值。

- 【翻转法线】：反转放样物体的表面法线。

- 【四边形的边】：如果启用该选项，且放样对象的两部分具有相同数目的边，则将两部分缝合到一起的面显示为四方形。具有不同边数的两部分之间的边将不受影响，仍与三角形连接，默认设置为禁用。

- 【变换降级】：使放样蒙皮在子对象图形/路径变换过程中消失。例如，移动路径上的顶点使放样消失。如果禁用，则在子对象变换过程中可以看到蒙皮，默认设置为禁用。

【显示】选项组：控制放样对象的表面是否呈现于所有模型窗口中。

- 【蒙皮】：控制透视图之外的视图是否显示出放样后的形状。

- 【明暗处理视图中的蒙皮】：如果启用，则忽略【蒙皮】设置，在着色视图中显示放样的蒙皮；如果禁用，则根据【蒙皮】设置来控制蒙皮的显示。默认设置为启用。

> **提示**
>
> 在放样建模中对路径型的限制只有一个，即作为放样路径只能有一个样条曲线。而对作为放样物体截面图形的样条曲线限制有两个：路径上所有的型必须包含相同数目的样条曲线、有相同的嵌套顺序。

4.4　控制放样对象的表面

一般情况下，在建立放样对象后，不直接在创建命令面板中更改其参数，而是进入【修改】命令面板中对放样对象进行各种控制，在修改器堆栈中进入次对象选择集还可以对放样的截面图形和路径进行各种编辑。

4.4.1　编辑放样图形

在修改器面板中，将当前选择集定义为【图形】，会出现【图形命令】卷展栏，如图 4.25 所示。在该卷展栏中可以对放样截面图形进行比较、定位、修改，以及动画处理等。

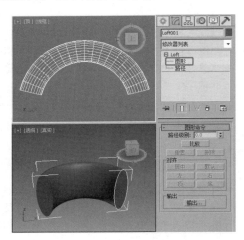

图 4.25

在【图形】选择集中各项功能说明如下所述。

- 【路径级别】：重新定义路径上的截面图形在路径上的位置。

- 【比较】：在放样建模时，常常需要对路径上的截面图形进行节点的对齐或者位置、方向的比较。对于直线路径上的型可以在与路径垂直的一个视图中，一般是在顶视图中进行。对于曲线路径上的型，就需要用到【比较】面板。在【图形命令】卷展栏中单击【比较】按钮，在弹出的【比较】对话框的左上角有一个【拾取图形】按钮，单击此按钮，然后在放样后的对象上单击，选择放样截面图形，即可将放样图型拾取到【比较】对话框中显示，该对话框中的十字表示路径。在该对话框底部有 4 个图标是用来调整视图的工具，【最大化显示】按钮、【平移】按钮、【缩放】按钮和【缩放区域】按钮，如图 4.26 所示。

> **提示**
>
> 为确保第一个顶点正确对齐，可以使用【比较】对话框在放样对象中比较横截面图形的任意点。如果没有对齐图形的第一个顶点，可能会出现意外的放样结果。

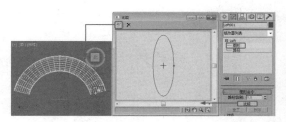

图 4.26

- 【重置】和【删除】：这两个选项用于复位和删除路径上处于选中状态的截面图形。

- 【对齐】：在对齐选项组中共有 6 个选项，主要用来控制路径上截面图形的对齐方式。

  ➤ 【居中】：使截面图形的中心与路径对齐。

  ➤ 【默认】：使选择的截面图形的轴心点与放样路径对齐。

  ➤ 【左】：使选择的截面图形的左侧与路径对齐。

  ➤ 【右】：使选择的截面图形的右侧与路径对齐。

  ➤ 【顶】：使选择的截面图形的顶部与路径对齐。

  ➤ 【底】：使选择的截面图形的底部与路径对齐。

- 【输出】：使用【输出】选项可以制作一个截面图形的复制品或关联复制品。对于截面图形的关联复制品可以应用【编辑样条线】等编辑修改器，对其进行修改以影响放样对象的表面形状。对放样截面图形的关联复制品进行修改，比对放样对象的截面图形直接进行修改更方便，也不会引起坐标系统的混乱。

下面通过一个简单的实例来进一步了解【比较】对话框的作用。

01 选择【创建】 |【图形】 |【样条线】|【星形】工具，在顶视图中创建一个星形。切换到【修改】 命令面板，在【参数】卷展栏中，将【半径 1】设置为 50，【半径 2】设置为 25，【点】设置为 6，【圆角半径 1】和【圆角半径 2】分别设置为 10 和 2，如图 4.27 所示。

02 再次使用【星形】工具，在顶视图中创建一个【半径 1】、【半径 2】和【点】分别为 40、18、4 的四角星形，如图 4.28 所示。

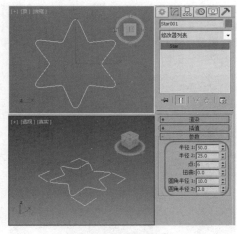

图 4.27

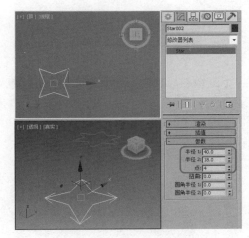

图 4.28

03 选择【创建】 |【图形】 |【样条线】|【弧】工具，在顶视图中创建一个【半径】为 100，【从】为 60，【到】为 200 的弧形，如图 4.29 所示。

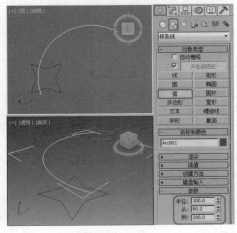

图 4.29

04 确认弧形处于选中状态，然后选择【创建】 |【几何体】 |【复合对象】|【放样】工具，在【创建方法】卷展栏中单击【获取图形】按钮，然后在视图中选择六角星形截面图形，如图 4.30 所示。

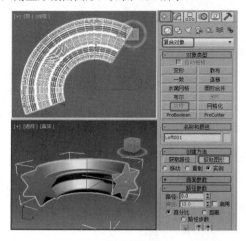

图 4.30

05 在【路径参数】卷展栏中将【路径】设置为100，再在【创建方法】卷展栏中单击【获取图形】按钮，并在视图中选择四角星形截面图形，如图 4.31所示。

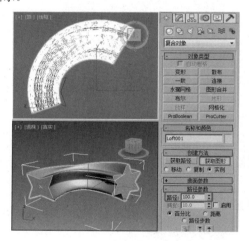

图 4.31

06 切换到【修改】命令面板，将当前的选择集定义为【图形】，在【图形命令】卷展栏中单击【比较】按钮，打开【比较】对话框，单击【拾取图形】按钮，然后在视图中分别拾取放样对象的两个截面图形，可以看到六角星形的第 1 个节点未与四角星形的第 1 个节点重合在一起，如图 4.32 所示。

07 使用【选择并移动】工具在视图中选择四角星形截面图形，并对星形进行调整，从而将两个截面图形的第 1 个节点重合，效果如图 4.33 所示。

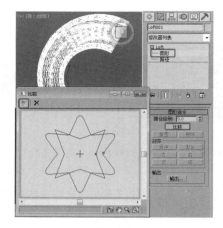

图 4.32

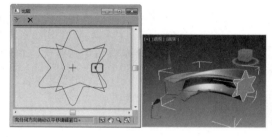

图 4.33

4.4.2 编辑放样路径

在编辑修改器堆栈中可以看到【放样】对象包含【图形】和【路径】两个次对象选择集，选择【路径】便可以进入到放样对象的路径次对象选择集进行编辑，如图 4.34 所示。

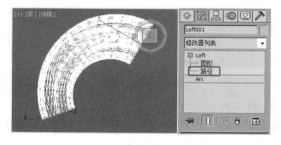

图 4.34

在【路径】次对象选择集中只有一个【输出】按钮，此按钮可以将路径作为单独的对象输出到场景中（作为副本或实例）。

上机小练习：窗帘

下面将讲解如何使用【放样】功能制作窗帘，其效果如 4.35 所示。

图 4.35

01 选择【创建】 ⊕ |【图形】 ◎ |【线】工具，在顶视图中创建一条水平的样条线，并将其命名为【截面图形】，切换到修改命令面板，将当前选择集定义为【顶点】，在视图中调整其形状，如图 4.36 所示。

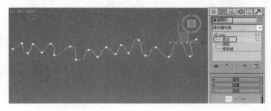

图 4.36

02 关闭当前选择集，在【修改器列表】中选择【噪波】修改器，在【参数】卷展栏中，将【噪波】区域中的【种子】设置为 14，选中【分形】复选框，将【粗糙度】和【迭代次数】设置为 0.125 和 6，在【强度】区域中，将 Y、Z 轴设置为 4 和 5.5，如图 4.37 所示。

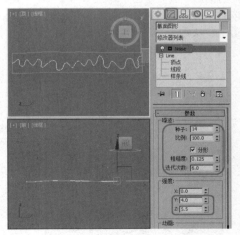

图 4.37

03 选择【创建】 ⊕ |【图形】 ◎ |【线】工具，在前

视图中创建一条线段作为窗帘的放样路径，并将其命名为【放样路径】，如图 4.38 所示。

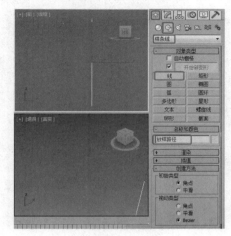

图 4.38

04 确定【放样路径】处于选中状态，选择【创建】 ⊕ |【几何体】 ◎ |【复合对象】|【放样】工具，在【创建方法】卷展栏中单击【获取图形】按钮，然后在前视图中选择【截面图形】，打开【蒙皮参数】卷展栏，将【选项】区域中的【图形步数】和【路径步数】设置为 8 和 15，选中【翻转法线】复选框，如图 4.39 所示。

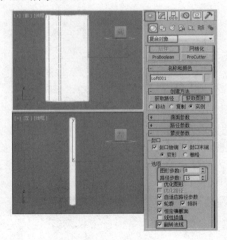

图 4.39

05 单击【修改】 ◿ 按钮，进入修改命令面板，将其命名为【窗帘 001】，然后将当前选择集定义为【图形】，选择放样对象的截面图形，在【图形命令】卷展栏中单击【对齐】区域中的【左】按钮，将截面图形的左边与路径对齐，如图 4.40 所示。

06 关闭【图形】选择集，在【变形】卷展栏中单击【缩放】按钮，打开【缩放变形（X）】窗口。单击【插入角点】 ⚏ 按钮，在曲线上插入一个控制点，然后使用【移动控制点】⊕按钮对曲线进行调整，调整出窗帘的形状，如图4.41所示。

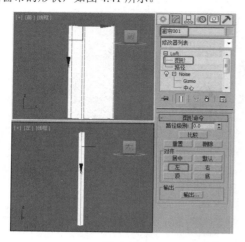

图4.40

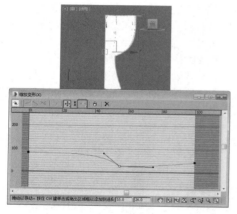

图4.41

07 选择【创建】＊|【图形】◎|【矩形】工具，在顶视图中创建矩形，在【参数】卷展栏中，将【长度】设置为10，【宽度】设置为48，【角半径】设置为3，如图4.42所示。

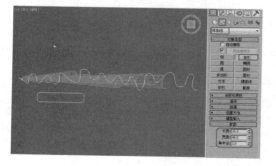

图4.42

08 激活前视图，选择【创建】＊|【图形】◎|【线】工具，在视图中绘制一个样条线，单击【修改】◢

按钮，进入修改命令面板，定义当前选择集为【顶点】，并调整其位置，如图4.43所示。

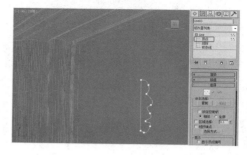

图4.43

09 关闭当前选择集，确定刚绘制的矩形处于选择状态，选择【创建】＊|【几何体】◎|【复合对象】|【放样】工具，在【创建方法】卷展栏中单击【获取图形】按钮，然后在前视图中选择刚绘制的样条线，如图4.44所示。

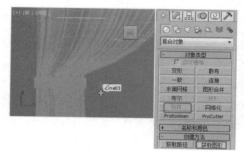

图4.44

10 确定刚放样的图形处于选中状态，单击【修改】◢按钮，进入修改命令面板，将其命名为【布围栏】，然后将当前选择集定义为【图形】，在场景中选择放样的图形，然后单击工具栏中的【选择并旋转】◎按钮，在前视图中对放样的图形进行旋转，效果如图4.45所示。

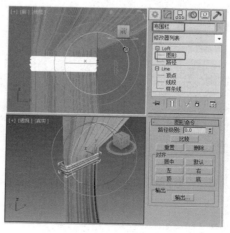

图4.45

11 在场景中选择【窗帘 001】和【布围栏】对象，单击工具栏中的【镜像】 按钮，打开【镜像：屏幕 坐标】对话框，在【镜像轴】区域中选择 X 轴，在【克隆当前选择】区域下选择【复制】，最后单击【确定】按钮，并在场景中调整其位置，如图 4.46 所示。

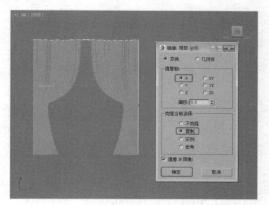

图 4.46

12 选择所有的窗帘和布围栏对象，按 M 键打开【材质编辑器】对话框。激活第一个材质样本球，将其命名为【窗帘】。在【Blinn 基本参数】卷展栏中单击【漫反射颜色】通道右侧的【None】按钮，在打开的【材质/贴图浏览器】对话框中选择【位图】选项。单击【确定】按钮，在弹出的对话框中选择本书相关素材中的 Map/【窗帘 .jpg】文件，如图 4.47 所示，单击【打开】按钮。单击【转到父对象】按钮 ，然后单击【将材质指定给选定对象】和【视口中显示明暗处理材质】按钮。

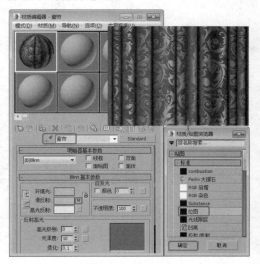

图 4.47

13 选择【创建】 |【几何体】 |【长方体】工具，在前视图中创建一个【长度】、【宽度】、【高度】、

【长度分段】、【宽度分段】和【高度分段】分别为 81、354、2、10、35 和 1 的长方体，并将其命名为【窗幔】，适当调整窗幔的位置，如图 4.48 所示。

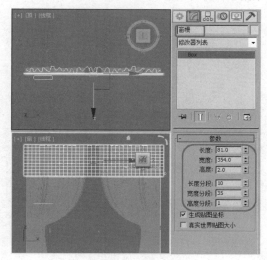

图 4.48

14 在【修改器列表】中选择【置换】修改器，在【参数】卷展栏中，将【置换】区域下的【强度】设置为 12，在【图像】区域下单击【位图】的【无】按钮，在打开的对话框中选择本书相关素材中的 Map/Sf-29.jpg 文件，单击【打开】按钮，如图 4.49 所示。

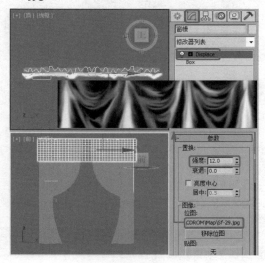

图 4.49

15 按 M 键打开【材质编辑器】对话框，为窗幔设置材质。拖动第一个材质样本球到第二个材质样本球上，对其进行复制，并将复制的材质重新命名为【窗幔】，在【贴图】卷展栏中，单击【漫反射颜色】右侧的贴图按钮，然后在【坐标】卷展栏中将【偏移】下的 U、V 设置为 0.2 和 0.05，将【瓷砖】下的 U、

V 设置为 –5 和 1，在【位图参数】卷展栏中的【裁剪 / 放置】区域中选中【应用】复选框，将 U、V、W、H 分别设置为 0.328、0.479、0.289、0.216，如图 4.50 所示。

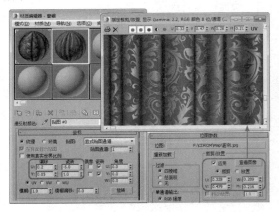

图 4.50

16 单击【转到父对象】按钮和【将材质指定给选定对象】按钮，将材质指定给【窗幔】，如图 4.51 所示。

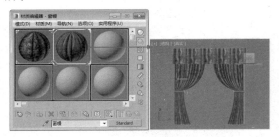

图 4.51

17 选择【创建】|【摄影机】|【目标】摄影机工具，在顶视图中创建一架摄影机，并在其他视图中调整其位置。在【参数】卷展栏中，将【镜头】参数设置为 40。激活透视视图，按 C 键将其转换为摄影机视图，如图 4.52 所示。

18 选择【创建】|【灯光】|【泛光】工具，在顶视图中模型的下方创建两盏泛光灯，并在其他视图中调整其位置。在【强度 / 颜色 / 衰减】卷展栏中，将【倍增】设置为 1，如图 4.53 所示。

19 选择【创建】|【灯光】|【天光】工具，在顶视图中模型的上方创建一盏天光，并在其他视图中调整其位置。在【强度 / 颜色 / 衰减】卷展栏中，将【倍增】设置为 0.5，如图 4.54 所示。

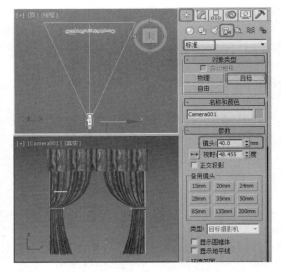

图 4.52

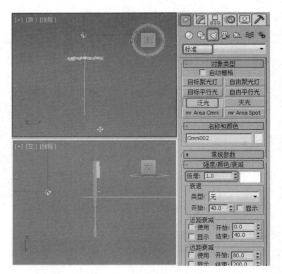

图 4.53

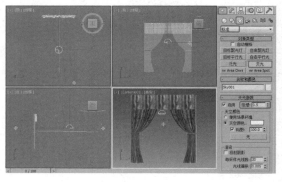

图 4.54

20 激活摄影机视图，按 F9 键对其进行渲染，渲染完成后将效果和场景文件保存。

4.5 使用放样变形曲线

放样对象之所以在三维建模中占有重要的位置，不仅仅在于它可以将二维的图形转换为有深度的三维模型，更重要的是还可以通过在【修改】 ☑命令面板中使用【变形】卷展栏修改对象的轮廓，从而产生更为理想的模型。

在【变形】卷展栏中包括【缩放】变形、【扭曲】变形、【倾斜】变形、【倒角】变形和【拟合】变形，如图 4.55 所示。

选择一种放样变形工具后，会出现相应的变形对话框，除【拟合】变形工具的变形对话框稍有不同外，其他变形工具的变形对话框基本相同，如图 4.56 所示。

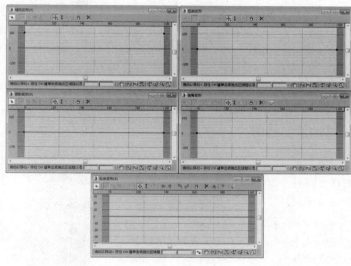

图 4.55 图 4.56

在这些对话框的顶部是一系列的工具按钮，它们的功能说明如下。

● 【均衡】按钮 ☑：激活该按钮，3ds Max 在放样对象表面的 X、Y 轴上均匀地应用变形效果。

● 【显示 X 轴】按钮 ☑：激活此按钮显示 X 轴的变形曲线。

● 【显示 Y 轴】按钮 ☑：激活此按钮显示 Y 轴的变形曲线。

● 【显示 XY 轴】按钮 ☑：激活此按钮将显示 X 轴和 Y 轴的变形曲线。

● 【交换变形曲线】按钮 ☑：单击此按钮将 X 轴和 Y 轴的变形曲线进行交换。

● 【移动控制点】按钮 ☑：用于沿 XY 轴方向移动变形曲线上的控制点或控制点上的调节手柄。长按【移动控制点】按钮 ☑，在弹出的下拉列表中包含 ☑和 ☑按钮。☑按钮用于水平移动变形曲线上的控制点；☑按钮用于垂直移动变形曲线上的控制点。

● 【缩放控制点】按钮 ☑：用于在路径方向上缩放控制点。

● 【插入角点】按钮 ☑：用于在变形曲线上插入一个控制点。长按该按钮，在弹出的下拉列表中选择【插入 Bezier 点】按钮 ☑，该按钮用于在变形曲线上插入一个 Bezier 点。

● 【删除控制点】按钮 ☑：用于删除变形曲线上指定的控制点。

● 【重置曲线】按钮 ☑：单击此按钮可以删除当前变形曲线上的所有控制点，将变形曲线恢复到没有进行变形操作以前的状态。

以下是【拟合】变形对话框中特有的工具按钮。

- 【水平镜像】按钮：将拾取的图形对象水平镜像。

- 【垂直镜像】按钮：将拾取的图形对象垂直镜像。

- 【逆时针旋转90度】按钮：将所选图形逆时针旋转90°。

- 【顺时针旋转90度】按钮：将所选图形顺时针旋转90°。

- 【删除曲线】按钮：此工具用于删除处于所选状态的变形曲线。

- 【获取图形】按钮：该按钮可以在视图中获取所需要的图形对象。

- 【生成路径】按钮：按下该按钮，系统将会自动适配，产生最终的放样造型。

4.5.1 【缩放】变形

使用【缩放】变形可以沿着放样对象的 X 轴及 Y 轴方向使其剖面发生变化。下面通过一个简单的实例来学习【缩放】变形。

01 选择【创建】|【图形】|【样条线】|【圆】工具，在顶视图创建一个圆，在【参数】卷展栏中，将【半径】设置为 47，如图 4.57 所示。

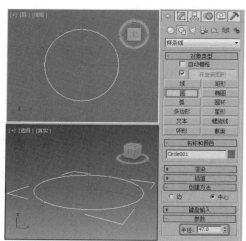

图 4.57

02 选择【创建】|【图形】|【样条线】|【线】工具，在顶视图中绘制一条直线，效果如图 4.58 所示。

03 确认绘制的直线处于选中状态，选择【创建】|【几何体】|【复合对象】|【放样】工具，在【创建方法】卷展栏中单击【获取图形】按钮，然后在场景中拾取圆形，效果如图 4.59 所示。

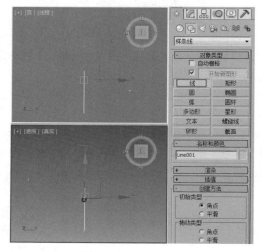

图 4.58

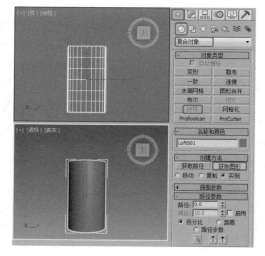

图 4.59

04 切换到【修改】命令面板，在【变形】卷展栏中单击【缩放】按钮，在弹出的对话框中选择左侧的控制点，并将其移动至如图 4.60 所示的位置。

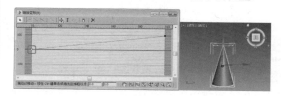

图 4.60

05 单击【插入 Bezier 点】按钮，在如图 4.61 所示的位置处添加一个控制点。

06 使用【移动控制点】工具调整新添加的控制点，效果如图 4.62 所示。

第4章　复合对象建模方法

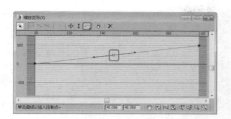

图 4.61

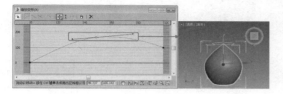

图 4.62

提示

在调整变形曲线的控制点时，可以以水平标尺和垂直标尺的刻度为标准进行调整，但这样不会太精确。在变形窗口底部的信息栏中有两个文本框，可以显示当前选择点（单个点）的水平和垂直位置，也可以通过在这两个文本框中输入数值来调整控制点的位置。

4.5.2　【扭曲】变形

　　【扭曲】变形用于控制截面图形相对于路径的旋转。【扭曲】变形的操作方法与【缩放】变形基本相同，下面通过一个简单的实例来学习【扭曲】变形。

01 选择【创建】 |【图形】 |【星形】工具，在顶视图中创建星形，在【参数】卷展栏中，将【半径1】设置为100、【半径2】设置为65，【点】设置为7、【圆角半径1】设置为30，如图 4.63 所示。

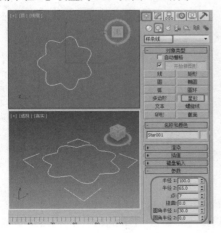

图 4.63

02 单击【线】按钮，在前视图中创建放样路径，如图 4.64 所示。

图 4.64

03 在场景中选择直线作为放样的路径，选择【创建】 |【几何体】 |【复合对象】|【放样】工具，在【创建方法】卷展栏中单击【获取图形】按钮，在场景中拾取图形，如图 4.65 所示。

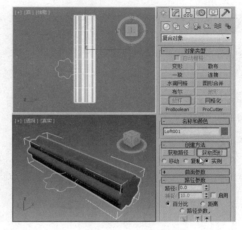

图 4.65

04 切换到修改命令面板，在【变形】卷展栏中单击【扭曲】按钮，在弹出的【扭曲变形】对话框中使用【移动控制点】 工具，在场景中调整控制点的位置，扭曲模型，如图 4.66 所示。

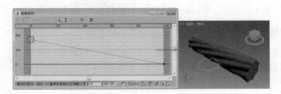

图 4.66

4.5.3　【倾斜】变形

　　通过【倾斜】变形工具能够让路径上的截面图形绕着 X 轴或 Y 轴旋转。使用它可使放样路径上的起始剖面产生倾斜，下面通过例子来学习使用【倾斜】变形工具的方法。

115

01 继续上一节的操作。在【变形】卷展栏中单击【倾斜】按钮，在弹出的【倾斜变形(X)】对话框中单击【插入角点】 按钮，在控制曲线上单击添加控制点，然后使用【移动控制点】 工具调整控制点，如图4.67所示。

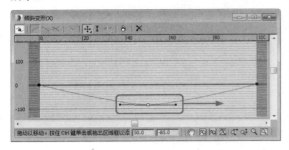

图 4.67

02 设置扭曲变形后的效果如图4.68所示。

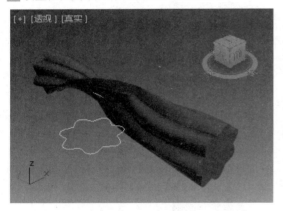

图 4.68

4.5.4 【倒角】变形

【倒角】变形工具与【缩放】变形工具非常相似，它们都可以用来改变放样对象的大小，下面通过一个简单的实例来学习【倒角】变形的方法。

01 选择【创建】 ▣|【图形】 ◎|【样条线】|【星形】工具，在顶视图中创建一个星形，切换到【修改】 ◪命令面板，在【参数】卷展栏中，将【半径1】设置为80，【半径2】设置为35，【点】设置为6，【圆角半径1】和【圆角半径2】分别设置为20和10，如图4.69所示。

02 选择【创建】 ▣|【图形】 ◎|【样条线】|【线】工具，在顶视图中绘制一条直线，如图4.70所示。

03 确认直线处于选中状态，选择【创建】 ▣|【几何体】 ◎|【复合对象】|【放样】工具，在【创建方法】卷展栏中单击【获取图形】按钮，然后在视图中选择六角星形截面图形，如图4.71所示。

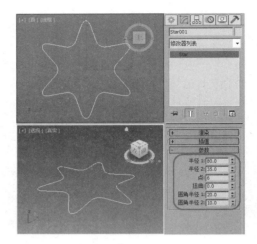

图 4.69

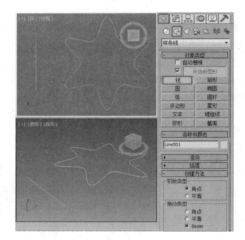

图 4.70

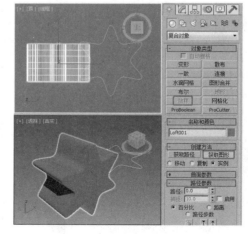

图 4.71

04 确认放样对象处于选中状态，切换到【修改】 ◪命令面板，在【变形】卷展栏中单击【倒角】按钮，弹出【倒角变形】对话框，单击【插入 Bezier 点】

按钮 ，在如图 4.72 所示的位置添加一个控制点。

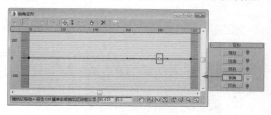

图 4.72

05 使用【移动控制点】工具 调整新添加的控制点，效果如图 4.73 所示。

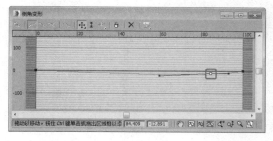

图 4.73

06 设置倒角变形后的效果如图 4.74 所示。

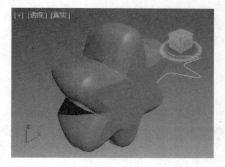

图 4.74

提示

在调整关键点的位置时，调整的距离不能太大，以免放样后的物体出现镂空问题。

4.5.5 【拟合】变形

在所有的放样变形工具中，【拟合】变形工具是功能最为强大的变形工具。使用【拟合】变形工具，只要绘制出对象的顶视图、侧视图和截面视图就可以创建出复杂的几何体对象。可以这样说，无论多么复杂的对象，只要你能够绘制出它的三视图，就能够用【拟合】工具将其制作出来。

【拟合】变形工具功能强大，但也有一些限制，了解这些限制能大大提高拟和变形的成功率。

- 适配型必须是单个的样条曲线，不能有轮廓或者嵌套。

- 适配型图必须是封闭的。

- 在 X 轴上不能有曲线段超出第一个或最后一个节点。

- 适配型不能包含底切。检查底切的一个方法是：绘制一条穿过型，并且与它的 Y 轴对齐的直线，如果这条直线与型有两个以上的交点，那么该型包含底切。

下面将使用【拟合】变形工具制作牙膏模型。

01 打开本书相关素材中的素 材\第 4 章\【拟合变形 .max】文件，在打开的场景中选择【路径】对象，然后选择【创建】 |【几何体】 |【复合对象】|【放样】工具，在【创建方法】卷展栏中单击【获取图形】按钮，在视图中拾取【截面】图形，如图 4.75 所示。

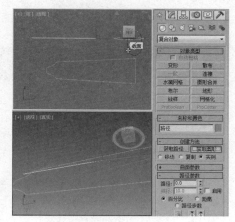

图 4.75

02 切换到【修改】 命令面板，在【变形】卷展栏中单击【拟合】按钮，如图 4.76 所示。

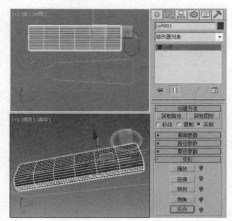

图 4.76

03 弹出【拟合变形】对话框，单击【均衡】按钮■，确认选中【显示 X 轴】按钮■，单击【获取图形】按钮■，在顶视图中拾取【X 轴变形】对象，如图 4.77 所示。

04 单击【显示 Y 轴】按钮■，然后在顶视图中拾取【Y 轴变形】对象，即可完成牙膏模型的制作，如图 4.78 所示。

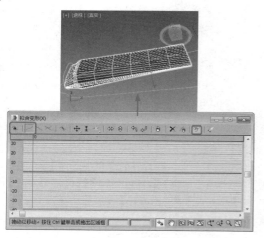

图 4.77

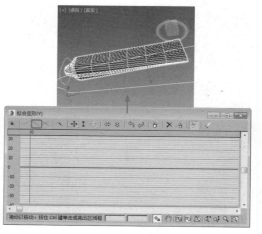

图 4.78

4.6　课堂实例

下面通过花瓶和床头柜两个实例来巩固一下本章所学习的内容。

4.6.1　放样变形——花瓶

本案例将介绍如何制作花瓶，该案例主要通过对二维图形进行放样得到三维对象，然后再为三维对象添加【扭曲】、【编辑网格】、【壳】、【UVW贴图】等修改器，并为该对象添加材质、摄影机、灯光等，效果如图 4.79 所示。

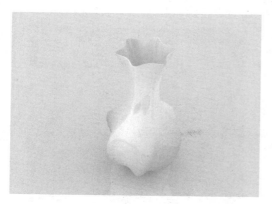

图 4.79

卷展栏中，将【半径 1】、【半径 2】、【点】、【扭曲】、【圆角半径 1】、【圆角半径 2】分别设置为50、34、6、0、7、8，如图 4.80 所示。

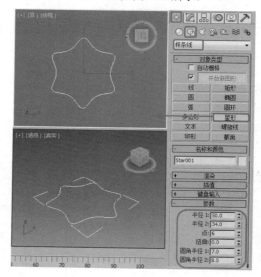

图 4.80

01 新建一个空白场景，选择【创建】■|【图形】■|【星形】工具，在顶视图中创建一个星形，在【参数】

02 选择【创建】■|【图形】■|【线】工具，在前视图中创建一条垂直的直线，如图 4.81 所示。

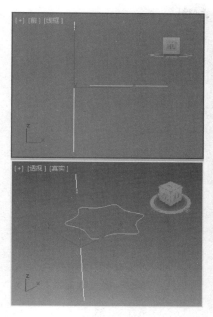

图 4.81

03 在视图中选择前面所创建的星形，选择【创建】
【＋】|【几何体】【○】|【复合对象】|【放样】工具，在【创
建方法】卷展栏中单击【获取路径】按钮，在视图
中拾取前面绘制的直线，切换至【修改】【☑】命令面
板中，在【变形】卷展栏中单击【缩放】右侧的【亚】
按钮，然后再单击【缩放】按钮，在弹出的对话框
中单击【插入角点】按钮【土】，如图 4.82 所示。

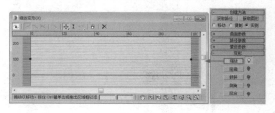

图 4.82

04 在曲线上添加 3 个控制点，在该对话框中单击【移
动控制点】按钮【土】，选择新添加的 3 个控制点，右击，
在弹出的快捷菜单中选择【Bezier- 平滑】命令，在
该对话框中对曲线上的顶点进行调整，调整后的效
果如图 4.83 所示。

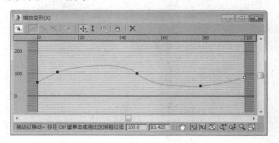

图 4.83

05 调整完成后，将该对话框关闭，继续选中该对象。
在修改器下拉列表中选择【扭曲】修改器，在【参数】
卷展栏中，将【扭曲】选项组中的【角度】设置为 −50，
在【扭曲轴】选项组中单击【Y】单选按钮，如图 4.84
所示。

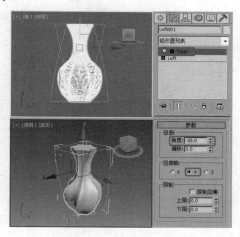

图 4.84

06 在修改器下拉列表中选择【编辑网格】修改器，
将当前选择集定义为【多边形】，在顶视图中选择
顶部的多边形。按 Delete 键将选中的多边形删除，
关闭当前选择集，在修改器下拉列表中选择【壳】
修改器，如图 4.85 所示。

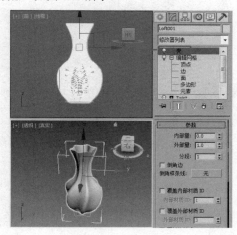

图 4.85

07 在修改器下拉列表中选择【UVW 贴图】修改
器，使用其默认参数即可。确认该对象处于选中状
态，按 M 键，在弹出的对话框中选择一个新的材
质样本球，将其命名为【花瓶】，在【Blinn 基本
参数】卷展栏中，将【环境光】的 RGB 值设置为
215,230,250，【自发光】设置为 35，【反射高光】
选项组中的【高光级别】、【光泽度】分别设置为
93、75，如图 4.86 所示。

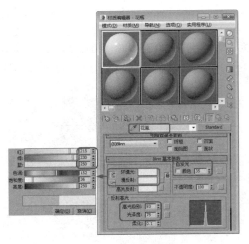

图 4.86

08 在【贴图】卷展栏中单击【漫反射颜色】右侧的
【无】按钮，在弹出的对话框中选择【渐变坡度】
选项，单击【确定】按钮，在【渐变坡度参数】卷
展栏中，将位置 0 处的渐变滑块的 RGB 值设置为
255,100,170，位置 50 处的渐变滑块的 RGB 值设置
为 255,255,255，位置 100 处的渐变滑块的 RGB 值
设置为 100,160,255，如图 4.87 所示。

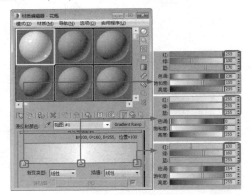

图 4.87

09 单击【转到父对象】按钮，在【贴图】卷展栏
中，将【反射】右侧的【数量】设置为 20，然后单
击其右侧的【无】按钮，在弹出的对话框中选择【光
线跟踪】选项，如图 4.88 所示。

10 单击【确定】按钮，在【光线跟踪器参数】卷
展栏中单击【背景】选项组中的【无】按钮，在弹
出的对话框中选择【位图】选项，单击【确定】按
钮，在弹出的对话框中选择本书相关素材中的 Map/
BXG.JPG 贴图文件，单击【打开】按钮。在【位图
参数】卷展栏中，选中【裁剪 / 放置】选项组中的【应
用】复选框，将【U】、【V】、【W】、【H】分
别设置为 0.339、0.16、0.469、0.115，如图 4.89 所示。

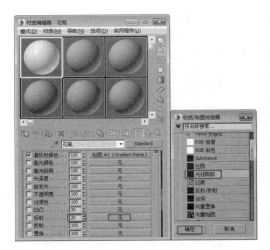

图 4.88

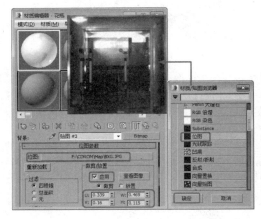

图 4.89

11 设置完成后，单击【将材质指定给选定对象】按
钮，将该对话框关闭。选择【创建】|【摄影机】
|【目标】工具，在顶视图中创建一架摄影机，在
【参数】卷展栏中，将其【镜头】设置为 50mm，
激活透视视图，按 C 键将其转换为摄影机视图，在
其他视图中调整摄影机的位置，选择【创建】|【几
何体】|【平面】工具，在顶视图中创建一个平面，
如图 4.90 所示。

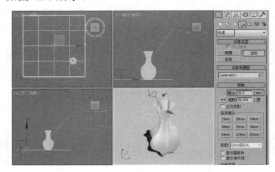

图 4.90

12 选中该平面对象，按 M 键，在弹出的对话框中选择【花瓶】材质样本球，按住鼠标将其拖曳至一个新的材质样本球上，并将其命名为【地面】。在【Blinn 基本参数】卷展栏中，将【环境光】的 RGB 值设置为 255,255,255，【自发光】设置为 15，在【贴图】卷展栏中右击【漫反射颜色】右侧的材质按钮，在弹出的快捷菜单中选择【清除】命令，然后将【反射】右侧的【数量】设置为 10，并单击其右侧的材质按钮，在【光线跟踪器参数】卷展栏中单击【背景】选项组中的【使用环境设置】单选按钮，如图 4.91 所示。

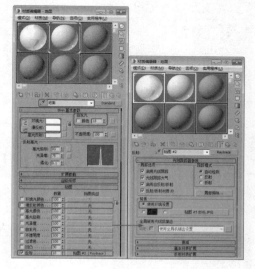

图 4.91

13 设置完成后，单击【将材质指定给选定对象】按钮，关闭该对话框。选择【创建】|【灯光】|【标准】|【天光】工具，在顶视图中创建一个天光，在视图中调整其位置，切换至【修改】命令面板中，在【天光参数】卷展栏中，将【倍增】设置为 0.8，如图 4.92 所示。

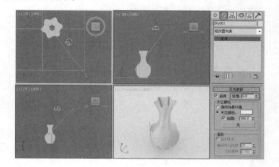

图 4.92

14 按 F10 键，在弹出的对话框中选择【高级照明】选项卡，在【高级照明】卷展栏中，将照明类型设置为【光跟踪器】，在【参数】卷展栏中，将【附

加环境光】的 RGB 值设置为 22,22,22，如图 4.93 所示。

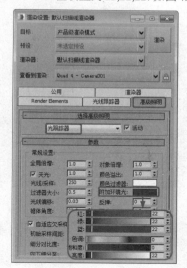

图 4.93

15 设置完成后，单击【渲染】按钮对摄影机视图进行渲染即可，对完成后的场景进行保存。

4.6.2 床头柜

本例介绍床头柜的制作方法，该例主要是通过切角长方体创建而成的，抽屉是由布尔运算得到的，完成后的效果如图 4.94 所示。

图 4.94

01 选择【创建】|【几何体】|【扩展基本体】|【切角长方体】工具，在顶视图中创建切角长方体，在【参数】卷展栏中，将【长度】设置为 100.0，【宽度】设置为 160.0，【高度】设置为 8.0，【圆角】设置为 1.0，取消选中【平滑】复选框，将其命名为【储物下层 01】，如图 4.95 所示。

02 在场景中复制模型，并将其命名为【支架 01】。切换到【修改】命令面板，在【参数】卷展栏中，将【长度】设置为 9.0，【宽度】设置为 9.0，【高度】

121

设置为100.0，【圆角】设置为1.0，并在场景中复制其他的3个支架模型，如图4.96所示，并在场景中调整模型的位置。

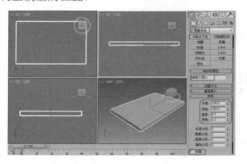

图 4.95

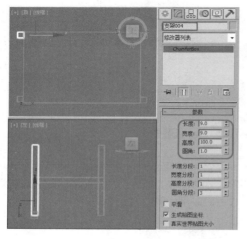

图 4.96

03 在场景中复制【支架05】，在【参数】卷展栏中，将【长度】设置为90.0，【宽度】设置为9.0，【高度】设置为9.0，【圆角】设置为1.0，在场景中调整模型的位置，并在前视图中复制模型到另外两个支架的位置，如图4.97所示。

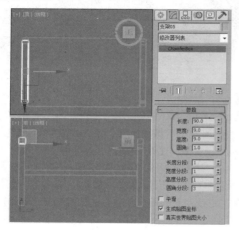

图 4.97

04 在场景中复制并调整模型，并调整修改器参数，如图4.98所示。

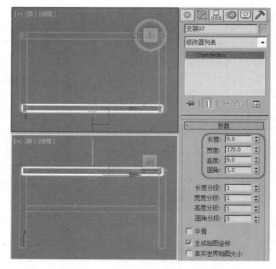

图 4.98

05 在场景中复制支架，切换到【修改】命令面板，将其命名为【抽屉01】，在【参数】卷展栏中，将【长度】设置为100.0，【宽度】设置为178.0，【高度】设置为50.0，【圆角】设置为1.0，并在场景中调整模型的位置，如图4.99所示。

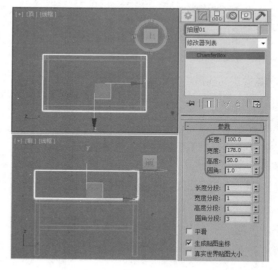

图 4.99

06 在场景中复制【抽屉02】，在【参数】卷展栏中，将【长度】设置为100.0，【宽度】设置为140.0，【高度】设置为50.0，【圆角】设置为1.0，并在场景中调整模型的位置，如图4.100所示。

07 在场景中选择【抽屉01】，选择【创建】|【几何体】|【复合对象】|【ProBoolean】工具，单击【开始拾取】按钮，在场景中拾取【抽屉02】，如图4.101所示。

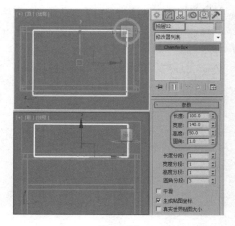

图 4.100

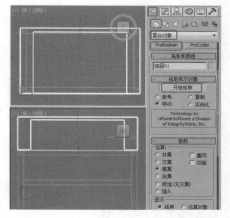

图 4.101

08 在场景中创建切角长方体,将模型命名为【抽屉】,在【参数】卷展栏中,将【长度】设置为93.0,【宽度】设置为137.0,【高度】设置为40.0,【圆角】设置为1.0,并在场景中调整模型的位置,如图4.102所示。

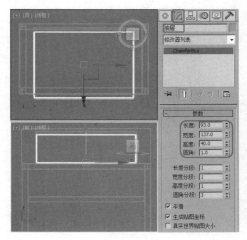

图 4.102

09 在场景中复制模型,将其命名为【抽屉02】,在【参数】卷展栏中,将【长度】设置为9.3,【宽度】设置为32.88,【高度】设置为18.0,【圆角】设置为1.0,并在场景中调整模型的位置,如图4.103所示。

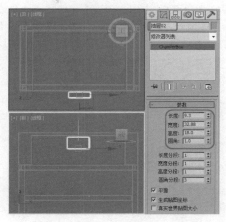

图 4.103

10 在场景中选择【抽屉】对象,选择【创建】|【几何体】|【复合对象】|【ProBoolean】工具,在选项组中单击【开始拾取】按钮,在场景中拾取【抽屉02】,如图4.104所示。

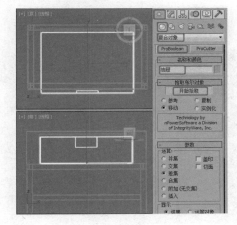

图 4.104

11 在顶视图的场景中创建【切角长方体】模型,将其命名为【抽屉把】,在【参数】卷展栏中,将【长度】设置为3.0,【宽度】设置为40.0,【高度】设置为9.0,【圆角】设置为1.0,取消选中【平滑】复选框,并在场景中调整模型的位置,如图4.105所示。

12 按 M 键,打开【材质编辑器】面板,选择一个新的材质样本球,将其命名为【木纹】,参照如图4.106所示设置材质,在【Blinn基本参数】卷展栏中设置【环境光】和【漫反射】的RGB都为135,112,76,设置【自发光】选项组中的【颜色】参数为20,在【反射高光】选项组中,将【高光级别】和【光泽度】的参

123

数分别设置为43和33，在【贴图】卷展栏中，将【漫反射颜色】的【数量】设置为90，单击【无】按钮，在弹出的对话框中选择【位图】贴图，单击【确定】按钮，选择本书相关素材中的Map\Wood8.jpg文件。进入贴图层级面板，在层级面板中设置相应的参数，如图4.106所示，选择【抽屉】、【抽屉01】、【储物下层01】对象，将材质指定给场景中相应的对象。

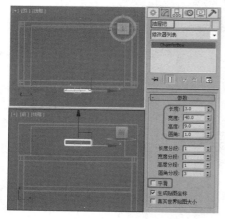

图 4.105

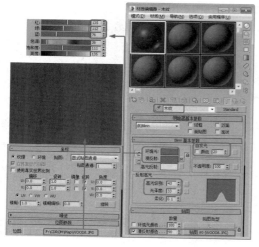

图 4.106

13 在工具栏中单击【按名称选择】按钮。在弹出的对话框中选择如图4.107所示的对象，单击【确定】按钮。

14 切换到【修改】命令面板，在修改器列表中选择【UVW贴图】修改器，在【参数】卷展栏中选择【长方体】选项，将【长度】设置为100.0，【宽度】设置为100.0，【高度】设置为100.0，取消选中【真实世界贴图大小】复选框，如图4.108所示。

15 在【材质编辑器】中选择一个新的材质样本球，并将其命名为【白色】，在【Blinn基本参数】卷展

栏中，将【环境光】和【漫反射】的RGB均设置为255,255,255，如图4.109所示，将材质指定给场景中相应的对象，效果如4.110所示。

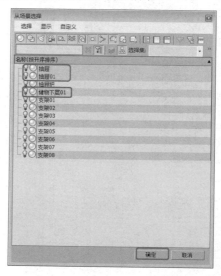

图 4.107

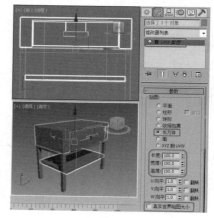

图 4.108

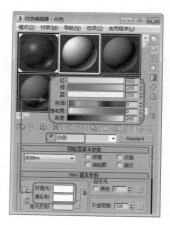

图 4.109

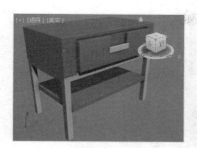

图 4.110

16 在顶视图中创建长方体，并设置其颜色为白色。将【长度】、【宽度】、【高度】分别设置为500、500、0，如图 4.111 所示。

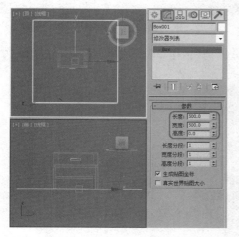

图 4.111

17 继续选择创建的长方体，右击，在弹出的快捷菜单中选择【对象属性】选项，弹出【对象属性】对话框，在【显示属性】选项组中选中【透明】复选框，单击【确定】按钮，如图 4.112 所示。

图 4.112

18 按 M 键，打开【材质编辑器】对话框，单击右侧的【Standard】按钮，弹出【材质编辑器】对话框，选择【天光/投影】选项，单击【确定】按钮，将材质指定给长方体，如图 4.113 所示。

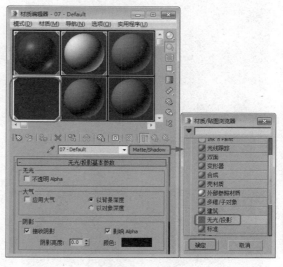

图 4.113

19 按 8 键，打开【环境和效果】对话框，将【背景颜色】设置为【白色】，单击【环境贴图】下方的【无】按钮，在打开的对话框中选择本书相关素材中的 Map/【床头柜背景.jpg】文件，然后在【环境和效果】对话框中将环境贴图拖曳至新的材质样本球上，在弹出的【实例（副本）贴图】对话框中选中【实例】单选按钮，并单击【确定】按钮，在【坐标】卷展栏中，将贴图设置为【屏幕】，如图 4.114 所示。

图 4.114

20 激活透视视图，按 Alt+B 快捷键，弹出【视口配置】对话框，切换至【背景】选项卡，选中【使用环境背景】单选按钮，单击【确定】按钮，如图 4.115 所示。

21 选择【创建】|【摄影机】|【目标】摄影机工具，在顶视图中创建一架摄影机，并在其他视图中调整其位置。激活透视视图，按 C 键将其转换为摄影机视图，并调整摄影机的位置，如图 4.116 所示。

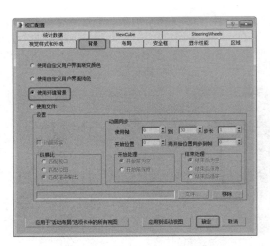

图 4.115

图 4.117 所示。

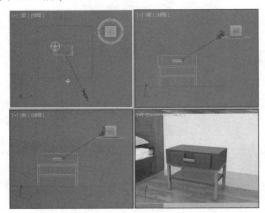

图 4.117

23 至此，床头柜就制作完成了，按 F9 键，对其进行渲染即可，如图 4.118 所示。

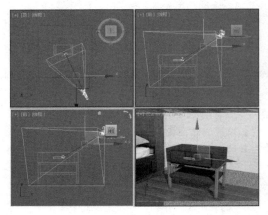

图 4.116

22 使用前面介绍过的方法，创建泛光灯和天光，如

图 4.118

4.7 **课后练习**

1. 【布尔】运算是对两个以上的物体进行并集、差集、交集和切割运算，简述每种运算类型的作用？

2. 简述放样中【拟合】变形的作用？

第5章

网格、面片及 NURBS 建模的方法

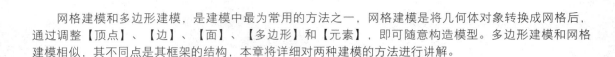

网格建模和多边形建模，是建模中最为常用的方法之一，网格建模是将几何体对象转换成网格后，通过调整【顶点】、【边】、【面】、【多边形】和【元素】，即可随意构造模型。多边形建模和网格建模相似，其不同点是其框架的结构，本章将详细对两种建模的方法进行讲解。

5.1 三维模型修改器——【编辑网格】

【编辑网格】修改器是一个针对三维对象操作的修改命令，同时也是一个功能非常强大的命令。【编辑网格】的最大优势是可以创建个性化模型，并辅以其他修改工具，适合创建表面复杂而无须精确建模的场景对象。

该建模方式主要通过编辑依次选择集结构对象的【顶点】、【边】、【面】、【多边形】和【元素】，创建复杂的三维模型。

5.1.1 使用【编辑网格】修改器

建造一个形体的方法有很多种，其中最基本也是最常用的方法就是使用【编辑网格】修改器来对构成物体的网格进行编辑创建。从一个基本网格物体，通过对它的子物体的编辑生成一个形态复杂的物体。

将模型转换为可编辑网格的操作有以下3种。

● 通过快捷菜单转换物体为可编辑网格。

01 在场景中创建任意物体。

02 选择并右击该物体，在弹出的快捷菜单中选择【转换为】|【转换为可编辑网格】命令，如图5.1所示。

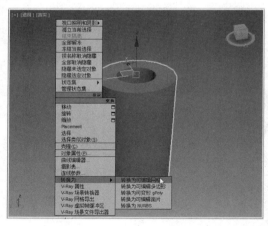

图 5.1

03 切换到【修改】命令面板，在修改器堆栈中可以看到该物体已经转换为可编辑网格，如图5.2所示。

图 5.2

● 通过在【修改】命令面板的【修改器列表】中选择【编辑网格】修改器。

01 在场景中选择物体。

02 切换到【修改】命令面板，在【修改器列表】中选择【编辑网格】修改器，如图5.3所示。这样就可以对该物体添加【编辑网格】修改器了。

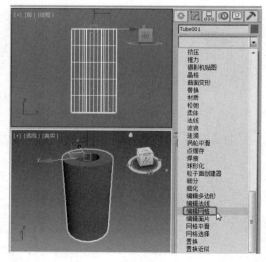

图 5.3

● 通过在堆栈中将其转换为可编辑网格。

01 在场景中选择物体。

02 切换到【修改】✎命令面板，在堆栈中右击，在弹出的快捷菜单中选择【可编辑网格】命令，如图5.4所示。这样该物体就转换为可编辑网格了。

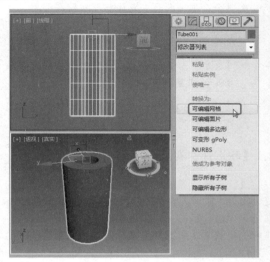

图 5.4

5.1.2 使用【塌陷】工具

编辑修改器堆栈中的每一步都将占据内存，为了使被编辑修改的对象占用尽可能少的内存，我们可以使用【塌陷】工具。塌陷堆栈的操作如下。

01 在修改器堆栈中选择要塌陷的修改器，右击该修改器。

02 在弹出的快捷菜单中选择一种塌陷类型。

03 如果选择【塌陷到】命令，可以将当前选择的修改器和在它下面的修改器塌陷。如果选择【塌陷全部】命令，则可以将所有堆栈列表中的编辑修改器对象塌陷，如图5.5所示。

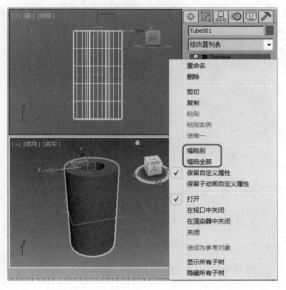

图 5.5

提示

通常在建模已经完成，并且不再需要进行调整时执行塌陷操作，塌陷后的堆栈不能恢复，因此执行此操作时一定要慎重。

5.2 编辑网格模型

在【编辑网格】和【可编辑网格】修改器中提供了多个参数卷展栏，用于修改或编辑网格模型。

5.2.1 网格对象的公共命令

无论是【编辑网格】修改器，还是【可编辑网格】修改器，在【修改】✎命令面板中都有【选择】和【软选择】卷展栏，而且参数设置相同。

1. 【选择】卷展栏

【选择】卷展栏提供了启用或者禁用不同子对象层级的按钮，在为物体添加了【编辑网格】修改器或将其塌陷成可编辑网格后，可以在修改器堆栈中看到网格子物体有5种层级，如图5.6所示。

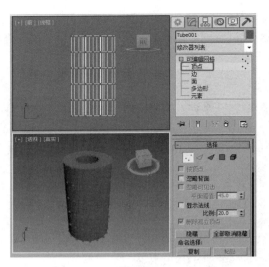

图 5.6

- 【顶点】 : 以顶点为最小单位进行选择。

- 【边】 : 以边为最小单位进行选择。

- 【面】 : 以面为最小单位进行选择。

- 【多边形】 : 以四边形为最小单位进行选择。

- 【元素】 : 以元素为最小单位进行选择。

- 【按顶点】: 选中该复选框, 在选择一个点时, 与这个点相连的边或面会同时被选择。

- 【忽略背面】: 由于表面法线的原因, 对象表面有可能在当前视角不被显示, 表面一般情况是不能被选择的, 选中该复选框, 可以对其进行选择操作。

- 【忽略可见边】: 当选择了"多边形"面选择模式时, 该功能将启用。

- 【平面阈值】: 指定阈值, 该值决定对"多边形"面选择来说, 哪些面是共存面。

- 【显示法线】: 当选中该复选框后, 在视图中显示法线, 法线显示为蓝色的线。

- 【比例】: 【显示法线】处于启用状态时, 指定视图中显示的法线大小。

- 【删除孤立顶点】: 选中该复选框后, 删除子对象的连续选择时, 3ds Max 将消除任何孤立顶点。在取消选中该复选框时, 删除选择会完好地保留所有的顶点。

- 【隐藏】: 隐藏任何选定的子对象、边和整个对象。

提示

【编辑】菜单中的【反选】命令对选择要隐藏的面很有用。选中要聚焦的面, 选择【编辑】|【反选】命令, 然后单击【隐藏】按钮。

- 【全部取消隐藏】: 还原任何隐藏对象使之可见。值得注意的是, 只有在处于【顶点】子对象层级时, 能将隐藏的顶点取消隐藏。

- 【复制】: 将当前子对象级中命名的选择集合复制到剪贴板。

- 【粘贴】: 将剪贴板中复制的选择集合指定到当前子对象级别中。

2. 【软选择】卷展栏

【软选择】卷展栏控件允许部分地选择显示选择邻接处中的子对象。在对子对象选择进行变换时, 在场景中被选定的子对象就会被平滑地进行绘制, 这种效果随着距离或部分选择的强度而衰减, 如图 5.7 所示。

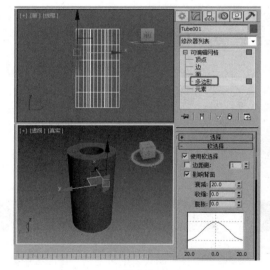

图 5.7

- 【使用软选择】: 在可编辑对象或【编辑】修改器的子对象级别上影响【移动】、【旋转】和【缩放】功能的操作, 如果变形修改器在子对象选择上进行操作, 那么也会影响应用到对象上的变形修改器的操作。选中该复选框后, 软件将样条线曲线变形应用到未选定子对象上。要产生效果, 必须在变换或修改选择之前选中该复选框。

- 【边距离】: 当选中该复选框, 在被选择点和其影响的顶点之间，以边数来限制它的影响范围，并在表面范围以边距来测量顶点的影响区域空间。

- 【影响背面】：当选中该复选框，那些法线方向与选定子对象平均法线方向相反，取消选择的面就会受到软选择的影响。在顶点和边的情况下，这将应用到它们所依附的面的法线上。

  - ➤ 【衰减】：用来定义影响区域的距离，它是用当前单位表示的从中心到球体边的距离。使用越高的衰减设置，就可以实现更平缓的斜坡，具体情况取决于几何体比例，默认设置为20。

  - ➤ 【收缩】：沿着垂直轴提高并降低曲线的顶点。为负值时，将生成凹陷；设置为0时，收缩将跨越该轴生成平滑变换。默认值为0。

  - ➤ 【膨胀】：沿着垂直轴展开和收缩曲线。

5.2.2　【编辑几何体】卷展栏

在修改器堆栈中对顶点、边、面、多边形或元素次对象进行编辑，除【选择】和【软选择】卷展栏外，还包括【编辑几何体】卷展栏和【曲面属性】卷展栏，选择的次对象不同，这两个卷展栏中的参数设置也不同。下面以面次对象为例，介绍其【编辑几何体】卷展栏，如图5.8所示。

图 5.8

- 【创建】：可以使子对象添加到单个选定的网格对象中。选择对象并单击【创建】按钮后，单击空间中的任何位置可以添加子对象。

- 【附加】：将场景中的另一个对象附加到选定的网格。可以附加任何类型的对象，包括样条线、面片对象和 NURBS 曲面。附加非网格对象时，该对象会转化成网格。

- 【断开】：为每一个附加到选定顶点的面创建新的顶点。如果顶点是孤立的或者只有一个面使用，则顶点将不受影响。

- 【删除】：删除选定的子对象以及附加在上面的任何面。

- 【分离】：将选定子对象作为单独的对象或元素进行分离。同时也会分离所有附加到子对象的面。

- 【改向】：在边的范围内旋转边。3ds Max 中的所有网格对象都由三角形面组成，但是默认情况下，大多数多边形被描述为四边形，其中有一条隐藏的边将每个四边形分割为两个三角形。【改向】可以更改隐藏边（或其他边）的方向，因此当直接或间接地使用修改器变换子对象时，能够影响图形的变化方式。

- 【挤出】：控件可以挤出边或面。边挤出与面挤出的工作方式相似，如图5.9所示。

图 5.9

- 【切角】：当前子级对象为【顶点】或【边】时，单击该按钮，然后拖动活动对象中的顶点或边。拖动时，【切角】右侧的文本框相应地更新，以指示当前的切角量。如果拖动一个或多个所选顶点或边，所有选定子对象将以同样的方式设置切角，如图5.10所示。如果当前子级对象为【面】/【多边形】/【元素】时，该按钮会显示为【倒角】。

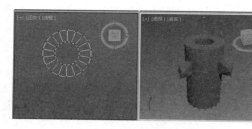

图 5.10

- 【法线】：确定如何挤出多于一条边的选择集。

- 【组】：沿着每个边连续组（线）的平均法线执行挤出操作。

- 【局部】：沿着每个选定面的法线方向进行挤出操作。

- 【切片平面】：一个方形化的平面，可通过移动或旋转改变将要剪切对象的位置，单击该按钮后，【切片】按钮才可用。

- 【切片】：在切片平面位置处执行切片操作。只有启用【切片平面】按钮时，【切片】按钮才可用，如图 5.11 所示。

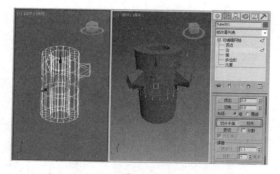

图 5.11

- 【切割】：用来在任意一点切分边，然后在任意一点切分第二条边，在这两点之间创建一条新边或多条新边。

- 【分割】：选中该复选框，通过【切片】和【切割】可以在划分边的位置处创建两个顶点集，使删除新面创建孔洞变得很简单。

- 【优化端点】：选中该复选框后，在相邻的面之间进行光滑过渡；反之，则在相邻的面之间产生生硬的边。

【焊接】选项组。

- 【选定项】：焊接在该按钮的右侧文本框中指定公差范围内的选定顶点。所有线段都会与产生的单个顶点连接。

- 【目标】：进入焊接模式，可以选择顶点并将它们移动。【目标】按钮右侧的文本框设置鼠标光标与目标顶点之间的最大距离（以屏幕像素为单位）。

- 【细化】：单击该按钮，会根据其下面的细分方式对选择的表面进行分裂复制。

- 【边】：以选择面的边为根据进行分裂复制，通过【细化】按钮右侧的文本框进行调节，如图 5.12 所示。

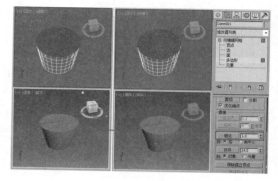

图 5.12

- 【面中心】：以选择面的中心为依据进行分裂复制。

- 【炸开】：单击该按钮，可以将当前选择面爆炸分离，使它们成为新的独立个体，如图 5.13 所示。

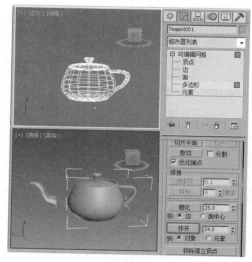

图 5.13

- 【对象】：将所有面爆炸为各自独立的新对象。

- 【元素】：将所有面爆炸为各自独立的新元

素，但仍属于对象本身，这是进行元素拆分的一个途径。

提示

炸开后只有将对象进行移动，才能看到分离的效果。

- 【移除孤立顶点】：单击该按钮后，将删除所有孤立的点，不管是否是选中的点。

- 【选择开放边】：仅选择物体的边缘线。

- 【由边创建图形】：在选择一条或多条的边后，单击该按钮，会弹出【炸开为对象】对话框，如图5.14所示。将以选择的边界为模板创建新的曲线，也就是把选择的边变成曲线独立出来使用。

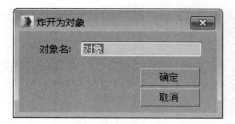

图 5.14

- 【曲线名】：为新的曲线命名。

- 【图形类型】：其中包括【平滑】和【线性】两种，【平滑】是强制把线段变成圆滑的曲线，但仍和顶点呈相切状态，无调节手柄；【线性】顶点之间以直线连接，拐角处无平滑过渡。

- 【忽略隐藏边】：控制是否对隐藏的边起作用。

- 【视图对齐】：单击该按钮后，选择点或次物体被放置在同一个平面，并且该平面平行于选择视图。

- 【平面化】：将所有的选择面强制压成一个平面，如图5.15所示。

- 【栅格对齐】：单击该按钮后，选择点或次物体被放置在同一个平面，并且该平面平行于选择视图。

- 【塌陷】：将选择的点、线、面、多边形或元素删除，留下一个顶点与四周的面连接，产生新的表面。这种方法不同于删除面，它是将多余的表面吸收，如图5.16所示。

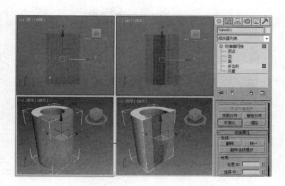

图 5.15

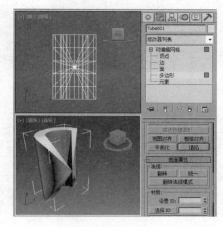

图 5.16

5.2.3　编辑【顶点】子对象

在修改器堆栈中，当前选择集定义为【顶点】，或者单击【选择】卷展栏中的【顶点】 按钮，进入网格对象的顶点模式，在视图中对象的顶点呈蓝色显示，如图5.17所示。可以选择对象上的单个顶点或多个顶点。

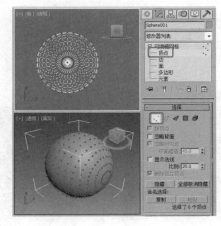

图 5.17

除了在修改器堆栈中定义选择集外，还可以在对象上右击，在弹出的快捷菜单中选择次对象模式，如图 5.18 所示。

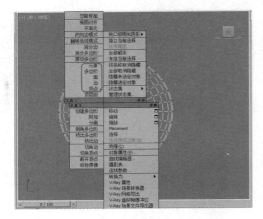

图 5.18

5.2.4 编辑【边】子对象

【边】指的是面片对象在两个相邻顶点之间的部分。

切换到【修改】命令面板，将当前选择集定义为【边】，除了【选择】和【软选择】卷展栏外，其中【编辑几何体】卷展栏与【顶点】模式中的【编辑几何体】卷展栏功能相同。

【曲面属性】卷展栏如图 5.19 所示。

图 5.19

接下来将对该卷展栏进行介绍。

- 【可见】：使选中的边显示出来。

- 【不可见】：使选中的边不显示出来，并呈虚线显示，如图 5.20 所示。

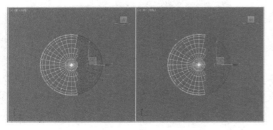

图 5.20

- 【自动边】：提供了另外一种控制边显示的方法。通过自动比较共线的面之间夹角与阈值的大小来决定选择的边是否可见。

- 【设置和清除边可见性】：只选择当前参数的次物体。

- 【设置】：保留上次选择的结果并加入新的选择。

- 【清除】：从上一次选择结果中进行筛选。

5.2.5 编辑【面】、【多边形】和【元素】子对象

【面】是通过曲面连接的 3 条或多条边的封闭序列，其中包括【面】、【多边形】和【元素】3 种选择集。

【编辑几何体】卷展栏在前面已经介绍到，这里就不详细介绍了。下面主要介绍 【曲面属性】卷展栏，如图 5.21 所示。

图 5.21

【法线】选项组。

- 【翻转】：将选择面的法线方向反转。

- 【统一】：将选择面的法线方向统一为一个方向，通常是向外的。

- 【翻转法线模式】：翻转单击的任何面的法线。要退出，可以再次单击此按钮，或者右击 3ds Max 界面中的任意位置。

使用【翻转法线】模式的最佳方式是，对所用的视图进行设置，以便在启用【平滑＋高亮显示】和【边面】时进行显示。如果将【翻转法线】模式与默认设置结合使用，可以使面沿着背离当前的方向进行翻转，但不能将其翻转回原位。为了获得最佳的结果，可以禁用【选择】卷展栏中的【忽略背面】。无论当前方向如何，执行上述操作时，可以单击任何面，使其法线的方向发生翻转。

【材质】选项组。

- 【设置 ID】：如果对物体设置多维材质时，在这里为选择的面指定 ID 号。

- 【选择 ID】：按当前 ID 号将所有与此 ID 号相同的表面进行选择。

- 【清除选定内容】：选中该复选框，如果选择新的 ID 或材质名称，将会取消选择以前选定的所有子对象。

【平滑组】选项组。

- 【按平滑组选择】：将所有具有当前光滑组号的表面进行选择。

- 【清除全部】：删除对面片物体指定的光滑组。

- 【自动平滑】：根据其下的阈值进行表面自动光滑处理。

【编辑顶点颜色】选项组。

- 【颜色】：单击色块可更改选定多边形或元素中各顶点的颜色。

- 【照明】：单击色块可以更改选定多边形或元素中各顶点的照明颜色。

- 【Alpha】：用于向选定多边形或元素中的顶点分配 Alpha（透明）值。

单击次物体中的【元素】就进入【元素】层级，在此层级中主要是针对整个网格物体进行编辑。

1．【附加】

使用附加可以将其他对象包含到当前正在编辑的可编辑网格物体中，使其成为可编辑网格的一部分，如图 5.22 所示。

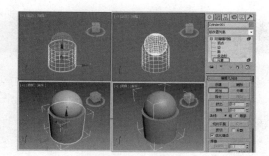

图 5.22

2．【分离】

分离的作用和附加的作用相反，它是将可编辑网格物体中的一部分从其中分离出去，成为一个独立的对象，如图 5.23 所示。通过【分离】命令，将物体从可编辑网格物体中分离出来，作为一个单独的对象，但是此时被分离出来的并不是原物体，而是另一个可编辑网格物体。

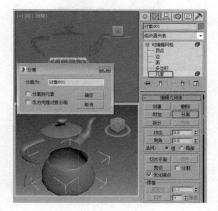

图 5.23

在分离对象前，首先将当前选择集定义为【元素】，在场景中选择需要分离的对象，然后在【编辑几何体】卷展栏中单击【分离】按钮即可将选择的对象分离出来。

3．【炸开】

炸开能够将可编辑网格物体分解成若干对象或元素。在单击【炸开】按钮前，如果选中【对象】单选按钮，则分解的碎片将成为独立的对象，即由 1 个可编辑网格物体变为 4 个可编辑网格物体；如果选中【元素】单选按钮，则分解的碎片将作为体层级物体中的一个子层级物体，并不单独存在，即仍然只有一个可编辑网格物体。

5.3 面片建模简介

面片建模是一种以表面进行建模的方式，即通过【面片栅格】中的【四边形面片】或【三角形面片】制作表面并对其进行任意修改而完成模型的创建工作。在 3ds Max 2016 中创建面片的种类有两种：四边形面片和三角形面片。这两种面片的不同之处是它们的组成元素不同，前者为四边形，后者为三角形。

3ds Max 2016 提供了两种创建面片的途径：一种是在【创建】■命令面板下的【面片栅格】子面板中的【对象类型】卷展栏中选择面片类型，如图 5.24 所示。或是选择菜单栏中的【创建】|【面片栅格】命令创建一个面片，如图 5.25 所示，然后进入【修改】☑命令面板，选择【编辑面片】修改器（也可以利用右击的快捷方式将面片转换为可编辑面片物体），进行编辑；另一种方法是首先绘制出线框结构，然后进入【修改】☑命令面板中选择【曲面】修改器，得到物体的表面，这种方法在【使用编辑面片编辑修改器】中详细介绍。

图 5.24

图 5.25

图 5.26

【键盘输入】卷展栏。

- 【X、Y、Z】：设置面片中心。

- 【长度】：设置面片的长度。

- 【宽度】：设置面片的宽度。

- 【创建】：该按钮基于 XYZ、【长度】、【宽度】的基础上创建面片。

【参数】卷展栏。

- 【长度】、【宽度】：创建面片后设置当前面片的长度、宽度。

- 【长度分段】、【宽度分段】：分别设置长度和宽度上的分段数，默认值为 1。当增加该分段时，【四边形面片】的密度将急剧增加。一侧上的两个分段的【四边形面片】包含 288 个面。最大值分段为 100。大的分段值可以降低计算机性能。

5.3.1 【四边形面片】、【三角形面片】

1. 【四边形面片】

【四边形面片】创建平面栅格。

其创建的方法很简单，下面将介绍创建四边形面片的参数设置方法，其参数面板如图 5.26 所示，四边形面片各项参数的功能说明如下所述。

- 【生成贴图坐标】：创建贴图坐标，以便应用贴图材质。默认设置为禁用状态。

创建四边形面片的步骤如下。

01 单击【创建】 ❖ |【几何体】 ○ |【面片栅格】|【四边形面片】按钮。

02 在任意视图中拖动定义面片的长度和宽度。

2. 【三角形面片】

【三角形面片】创建三角面的面片平面。

下面将介绍【三角形面片】的参数卷展栏，如图 5.27 所示。

图 5.27

【键盘输入】卷展栏。

- 【XYZ】：设置面片的中心。

- 【长度】、【宽度】：设置面片的长度、宽度。

- 【创建】：基于 XYZ、长度、宽度值来创建面片。

【参数】卷展栏。

- 【长度】、【宽度】：设置当前已经创建面片的长度、宽度。

- 【生成贴图坐标】：创建贴图坐标，以便应用贴图材质。

5.3.2 创建面片的方法

除了使用标准的面片创建方法外，在 3ds Max 中还包括多种常用创建面片的方法。

方法一：通过【车削】、【挤出】等修改器将

二线形图形生成三维模型，然后在将生成的三维模型输入为【面片】，如图 5.28 所示。

图 5.28

方法二：创建截面，再使用【曲面】修改器将连接的线生成面片，最后通过【编辑面片】修改器进行设置，如图 5.29 所示。

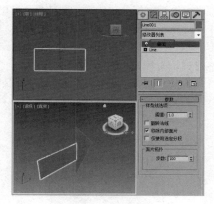

图 5.29

方法三：直接对创建的几何体使用【编辑面片】修改器，如图 5.30 所示。

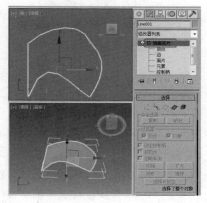

图 5.30

5.4 使用【编辑面片】修改器

【编辑面片】修改器为选定对象的不同子对象层级提供编辑工具:【顶点】、【边】、【面片】、【元素】、【控制柄】,如图5.31所示。【编辑面片】修改器匹配所有基础【可编辑面片】对象的功能,那些在【编辑面片】中不能设置子对象动画的除外。

图 5.31

【编辑面片】修改器必须复制传递到其自身的几何体,此存储将导致文件尺寸变大。【编辑面片】修改器也可以建立拓扑依赖性,即如果先前的操作更改了发送给修改器的拓扑,那么拓扑依赖性将受到负面影响。

在【编辑面片】修改器中,【选择】、【软选择】卷展栏是顶点、边、面片、元素、控制柄中其共同拥有的卷展栏,下面将主要介绍【选择】卷展栏,如图5.32所示。

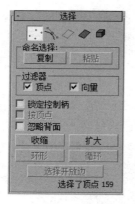

图 5.32

- 【顶点】 : 用于选择面片对象中的顶点控制点和向量控制柄。

- 【控制柄】 : 用于选择与每个顶点有关的向量控制柄。

- 【边】 : 选择面片对象的边界。在该层级时,可以细分边,还可以向开放的边添加新的面片。

- 【面片】 : 选择整个面片。在该层级,可以分离或删除其面片,还可以细分其曲面。细分面片时,其曲面将会分裂成较小的面片。

- 【元素】 : 选择和编辑整个元素,元素的面是连续的。

- 【命名选择】选项组:包括两个按钮。

  - 【复制】: 将当前子物体及命名的选择集复制到剪贴板中。

  - 【粘贴】: 将剪贴板中复制的选择集指定到当前子物体中。

- 【过滤器】选项组:包括两个复选框。

  - 【顶点】: 选中该复选框时,可以选择和移动顶点。

  - 【向量】: 选中该复选框时,可以选择和移动向量。

- 【锁定控制柄】: 将一个顶点的所有控制手柄锁定,移动一个时也会带动其他的手柄。只有在【顶点】选择集被选中的情况下才可使用。

- 【按顶点】: 选中该复选框后,在选择一个点时,与这个点相邻的边或面会一同被选中,只有在【控制柄】、【边】、【面片】选择集被选中的情况下才可用。

- 【忽略背面】: 选中该复选框时,选定子对象只会选择视图中显示其法线的那些子对象。取消选中该复选框(默认设置)时,选择包括所有子对象,而与它们的法线方向无关。

- 【收缩】: 通过取消选择最外部的子对象来缩小子物体的选择区域。只有在【控制柄】选择集被选中的情况下才可用。

- 【扩大】: 向所有可用方向外侧扩展选择区域。只有在【控制柄】选择集被选中的情况下才可用。

- 【环形】：通过选择与选定边平行的所有边来选定整个对象的四周，只有在【边】选择集被选中的情况下才可用。

- 【循环】：在与选中的边对齐时，尽可能远地扩展选择，只有在【边】选择集被选中的情况下才可用。

- 【选择开放边】：选择只有一个面片使用的所有边，只有在【边】选择集被选中的情况下才可用。

5.5 面片对象的子对象模式

下面介绍【可编辑面片】修改器中每个选择集的主要参数设置。

5.5.1 顶点

在编辑修改器堆栈中，将当前选择集定义为【顶点】，可以进入顶点选择集进行编辑，在顶点选择集中，可以使用主工具栏中的变换工具编辑选择的顶点，或可以变换切换手柄来改变面片的形状。

面片的顶点有【共面】和【角点】两种类型。【共面】可以保存顶点之间的光滑度，也可以对顶点进行调整；【角点】将保持顶点之间呈角点显示，可以通过快捷菜单选择这两种类型，如图5.33所示。

在【几何体】卷展栏中对有关【顶点】的一些参数进行介绍，如图5.34所示。

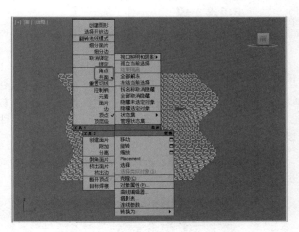

图 5.33

图 5.34

【细分】选项组：仅限于顶点、边、面片和元素层级。

- 【细分】：细分所选子对象。

- 【传播】：启用时，将细分伸展到相邻面片。沿着有连续的面片传播细分，连接面片时，可以防止面片断裂。

- 【绑定】：用于在两个顶点数不同的面片之间创建无缝、无间距的连接，这两个面片必须属于同一个对象，因此，不需要先选中该顶点。单击【绑定】按钮，然后拖动一条从基于边的顶点（不是角顶点）到要绑定的边的直线。

- 【取消绑定】：断开通过【绑定】连接到面片的顶点，选择该顶点，然后单击【取消绑定】按钮。

【拓扑】选项组。

- 【添加三角形 / 添加四边形】：该处选项仅用于边层级。可以为某个对象的任何开放边添加三角形和四边形。

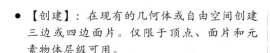

- 【创建】：在现有的几何体或自由空间创建三边或四边面片。仅限于顶点、面片和元素物体层级可用。

- 【分离】：将当前选择的面片分离出当前物体，使它成为一个独立的新物体。

- 【重定向】：选中该复选框时，分离的面片或元素复制源对象的【局部】坐标系的位置和方向。此时，将会移动和旋转新的分离对象，以便对局部坐标系进行定位，并使其与当前活动栅格的原点对齐。

- 【复制】：选中该复选框时，分离的面片将会复制到新的面片对象，从而使原来的面片保持完好。

- 【附加】：用于将对象附加到当前选定的面片对象。

- 【重定向】：选中该复选框时，重定向附加元素，使每个面片的创建局部坐标系与选定面片的创建局部坐标系对齐。

- 【删除】：将当前选择的面片删除。在删除点、线的同时，也会将共享的这些点、线的面片一同删除。

- 【断开】：将当前选择点断开，单击该按钮不会看到效果，如果移动断开的点，会发现它们已经分离。

- 【隐藏】：将选择的面片隐藏，如果选择的是点或线，将隐藏点线所在的面片。

- 【全部取消隐藏】：将所有隐藏的面片显示出来。

【焊接】选项组。

- 【选定】：确定可进行顶点焊接的区域面积，当顶点之间的距离小于此值时，它们就会焊接为一个点。

- 【目标】：在视图中将选择的点拖动到要焊接的顶点上，这样会自动焊接。

【切线】选项组。

- 【复制】：将面片控制柄的变换设置复制到复制缓冲区。

- 【粘贴】：将方向信息从复制缓冲区粘贴到顶点控制柄。

- 【粘贴长度】：如果选中该复选框，并使用【复制】功能，则控制柄的长度也将被复制。

如果选中该复选框，并使用【粘贴】功能，则将复制最初复制的控制柄的长度及其方向，取消选中该复选框时，只能复制和粘贴其方向。

【曲面】选项组。

- 【视图步数】：调节视图显示的精度。数值越大，精度越高，表面越光滑。

- 【渲染步数】：调节渲染的精度。

- 【显示内部边】：控制是否显示面片物体中央的横断表面。

- 【使用真面片法线】：决定该软件平滑面片之间边缘的方式。

【杂项】选项组。

- 【面片平滑】：在子对象层级调整所选子对象顶点的切线控制柄，以便对面片对象的曲面执行平滑操作。

5.5.2 边

在【几何体】卷展栏中用到以下有关【边】的参数选项。

- 【细分】：使用该功能可以将选定的边子对象从中间分为两个单独的边。要使用【细分】按钮，首先要选择一个边子对象，然后再单击该按钮。

- 【传播】：该选项可以使边和相邻的面片也被细分，如图5.35所示。

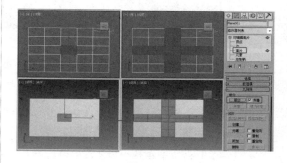

图5.35

- 【添加三角形】和【添加四边形】：使用这两个按钮可以在面片对象的开放式边上创建一个三角形或四边形面片。要创建三角形或四边形面片，首先要选择一条开放的边，然后单击这两个按钮创建一个面片，如图5.36所示。

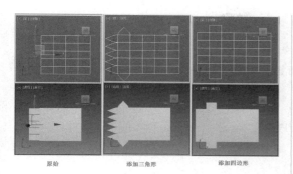

原始　　　　　添加三角形　　　　　添加四边形

图 5.36

- 【挤出】：使用【挤出】按钮可以给一个选定的边增加厚度，并在挤出边的后面增加一个面。要使用【挤出】功能，首先选择一个或者多个边，然后单击【挤出】按钮并在视图中拖动选中的边即可。

5.5.3 面片和元素

【面片】和【元素】两个选择集的可编辑参数基本相同，除前面介绍的公用选项外，还包括以下选项。

【挤出和倒角】选项组：仅限于边、面片和元素层级。使用这些控件，可以对边、面片或元素执行挤出和倒角操作。挤出面片时，这些面片将会沿着法线方向移动，然后创建形成挤出边的新面片，从而将选择与对象相连。倒角时，将会添加用于缩放挤出面片的第二个步幅。通过拖动或直接输入数值，可以对面片执行挤出和倒角操作。另外，还可以在挤出时按住 Shift 键，用于创建单独的元素。

- 【挤出】：单击此按钮，然后拖动任何边、面片或元素，以便对其进行交互式挤出操作。执行该操作时按住 Shift 键，可以创建新的元素。如果鼠标光标位于选定面片或元素上，将会更改为【挤出】光标。

- 【倒角】：仅限于面片和元素层级。单击该按钮，然后拖动任意一个面片或元素，对其执行交互式的挤出操作，再单击并释放鼠标按钮，然后重新拖动，对挤出元素执行倒角操作。执行该操作时按住 Shift 键，可以创建新的元素。鼠标光标位于选定元素上时，将会更改为【倒角】光标。

- 【挤出】：使用该微调器，可以向内或向外设置挤出，具体情况视该值的正负而定。

- 【轮廓】：仅限于面片和元素层级。使用该微调器，可以放大或缩小选定的面片或元素，具体情况视该值的正负而定。

- 【法线】：如果【法线】设置为【局部】（默认值），沿选定元素中的边、面片或单独面片的各个法线执行挤出。如果法线设置为组，沿着选定的连续组的平均法线执行挤出。如果挤出多个这样的组，每个组将会沿着自身的平均法线方向移动。

- 【倒角平滑】：仅限于面片和元素层级。使用这些设置，可以在通过倒角创建的曲面和邻近面片之间设置相交的形状。这些形状是由相交时顶点的控制柄配置决定的。开始是指边和倒角面片周围面片的相交；结束是指边和倒角面片或面片的相交。下面的设置适用于每种面片。

  - 【平滑】：对顶点控制柄进行设置，使新面片和邻近面片之间的角度相对小一些。

  - 【线性】：对顶点控制柄进行设置，以便创建线性变换。

  - 【无】：不修改顶点控制柄。

5.6 认识 NURBS

NURBS 建模是一种优秀的建模方式，可以用来创建具有流线轮廓的模型，本节将介绍 NURBS 建模。

3ds Max 提供 NURBS 曲面和曲线。NURBS 代表非均匀有理数 B- 样条线。NURBS 已成为设置和建模曲面的行业标准。它们尤其适合于使用复杂的曲线建模曲面。使用 NURBS 的建模工具并不要求了解生成这些对象的数学原理。NURBS 是常用的方式，这是因为它们很容易交互操作，并且创建它们的算法效率高，计算稳定性好。

也可以使用多边形网格或面片来建模曲面。与 NURBS 曲面相比，网格和面片具有以下缺点。

● 使用多边形可使其很难准确地创建复杂的弯曲曲面。

● 由于网格为面状效果，因此面状出现在渲染对象的边上，必须有大量的小面来渲染平滑的弯曲曲面。

NURBS 建模的弱点在于它通常只适用于制作较为复杂的模型。如果模型比较简单，使用它反而要比其他的方法需要更多的拟合，另外它不适合用来创建带有尖锐拐角的模型。

NURBS 造型系统由点、曲线和曲面 3 种元素构成，曲线和曲面又分为标准型和 CV 型，创建它们既可以在创建命令面板内完成，也可以在一个 NURBS 造型内部完成。

提示

除了【标准基本体】之外，还可以将面片对象、放样合成物、扩展基本体中的【环形结】和【棱柱】直接转换为 NURBS。

5.7 NURBS 的曲线和 NURBS 的曲面

下面将详细讲解 NURBS 的曲线和 NURBS 的曲面的基本内容。

5.7.1 NURBS 曲面

选择【创建】 |【几何体】 |【NURBS 曲面】，【NURBS 曲面】中包括【点曲面】和【CV 曲面】两种。

1.【点曲面】

【点曲面】是由矩形点的阵列构成的曲面，如图 5.37 所示。点存在于曲面上，创建时可以修改它的长度、宽度，以及各边上的点。创建点曲面后，可以在【创建参数】卷展栏中进行调整，如图 5.38 所示。

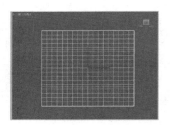

图 5.37

图 5.38

● 【长度】和【宽度】：用来设置曲面的长度和宽度。

● 【长度点数】：设置长度上点的数量。

● 【宽度点数】：设置宽度上点的数量。

● 【生成贴图坐标】：生成贴图坐标，以便可

以将设置贴图的材质应用于曲面。

● 【翻转法线】：选中该复选框可以反转曲面法线的方向。

2.【CV 曲面】

【CV 曲面】是由可以控制的点组成的曲面，这些点不存在于曲面上，而是对曲面起到控制作用，每个控制点都有权重值可以调节，以改变曲面的形状，如图 5.39 所示。创建点曲面后，可以在【创建参数】卷展栏中进行调整，如图 5.40 所示。

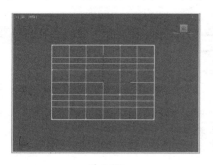

图 5.39

图 5.40

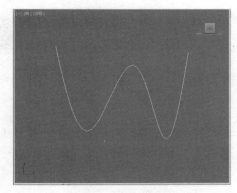

图 5.42

- 【长度】和【宽度】：分别控制 CV 曲面的长度和宽度。

- 【长度 CV 数】：曲面长度沿线的 CV 数。

- 【宽度 CV 数】：曲面宽度沿线的 CV 数。

- 【生成贴图坐标】：生成贴图坐标，以便可以将设置贴图的材质应用于曲面。

- 【翻转法线】：选中该复选框可以反转曲面法线的方向。

- 【自动重新参数化】选项组。

  ➢ 【无】：不重新参数化。

  ➢ 【弦长】：选择要重新参数化的弦长算法。

  ➢ 【一致】：按一致的原则分配控制点。

5.7.2 NURBS 曲线

选择【创建】 | 【图形】 | 【NURBS 曲线】命令，打开【NURBS 曲线】面板，如图 5.41 所示。其中包括【点曲线】和【CV 曲线】两种类型。

图 5.41

1.【点曲线】

【点曲线】是由一系列点弯曲而构成的曲线，如图 5.42 所示。它的【创建点曲线】卷展栏如图 5.43 所示。

图 5.43

- 【步数】：设置两点之间的片段数目。值越高，曲线越圆滑。

- 【优化】：对两点之间的片段数进行优化处理。

- 【自适应】：由系统自动指定片段数，以产生光滑的曲线。

- 【在所有视口中绘制】：选中该复选框，可以在所有的视图中绘制曲线。

2.【CV 曲线】

【CV 曲线】的参数设置与【点曲线】完全相同，这里就不再介绍了。创建的 CV 曲线如图 5.44 所示。

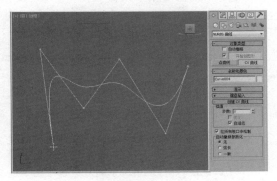

图 5.44

5.8 NURBS 对象工具面板

除了应用【创建】❋|【几何体】◯|【NURBS 曲面】或【NURBS 曲线】命令外，还可以通过以下几种方法创建 NURBS 模型。

● 在视图创建一个标准基本体，然后选中基本体并右击，在弹出的快捷菜单中选择【转换为】|【转换为 NURBS】命令，如图 5.45 所示。

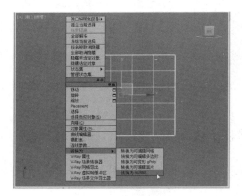

图 5.45

● 创建标准基本体后，在【修改】☑命令面板中的基本体名称上右击，在弹出的快捷菜单中选择【NURBS】命令，如图 5.46 所示。

图 5.46

● 同样样条线也可以转换为 NURBS。创建 NURBS 对象后，在【修改】☑命令面板中可以通过如图 5.47 所示的卷展栏中的工具进行编辑。

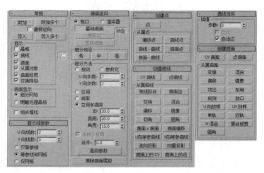

图 5.47

● 除了这些卷展栏工具外，软件还提供了大量的快捷工具，单击【常规】卷展栏中的【NURBS 创建工具箱】按钮▦，可以打开如图 5.48 所示的面板工具。工具箱中包含用于创建 NURBS 子对象的按钮。通常，工具箱的工具包含以下功能。

图 5.48

➢ 启用按钮后，只要选择 NURBS 对象或子对象，并切换到【修改】面板上，就可以看到工具箱。只要取消选择 NURBS 对象或使其他的面板处于活动状态，工具箱就会消失。当返回到【修改】☑命令面板，并选择 NURBS 对象之后，工具箱又会再次出现。

➢ 可以使用工具箱从顶部、对象层级或从任何 NURBS 子对象层级创建子对象。

➢ 启用工具箱按钮后，可以进入创建模式，【修改】☑命令面板上的参数将变为显示所创建子对象种类的参数。

➢ 在创建新的子对象时并不显示其他 NURBS 卷展栏。这与使用 NURBS 对象

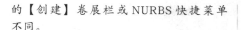

的【创建】卷展栏或 NURBS 快捷菜单
不同。

➢ 如果位于顶部对象层级，并使用工具箱
来创建子对象，则随后必须转到子对象
层级才能编辑新的子对象（这与使用卷
展栏上的按钮相同）。

➢ 如果位于子对象层级，并且使用工具箱
来创建相同子对象类型的对象，则可以
在禁用创建按钮（或右击结束对象创建）
之后立即对其进行编辑。

➢ 如果位于子对象层级，并且使用工具箱
来创建不同子对象类型的对象，则必须
在编辑新子对象之前更改该子对象层级。

下面将对工具面板中的工具进行介绍。

5.8.1　【点】功能区

● 【创建点】：创建单独的点。

● 【创建偏移点】：创建从属的偏移点。

● 【创建曲线点】：创建从属的曲线点。

● 【创建曲线 - 曲线点】：创建从属曲线 -
曲线相交点。

● 【创建曲面点】：创建从属曲面点。

● 【创建曲面 - 曲线点】：创建从属曲面 -
曲线相交点。

5.8.2　【曲线】功能区

● 【创建 CV 曲线】：创建一个独立 CV 曲
线子对象。

● 【创建点曲线】：创建一个独立点曲线子
对象。

● 【创建模拟曲线】：创建一个从属拟合曲
线（与曲线拟合按钮相同）。

● 【创建变换曲线】：创建一个从属变换
曲线。

● 【创建混合曲线】：创建一个从属混合
曲线。

● 【创建偏移曲线】：创建一个从属偏移
曲线。

● 【创建镜像曲线】：创建一个从属镜像
曲线。

● 【创建切角曲线】：创建一个从属切角
曲线。

● 【创建圆角曲线】：创建一个从属圆角
曲线。

● 【创建曲面 - 曲面相交曲线】）：创建一
个从属曲面 - 曲面相交曲线。

● 【创建 U 向等参曲线】：创建一个从属
U 向等参曲线。

● 【创建 V 向等参曲线】：创建一个从属
V 向等参曲线。

● 【创建法相投影曲线】：创建一个从属法
相投影曲线。

● 【创建向量投影曲线】：创建一个从属矢
量投影曲线。

● 【创建曲面上的 CV 曲线】：创建一个从
属曲面上的 CV 曲线。

● 【创建曲面上的点曲线】：创建一个从属
曲面上的点曲线。

● 【创建曲面偏移曲线】：创建一个从属曲
面偏移曲线。

● 【创建曲面边曲线】：创建一个从属曲面
边曲线。

5.8.3　【曲面】功能区

● 【创建 CV 曲面】：创建独立的 CV 曲面
子对象。

● 【创建点曲面】：创建独立的点曲面子
对象。

● 【创建变换曲面】：创建从属变换曲面。

● 【混合曲面】：创建从属混合曲面。

● 【创建偏移曲面】：创建从属偏移曲面。

● 【创建镜像曲面】：创建从属镜像曲面。

● 【创建挤出曲面】：创建从属挤出曲面。

● 【创建车削曲面】：创建从属车削曲面。

● 【创建规则曲面】：创建从属规则曲面。

● 【创建封口曲面】：创建从属封口曲面。

- 【创建 U 向放样曲面】 ▣ ：创建从属 U 向放样曲面。

- 【创建 UV 放样曲面】 ▦ ：创建从属 UV 放样曲面。

- 【创建单轨扫描】 ▣ ：创建从属单轨扫描曲面。

- 【创建双轨扫描】 ▣ ：创建从属双轨扫描曲面。

- 【创建多边混合曲面】 ▣ ：创建从属多边混合曲面。

- 【创建多重曲线修剪曲面】 ▣ ：创建从属多重曲线修剪曲面。

- 【创建圆角曲面】 ▣ ：创建从属圆角曲面。

5.9 使用 NURBS 工具箱创建子物体

下面将详细讲解使用 NURBS 工具箱创建子物体的方法。

5.9.1 创建挤压曲面

单击工具箱中的【创建挤出曲面】按钮▣，在视图中的曲线上拉伸，可将其挤压出一定的高度，从而创建出一个新的曲面。

下面通过一个例子，学习将 NURBS 曲线挤压成曲面的过程。

01 重置 3ds Max 2016 软件。

02 选择【创建】 ▣ |【图形】 ▣ |【NURBS 曲线】选项。

03 单击【点曲线】按钮，在顶视图中创建点曲线，如图 5.49 所示。

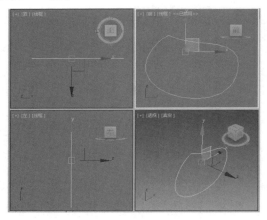

图 5.49

04 切换到【修改】 ▣ 命令面板，单击【NURBS 创建工具箱】按钮▣，打开 NURBS 工具箱。

05 单击工具箱中的【创建挤出曲面】按钮▣。在视图中单击选中曲线，拖动鼠标将其挤压出一定高度，

拖动至满意高度，释放鼠标，效果如图 5.50 所示。

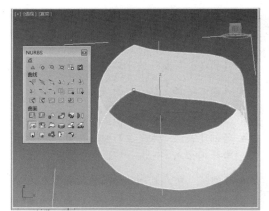

图 5.50

06 进入【点】选择集，可以对原始的 NURBS 曲线进行修改。

提示

新创建的曲面与原来的曲线相关联。

5.9.2 创建旋转曲面

单击工具箱中的【创建车削曲面】按钮▣，选择视图中的曲线，可使其进行旋转，创建出一个新的曲面。

下面来看一下将 NURBS 曲线车削成曲面的过程。

01 重置一个新的场景。

02 单击【创建】 ▣ |【图形】 ▣ |【NURBS 曲线】|【点曲线】按钮，在前视图中任意创建一个截面图形，如图 5.51 所示。

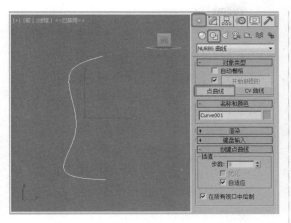

图 5.51

03 打开 NURBS 工具箱，单击【创建车削曲面】按钮 。

04 在场景中单击创建的曲线，然后切换到【修改】命令面板，在【车削参数】卷展栏中进行设置，在这里选择【最大】选项，完成后的效果如图 5.52 所示。

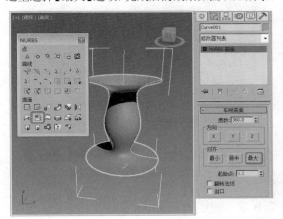

图 5.52

5.9.3 创建 U 放样和 UV 放样曲面

单击工具箱中的【创建U向放样曲面】按钮 ，顺次选择视图中的多条曲线作为放样截面，创建出一个新的曲面。

下面来看一下使用【创建U向放样曲面】按钮 创建U向放样曲面的过程。

01 重置一个新的场景文件。

02 单击【创建】 |【图形】 |【样条线】|【圆】按钮，在场景中创建 3 个不同大小的圆，并调整圆在场景中的位置，如图 5.53 所示。

03 右击其中的一个圆形，在弹出的快捷菜单中选择【转换为】|【转换为 NURBS】命令，如图 5.54 所示。

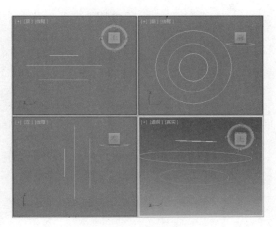

图 5.53

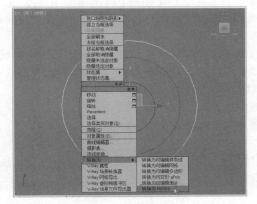

图 5.54

04 使用相同的方法，将其他两个圆形也转化为 NURBS 曲线。

05 选中其中一个圆形，切换到【修改】命令 面板并打开 NURBS 工具箱。

06 单击工具箱中的 【创建 U 向放样曲面】按钮 。在视图中单击选中放样曲线，顺次选取另外两条需要放样的曲线，如 5.55 所示。

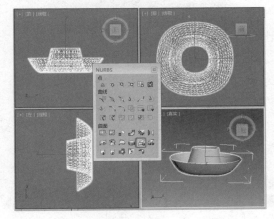

图 5.55

07 右击，结束 U 放样，生成新的三维曲面。

提示

使用【创建 U 向放样曲面】按钮，只是选择 U 向截面的多条曲线作为放样的截面，那么，如果有 U 向截面和 V 向截面时，可不可以同时选择两个方向的截面呢？可以。单击工具箱中的【创建 UV 放样曲面】按钮，先顺次选择 U 向截面，全部选择完之后，右击，再顺次选择 V 向截面，全部选择完 V 向截面后，右击结束操作。

创建一个新的 UV 放样曲面的过程如下。

01 重置一个新的场景。

02 单击【创建】|【图形】|【NURBS 曲线】|【点曲线】按钮，在视图中分别创建 U 方向和 V 方向的 NURBS 曲线图形。

03 选中其中一条曲线，切换到【修改】命令面板。打开 NURBS 工具箱，单击工具箱中的【创建 UV 放样曲面】按钮。

04 顺次选择 U 方向的两条曲线。

05 顺次选择 V 方向上的曲线。

5.9.4 创建变换和偏置曲面

单击工具箱中的【创建变换曲面】按钮，选择视图中的曲线，可将其复制出一个新的变换曲面。下面做一个练习，看一下此按钮的使用方法。

01 重置一个新的场景。

02 单击【创建】|【几何体】|【NURBS 曲线】|【CV 曲线】按钮，在场景中创建 CV 曲面，如图 5.56 所示。

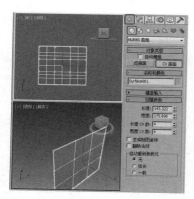

图 5.56

03 切换到【修改】命令面板，打开 NURBS 工具箱。

04 单击工具箱中的【创建变换曲面】按钮，在视图中生成新的曲面，如图 5.57 所示。

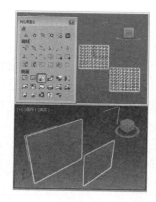

图 5.57

05 单击工具箱中的【创建偏移曲面】按钮，选取视图中的曲面，并拖动，可复制出一个偏置曲面，形态类似于原曲面的外壳，操作步骤与【创建变换曲面】类似，如图 5.58 所示。

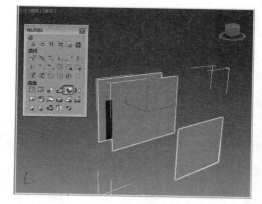

图 5.58

5.9.5 创建剪切曲面

在 NURBS 曲面子物体上创建曲线，可以对曲面进行剪切。

创建剪切曲面的过程如下。

01 在场景中创建 CV 曲面，如图 5.59 所示。

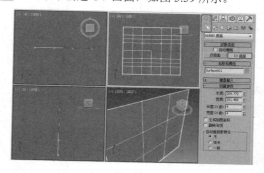

图 5.59

02 切换到【修改】命令面板，打开 NURBS 工具箱，单击【创建曲面上的 CV 曲线】按钮，然后将鼠标指针移动到曲面上，当鼠标指针变成 "+" 号并且曲面变成蓝色时开始在曲面上绘制曲线，如图 5.60 所示。

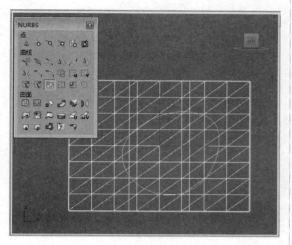

图 5.60

03 在【曲面上的 CV 曲线】卷展栏中选中【修剪】复选框，绘制的曲线将在曲面上出现镂空现象，选中【翻转修剪】复选框时出现如图 5.61 所示的效果。

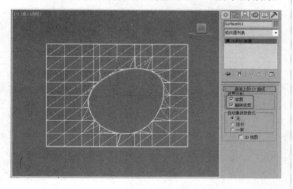

图 5.61

5.9.6　创建封口曲面

单击工具箱中的【创建封口曲面】按钮，选择视图中的曲面，沿一条曲线边界创建一个新的曲面并将其封闭。下面做一个练习，看一下用 NURBS 曲线创建封顶曲面的过程。

01 重置一个新的场景。

02 单击【创建】|【图形】|【样条线】|【圆环】按钮，在顶视图中创建圆环，如图 5.62 所示。

03 选中圆环对象，右击，在弹出的快捷菜单中选择【转换为】|【转换为 NURBS】命令，如图 5.63 所示。

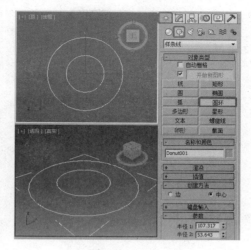

图 5.62

图 5.63

04 切换到【修改】命令面板，在 NURBS 工具箱中选择【创建挤出曲面】按钮，在视图中拖动曲线，分别对创建的圆环挤出一定的高度，如图 5.64 所示。

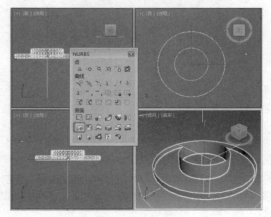

图 5.64

05 单击工具栏中的【创建封口曲面】按钮，将鼠标指针移至透视视图中曲面的边界上，分别选择圆环的两个上侧边，完成后的效果如图5.65所示。

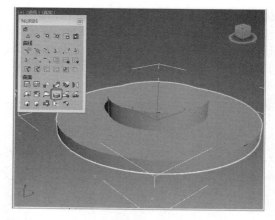

图 5.65

5.10 课堂实例

下面将通过讲解如何制作抱枕和哑铃两个实例来巩固本章学习的知识。

5.10.1 抱枕

本例将介绍抱枕的制作方法，主要通过创建CV曲面来制作，然后添加摄影机和背景贴图，抱枕的最终显示效果，如图5.66所示。

图 5.66

01 选择【创建】|【几何体】|【NURBS曲面】|【CV曲面】工具，在顶视图中单击并拖动鼠标至合适位置后释放鼠标左键，即可创建CV曲面，在【创建参数】卷展栏中，将【长度】设置为233，【宽度】设置为249，如图5.67所示。

02 切换到【修改】命令面板，将当前选择集定义为【CV曲面】，使用【选择并移动】工具调整CV的位置，调整后的显示效果如图5.68所示。

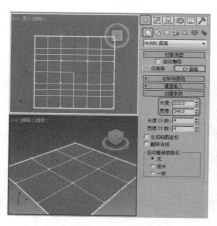

图 5.67

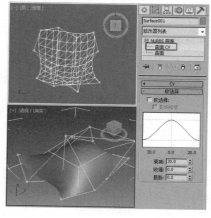

图 5.68

03 关闭当前选择集。按 M 键打开【材质编辑器】对话框,选择一个新的样本球,并将其命名为【抱枕】,在【明暗器基本参数】卷展栏中选择【双面】选项,在【Blinn 基本参数】卷展栏中,将【自发光】设置为 30,如图 5.69 所示。

图 5.69

04 切换至【贴图】卷展栏中,单击【漫反射颜色】后面的【无】按钮,弹出【材质 / 贴图浏览器】对话框,在该对话框中选择【位图】选项,然后单击【确定】按钮,如图 5.70 所示。

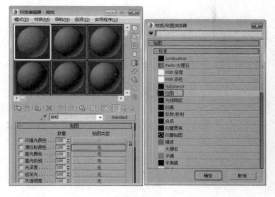

图 5.70

05 在弹出的对话框中选择本书相关素材中的 Map/【抱枕贴图 .jpg】文件,在【坐标】卷展栏中,将【偏移】下的【U】设置为 0.12,【瓷砖】下的【U】设置为 1.5,【V】设置为 1.5,如图 5.71 所示。

06 选择【创建】|【几何体】|【长方体】工具,在顶视图中创建一个长方体对象,将其命名为【地面】,将【颜色】设置为白色,在【参数】卷展栏中,将【长度】设置为 1100,【宽度】设置为 1100,【高度】设置为 0,如图 5.72 所示。

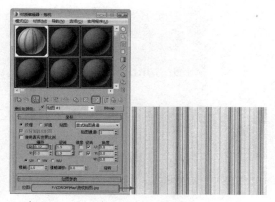

图 5.71

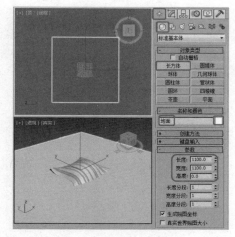

图 5.72

07 继续选中创建的长方体对象,右击,在弹出的快捷菜单中执行【对象属性】命令,如图 5.73 所示。

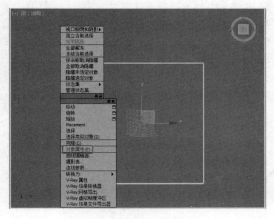

图 5.73

08 弹出【对象属性】对话框,选择【常规】选项卡,在【显示属性】组中选择【透明】选项,然后单击【确定】按钮,如图 5.74 所示。

图 5.74

09 在【材质编辑器】对话框中选择一个新的样本球，单击【Standard】按钮，弹出【材质 / 贴图浏览器】对话框，在该对话框中选择【天光 / 投影】选项，然后单击【确定】按钮，如图 5.75 所示。

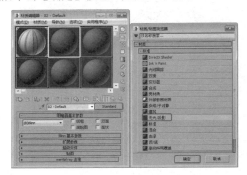

图 5.75

10 继续选中创建的长方体对象，【天光 / 投影基本参数】卷展栏的参数保持默认状态，单击【将材质指定给选定对象】按钮，将材质指定给创建的长方体对象，如图 5.76 所示。

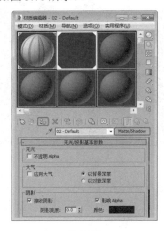

图 5.76

11 按 8 键打开【环境和效果】对话框，单击【环境贴图】下面的【无】按钮，在弹出的【材质 / 贴图浏览器】对话框中选择【位图】选项，然后单击【确定】按钮，如图 5.77 所示。

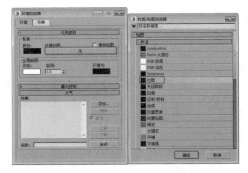

图 5.77

12 将添加的【环境贴图】拖曳至一个新的样本球上，在弹出的对话框中选择【实例】选项并单击【确定】按钮，如图 5.78 所示。

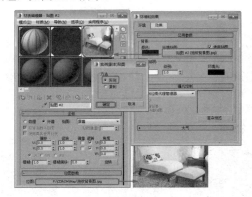

图 5.78

13 激活透视视图，按 Alt+B 快捷键，弹出【视口配置】对话框，在【背景】选项卡中选择【使用环境背景】选项，然后单击【确定】按钮，如图 5.79 所示。

图 5.79

14 选择【创建】|【摄影机】|【目标】工具，在顶视图中创建摄影机，在【参数】卷展栏中，将【镜头】设置为55，如图5.80所示。

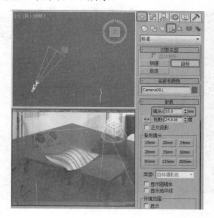

图 5.80

15 使用【选择并移动】工具，对摄影机进行调整。调整后的显示效果如图5.81所示。

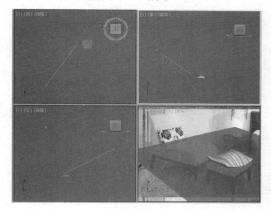

图 5.81

16 选择【创建】|【灯光】|【天光】工具，在顶视图中创建天光对象，如图5.82所示。

图 5.82

17 在菜单栏中执行【渲染】|【渲染设置】命令，弹出【渲染设置】对话框，在【高级照明】选项卡中，将高级照明设置为【光跟踪器】，其他参数保持默认，如图5.83所示。

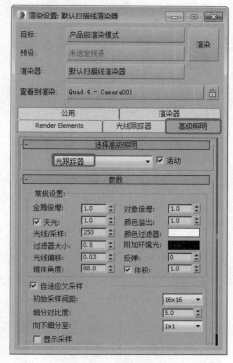

图 5.83

18 激活摄影机视图，按F9键进行渲染，渲染效果如图5.84所示。

图 5.84

5.10.2 哑铃

本例将介绍哑铃的制作方法，主要通过创建CV曲面来制作，然后添加摄影机和背景贴图，哑铃的最终显示效果如图5.85所示。

图 5.85

01 选择【创建】|【几何体】|【圆柱体】工具，在左视图中创建一个圆柱体对象，将其命名为【中心轴】，在【参数】卷展栏中，将【半径】设置为15，【高度】设置为120，【高度分段】设置为20，如图 5.86 所示。

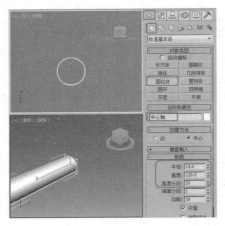

图 5.86

02 切换至【修改】命令面板，添加【编辑网格】修改器，将当前选择集定义为【顶点】，选择两端第二列的顶点，使用【选择并均匀缩放】工具沿 X 轴移动到合适的位置，移动效果如图 5.87 所示。

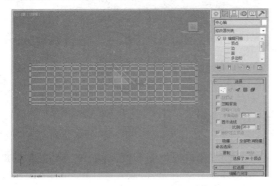

图 5.87

03 继续使用【选择并均匀缩放】工具，选择两侧最外端的顶点，将其沿 Y 轴向下移动，调整后的显示效果如图 5.88 所示。

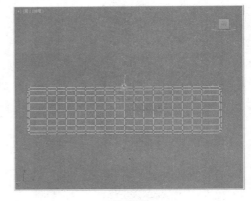

图 5.88

04 继续使用【选择并均匀缩放】工具，选择两端第三列的顶点对象，将其沿 X 轴移动，调整后的显示效果如图 5.89 所示。

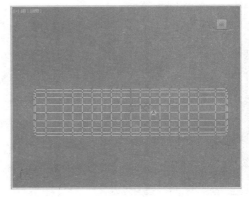

图 5.89

05 继续使用【选择并均匀缩放】工具，选择两端三列的顶点对象，将其沿 Y 轴向上移动，调整后的显示效果如图 5.90 所示。

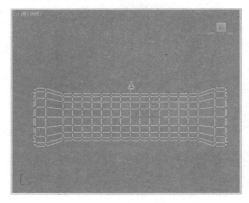

图 5.90

06 按 M 键打开【材质编辑器】对话框，选择一个新的样本球，将其命名为【中心轴】，在【明暗器基本参数】卷展栏中选择【金属】选项，在【金属基本参数】卷展栏中，将【环境光】和【漫反射】解锁，将【环境光】的颜色参数设置为 0,0,0，【漫反射】的颜色参数设置为 255,255,255，【高级级别】设置为 100，【光泽度】设置为 80，如图 5.91 所示。

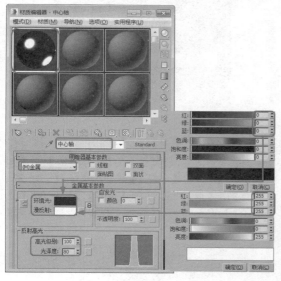

图 5.91

07 打开【贴图】卷展栏，单击【反射】后面的【无】按钮，在弹出的【材质 / 贴图浏览器】对话框中选择【位图】选项，然后单击【确定】按钮，如图 5.92 所示。

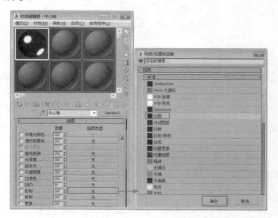

图 5.92

08 选择中心轴对象，在【坐标】卷展栏中选择【环境】选项，将【模糊偏移】设置为 0.086，单击【转到父对象】按钮，然后单击【将材质指定给选定对象】和【视口中显示明暗处理材质】按钮，将材质指定给中心轴，如图 5.93 所示。

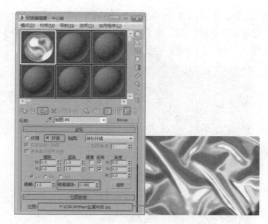

图 5.93

09 选择【创建】|【几何体】|【管状体】工具，在左视图中创建管状体对象，将其命名为【轴外皮01】，在【参数】卷展栏中，将【半径 1】设置为20，【半径 2】设置为 15，【高度】设置为 8，【边数】设置为 45，如图 5.94 所示。

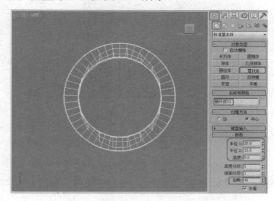

图 5.94

10 选择【创建】|【图形】|【样条线】|【线】工具，在前视图中绘制如图 5.95 所示的对象，并将其重命名为【哑铃握杆 01】，如图 5.95 所示。

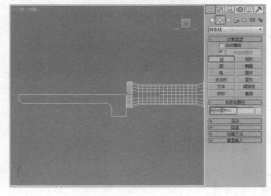

图 5.95

11 切换至【修改】命令面板，在【修改器列表】中添加【车削】修改器，在【参数】卷展栏中，将【分段】设置为45，【方向】设置为【X】，如图5.96所示。

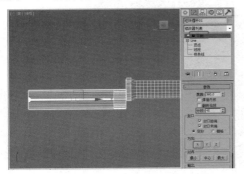

图 5.96

12 将当前选择集定义为【轴】，使用【选择并移动】工具，向上移动到合适的位置，移动效果如图5.97所示。

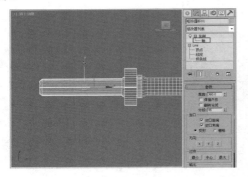

图 5.97

13 选择【创建】|【图形】|【螺旋线】工具，在左视图中创建螺旋线对象，将其命名为【条纹01】，在【参数】卷展栏中，将【半径1】设置为15，【半径2】设置为15，【高度】设置为130，【圈数】设置为17，【偏移】设置为0，如图5.98所示。

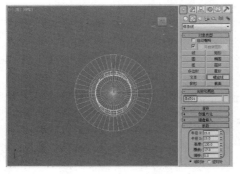

图 5.98

14 切换至【修改】命令面板，在【渲染】卷展栏中选中【在渲染中启用】和【在视口中启用】复选框，

将【厚度】设置为2，如图5.99所示。

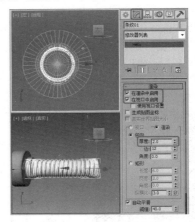

图 5.99

15 选择【创建】|【图形】|【星形】工具，在左视图中创建星形对象，将其命名为【装饰环01】，在【参数】卷展栏中，将【半径1】设置为45，【半径2】设置为33，【点】设置为6，【扭曲】设置为0，【圆角半径1】设置为8，【圆角半径2】设置为4，如图5.100所示。

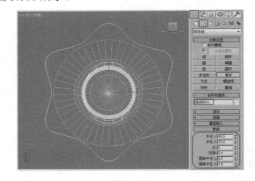

图 5.100

16 选择【创建】|【图形】|【圆】工具，在左视图中创建一个圆对象，并将其命名为【装饰环01】，在【参数】卷展栏中，将【半径】设置为14.5，如图5.101所示。

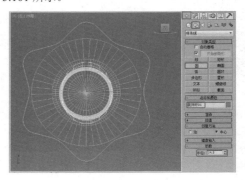

图 5.101

17 切换至【修改】命令面板，在【修改器列表】中添加【编辑样条线】修改器，在【几何体】卷展栏中单击【附加】按钮，在视图中拾取创建的星形对象，如图 5.102 所示。

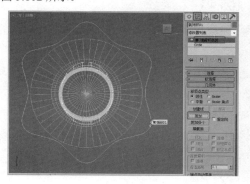

图 5.102

18 切换至【修改】命令面板，在【修改器列表】中添加【挤出】修改器，在【参数】卷展栏中，将【数量】设置为5，如图 5.103 所示。

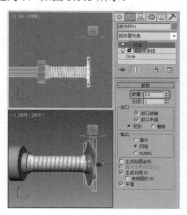

图 5.103

19 按 Ctrl+A 快捷键选中创建的模型，按 M 键弹出【材质编辑器】对话框，选择创建好的样本球，单击【将材质指定给选定对象】按钮，将设置好的【中心轴】材质指定选定对象，如图 5.104 所示。

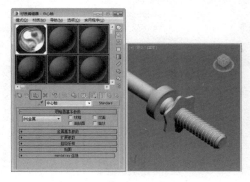

图 5.104

20 选择【创建】|【图形】|【线】工具，在前视图中创建线轮廓，将其命名为【哑铃片 01】，如图 5.105 所示。

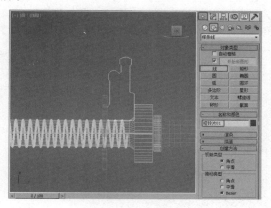

图 5.105

21 切换【修改】命令面板，在【修改器列表】中添加【车削】修改器，在【参数】卷展栏中，将【分段】设置为45，【方向】设置为【X】，如图 5.106 所示。

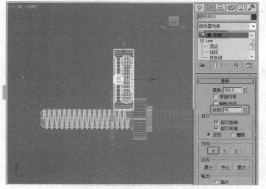

图 5.106

22 将当前选择集定义为【轴】，使用【选择并移动】工具，沿 Y 轴向下移动，调整效果如图 5.107 所示。

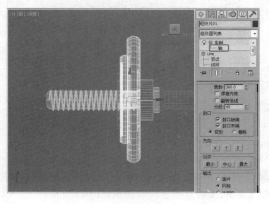

图 5.107

23 在【材质编辑器】对话框中选择一个新的样本球，

将其重命名为【哑铃片】，在【明暗器基本参数】卷展栏中选择【金属】选项，在【金属基本参数】卷展栏中，将【环境光】和【漫反射】的颜色分解，分别将【环境光】和【漫反射】的颜色参数设置为0,0,0和119,119,119，【高光级别】设置为100，【光泽度】设置为80，如图5.108所示。

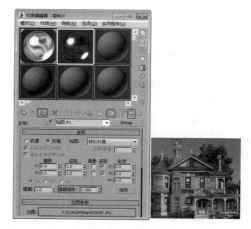

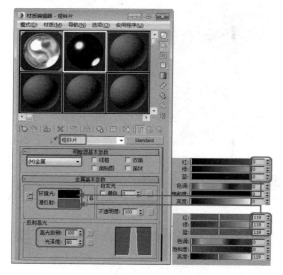

图 5.108

24 切换至【贴图】卷展栏中单击【反射】后面的【无】按钮，在弹出的【材质／贴图浏览器】对话框中选择【位图】选项，如图5.109所示。

图 5.110

图 5.111

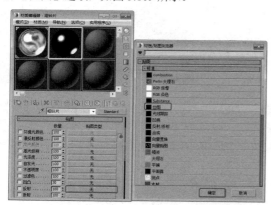

图 5.109

25 在【坐标】卷展栏中将【模糊偏移】设置为0.086，单击【转到父对象】按钮，然后单击【将材质指定给选定对象】和【视口中显示明暗处理材质】按钮，将材质指定给哑铃片对象，如图5.110所示。

26 选择除了中心轴以外的所有对象，在菜单栏中执行【组】|【组】命令，如图5.111所示。

27 弹出【组】对话框，将【组名】设置为【左侧部件】，然后单击【确定】按钮，如图5.112所示。

图 5.112

28 在工具箱中单击【镜像】按钮，弹出【镜像：屏幕坐标】对话框，将【镜像轴】设置为【X】轴，【克隆当前选择】设置为【复制】，单击【确定】按钮，如图5.113所示。

图 5.113

29 使用【选择并移动】工具，在视图调整镜像对象的位置，调整效果如图 5.114 所示。

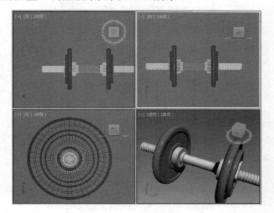

图 5.114

30 按 Ctrl+A 快捷键选择所有对象，在菜单栏中执行【组】|【解组】命令，将所有对象解组，如图 5.115 所示。

图 5.115

31 继续选中所有对象，在菜单栏中执行【组】|【组】命令，弹出【组】对话框，将【组名】设置为【哑铃01】，然后单击【确定】按钮，如图 5.116 所示。

图 5.116

32 选择【哑铃01】对象，按 Ctrl+C 快捷键将其复制，然后按 CTrl+V 快捷键粘贴，弹出【克隆选项】对话框，选择【复制】选项，单击【确定】按钮，如图 5.117 所示。

图 5.117

33 复制完成后，使用【选择并移动】工具，在视图中调整哑铃的位置，调整完成后的显示效果如图 5.118 所示。

图 5.118

34 选择【创建】|【几何体】|【长方体】工具，在顶视图中创建长方体对象，将其【颜色】设置为白色，在【参数】卷展栏中，将【长度】设置为1000，【宽度】设置为800，【高度】设置为0.0，如图 5.119 所示。

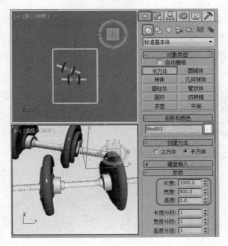

图 5.119

35 选中创建长方体对象，然后右击，在弹出的快捷菜单中执行【对象属性】命令，如图 5.120 所示。

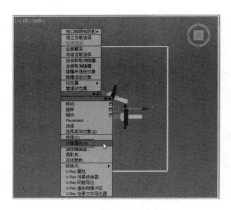

图 5.120

36 弹出【对象属性】对话框，选择【常规】选项卡，在【显示属性】组中选择【透明】选项，然后单击【确定】按钮，如图 5.121 所示。

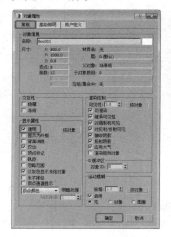

图 5.121

37 在【材质编辑器】对话框中选择一个新的样本球，单击【Standar】按钮，在弹出的【材质／贴图浏览器】对话框中选择【天光／投影】选项，然后单击【确定】按钮，如图 5.122 所示。

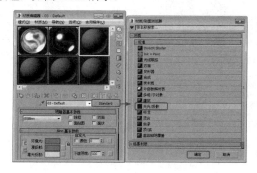

图 5.122

38 继续选择创建的长方体对象，单击【将材质指定给选定对象】按钮，指定材质给长方体对象，如图

5.123 所示。

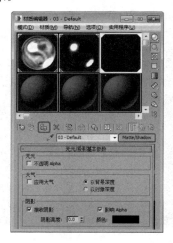

图 5.123

39 按 8 键弹出【环境和效果】对话框，单击【环境贴图】下面的【无】按钮，在弹出的对话框中选择【位图】选项，如图 5.124 所示。

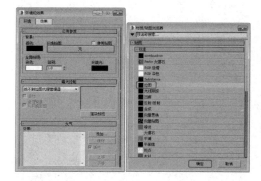

图 5.124

40 在【材质编辑器】对话框中选择一个新的样本球，将【环境贴图】拖曳至新的样本球上，在弹出的对话框中选择【实例】选项，然后单击【确定】按钮，在【坐标】卷展栏中选择【屏幕】选项，如图 5.125 所示。

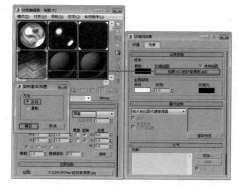

图 5.125

41 选择【位图参数】卷展栏，在【裁剪/放置】组中选中【应用】选项，将【U】值设置为0.028，【V】值设置为0.216，【W】值设置为0.952，【H】值设置为0.767，如图5.126所示。

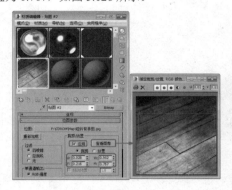

图 5.126

42 激活透视视图，按 Alt+B 快捷键，弹出【视口配置】对话框，在【背景】选项卡中选择【使用环境背景】选项，然后单击【确定】按钮，如图5.127所示。

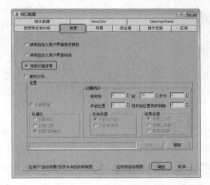

图 5.127

43 选择【创建】|【摄影机】|【目标】命令，在前视图中创建摄影机对象，切换至【修改】命令面板，在【参数】卷展栏中，将【镜头】设置为40，如图5.128所示。

图 5.128

44 选择【创建】|【灯光】|【目标聚光灯】工具，在前视图中创建目标聚光灯对象，切换至【修改】命令面板，在【常规参数】卷展栏中选中【阴影】组中的【启用】复选框并选择【光线跟踪阴影】选项，在【聚光灯参数】卷展栏中，将【聚光区/光束】设置为80，【衰减区/区域】设置为82，如图5.129所示。

图 5.129

45 选择【创建】|【灯光】|【天光】命令，在顶视图中创建天光，切换至【修改】命令面板，在【天光参数】卷展栏中，将【倍增】设置为0.88，如图5.130所示。

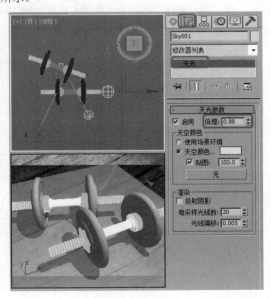

图 5.130

161

46 在菜单栏中执行【渲染】|【渲染设置】命令，弹出【渲染设置】对话框，在该对话框中选择【高级照明】选项，将高级照明设置为【光跟踪器】，其他参数保持不变，如图 5.131 所示。

图 5.131

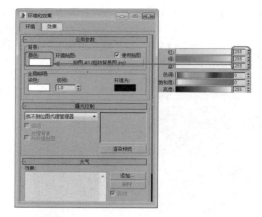

图 5.132

47 在【环境和效果】对话框中将【背景】颜色参数设置为 255,255,255，如图 5.132 所示。

48 设置完成后按 F9 键进行快速渲染，渲染效果如图 5.133 所示。

图 5.133

5.11 课后练习

1. 简述将模型转换为可编辑网格的方法。

2. 简述【编辑网格】修改器中【软选择】卷展栏的作用。

第6章

材质与贴图

现实世界的任何物体都有各自的特征，例如纹理、质感、颜色和透明度等，如果想要在 3ds Max 中制作出这些特性，就需要用到【材质编辑器】与【材质 / 贴图浏览器】，本章将对常用材质及贴图类型进行详细介绍。

6.1　材质概述

材质就像颜料一样，利用材质，可以使苹果显示为红色，而橘子显示为橙色。可以为铬合金添加光泽，为玻璃添加抛光效果。通过应用贴图，可以将图像、图案，甚至表面纹理添加到对象上。材质可使场景看起来更加真实。

在 3ds Max 中通过设置材质的颜色、光泽度和自发光度等基本参数，能够简单地模拟出物体的表面特征。但是模型除了颜色和光泽外，往往还会有一定的纹理或特征，所以材质还包含多种贴图通道，在稍微复杂的场合中，就需要在贴图通道中设置不同的贴图，用来表现更加真实的模拟反射、反射、折射、凹凸、不透明度等特征。

6.2　材质编辑器与材质 / 贴图浏览器

3ds Max 提供了一个创造材质的无限空间——【材质编辑器】，使用材质编辑器可以将你制作的几何体模型转换成活生生的、呼吸着的、现实生活中的对象。现实中能想象及不能表现的物体都能够在 3ds Max 中活灵活现地再现。

在 3ds Max 中包括 30 多种贴图，它们可以根据使用方法、效果等分为 2D 贴图、3D 贴图、合成器、颜色修改器、其他等 6 大类。在不同的贴图通道中使用不同的贴图类型，产生的效果也大不相同。关于材质的调节和指定，系统提供了【材质编辑器】和【材质 / 贴图浏览器】，【材质编辑器】用于创建、调节材质，并最终将其指定到场景中的对象；【材质 / 贴图浏览器】用于检查材质和贴图。

6.2.1　材质编辑器简介

【材质编辑器】是 3ds Max 重要的组成部分，使用它可以定义、创建和使用材质。【材质编辑器】随着 3ds Max 的不断更新，功能也变得越来越强大。材质编辑器按照不同的材质特征，可以分为【标准】、【顶 / 底】、【多维 / 子对象】、【合成】、【混合】等 16 种材质类型。

从整体上看，材质编辑器可以分为菜单栏、材质示例窗、工具按钮（又分为工具栏和工具列）和参数控制区 4 大部分，如图 6.1 所示。

下面将分别对这 4 大部分进行介绍。

1. 菜单栏

位于材质编辑器的顶端，这些菜单命令与材质编辑器中的图标按钮作用相同，

● 【材质】菜单，如图 6.2 所示。

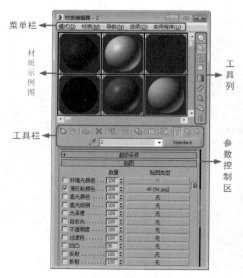

图 6.1

图 6.2

➤ 【获取材质】：与【获取材质】按钮功能相同。

➤ 【从对象选取】：与【从对象拾取材质】按钮功能相同。

➤ 【按材质选择】：与【按材质选择】按钮功能相同。

➤ 【在 ATS 对话框中高亮显示资源】：如果活动材质使用的是已跟踪的资源（通常为位图纹理）的贴图，则打开【资源跟踪】对话框，同时资源高亮显示。

➤ 【指定给当前选择】：与【将材质指定给选定对象】按钮功能相同，将活动示例窗中的材质应用于场景中当前选定的对象。

➤ 【放置到场景】：与【将材质放入场景】按钮功能相同。

➤ 【放置到库】：与【放入库】按钮功能相同。

➤ 【更改材质 / 贴图类型】：用于改变当前材质 / 贴图的类型。

➤ 【生成材质副本】：与【复制材质】按钮功能相同。

➤ 【启动放大窗口】：与快捷菜单中的【放大】命令功能相同。

➤ 【另存为 .FX 文件】：用于将活动材质另存为 FX 文件。

➤ 【生成预览】：与（生成预览）按钮功能相同。

➤ 【查看预览】：与【查看预览】按钮功能相同。

➤ 【保存预览】：与【保存预览】按钮功能相同。

➤ 【显示最终结果】：与【显示最终结果】按钮功能相同。

➤ 【视口中的材质显示为】：与【在视口中显示标准贴图】按钮功能相同。

➤ 【重置示例窗旋转】：恢复示例窗中示例球默认的角度，与快捷菜单中的【重置旋转】命令的功能相同。

➤ 【更新活动材质】：更新当前材质。

● 【导航】菜单，如图 6.3 所示。

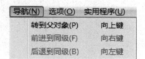

图 6.3

➤ 【转到父对象（P）向上键】：与【转到父对象】按钮功能相同。

➤ 【前进到同级（F）向右键】：与【转到下一个同级项】按钮功能相同。

➤ 【后退到同级（B）向左键】：与【转到下一个同级项】按钮功能相反，返回前一个同级材质。

● 【选项】菜单，如图 6.4 所示。

图 6.4

➤ 【将材质传播到实例】：选中该选项时，当前的材质球中的材质将指定给场景中所有互具有属性的对象，取消选中该选项时，当前材质球中的材质将只指定给选择的对象。

➢ 【手动更新切换】：与【材质编辑器选项】中的【手动更新】选项的功能相同。

➢ 【复制／旋转阻力模式切换】：相当于快捷菜单中的【拖动／复制】命令或【拖动／旋转】命令。

➢ 【背景】：与【背景】按钮▨的功能相同。

➢ 【自定义背景切换】：设置是否显示自定义背景。

➢ 【背光】：与【背光】按钮◎的功能相同。

➢ 【循环 3×2、5×3、6×4 示例窗】：功能与快捷菜单中的【3×2 示例窗】、【5×3 示例窗】、【6×4 示例窗】选项相似，可以在 3 种材质球示例窗模式之间循环切换。

➢ 【选项】：与【选项】按钮▨的功能相同。

● 【实用程序】菜单，如图 6.5 所示。

图 6.5

➢ 【渲染贴图】：与快捷菜单中的【渲染贴图】命令的功能相同。

➢ 【按材质选择对象】：与【按材质选择】按钮▨的功能相同。

➢ 【清理多维材质】：对【多维／子对象】材质进行分析，显示场景中所有包含未分配任何材质 ID 的子材质，可以让用户选择删除任何未使用的子材质，然后合并多维子对象材质。

➢ 【实例化重复的贴图】：在整个场景中查找具有重复【位图】贴图的材质。如果场景中有不同的材质使用了相同的纹理贴图，那么创建实例将会减少在显卡上重复加载，从而提高显示的性能。

➢ 【重置材质编辑器窗口】：用默认的材质类型替换材质编辑器中的所有材质。

➢ 【精简材质编辑器窗口】：将【材质编辑器】中所有未使用的材质设置为默认类型，只保留场景中的材质，并将这些材质移动到材质编辑器的第一个示例窗中。

➢ 【还原材质编辑器窗口】：使用前两个命令时，3ds Max 将【材质编辑器】的当前状态保存在缓冲区中，使用此命令可以利用缓冲区的内容还原编辑器的状态。

2. 材质示例窗

材质示例窗用来显示材质的调节效果，默认为 24 个示例球，当调节参数时，其效果会立刻反映到示例球上，用户可以根据示例球来判断材质的效果。示例窗可以变小或变大。示例窗的内容不仅可以是球体，还可以是其他几何体，包括自定义的模型。示例窗的材质可以直接拖动到对象上进行指定。

在示例窗中，窗口都以黑色边框显示，如图 6.6 右图所示。当前正在编辑的材质称为激活材质，它具有白色边框，如图 6.6 左图所示。如果要对材质进行编辑，首先要在材质上单击，将其激活。

未激活的材质　　被激活的材质

图 6.6

对于示例窗中的材质，有一个同步材质的概念。当一个材质指定给场景中的对象时，它便成为了同步材质。特征是四角有三角形标记，如图 6.7 所示。如果对同步材质进行编辑操作，场景中的对象也会随之发生变化，不需要再进行重新指定。如图 6.7 左图所示表示使用该材质的对象在场景中被选中。

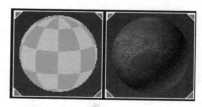

图 6.7

示例窗中的材质可以方便地执行拖动操作，从而进行各种复制和指定动作。将一个材质窗口拖动到另一个材质窗口之上，释放鼠标，即可将它复制到新的示例窗中。对于同步材质，复制后会产生一个新的材质，它已不属于同步材质，因为同一种材质只允许有一个同步材质出现在示例窗中。

材质和贴图的拖动是针对软件内部的全部操作而言的，拖动的对象可以是示例窗、贴图按钮或材质按钮等，它们分布在材质编辑器、灯光设置、环境编辑器、贴图置换命令面板，以及资源管理器中，相互之间都可以进行拖动操作。作为材质，还可以直接拖动到场景中的对象上，进行快速指定。

在激活的示例窗中右击，可以弹出一个快捷菜单，如图 6.8 所示。样本球快捷菜单各项说明如下。

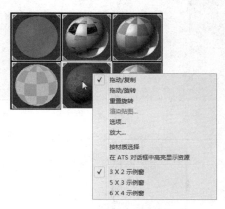

图 6.8

- 【拖动/复制】：这是默认的设置模式，支持示例窗中的拖动复制操作。
- 【拖动/旋转】：这是一个非常有用的工具，选择该选项后，在示例窗中拖动鼠标，可以转动示例球，便于观察其他角度的材质效果。在示例球内旋转是在三维空间中进行的，而在示例球外旋转则是垂直于视平面方向进行的，配合 Shift 键可以在水平或垂直方向上锁定旋转。在具备三键鼠标和 Windows NT 以上操作系统的平台上，可以在【拖动/复制】模式下单击中键来执行旋转操作，不必进入菜单中选择。如图 6.9 所示为旋转后的示例窗效果。

图 6.9

- 【重置旋转】：恢复示例窗中默认的角度方位。
- 【渲染贴图】：只对当前贴图层级的贴图进行渲染。如果是材质层级，那么该项不被启用。当贴图渲染为静态或动态图像时，

会弹出一个【渲染贴图】对话框，如图 6.10 所示。

图 6.10

提示

当示例球处于选中状态，贴图通道处于编辑状态时，【渲染贴图】命令是可用的。

- 【选项】：选择该选项将弹出如图 6.11 所示的【材质编辑器选项】对话框，主要用来控制有关编辑器自身的属性。

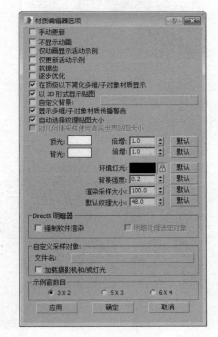

图 6.11

- 【放大】：可以将当前材质以一个放大的示例窗显示，它独立于材质编辑器，以浮动框的形式存在，这有助于更清楚地观察材质效果，如图 6.12 所示。每一个材质只允许有一个放大窗口，最多可以同时打开 24 个放大窗口。通过拖动其四角可以任意放大尺寸。这个命令同样可以通过在示例窗上双击来执行。

图 6.12

- 【3×2 示例窗、5×3 示例窗、6×4 示例窗】：用来设置示例窗中各示例小窗的显示布局，材质示例窗中一共有 24 个的小窗，当以 6×4 方式显示时，它们可以完全显示出来，只是比较小；如果以 5×3 或 3×2 方式显示，可以手动拖动窗口，显示出隐藏在内部的其他示例窗。不同的示例窗显示方式如图 6.13 所示。

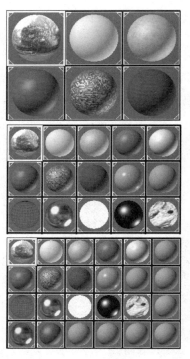

图 6.13

　　示例窗中的示例样本是可以更改的。系统提供了球体、柱体和立方体 3 种基本示例样本，对大多数材质来讲已经足够了，不过在此处 3ds Max 做了一个开放性的设置，允许指定一个特殊的造型作为示例样本，可以参照下面的方法进行操作。

01 在场景中先制作一个茶壶，如图 6.14 所示并将该场景存储。

02 在【材质编辑器】对话框中，执行菜单栏中的【选项】|【选项】命令，打开【材质编辑器选项】对话

框，在【自定义采样对象】选项组中单击【文件名】后面的长条按钮，在弹出的对话框中选择前面保存的场景文件，单击【确定】按钮，如图 6.15 所示。

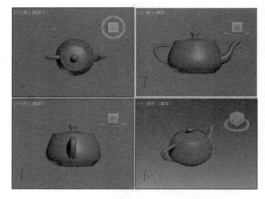

图 6.14

图 6.15

03 单击【采样类型】按钮 ○，在子菜单下选择新添加的采样对象，当前示例窗中的样本就变成了指定的物体效果，如图 6.16 所示（为了便于查看，在此将示例球填充为黄色）。

图 6.16

3. 工具栏

示例窗的下面是工具栏,其用来控制各种材质,工具栏上的按钮大多用于材质的指定、保存和层级跳跃。工具栏下面是材质的名称,材质的命名很重要,对于多层级的材质,此处可以快速进入其他层级的材质。右侧是一个【类型】按钮,单击该按钮可以打开【材质/贴图浏览器】对话框,工具栏如图 6.17 所示。

图 6.17

● 【获取材质】按钮:单击【获取材质】按钮,打开【材质/贴图浏览器】对话框,如图 6.18 所示。可以进行材质和贴图的选择,也可以调出材质和贴图,从而进行编辑修改。对于【材质/贴图浏览器】对话框,可以在不同位置将它打开,不过它们在使用上还有区别,单击【获取材质】按钮,打开的【材质/贴图浏览器】对话框是一个浮动性质的对话框,不影响场景的其他操作。

图 6.18

● 【将材质放入场景】按钮:在编辑完材质之后,将其重新应用到场景中的对象上,允许使用这个按钮是有条件的:(1)在场景中有对象的材质与当前编辑的材质同名;(2)当前材质不属于同步材质。

● 【将材质指定给选定对象】按钮:将当前激活示例窗中的材质指定给当前选中的对象,同时此材质会变为一个同步材质。贴图材质被指定后,如果对象还未进行贴图坐标的设定,在最后渲染时也会自动进行坐标设定,如果单击【在视口中显示贴图】按钮,在视图中可以观看贴图的效果,同时也会自动进行坐标指定。

● 如果在场景中已有一个同名的材质存在,这时会弹出一个对话框,如图 6.19 所示。

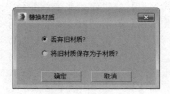

图 6.19

➢ 【丢弃旧材质】:这样会以新的材质代替旧有的同名材质。

➢ 【将旧材质保存为子材质?】:选中【将旧材质保存为子材质】单选按钮,则会将当前材质保留,作为混合材质中的一个子级材质。

● 【重置贴图/材质为默认设置】按钮:对当前示例窗的编辑项目进行重新设置,如果处在材质层级,将恢复为一种标准材质,即灰色轻微反光的不透明材质,全部贴图设置都将丢失;如果处在贴图层级,将恢复为最初始的贴图设置;如果当前材质为同步材质,将弹出【重置材质/贴图参数】对话框,如图 6.20 所示。

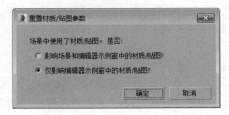

图 6.20

在该对话框中选中前一个单选按钮会影响场景

169

中的所有对象，但仍保持为同步材质。选中后一个单选按钮只影响当前示例窗中的材质，变为非同步材质。

- 【生成材质副本】按钮：该按钮只针对同步材质起作用。单击该按钮，会将当前同步材质复制成一个相同参数的非同步材质，并且名称相同，以便在编辑时不影响场景中的对象。

- 【使唯一】按钮：该按钮可以将贴图关联复制为一个独立的贴图，也可以将一个关联子材质转换为独立的子材质，并对子材质重新命名。通过单击【使唯一】按钮，可以避免在对【多维子对象材质】中的顶级材质进行修改时，影响到与其相关联的子材质，起到保护子材质的作用。

- 【放入库】按钮：单击该按钮，会将当前材质保存到当前的材质库中，这个操作直接影响到磁盘，该材质会永久保留在材质库中，关机后也不会丢失。单击该按钮后会弹出【放置到库】对话框，在此可以确认材质的名称，如图6.21所示。如果名称与当前材质库中的某个材质重名，会弹出【材质编辑器】对话框，如图6.22所示。单击【是】按钮或按Y键，系统会以新的材质覆盖原有材质，否则不进行保存。

图 6.21

图 6.22

- 【材质ID通道】按钮：通过材质的特效通道可以在Video Post视频合成器和Effects特效编辑器中为材质指定特殊效果。例如要制作一个发光效果，可以让指定的对象发光，也可以让指定的材质发光。如果要让对象发光，则需要在对象的属性设置框中设置对象通道；如果要让材质发光，则需要通过此按钮指定材质特效通道。单击此按钮会展开一个通道选项，这里有15个通道可供选择，选择通道后，在Video Post视频合成器中加入发光过滤器，在发光过滤器的设置中通过设置【材质ID】与材质编辑器中相同的通道号码，即可对此材质进行发光处理。

提示

在Video Post视频合成器中只认材质ID号，所以如果两个不同材质指定了相同的材质特效通道，都会一同进行特技处理，由于这里有15个通道，表示一个场景中只允许有15个不同材质的不同发光效果，如果发光效果相同，不同的材质也可以设置为同一材质特效通道，以便Video Post视频合成器中的制作更为简单。0通道表示不使用特效通道。

- 【在视口中显示标准贴图】按钮：在贴图材质的贴图层级中此按钮可用，单击该按钮，可以在场景中显示出材质的贴图效果，如果是同步材质，对贴图的各种设置调节也会同步影响场景中的对象，这样就可以很轻松地进行贴图材质的编辑工作。

视图中能够显示3D类程序式贴图和二维贴图，可以通过【材质编辑器】选项中的【3D贴图采样比例】对显示结果进行改善。【粒子年龄】和【粒子运动模糊】贴图不能在视图中显示。

提示

虽然即时贴图显示对制作带来了便利，但也为系统增添了负担。如果场景中有很多对象存在，最好不要将太多的即时贴图显示出来，否则会降低显示速度。通过【视图】菜单中的【取消激活所有贴图】命令可以将场景中全部即时显示的贴图关闭。

如果用户的计算机中安装的显卡支持OpenGL或Direct3D显示驱动，便可以在视图中显示多维复合贴图材质，包括【合成】和【混合】贴图。HEIDI driver（Software Z Buffer）驱动不支持多维复合贴图材质的即时贴图显示。

- 【显示最终结果】按钮：此按钮是针对多维材质或贴图材质等具有多个层级嵌套的材质作用的，在子级层级中单击该按钮，将会显示出最终材质的效果（也就是顶级材质的效果），释放该按钮会显示当前层级的效果。对于贴图材质，系统默认为按下状态，进入贴图层级后仍可看到最终的材质效果。对于多维材质，系统默认为释放状态，以便进入子级材质后，可以看到当前层级的材质效果，这有利于对每一个级别材质的调节。

- 【转到父对象】按钮💠：向上移动一个材质层级，只在复合材质的子级层级有效。

- 【转到下一个同级项】按钮💠：如果处在一个材质的子级材质中，并且还有其他子级材质，此按钮有效，可以快速移动到另一个同级材质中。例如，在一个多维子对象材质中，有两个子级对象材质层级，进入一个子级对象材质层级后，单击此按钮，即可跳入另一个子级对象材质层级中，对于多维贴图材质也适用。例如，同时有【漫反射】贴图和【凹凸】贴图的材质，在【漫反射】贴图层级中单击此按钮，可以直接进入【凹凸】贴图层级。

- 【从对象拾取材质】按钮✏：单击此按钮后，可以从场景中某个对象上获取其所附加的材质，这时鼠标箭头会变为一个吸管，在有材质的对象上单击，即可将材质选择到当前示例窗中，并且变为同步材质，这是一种从场景中选择材质的好方法。

- 【材质名称列表】按钮 `0`▼：在编辑器工具行下方正中央，是当前材质的名称文本框，作用是显示并修改当前材质或贴图的名称，在同一个场景中，不允许有同名的材质存在。

对于多层级的材质，单击 `0`▼此框右侧的箭头按钮，可以展开全部层级的名称列表，它们按照由高到低的层级顺序排列，通过选择可以很方便地进入任意层级。

- 【类型】 `Standard` ：这是一个非常重要的按钮，默认情况下显示为【Standard】，表示当前的材质类型是标准类型。通过它可以打开【材质/贴图浏览器】对话框，从中可以选择各种材质或贴图类型。如果当前处于材质层级，则只允许选择材质类型；如果处于贴图层级，则只允许选择贴图类型。选择后按钮会显示当前的材质或者贴图类型名称。

  - 在此处如果选择了一个新的混合材质或贴图，会弹出【替换材质】对话框，如

图6.23所示。

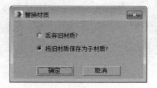

图6.23

- 如果选中【丢弃旧材质】单选按钮，将会丢失当前材质的设置，产生一个全新的混合材质；如果选中【将旧材质保存为子材质】单选按钮，则会将当前材质保留，作为混合材质中的一个子级材质。

4. 工具列

示例窗的右侧是工具列，如图6.24所示。

图6.24

- 【采样类型】按钮◯：用于控制示例窗中样本的形态，包括球体、柱体、立方体和自定义形体。

- 【背光】按钮◯：为示例窗中的样本增加一个背光效果，有助于金属材质的调节，如图6.25所示。

有背光　　　无背光

图6.25

- 【背景】按钮▦：为示例窗增加一个彩色方格背景，主要用于透明材质和不透明贴图效果的调节，选择菜单栏中的【选项】|【选项】命令，在弹出的【材质编辑器选项】对话框中单击【自定义背景】右侧的空白框，选择一个图像即可，如果没有正常显示背景，可以选择菜单栏中的【选项】|【背景】命令，效果如图6.26所示。

图 6.26

- 【采样 UV 平铺】按钮：用来测试贴图重复的效果，这只改变示例窗中的显示，并不对实际的贴图产生影响，其中包括几个重复级别，效果如图 6.27 所示。

图 6.27

- 【视频颜色检查】按钮：用于检查材质表面色彩是否超过视频限制，对于 NTSC 和 PAL 制视频色彩饱和度有一定限制，如果超过这个限制，颜色转化后会变模糊，所以要尽量避免发生。不过单纯从材质避免还是不够的，最后渲染的效果还决定于场景中的灯光，通过渲染控制器中的视频颜色检查可以控制最后渲染图像是否超过限制。比较安全的做法是将材质色彩的饱和度降低到 85% 以下。

- 【生成预览】按钮：用于制作材质动画的预视效果，对于进行了动画设置的材质，可以使用它来实时观看动态效果，单击它会弹出【创建材质预览】对话框，如图 6.28 所示。

图 6.28

- 【预览范围】：设置动画的渲染区段。预览范围又分为【活动时间段】和【自定义范围】两部分，选中【活动时间段】

单选按钮可以将当前场景的活动时间段作为动画渲染的区段；选中【自定义范围】单选按钮，可以通过下面的文本框指定动画的区域，确定从第几帧到第几帧。

- 【帧速率】：设置渲染和播放的速度，在【帧速率】选项组中包含【每 N 帧】和【播放 FPS】。【每 N 帧】用于设置预视动画间隔几帧进行渲染；【播放 FPS】用于设置预视动画播放时的速率，N 制为 30 帧 / 秒，PAL 制为 25 帧 / 秒。

- 【图像大小】：设置预视动画的渲染尺寸。在【输出百分比】文本框中可以通过输出百分比来调节动画的尺寸。

- 【选项】按钮：单击该按钮即可打开【材质编辑器选项】对话框，与选择【选项】菜单栏中的【选项】命令弹出的对话框相同，如图 6.29 所示。

图 6.29

- 【按材质选择】按钮：这是一种通过当前材质选择对象的方法，可以将场景中全部附有该材质的对象一同选择（不包括隐藏和冻结的对象）。单击此按钮，激活对象选择对话框，全部附有该材质的对象名称都会高亮显示在这里，单击【选择】按钮即可将它们一同选中。

- 【材质 / 贴图导航器】按钮：是一个可以提供材质、贴图层级或复合材质子材质关系快速导航的浮动对话框。用户可以通过在导航器中单击材质或贴图的名称快速实现材质层级操作，相反，用户在材质编辑器中的当前操作层级，也会反映在导航器中。

在导航器中，当前所在的材质层级会以高亮显示。如果在导航器中单击一个层级，材质编辑器中也会直接跳到该层级，这样就可以快速进入每层级中进行编辑操作。用户可以直接从导航器中将材质或贴图拖曳到材质球或界面的按钮上。

5．参数控制区

在材质编辑器下部是其参数控制区，根据材质类型及贴图类型的不同，其内容也会不同。一般的参数控制包括多个项目，它们分别放置在各自的控制面板上，通过伸缩条展开或收起，如果超出了材质编辑器的长度可以通过手动方式进行上下滑动，与命令面板中的用法相同。

6.2.2　材质/贴图浏览器

3ds Max 中的 30 多种贴图按照用法、效果等可以划分为 2D 贴图、3D 贴图、合成器、颜色修改器、其他等 5 大类。不同的贴图类型作用于不同的贴图通道，其效果也大不相同，这里着重讲解一些最常用的贴图类型。在材质编辑器的【贴图】卷展栏中单击任意一个贴图通道按钮，都会弹出贴图对话框。

下面将对【材质/贴图浏览器】进行介绍。

1．材质/贴图浏览器

【材质/贴图浏览器】提供全方位的材质和贴图浏览选择功能，它会根据当前的情况而变化，如果允许选择材质和贴图，会将两者都显示在列表窗中，否则会仅显示材质或贴图，如图 6.30 所示。

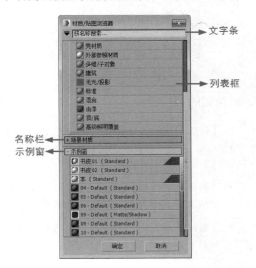

图 6.30

【材质/贴图浏览器】有以下功能区域。

- 【文字条】：在左上角有一个文本框，用于快速检索材质和贴图，例如在其中输入"合"文字，按 Enter 键，将会显示以"合"文字开头的材质。

- 【名称栏】：文字条右侧显示当前选择的材质或贴图的名称，方括号内是其对应的类型。

- 【示例窗】：左上角有一个示例窗，与材质编辑器中的示例窗相同。每当选择一个材质或贴图后，它都会显示出效果，不过仅能以球体样本显示，它也支持拖动复制操作。

- 【列表框】：右侧最大的空白区域就是列表框，用于显示材质和贴图。材质以圆形球体标志显示；贴图则以方形标志显示。

2．列表显示方式

在名称栏上右击，在弹出的快捷菜单中选择【将组和子组显示为】选项，这里提供了 5 种列表显示类型。

- 【小图标】：以小图标方式显示，并在小图标下显示其名称，当鼠标停留于其上时，也会显示它的名称，其显示效果如图 6.31 所示。

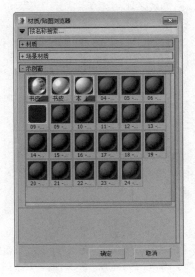

图 6.31

- 【中等图标】：以中等图标方式显示，并在中等图标下显示其名称，当鼠标停留于其上时，也会显示它的名称，其显示效果如图 6.32 所示。

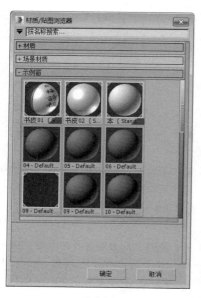

图 6.32

- 【大图标】：以大图标方式显示，并在大图标下显示其名称，当鼠标停留其上时，也会显示它的名称，其显示效果如图 6.33 所示。

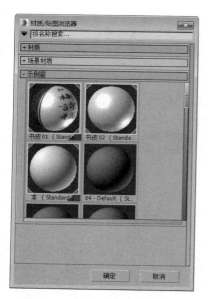

图 6.33

- 【图标和文本】：在文字方式显示的基础上，增加了小的彩色图标，可以模糊地观察材质或贴图的效果，其显示效果如图 6.34 所示。

- 【文本】：以文字方式显示，按首字母的顺序排列，其显示效果如图 6.35 所示。

图 6.34

图 6.35

3. ▼按钮的应用

在【材质 / 贴图浏览器】对话框中的左上角有一个▼按钮，单击该按钮会弹出一个下拉列表，下面对该列表进行详细介绍。

- 【新组】：可以创建一个新组，在新组的名称栏上右击即可对新组进行设置。

- 【新材质库】：可创建一个新的材质库，在新材质库的名称上右击即可对新材质库进行设置。

- 【打开材质库】：从材质库中获取材质和贴图，允许调入 .mat 或 .max 格式的文件。.mat 是专用材质库文件，.max 是一个场景文件，它会将该场景中的全部材质调入。

- 【材质】：选中该选项后，可在列表框中显示出材质组。

- 【贴图】：选中该选项后，可在列表框中显示出贴图组。

- 【示例窗】：选中该选项后，可在列表框中显示出示例窗口。

- 【Autodesk Material Library】：选中该选项后，可在列表框中显示 Autodesk Material Library 材质库。

- 【场景材质】：选中该选项后，可在列表框中显示出场景材质组。

- 【显示不兼容】：选中该选项后，可在列表框中显示出与当前活动渲染器不兼容的条目。

- 【显示空组】：选中该选项后，即使是空组也会显示出来。

- 【附加选项】：选项该选项后，会弹出一个子菜单，其中包括【重置材质／贴图浏览器】、【清除预览缩略图缓存】、【加载布局】和【保存布局为】选项，用户可根据需要进行设置。

6.3 标准材质

【标准】材质是默认的通用材质，在现实生活中，对象的外观取决于它的反射光线，在 3ds Max 中，标准材质用来模拟对象表面的反射属性，在不使用贴图的情况下，标准材质为对象提供了单一、均匀的表面颜色效果。

【标准】材质的界面分为【明暗器基本参数】、【基本参数】、【扩展参数】、【超级采样】、【贴图】、【mental ray 链接】卷展栏，通过单击顶部的项目条可以收起或展开对应的参数面板，鼠标指针呈手形时按着鼠标可以进行上下滑动，右侧还有一个细的滑块可以进行面板的上下滑动，其各个卷展栏设置将在下面进行详细讲解。

6.3.1 【明暗器基本参数】卷展栏

【明暗器基本参数】卷展栏如图6.36所示。【明暗器基本参数】卷展栏中的8种类型:（A）各向异性、（B）Blinn、（M）金属、（ML）多层、（O）Oren-Nayar-Blinn、（P）Phong、（S）Strauss、（T）半透明明暗器，此内容将在下一节【基本参数】卷展栏中讲述常用的 3 种类型。

图 6.36

下面主要介绍【明暗器基本参数】卷展栏中的其他 4 项内容。

- 【线框】：以网格线框的方式来渲染对象，它只能表现出对象的线架结构，对于线框的粗细，可以通过【扩展参数】中的【线框】项目来调节，【尺寸】值确定它的粗细，可以选择【像素】和【单位】两种单位，如果选择【像素】为单位，对象无论远近，线框的粗细都将保持一致；如果选择【单位】为单位，将以 3ds Max 内部的基本单元作为单位，会根据对象离镜头的远近而发生粗细变化。如图 6.37 所示为线框渲染效果，如果需要更优质的线框，可以对对象使用结构线框修改器。

图 6.37

- 【双面】：将对象法线相反的一面也进行渲染，通常计算机为了简化计算，只渲染对象法线为正方向的表面（即可视的外表面），这对大多数对象都适用，但有些敞开面的对象，其内壁看不到任何材质效果，这时就必须打开双面设置。如图 6.38 所示为两个没有顶盖的茶壶模型，左侧为未选中双面材质的渲染效果；右侧为选中双面材质的渲染效果。使用双面材质会使渲染变慢，最好的方法是对必须使用双面材质的对象使用双面材质，而不要在最后渲染时再打开渲染设置框中的【强制双面】渲染属性（它会强行对场景中的全部物体都进行双面渲染，一般发生在出现漏面，但又很难查出是哪些模型出问题的情况下使用）。

图 6.38

- 【面贴图】：将材质指定给造型的全部面，如果含有贴图的材质，在没有指定贴图坐标的情况下，贴图会均匀分布在对象的每个表面上。

- 【面状】：将对象的每个表面以平面化进行渲染，不进行相邻面的组群平滑处理。

6.3.2 明暗器类型

1. 各向异性

【各向异性】通过调节两个垂直正交方向上可

见高光级别之间的差额，从而实现一种【重折光】的高光效果。这种渲染属性可以很好地表现毛发、玻璃和被擦拭过的金属等模型效果。它的基本参数大体上与 Blinn 相同，只在高光和漫反射部分有所不同，【各向异性基本参数】卷展栏如图 6.39 所示，其材质球表现如图 6.40 所示。

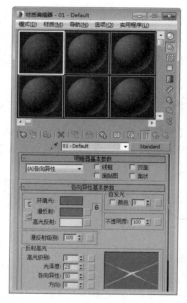

图 6.39

图 6.40

颜色控制用来设置材质表面不同区域的颜色，包括【环境光】、【漫反射】和【高光反射】，调节方法为在区域右侧色块上单击，打开颜色选择器，从中进行颜色的选择，如图 6.41 所示。

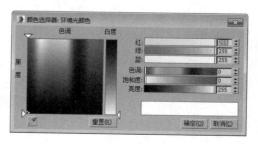

图 6.41

这个颜色选择器属于浮动框性质，只要打开一次即可，如果选择另一个材质区域，它也会自动影响新的区域色彩，在色彩调节的同时，示例窗和场景中都会进行效果的即时更新显示。

在色块的右侧有一个小的空白按钮，单击它们可以直接进入该项目的贴图层级，为其指定相应的贴图，属于贴图设置的快捷操作，另外的 4 个与此相同。如果指定了贴图，小方块上会显示【M】字样，以后单击它可以快速进入该贴图层级。如果该项目贴图目前是关闭状态，则显示小写【m】。

左侧有两个 ⓒ 锁定按钮，用于锁定【环境光】、【漫反射】和【高光反射】3 种材质中的两种（或 3 种全部锁定），锁定的目的是使被锁定的两个区域颜色保持一致，调节一个时另一个也会随之变化，如图 6.42 所示。

图 6.42

- 【环境光】：控制对象表面阴影区的颜色。

- 【漫反射】：控制对象表面过渡区的颜色。

- 【高光反射】：控制对象表面高光区的颜色。

如图 6.43 所示为这 3 个标识区域分别指对象表面的 3 个明暗高光区域。通常我们所说的对象的颜色是指漫反射，它提供对象最主要的色彩，使对象在日光或人工光的照明下可视，环境色一般由灯光的光色决定。否则会依赖于漫反射、高光反射与漫反射相同，只是饱和度更强一些。

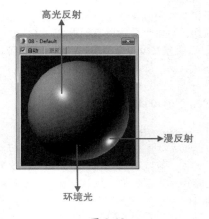

图 6.43

- 【自发光】：使材质具备自身发光效果，常用于制作灯泡、太阳等光源对象。100% 的发光度使阴影色失效，对象在场景中不受来自其他对象的投影影响，自身也不受灯光的影响，只表现出漫反射的纯色和一些反光，亮度值（HSV 颜色值）保持与场景灯光一致。在 3ds Max 中，自发光颜色可以直接显示在视图中。

指定自发光有两种方式。一种是选中前面的复选框，使用带有颜色的自发光；另一种是取消选中复选框，使用可以调节数值的单一颜色的自发光，对数值的调节可以看作是对自发光颜色的灰度比例进行调节。

要在场景中表现可见的光源，通常是创建好一个几何对象，将它和光源放在一起，然后给这个对象指定自发光属性。

- 【不透明度】：设置材质的不透明度百分比，默认值为 100，即不透明材质。降低值使透明度增加，值为 0 时变为完全透明的材质。对于透明材质，还可以调节它的透明衰减，这需要在扩展参数中进行调节。

- 【漫反射级别】：控制漫反射部分的亮度。增减该值可以在不影响高光部分的情况下增减漫反射部分的亮度，调节范围为 0 ~ 400，默认值为 100。

- 【高光级别】：设置高光强度，默认值为 5。

- 【光泽度】：设置高光的范围。值越高，高光范围越小。

- 【各向异性】：控制高光部分的各向异性和形状。值为 0 时，高光形状呈椭圆形；值为 100 时，高光变形为极窄条状。反光曲线示意图中的一条曲线用来表示【各向异性】的变化。

- 【方向】：用来改变高光部分的方向，范围是 0 ~ 9999。

2. Blinn

【Blinn】高光点周围的光晕是旋转混合的，背光处的反光点形状为圆形，清晰可见，如增大柔化参数值，Blinn 的反光点将保持尖锐的形态，从色调上来看，【Blinn】趋于冷色，【Blinn 基本参数】卷展栏如图 6.44 所示，其材质球表现为如图 6.45 所示。

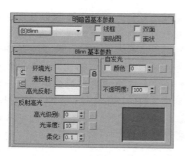

图 6.44

图 6.45

使用【柔化】微调器可以对高光区的反光作柔化处理，使它变得模糊、柔和。如果材质反光度值很低，反光强度值很高，这种尖锐的反光往往在背光处产生锐利的界线，增加【柔化】值可以很好地进行修饰。

其余参数可参照【各向异性基本参数】卷展栏中的介绍。

3. 金属

这是一种比较特殊的明暗器类型，专用于金属材质的制作，可以提供金属所需的强烈反光。它取消了高光反射色彩的调节，反光点的色彩仅依据于漫反射色彩和灯光的色彩。

由于取消了高光反射色彩的调节，所以在高光部分的高光度和光泽度设置也与【Blinn】有所不同。【高光级别】文本框仍控制高光区域的亮度，而【光泽度】文本框变化的同时将影响高光区域的亮度和大小，【金属基本参数】卷展栏如图 6.46 所示，其材质球表现如图 6.47 所示。

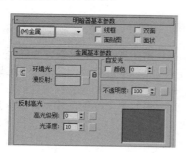

图 6.46

图 6.47

4. 多层

【多层】明暗器与【各向异性】明暗器有相似之处，它的高光区域也属于【各向异性】类型，意味着从不同的角度产生不同的高光尺寸，当【各向异性】值为 0 时，它们根本是相同的，高光是圆形的，与【Blinn】、【Phong】相同；当【各向异性】值为 100 时，这种高光的各向异性达到最大限度的不同，在一个方向上高光非常尖锐，而另一个方向上光泽度可以单独控制。【多层基本参数】卷展栏如图 6.48 所示。

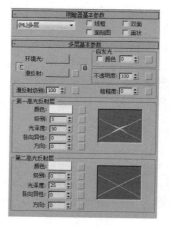

图 6.48

【粗糙度】：设置由漫反射部分向阴影色部分进行调和的快慢。提升该值时，表面的不光滑部分随之增加，材质也显得更暗、更平。值为 0 时，则与 Blinn 渲染属性没有什么差别，默认值为 0。

其余参数可以参照前面的介绍。

5. Oren-Nayar-Blinn

【Oren-Nayar-Blinn】明暗器是【Blinn】的一个特殊变量形式。通过它附加的【漫反射级别】和【粗糙度】设置，可以实现物质材质的效果。这种明暗器类型常用来表现织物、陶制品等不光滑粗糙对象的表面，【Oren-Nayar-Blinn基本参数】卷展栏如图 6.49 所示，其材质球表现如图 6.50 所示。

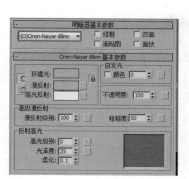

图 6.49

图 6.50

6. Phong

【Phong】高光点周围的光晕是发散混合的，背光处【Phong】的反光点为梭形，影响周围的区域较大。如果增大【柔化】参数值，【Phong】的反光点趋向于均匀柔和的反光，从色调上看，【Phong】趋于暖色，将表现暖色、柔和的材质，常用于塑性材质，可以精确地反映出凹凸、不透明、反光、高光和反射贴图效果。【Phong 基本参数】卷展栏如图 6.51 所示，其材质球表现如图 6.52 所示。

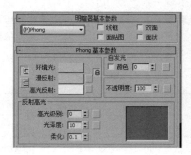

图 6.51

图 6.52

7. Strauss

【Strauss】提供了一种金属感的表面效果，比【金属】明暗器更简洁，参数更简单。【Strauss 基本参数】卷展栏如图 6.53 所示，其材质球表现如图 6.54 所示。

图 6.53

图 6.54

相同的基本参数可以参照前面的介绍。

- 【颜色】：设置材质的颜色。相当于其他明暗器中的漫反射颜色选项，而高光和阴影部分的颜色则由系统自动计算。

- 【金属度】：设置材质的金属表现程度。由于主要依靠高光表现金属程度，所以【金属度】需要配合【光泽度】才能更好地发挥作用。

8. 半透明明暗器

【半透明明暗器】与【Blinn】类似，最大的区别在于能够设置半透明的效果。光线可以穿透这些半透明效果的对象，并且在穿过对象内部时离散。通常【半透明明暗器】用来模拟很薄的对象，例如窗帘、电影银幕、霜或者毛玻璃等效果。如图 6.55 所示为半透明效果。【半透明基本参数】卷展栏如图 6.56 所示。

图 6.55

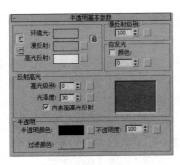

图 6.56

相同的基本参数可以参照前面的介绍。

- 【半透明颜色】：半透明颜色是离散光线穿过对象时所呈现的颜色。设置的颜色可以不同于过滤颜色，两者互为倍增关系。单击色块选择颜色，右侧的灰色方块用于指定贴图。

- 【过滤颜色】：设置穿透材质的光线颜色。与半透明颜色互为倍增关系。单击色块选择颜色，右侧的灰色方块用于指定贴图。过滤颜色（或穿透色）是指透过透明或半透明对象（如玻璃）后的颜色。过滤颜色配合体积光可以模拟例如彩光穿过毛玻璃后的效果，也可以根据过滤颜色为半透明对象产生的光线跟踪阴影配色。

- 【不透明度】：用百分率表示材质的透明／不透明程度。当对象有一定厚度时，能够产生一些有趣的效果。

除了模拟很薄的对象外，半透明明暗器还可以模拟实体对象次表面的离散，用于制作玉石、肥皂、蜡烛等半透明对象的材质效果。

6.3.3 【扩展参数】卷展栏

【扩展参数】卷展栏对于【标准】材质的所有明暗处理类型都是相同的，但【Strauss】和【半透明】明暗器则例外，【扩展参数】卷展栏如图 6.57 所示。

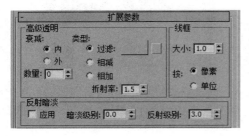

图 6.57

1. 【高级透明】选项组

控制透明材质的透明衰减设置。

- 【内】：由边缘向中心增加透明的程度，就像在玻璃瓶中。

- 【外】：由中心向边缘增加透明的程度，就像在烟雾云中。

- 【数量】：最外或最内的不透明度。

- 【过滤】：计算与透明曲面后面的颜色相乘的过滤色。过滤或透射颜色是通过透明或半透明材质（如玻璃）透射的颜色。单击色样可更改过滤颜色。

- 【相减】：从透明曲面后面的颜色中减除。

- 【相加】：增加到透明曲面后面的颜色。

- 【折射率】：设置带有折射贴图的透明材质的折射率，用来控制材质折射被传播光线的程度。当设置为1（空气的折射率）时，看到的对象像在空气中（空气有时也有折射率，例如热空气对景象产生的气浪变形）一样不发生变形；当设置为 1.5（玻璃折射率）时，看到的对象会产生很大的变形；当折射率小于1时，对象会沿着它的边界反射。在真实的物理世界中，折射率是因光线穿过透明材质和眼睛（或者摄影机）时速度不同而产生的，与对象的密度相关。折射率越高，对象的密度也就越大。

表 6.1 所示是最常用的几种物质折射率。只需记住这几种常用的折射率即可，其实在三维动画软件中，不必严格地使用物理原则，只要能体现出正常的视觉效果即可。

表 6.1 常见物质折射率

材质	折射率	材质	折射率
真空	1	玻璃	1.5 ～ 1.7
空气	1.0003	钻石	2.419
水	1.333		

2. 【线框】选项组

在该选项组中可以设置线框的特性。

- 【大小】：设置线框的粗细，有【像素】和【单位】两种单位可供选择，

  - 【像素】：默认设置，用像素度量线框。

对于像素选项来说，不管线框的几何尺寸多大，以及对象的位置近还是远，线框都总是有相同的外观厚度。

➤ 【单位】：用 3ds Max 单位测量连线。根据单位，线框在远处变得较细，在近距离范围内较粗，如同在几何体中经过建模一样。

3. 【反射暗淡】选项组

用于设置对象阴影区中反射贴图的暗淡效果。当一个对象表面有其他对象的投影时，这个区域将会变得暗淡，但是一个标准的反射材质却不会考虑到这一点，它会在对象表面进行全方位反射计算，失去了投影的影响，对象变得通体光亮，场景也变得不真实。这时可以打开【反射暗淡】设置，它的两个参数分别控制对象被投影区和未被投影区域的反射强度，这样我们可以将被投影区的反射强度值降低，使投影效果表现出来，同时增加未被投影区域的反射强度，以补偿损失的反射效果。启用和未启用【反射暗淡】复选框的效果如图 6.58 所示。

反射暗淡
上图：无
下图：0.0（100%暗淡）

图 6.58

● 【应用】：打开此选项，反射暗淡将发生作用，通过右侧的两个值对反射效果产生影响；禁用该选项后，反射贴图材质就不会因为直接灯光的存在或不存在而受到影响。默认设置为禁用。

● 【暗淡级别】：设置对象被投影区域的反射强度，值为 1 时，不发生暗淡影响，与不打开此项设置相同；值为 0 时，被投影区域仍表现为原来的投影效果，不产生反射效果；随着值的降低，被投影区域的反射趋于暗淡，而阴影效果趋于强烈。

● 【反射级别】：设置对象未被投影区域的反射强度，它可以使反射强度倍增，远远超过反射贴图强度为 100 时的效果，一般用它来补偿反射暗淡对对象表面带来的影响，当值为 3 时（默认），可以近似达到不打开反射暗淡时不被投影的反射效果。

6.3.4 【贴图】卷展栏

【贴图】卷展栏包含每个贴图类型的按钮。单击该按钮可以打开【材质 / 贴图浏览器】对话框，但现在只能选择贴图，这里提供了 30 多种贴图类型，都可以用在不同的贴图方式上，如图 6.59 所示。【贴图】卷展栏能够将贴图或明暗器指定给许多标准材质，还可以在首次显示参数的卷展栏上指定贴图和明暗器：该卷展栏的主要值还可以方便使用复选框切换参数的明暗器，而无须移除贴图。

图 6.59

当选择一个贴图类型后，会自动进入其贴图设置层级中，以便进行相应的参数设置，单击【转到父对象】按钮可以返回到贴图方式设置层级，这时该按钮上会出现贴图类型的名称，左侧复选框被选中，表示当前该贴图方式处于活动状态；如果左侧复选框未被选中，会关闭该贴图方式的影响。

【数量】微调器确定该贴图影响材质的程序，用完全强度的百分比表示。例如，处在 100% 的漫反射贴图是完全不透光的，会遮住基础材质。为 50% 时，它为半透明，将显示基础材质。

下面将对常用的【贴图】卷展栏中的选项进行介绍。

1. 环境光颜色

为对象的阴影区指定位图或程序贴图，默认是它与【漫反射】贴图锁定，如果想对它进行单独贴图，应先在基本参数区中打开【漫反射】右侧的锁定按钮，解除它们之间的锁定。这种阴影色贴图一

般不单独使用，默认是它与【漫反射】贴图联合使用，以表现最佳的贴图纹理。需要注意的是，只有在环境光值设置高于默认的黑色时，阴影色贴图才可见。可以通过选择【渲染】|【环境】命令打开【环境和效果】对话框调节环境光的级别，如图 6.60所示，如图 6.61 所示对环境光颜色使用贴图。

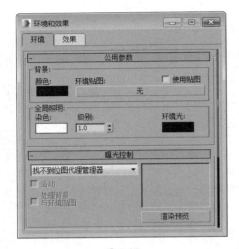

图 6.60

图 6.61

2. 漫反射颜色

主要用于表现材质的纹理效果，当值为 100%时，会完全覆盖漫反射的颜色，这就好像在对象表面油漆绘画一样，例如为墙壁指定砖墙的纹理图案，就可以产生砖墙的效果。制作中没有严格的要求非要将漫反射贴图与环境光贴图锁定在一起，通过对漫反射贴图和环境光贴图分别指定不同的贴图，可以制作出很多有趣的融合效果。但如果漫反射贴图用于模拟单一的表面，就需要将漫反射贴图和环境光贴图锁定在一起，如图 6.62 所示为应用【漫反射颜色】贴图后的效果。

图 6.62

● 【漫反射级别】：该贴图参数只存在于【各向异性】、【多层】、【Oren-Nayar-Blinn】和【半透明明暗器】 4 种明暗器类型中，如图 6.63 所示。主要通过位图或程序贴图来控制漫反射的亮度。贴图中白色像素对漫反射没有影响，黑色像素则将漫反射亮度降为 0，处于两者之间的颜色依此对漫反射亮度产生不同的影响，如图 6.64 所示为应用【漫反射级别】贴图后的对比效果。

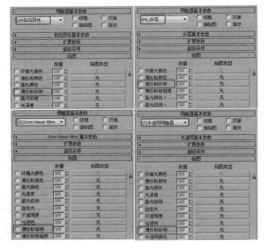

图 6.63

图 6.64

● 【漫反射粗糙度】：该贴图参数只存在于【多层】和【Oren-Nayar-Blinn】两种明暗器类型中。主要通过位图或程序贴图来控制漫反射的粗糙程度。贴图中白色像素增加粗糙程度，黑色像素则将粗糙程度降为 0，处于两者之间的颜色依此对漫反射粗糙程度产生不同的影响，如图 6.65 所示为花瓶添加【漫反射粗糙度】贴图后的效果。

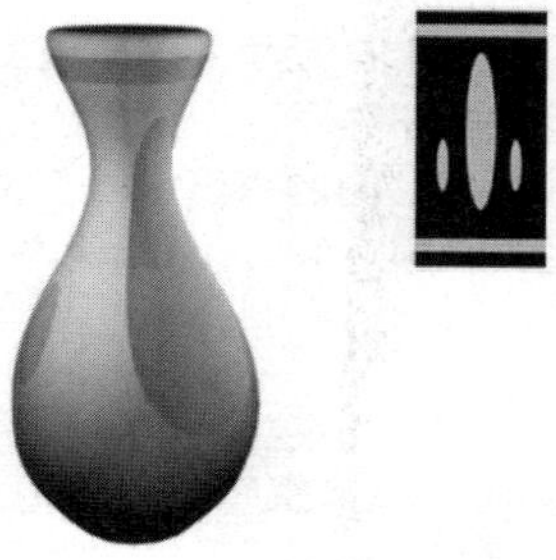

图 6.65

3．不透明度

可以通过在【不透明度】材质组件中使用位图文件或程序贴图来生成部分透明的对象。贴图的浅色（较高的值）区域渲染为不透明；深色区域渲染为透明；之间的值渲染为半透明，如图 6.66 所示。

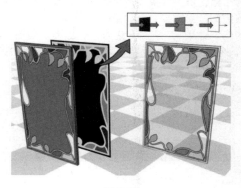

图 6.66

将不透明度贴图的【数量】设置为 100，应用于所有贴图，透明区域将完全透明。将【数量】设置为 0，等于禁用贴图。中间的【数量】值与【基本参数】卷展栏上的【不透明度】值混合，贴图的透明区域将变得更加不透明。

提示

反射高光应用于不透明度贴图的透明区域和不透明区域，用于创建玻璃效果。如果使透明区域看起来像孔洞，也可以设置高光度的贴图。

4．凹凸

通过图像的明暗强度来影响材质表面的光滑程度，从而产生凹凸的表面效果，白色图像产生凸起，黑色图像产生凹陷，中间色产生过渡。这种模拟凹凸质感的优点是渲染速度很快，但这种凹凸材质的凹凸部分不会产生阴影投影，在对象边界上也看不到真正的凹凸，对于一般的砖墙、石板路面，它可以产生真实的效果。但是如果凹凸对象很清晰地靠近镜头，并且要表现出明显的投影效果，应该使用置换，利用图像的明暗度可以真实地改变对象造型，但需要花费大量的渲染时间，如图 6.67 所示为两种不同凹凸对象后的效果。

图 6.67

提示

在视图中不能预览凹凸贴图的效果，必须渲染场景才能看到凹凸效果。

凹凸贴图的强度可以调节到 999，但是过高的强度会带来不正确的渲染效果，如果发现渲染后高光处有锯齿或者闪烁，应使用【超级采样】进行渲染。

5．反射

反射贴图是很重要的一种贴图方式，要想制作出光洁、亮丽的质感，必须熟练掌握反射贴图的使用方法，如图 6.68 所示。在 3ds Max 中有 3 种不同的方式制作反射效果。

使用反射贴图

图 6.68

- 基础贴图反射：指定一张位图或程序贴图作为反射贴图，这种方式是最快的一种运算方式，但也是最不真实的一种方式。对于模拟金属材质来说，尤其是片头中闪亮的金属字，虽然看不清反射的内容，但只要亮度够高即可，它最大的优点是渲染速度快。

- 自动反射：自动反射方式根本不使用贴图，它的工作原理是由对象的中央向周围观察，并将看到的部分贴到表面上。具体方式有两种，即【反射/折射】贴图方式和【光线跟踪】贴图方式。【反射/折射】贴图方式并不像光线跟踪那样追踪反射光线，真实地计算反射效果，而是采用一种六面贴图方式模拟反射效果，在空间中产生6个不同方向的90°视图，再分别按不同的方向将6张视图投影在场景对象上，这是早期版本提供的功能；【光线跟踪】是模拟真实反射形成的贴图方式，计算结果最接近真实，也是最花费时间的一种方式，这是早在3ds Max R2版本时就已经引入的一种反射算法，效果真实，但渲染速度慢，目前一直在随版本更新进行速度优化和提升，不过比起其他第三方渲染器（例如mental ray、Vray）的光线跟踪，计算速度还是慢得多。

- 平面镜像反射：使用【平面镜】贴图类型作为反射贴图。这是一种专门模拟镜面反射效果的贴图类型，就像现实中的镜子一样，反射所面对的对象，属于早期版本提供的功能，因为在没有光线跟踪贴图和材质之前，【反射/折射】这种贴图方式没法对纯平面的模型进行反射计算，因此追加了【平面镜】贴图类型来弥补这个缺陷。

设置反射贴图时不用指定贴图坐标，因为它们锁定的是整个场景，而不是某个几何体。反射贴图不会随着对象的移动而变化，但如果视角发生了变化，贴图会像真实的反射情况那样发生变化。反射贴图在模拟真实环境的场景中的主要作用是为毫无反射的表面添加一点反射效果。贴图的强度值控制反射图像的清晰程度，值越高，反射也越强烈。默认的强度值与其他贴图设置一样为100%。不过对于大多数材质表面，降低强度值通常能获得更为真实的效果。例如一个光滑的桌子表面，首先要体现出的是它的木质纹理，其次才是反射效果。一般反射贴图都伴随着【漫反射】等纹理贴图使用，在【漫反射】贴图为100%的同时轻微加一些反射效果，可以制作出非常真实的场景效果。

在【基本参数】中增加光泽度和高光强度可以使反射效果更真实。此外，反射贴图还受【漫反射】、【环境光】颜色值的影响，颜色越深，镜面效果越明显，即便是贴图强度为100时。反射贴图仍然受到漫反射、阴影色和高光色的影响。

对于Phong和Blinn渲染方式的材质，【高光反射】的颜色强度直接影响反射的强度，值越高，反射也越强，值为0时反射会消失。对于【金属】渲染方式的材质，则是【漫反射】影响反射的颜色和强度，【漫反射】的颜色（包括漫反射贴图）能够倍增来自反射贴图的颜色，漫反射的颜色值（HSV模式）控制着反射贴图的强度，颜色值为255，反射贴图强度最大，颜色值为0，反射贴图不可见。

6. 折射

折射贴图用于模拟空气和水等介质的折射效果，使对象表面产生对周围景物的映象。但与反射贴图所不同的是，它所表现的是透过对象所看到的效果。折射贴图与反射贴图一样，锁定视角而不是对象，不需要指定贴图坐标，当对象移动或旋转时，折射贴图效果不会受到影响。具体的折射效果还受折射率的控制，在【扩展参数】面板中【折射率】控制材质折射透射光线的严重程度，值为1时代表真空（空气）的折射率，不产生折射效果；大于1时为凸起的折射效果，多用于表现玻璃；小于1时为凹陷的折射效果，对象沿其边界进行反射（如水底的气泡效果）。默认设置为1.5（标准的玻璃折射率）。不同参数的折射率效果，如图6.69所示。

图 6.69

常见的折射率如表6.2所示（假设摄影机在空气或真空中）。

表 6.2　常见折射率

材　质	IOR 值
真空	1（精确）
空气	1.0003
水	1.333
玻璃	1.5～1.7
钻石	2.419

在现实世界中，折射率的结果取决于光线穿过透明对象时的速度，以及眼睛或摄影机所处的媒介，影响关系最密切的是对象的密度，对象密度越大，折射率越高。在 3ds Max 中，可以通过贴图对对象的折射率进行控制，而受贴图控制的折射率值总是在 1(空气中的折射率)和设置的折射率值之间变化。例如，设置折射率的值为 3，并且使用黑白噪波贴图控制折射率，则对象渲染时的折射率会在 1～3 之间进行设置，高于空气的密度；而相同条件下，设置折射率的值为 0.5 时，对象渲染时的折射率会在 0.5～1 之间进行设置，类似于水下拍摄密度低于水的对象效果。

通常使用【反射 / 折射】贴图作为折射贴图，只能产生对场景或背景图像的折射表现，如果想反映对象之间的折射表现(如插在水杯中的吸管会发生弯折现象)，应使用【光线跟踪】贴图方式或【薄壁折射】贴图方式。

【薄壁折射】贴图方式可以产生类似放大镜的折射效果。

6.4 复合材质简介

复合材质是指将两个或多个子材质组合在一起。复合材质类似于合成器贴图，但后者位于材质级别。将复合材质应用于对象可以生成复合效果。用户可以使用【材质 / 贴图浏览器】对话框来加载或创建复合材质。

使用过滤器控件，可以选择是否让浏览器列出贴图或材质，或两者都列出。

不同类型的材质生成不同的效果，具有不同的行为方式，或者具有组合了多种材质的方式。不同类型的复合材质介绍如下。

- 【混合】：将两种材质通过像素颜色混合的方式混合在一起，与混合贴图一样。

- 【合成】：通过将颜色相加、相减或不透明混合，可以将多达 10 种的材质混合起来。

- 【双面】：为对象内外表面分别指定两种不同的材质，一种为法线向外；另一种为法线向内。

- 【变形器】：变形器材质使用【变形器】修改器来管理多种材质。

- 【多维 / 子对象】：可用于将多个材质指定给同一对象。存储两个或多个子材质时，这些子材质可以通过使用【网格选择】修改器在子对象级别进行分配。还可以通过使用【材质】修改器将子材质指定给整个对象。

- 【虫漆】：将一种材质叠加在另一种材质上。

- 【顶 / 底】：存储两种材质。一种材质渲染在对象的顶表面；另一种材质渲染在对象的底表面，具体取决于面法线向上还是向下。

6.4.1 混合材质

混合材质是指在曲面的单个面上将两种材质进行混合。可通过设置【混合量】参数来控制材质的混合程度，该参数可以用来绘制材质变形功能曲线，以控制随时间混合两个材质的方式。

混合材质的创建方法如下。

- 激活材质编辑器中的某个示例窗。

- 单击【Standard】按钮，在弹出的【材质 / 贴图浏览器】对话框中选择【混合】选项，然后单击【确定】按钮，如图 6.70 所示。

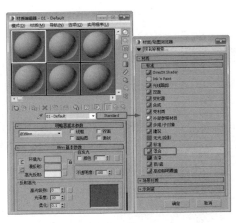

图 6.70

弹出【替换材质】对话框，该对话框询问将示例窗中的材质丢弃还是保存为子材质，如图 6.71 所示。在该对话框中选择一种类型，然后单击【确定】按钮，进入【混合基本参数】卷展栏中，如图 6.72 所示。可以在该卷展栏中设置参数。

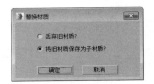

图 6.71

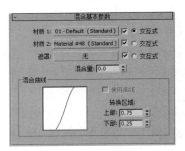

图 6.72

- 【材质 1】/【材质 2】：设置两个用来混合的材质，使用复选框来启用和禁用材质。
- 【交互式】：在视图中以【真实】方式交互渲染时，用于选择哪一个材质显示在对象表面。
- 【遮罩】：设置用作遮罩的贴图。两个材质之间的混合度取决于遮罩贴图的强度。遮罩较明亮（较白）的区域显示更多的【材质 1】。而遮罩较暗（较黑）的区域则显示更多的【材质 2】。使用复选框来启用或禁用遮罩贴图。

- 【混合量】：确定混合的比例（百分比）。0 表示只有【材质 1】在曲面上可见；100 表示只有【材质 2】可见。如果已指定【遮罩】贴图，并且选中了【遮罩】的复选框，则不可用。
- 【混合曲线】选项组：混合曲线影响进行混合的两种颜色之间变换的渐变或尖锐程度。只有指定遮罩贴图后，才会影响混合。
  - 【使用曲线】：确定【混合曲线】是否影响混合。只有指定并激活遮罩时，该复选框才可用。
  - 【转换区域】：用来调整【上部】和【下部】的级别。如果这两个值相同，那么两个材质会在一个确定的边上接合。

6.4.2　多维 / 子对象材质

使用【多维 / 子对象】材质可以采用几何体的子对象级别分配不同的材质。创建多维材质，将其指定给对象并使用【网格选择】修改器选中面，然后选择多维材质中的子材质指定给选中的面。

如果该对象是可编辑网格，可以拖放材质到面的不同的选中部分，并随时构建一个【多维/子对象】材质。

子材质 ID 不取决于列表的顺序，可以输入新的 ID 值。

单击【材质编辑器】中的【使唯一】按钮，允许将一个实例子材质构建为一个唯一的副本。

【多维 / 子对象基本参数】卷展栏如图 6.73 所示。

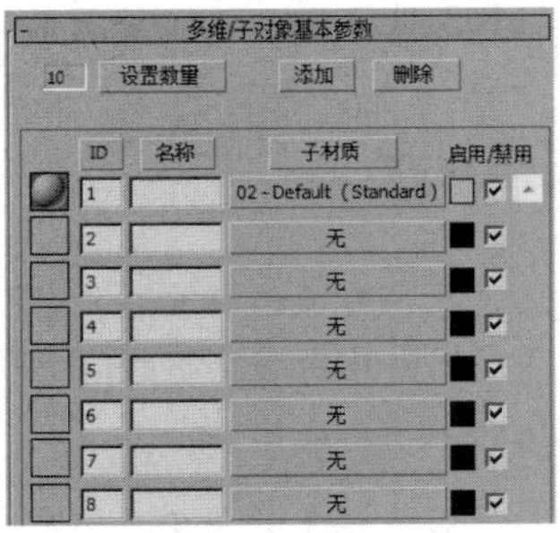

图 6.73

- 【设置数量】：设置拥有子级材质的数目，注意如果减少数目，会将已经设置的材质丢失。
- 【添加】：添加一个新的子材质。新材质默

认的 ID 号在当前 ID 号的基础上递增。

- 【删除】：删除当前选择的子材质，可以通过撤销命令取消删除。

- 【ID】：单击该按钮将列表排序，其顺序开始于最低材质 ID 的子材质，结束于最高材质 ID。

- 【名称】：单击该按钮后，按名称栏中指定的名称进行排序。

- 【子材质】：按子材质的名称进行排序。子材质列表中每个子材质有一个单独的材质项。该卷展栏一次最多显示 10 个子材质；如果材质数超过 10 个，则可以通过右边的滚动栏滚动列表。列表中的每个子材质包含以下控件。

  ➢ 材质球：提供子材质的预览，单击材质球图标可以对子材质进行选择。

  ➢ 【ID 号】：显示指定给子材质的 ID 号，同时还可以在这里重新指定 ID 号。如果输入的 ID 号有重复的，系统会提出警告，如图 6.74 所示。

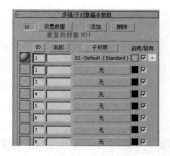

图 6.74

  ➢ 【名称】：可以在这里输入自定义的材质名称。

  ➢ 【子材质】按钮：该按钮用来选择不同的材质作为子级材质。右侧颜色按钮用来确定材质的颜色，它实际上是该子级材质的【漫反射】值。最右侧的复选框可以对单个子级材质进行启用或禁用的开关控制。

6.4.3　光线跟踪材质

光线跟踪基本参数与标准材质基本参数的内容相似，但实际上光线跟踪材质的颜色构成与标准材质大相径庭。

与标准材质一样，可以为光线跟踪颜色分量和各种其他参数使用贴图。色样和参数右侧的小按钮用于打开【材质 / 贴图浏览器】对话框，从中可以选择对应类型的贴图。这些快捷方式在【贴图】卷展栏中也有对应的按钮。如果已经将一个贴图指定给这些颜色之一，则■按钮上显示字母 M，大写的 M 表示已指定和启用对应贴图。小写的 m 表示已指定该贴图，但它处于非活动状态。【光线跟踪基本参数】卷展栏如图 6.75 所示。

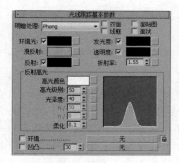

图 6.75

- 【明暗处理】：在下拉列表中可以选择一个明暗器。选择的明暗器不同，则【反射高光】选项组中显示的明暗控件也会不同，包括【Phong】、【Blinn】、【金属】、【Oren-Nayar-Blinn】和【各向异性】5 种方式。

- 【双面】：与标准材质相同。选中该复选框时，在面的两侧着色和进行光线跟踪。在默认情况下，对象只有一面，以便提高渲染速度。

- 【面贴图】：将材质指定给模型的全部面。如果是一个贴图材质，则无须贴图坐标，贴图会自动指定给对象的每个表面。

- 【线框】：与标准材质中的线框属性相同，选中该复选框时，在线框模式下渲染材质。可以在【扩展参数】卷展栏中指定线框大小。

- 【面状】：将对象的每个表面作为平面进行渲染。

- 【环境光】：与标准材质的环境光含义完全不同，对于光线跟踪材质，它控制材质吸收环境光的多少，如果将它设置为纯白色，即为在标准材质中将环境光与漫反射锁定。默认为黑色。启用名称左侧的复选框时，显示环境光的颜色，通过右侧的色块可以进行调整；禁用复选框时，环境光为灰度模式，可以直接输入或者通过调节按钮设置环境光的灰度值。

- 【漫反射】：代表对象反射的颜色，不包括高光反射。反射与透明效果位于过渡区的最上层，当反射为100%（纯白色）时，漫反射色不可见，默认为50%的灰度。

- 【反射】：设置对象高光反射的颜色，即经过反射过滤的环境颜色，颜色值控制反射的量。与环境光一样，通过启用或禁用 ☑反射........ 复选框，可以设置反射的颜色或灰度值。此外，第二次启用复选框，可以为反射指定【菲涅尔】镜像效果，它可以根据对象的视角为反射对象增加一些折射效果。

- 【发光度】：与标准材质的自发光设置近似（禁用则变为自发光设置），只是不依赖于【漫反射】进行发光处理，而是根据自身颜色来决定所发光的颜色，用户可以为一个【漫反射】为蓝色的对象指定一个红色的发光色。默认为黑色。右侧的灰色按钮用于指定贴图。禁用左侧的复选框，【发光度】选项变为【自发光】选项，通过微调按钮可以调节发光色的灰度值。

- 【透明度】：与标准材质中的过滤色相似，它控制在光线跟踪材质背后经过颜色过滤所表现的色彩，黑色为完全不透明，白色为完全透明。将【漫反射】与【透明度】都设置为完全饱和的色彩，可以得到彩色玻璃的材质。禁用后，对象仍折射环境光，但不受场景中其他对象的影响。右侧的灰块

按钮用于指定贴图。禁用左侧的复选框后，可以通过微调按钮调整透明色的灰度值。

- 【折射率】：设置材质折射光线的强度，默认值为1.55。

- 【反射高光】选项组：控制对象表面反射区反射的颜色，根据场景中灯光颜色的不同，对象反射的颜色也会发生变化。

- 【高光颜色】：设置高光反射灯光的颜色，将它与【反射】颜色都设置为饱和色可以制作出彩色铬钢效果。

- 【高光级别】：设置高光区域的强度，值越高，高光越明亮，默认为5。

- 【光泽度】：影响高光区域的大小。光泽度越高，高光区域越小，高光越锐利。默认为25。

- 【柔化】：柔化高光效果。

- 【环境】：允许指定一张环境贴图，用于覆盖全局环境贴图。默认的反射和透明度使用场景的环境贴图，一旦在这里进行环境贴图的设置，将会取代原来的设置。利用这个特性，可以单独为场景中的对象指定不同的环境贴图，或者在一个没有环境的场景中为对象指定虚拟的环境贴图。

- 【凹凸】：这与标准材质的凹凸贴图相同。单击该按钮可以指定贴图。使用微调器可更改凹凸量。

6.5　贴图通道

在材质应用中，贴图作用非常重要，因此3ds Max提供了多种贴图通道，如图6.76所示，分别在不同的贴图通道中使用不同的贴图类型，使物体在不同的区域产生不同的贴图效果。

3ds Max为标准材质提供了12种贴图通道。

- 【环境光颜色】贴图和【漫反射颜色】贴图：【环境光颜色】是最常用的贴图通道，它将贴图结果像绘画或壁纸一样应用到材质表面。在通常情况下，【环境光颜色】和【漫反射颜色】处于锁定状态。

- 【高光颜色】贴图：【高光颜色】使贴图结果只作用于物体的高光部分。通常将场景中的光源图像作为高光颜色通道，模拟一

图6.76

种反射，如在白灯照射下的玻璃杯，玻璃杯上的高光点反射的图像。

- 【光泽度】贴图：设置光泽组件的贴图不同于设置高光颜色的贴图。设置光泽的贴图会改变高光的位置，而高光贴图会改变高光的颜色。当向光泽和高光度指定相同的贴图时，光泽贴图的效果最好。在【贴图】卷展栏中，通过将一个贴图按钮拖到另一个按钮即可实现。

提示

可以选择影响反射高光显示位置的位图文件或程序贴图。指定给光泽度决定曲面的哪些区域更具有光泽，哪些区域不太有光泽，具体情况取决于贴图中颜色的强度。贴图中的黑色像素将产生全面的光泽。白色像素将完全消除光泽，中间值会减少高光的大小。

- 【自发光】贴图：将图像以一种自发光的形式贴在物体表面，图像中纯黑色的区域不会对材质产生任何影响，不是纯黑的区域将会根据自身的颜色产生发光效果，发光的地方不受灯光及投影影响。
- 【不透明度】贴图：利用图像的明暗度在物体表面产生透明效果，纯黑色的区域完全透明，纯白色的区域完全不透明，这是一种非常重要的贴图方式，可以为玻璃杯加上花纹图案，如果配合过渡色贴图，而剪

影图用作不透明贴图，在三维空间中将其指定给一个薄片物体，从而产生一个六面体的镂空人像，将其放置于室内外建筑的地面上，可以产生真实的反射与投影效果，这种方法在建筑效果图中应用非常广泛。

- 【过滤色】贴图：过滤色贴图专用于过滤方式的透明材质，通过贴图在过滤色表面进行染色，形成具有彩色花纹的玻璃材质，它的优点是在体积光穿过物体或采用【光线跟踪】投影时，可以产生贴图滤过的光柱阴影。
- 【凹凸】贴图：使对象表面产生凹凸不平的幻觉。位图上的颜色按灰度不同突起，白色最高。因此用灰度位图做凹凸贴图的效果最好。凹凸贴图常与漫反射贴图一起使用，从而增加场景的真实感。
- 【反射】贴图：常用来模拟金属、玻璃的光滑表面的光泽，或用作镜面反射。当模拟对象表面的光泽时，贴图强度不宜过大，否则反射将不自然。
- 【折射】贴图：当观察水中的筷子时，筷子会发生弯曲。折射贴图用来表现这种效果。定义折射贴图后，不透明度参数与贴图将被忽略。
- 【置换】贴图：与凹凸贴图通道类似，按照位图颜色的灰度不同产生凹凸效果，它的幅度更大。

6.6 贴图的类型

在 3ds Max 中包括 30 多种贴图，它们可以根据使用方法、效果等分为 2D 贴图、3D 贴图、合成器、颜色修改器、其他等 6 大类。在不同的贴图通道中使用不同的贴图类型，产生的效果也大不相同，下面介绍常用的贴图类型。在【贴图】卷展栏中，单击任何通道右侧的【无】按钮，都可以打开【材质 / 贴图浏览器】对话框，如图 6.77 所示。

6.6.1 贴图坐标

材质的可信性是由应用材质的几何体以及贴图模型的有效性决定的。也就是说，材质可以由用户组合不同的图像文件，这样可以使模型呈现各种

图 6.77

所需纹理及各种性质，而这种组合被称为贴图，贴图就是指材质如何被包裹或涂在几何体上。所有贴图材质的最终效果是由指定在表面上的贴图坐标决定的。

1. 认识贴图坐标

3ds Max 在对场景中的物体上进行描述的时候，使用的是 XYZ 坐标空间，但对于位图和贴图来说，使用的却是 UVW 坐标空间。位图的 UVW 坐标是表示贴图的比例。如图 6.78 所示为一张贴图使用不同的坐标所表现的 3 种不同的效果。

图 6.78

当需要更好地控制贴图坐标时，可以单击【修改】按钮进入编辑修改命令面板，选择【修改器列表】|【UVW 贴图】修改器，即可为对象指定一个 UVW 贴图坐标，如图 6.79 所示。

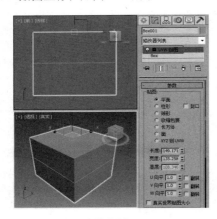

图 6.79

2. 调整贴图坐标

贴图坐标既可以以参数化的形式应用，也可以在【UVW 贴图】修改器中使用。参数化贴图可以是对象创建参数的一部分，也可以是产生面的编辑修改器的一部分，并且通常在对象定义或编辑修改器中的【生成贴图坐标】复选框被选中时才有效。在经常使用的基本几何体、放样对象，以及【挤出】、【车削】和【倒角】编辑修改器中有可能有参数化贴图。

大部分参数化贴图使用 1×1 的瓷砖平铺，因为用户无法调整参数化坐标，所以需要用材质编辑器中的【瓷砖】参数来控制。

当贴图是由参数产生的时候，则只能通过指定在表面上的材质参数来调整瓷砖的次数和方向，或者当选用 UVW 贴图编辑修改器来指定贴图时，用户可以独立控制贴图位置、方向和重复值等。然而，通过编辑修改器产生的贴图没有参数化产生贴图方便。

【坐标】卷展栏如图 6.80 所示。

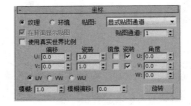

图 6.80

其各项参数的功能如下。

- 【纹理】：将该贴图作为纹理贴图对表面应用。从【贴图】列表中选择坐标类型。

- 【环境】：使用贴图作为环境贴图。从【贴图】列表中选择坐标类型。

- 【贴图】列表：其中包含的选项因选择纹理贴图或环境贴图而不同。

  ➢ 【显式贴图通道】：使用任意贴图通道。选择该选项后，【贴图通道】字段将处于活动状态，可选择 1 ～ 99 的任意通道。

  ➢ 【顶点颜色通道】：使用指定的顶点颜色作为通道。

  ➢ 【对象 XYZ 平面】：使用基于对象的本地坐标的平面贴图（不考虑轴点位置）。用于渲染时，除非启用【在背面显示贴图】复选框，否则平面贴图不会投影到对象背面。

  ➢ 【世界 XYZ 平面】：使用基于场景的世界坐标的平面贴图（不考虑对象边界框）。用于渲染时，除非启用【在背面显示贴图】复选框，否则平面贴图不会投影到对象背面。

  ➢ 【球形环境】、【柱形环境】或【收缩包裹环境】：将贴图投影到场景中，与将其贴图投影到背景中的不可见对象一样。

  ➢ 【屏幕】：投影到场景中的平面背景。

- 【在背面显示贴图】：如果启用该复选框，平面贴图（对象 XYZ 平面，或使用【UVW

贴图】修改器）穿透投影，以渲染在对象背面上。禁用时，平面贴图不会渲染在对象背面，默认设置为启用。

- 【偏移】：用于指定贴图在模型上的位置。

- 【瓷砖】：设置水平（U）和垂直（V）方向上贴图重复的次数，当然在右侧【瓷砖】复选框选中时才起作用，它可以将纹理连续不断地贴在物体表面。值为1时，贴图在表面贴一次；值为2时，贴图会在表面各个方向上重复贴两次，贴图尺寸会相应都缩小一倍；值小于1时，贴图会放大。

- 【镜像】：设置贴图在物体表面进行镜像复制，形成该方向上两个镜像的贴图效果。

- 【角度】：控制在相应的坐标方向上产生贴图的旋转效果，既可以输入数值，也可以单击【旋转】按钮进行实时调节观察。

- 【模糊】：用来影响图像的尖锐程度，低的值主要用于位图的抗锯齿处理。

- 【模糊偏移】：产生大幅度的模糊处理，常用于产生柔化和散焦效果。

3．UVW 贴图

想要更好地控制贴图坐标，或者当前的物体不具备系统提供的坐标控制项时，就需要使用【UVW贴图】修改器为物体指定贴图坐标。

提示

> 如果一个物体已经具备了贴图坐标，在对它施加【UVW 贴图】修改器之后，会覆盖以前的坐标。

【UVW 贴图】修改器的【参数】卷展栏如图6.81所示。

图 6.81

【UVW 贴图】修改器提供了许多将贴图坐标

投影到对象表面的方法。最好的投影方法和技术依赖于对象的几何形状和位图的平铺特征。在【参数】卷展栏中包含7种类型的贴图方式：【平面】、【柱形】、【球形】、【收缩包裹】、【长方体】、【面】和【XYZ 到 UVW】。

在【UVW 贴图】修改器的【参数】卷展栏中调节【长度】、【宽度】、【高度】参数，即可对Gizmo（线框）物体进行缩放，当放大线框时，使用那些坐标的渲染位图也随之缩放，如图6.82所示。

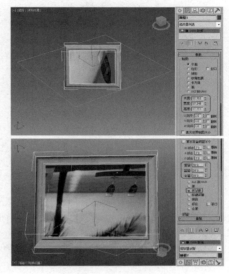

图 6.82

线框的位置、大小直接影响贴图在物体上的效果，在编辑修改器堆栈中用户还可以通过选择【UVW贴图】的 Gizmo 选择集来对线框物体进行单独操作，例如旋转、移动，还有缩放等。

在制作中，通常需要将所使用的贴图重复叠加，以达到预期的效果。调节【U 向平铺】参数，水平方向上的贴图出现重复效果；调节【V 向平铺】参数，垂直方向上的贴图出现重复效果，与材质编辑器中的【瓷砖】参数相同。

而另一种比较简单的方法是通过材质的【瓷砖】参数控制贴图的重复次数，该方法的使用原理同样也是缩放 Gizmo（线框）。默认的【瓷砖】值为1，它使位图与平面 Gizmo 的范围相匹配。【瓷砖】为1意味着重复一次，如果增加【瓷砖】值到5，那么将在平面贴图 Gizmo（线框）中重复5次。

6.6.2 位图贴图

位图贴图就是将位图图像文件作为贴图使用，软件支持各种类型的图像和动画格式，包括 AVI、

BMP、CIN、JPG、TIF、TGA 等。位图贴图的使用范围广泛，通常用在漫反射颜色贴图通道、凹凸贴图通道、反射贴图通道、折射贴图通道中。

选择位图后，进入相应的贴图通道面板，在【位图参数】卷展栏中包含 3 个不同的过滤方式：【四棱锥】、【总面积】、【无】，它们实行像素平均值来对图像进行抗锯齿处理，【位图参数】卷展栏如图 6.83 所示。

图 6.83

6.6.3　平铺贴图

平铺贴图是专门用来制作砖块效果的，常用在漫反射贴图通道中，有时也可以在凹凸贴图通道中使用。在其参数面板的【标准控制】卷展栏中有个【预设类型】下拉列表，其中列出了一些常见的砖块模式，如图 6.84 所示。在其下方的【高级控制】卷展栏中，可以在选择的模板基础上，设置砖块的颜色、尺寸，以及砖缝的颜色、尺寸等参数，制作出有个性的砖块效果，【高级控制】卷展栏如图 6.85 所示。

图 6.84

图 6.85

6.6.4　渐变坡度贴图

渐变坡度贴图是可以使用许多颜色的高级渐变贴图，常用在漫反射贴图通道中。在其卷展栏中可以设置渐变的颜色及每种颜色的位置，如图 6.86 所示，而且还可以利用下面的【噪波】选项组来设置噪波的类型和大小，使渐变色的过渡看起来并不那么规则，从而增加渐变的真实度，如图 6.87 所示。

图 6.86

图 6.87

6.6.5　噪波贴图

噪波一般在凹凸贴图通道中使用，可以通过设置【噪波参数】卷展栏中的参数制作出紊乱不平的表面，该参数卷展栏如图 6.88 所示。其中通过【噪波类型】可以定义噪波的类型，通过【噪波阈值】下的参数可以设置【大小】、【相位】等，下面的两个色块用来指定颜色，系统按照指定颜色的灰度值来决定凹凸起伏的程度，效果如图 6.89 所示。

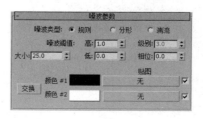

图 6.88

图 6.89

6.6.6　混合贴图

混合贴图和混合材质相似，是指将两个不同的贴图按照不同的比例混合在一起形成新的贴图，它常用在漫反射贴图通道中。【混合参数】卷展栏如图 6.90 所示，在该卷展栏中有一个专门设置混合比例的【混合量】参数，它用于设置每种贴图在该混合贴图中所占的比例。

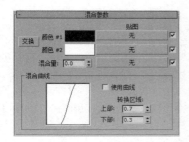

图 6.90

6.6.7　合成贴图

合成贴图类型由其他贴图组成，并且可以使用 Alpha 通道和其他方法将某层置于其他层之上。对于此类贴图，可使用已含 Alpha 通道的叠加图像，或使用内置遮罩工具仅叠加贴图中的某些部分。【合成层】卷展栏如图 6.91 所示。

合成贴图的控件包括用混合模式、不透明设置，以及各自的遮罩结合的贴图的列表。

视图可以在合成贴图中显示多个贴图。如果想以多个贴图显示，显示驱动程序必须是 OpenGL 或者 Direct3D。软件显示驱动程序不支持多个贴图显示。

图 6.91

6.6.8　光线跟踪贴图

光线跟踪贴图主要被放置在反射或者折射贴图通道中，用于模拟物体对于周围环境的反射或折射。它的原理是：通过计算光线从光源处发射出来，经过反射，穿过玻璃，发生折射后再传播到摄影机处的途径，然后反推回去计算所得的反射或者折射结果。所以，它要比其他一些反射或者折射贴图来得更真实。

光线跟踪的参数如图 6.92 所示，一般情况下，可以不修改参数，采用默认参数即可，如图 6.93 所示为光线跟踪的冰块效果。

图 6.92

图 6.93

6.7　课堂实例

下面将通过实例练习来巩固本章学习的内容。

6.7.1 不锈钢质感

不锈钢材质有着接近镜面的光亮度,触感硬朗、冰冷,属于比较前卫的装饰材料,符合金属时代的酷感审美。由于不锈钢材具有优异的耐蚀性、成型性、相容性,以及在很宽温度范围内的强韧性等特点,所以在重工业、轻工业、生活用品行业以及建筑装饰等行业中取得广泛的应用,本例将介绍不锈钢材质的设置方法,效果如图 6.94 所示。

图 6.94

01 按 Ctrl+O 快捷键,在弹出的对话框中打开本书相关素材中的素 材 \ 第 6 章 \【不锈钢材质 .max】场景文件,如图 6.95 所示。

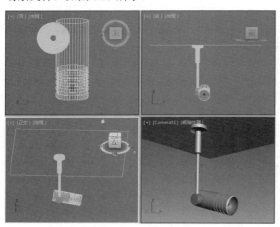

图 6.95

02 按 M 键弹出【材质编辑器】对话框,选择一个新的材质样本球,将其重命名为【金属】,在【明暗器基本参数】卷展栏中将明暗器类型定义为【金属】,选中【双面】复选框,在【金属基本参数】卷展栏中单击环境光与漫反射左侧的 按钮,将【环境光】的 RGB 值设置为 0,0,0,【漫反射】的 RGB 值设置为 255,255,255,在【反射高光】选项组中,

将【高光级别】和【光泽度】分别设置为 80、85,如图 6.96 所示。

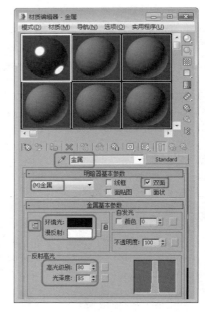

图 6.96

03 在【贴图】卷展栏中将【漫反射颜色】后的【数量】设置为 10,并单击右侧的【无】按钮,在弹出的【材质 / 贴图浏览器】对话框中双击【平面镜】贴图,在【平面镜参数】卷展栏中选中【应用于带 ID 的面】复选框,如图 6.97 所示。

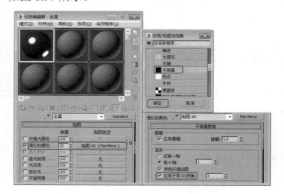

图 6.97

04 单击【转到父对象】按钮,单击【反射】右侧的【无】按钮,弹出【材质 / 贴图浏览器】对话框,选择【位图】贴图,单击【确定】按钮,在弹出的对话框中打开本书相关素材中的 Map/ HOUSE2.JPG 图片,单击【确定】按钮,如图 6.98 所示。

05 在【坐标】卷展栏中将【模糊偏移】设置为 0.07,展开【输出】卷展栏,将【输出量】设置为 1.2,单击【工具列】中的【背景】按钮,如图 6.99 所示。

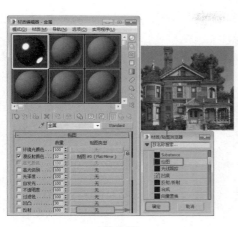

图 6.98

图 6.101

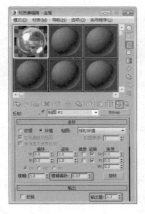

图 6.99

06 单击【转到父对象】按钮，按 H 键，弹出【从场景中选择】对话框，选择【链接 01】、【灯筒 01】、【支架 01】，单击【确定】按钮，将制作好的金属材质指定给对象，如图 6.100 所示。

08 选择【筒灯 02】对象，单击【将材质指定给选定对象】按钮，如图 6.102 所示。

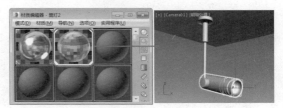

图 6.102

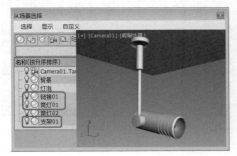

图 6.100

07 将【金属】样本球拖曳至新的材质样本球，并将其重新命名为【筒灯 2】，取消【双面】复选框，选中【面状】复选框，将【漫反射】的颜色设置为 206,208,255，在【反射高光】选项组中，将【高光级别】和【光泽度】分别设置为 80、0，如图 6.101 所示。

09 选择新的材质样本球，将其重新命名为【灯】，单击【工具列】中的【背景】按钮，在【Bilnn 基本参数】卷展栏中将【环境光】和【漫反射】的颜色设置为白色，将【颜色】设置为 100，【不透明度】设置为 90，【反射高光】选项组中的【高光级别】和【光泽度】设置为 50、23，如图 6.103 所示。

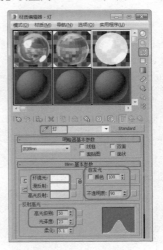

图 6.103

10 选择【灯】对象，单击【将材质指定给选定对象】按钮，将材质指定给选定对象，并渲染摄影机视图查看效果，然后将场景文件保存即可，如图 6.104 所示。

图 6.104

6.7.2 木纹质感

本例将介绍木纹材质的设置方法，效果如图 6.105 所示。

图 6.105

01 按 Ctrl+O 快捷键，在弹出的对话框中打开本书相关素材中的素 材 \ 第 6 章 \【木纹质感 .max】场景文件，如图 6.106 所示。

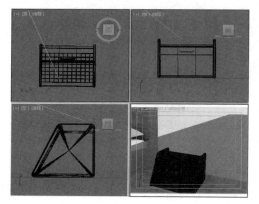

图 6.106

02 按 M 键弹出【材质编辑器】对话框，选择一个新的材质样本球，将其重命名为【木纹材质】，在【Blinn 基本参数】卷展栏中，将【环境光】和【漫反射】的颜色设置为 255,192,83，【反射高光】选项组中的【高光级别】和【光泽度】设置为 178、68，如图 6.107 所示。

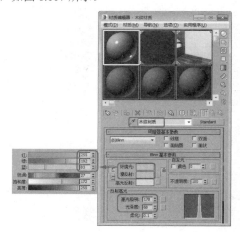

图 6.107

03 在【贴图】卷展栏中单击【漫反射颜色】右侧的【无】按钮，在弹出的【材质 / 贴图浏览器】对话框中双击【位图】贴图，在弹出的对话框中打开本书相关素材中的 Map/Lmw01.jpg 图片，如图 6.108 所示。

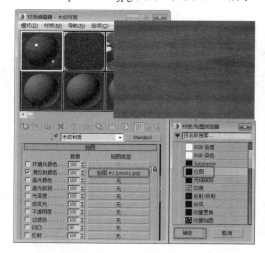

图 6.108

04 在【坐标】卷展栏中，将【瓷砖】的 U 设置为 2，单击【转到父对象】按钮，如图 6.109 所示。

05 按 H 键，弹出【从场景选择】对话框，选择如图 6.110 所示的对象，单击【确定】按钮。

06 单击【将材质指定给选定对象】按钮，将材质指定给选定对象，并渲染摄影机视图查看效果，然后将场景文件保存即可，如图 6.111 所示。

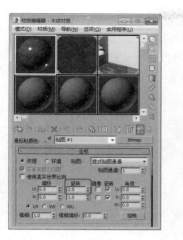

图 6.109

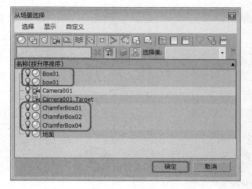

图 6.110

图 6.111

6.7.3　布艺沙发

本例将介绍布艺沙发的设置方法，效果如图 6.112 所示。

01 按 Ctrl+O 快捷键，在弹出的对话框中打开本书相关素材中的素 材 \ 第 6 章 \【布艺沙发 .max】场景文件，如图 6.113 所示。

图 6.112

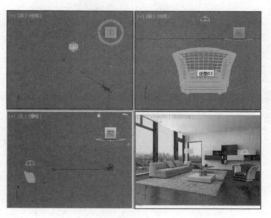

图 6.113

02 选择新的样本球，将其重新命名为【布料】，在【明暗器基本参数】卷展栏中将明暗器类型定义为【Phong】，在【Phong 基本参数】卷展栏中，将【环境光】和【漫反射】的 RGB 值设置为 255,255,255，【自发光】设置为 20，在【反射高光】选项组中，将【高光级别】和【光泽度】均设置为 0，如图 6.114 所示。

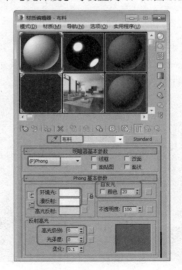

图 6.114

03 展开【贴图】卷展栏，单击【漫反射颜色】右侧的【无】按钮，弹出【材质／贴图浏览器】对话框，选择【位图】贴图，单击【确定】按钮，在弹出的对话框中打开本书相关素材中的 Map/A-B-044.jpg 素材图片，如图 6.115 所示。

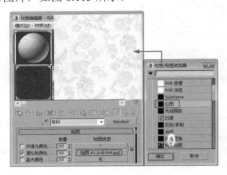

图 6.115

04 单击【转到父对象】按钮，按 H 键，弹出【从场景选择】对话框，选择如图 6.116 所示的对象，单击【确定】按钮。

图 6.116

05 单击【将材质指定给选定对象】按钮，将材质指定给选定对象，并渲染摄影机视图查看效果，然后将场景文件保存即可，如图 6.117 所示。

图 6.117

6.7.4 瓷器材质

本例将介绍瓷器材质的设置方法，效果如图 6.118 所示。

图 6.118

01 按 Ctrl+O 快捷键，在弹出的对话框中打开本书相关素材中的素材\第 6 章\【瓷器材质 .max】场景文件，如图 6.119 所示。

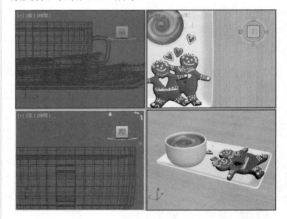

图 6.119

02 按 M 键，弹出【材质编辑器】对话框，选择新的材质样本球，将其重新命名为【白色瓷器】，将【环境光】和【漫反射】的颜色设置为白色，【自发光】设置为 35，【反射高光】选项组中的【高光级别】设置为 100，【光泽度】设置为 83，如图 6.120 所示。

03 按 H 键，弹出【从场景选择】对话框，选择如图 6.121 所示的对象，单击【确定】按钮，单击【将材质指定给选定对象】按钮，将材质指定给选定对象，并渲染摄影机视图查看效果，然后将场景文件保存即可。

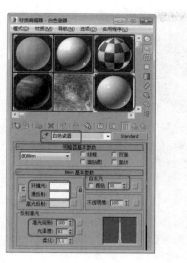

图 6.120

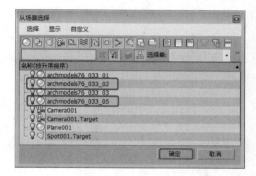

图 6.121

6.7.5 植物材质

本例将介绍植物材质的设置方法，效果如图 6.122 所示。

图 6.122

01 按 Ctrl+O 快捷键，在弹出的对话框中打开本书相关素材中的素 材 \ 第 6 章 \【瓷器材质 .max】场景文件，如图 6.123 所示。

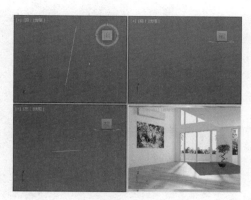

图 6.123

02 按 M 键，弹出【材质编辑器】对话框，选择一个新的材质样本球，将【环境光】和【漫反射】的颜色设置为 163,186,82，如图 6.124 所示。

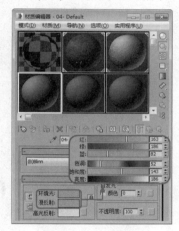

图 6.124

03 单击【漫反射】右侧的按钮，弹出【材质 / 贴图浏览器】对话框，选择【衰减】贴图，单击【确定】按钮，如图 6.125 所示。

图 6.125

04 将【前】的颜色设置为 118,152,0，将【后】的颜色设置为 180,199,115，如图 6.126 所示。

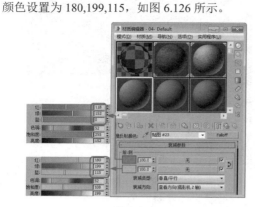

图 6.126

05 展开【输出】卷展栏，选中【启用颜色贴图】复选框，选择如图 6.127 所示的点，在下方输入点的位置，这里输入 1.479，如图 6.127 所示，单击【转到父对象】按钮。

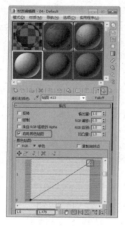

图 6.127

06 选择【Arch41_029_obj_9】对象，将材质指定给选定对象，效果如图 6.128 所示。

图 6.128

07 选择一个新的材质样本球，单击【漫反射颜色】右侧的【无】按钮，弹出【材质/贴图浏览器】对话框，选择【混合】贴图，单击【确定】按钮，如图 6.129所示。

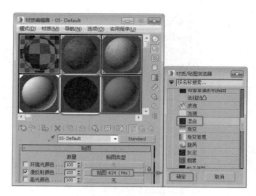

图 6.129

08 在【混合参数】卷展栏中单击【颜色#1】右侧的【无】按钮，弹出【材质/贴图浏览器】对话框，选择【位图】贴图，单击【确定】按钮，在弹出的对话框中打开本书相关素材中的 Map/Arch41_029_bark.JPG 图片，如图 6.130 所示。

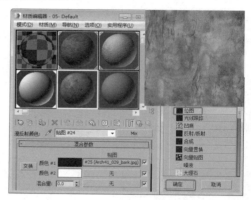

图 6.130

09 在【坐标】卷展栏中将【瓷砖】下方的 U、V 均设置为 3，将【模糊】设置为 0.8，单击【转到父对象】按钮，如图 6.131 所示。

图 6.131

10 将【颜色 #1】右侧的贴图拖曳至【颜色 #2】右侧的【无】按钮上，弹出【复制（实例）贴图】对话框中，选中【复制】单选按钮，单击【确定】按钮，如图 6.132 所示。

图 6.132

11 单击【混合量】右侧的【无】按钮，弹出【材质/贴图浏览器】对话框，选择【位图】贴图，单击【确定】按钮，在弹出的对话框中打开本书相关素材中的 Map/Arch41_029_bark_mask.jpg 图片，如图 6.133 所示。

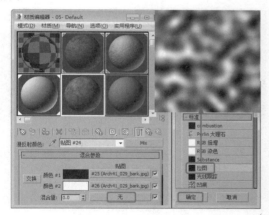

图 6.133

12 单击两次【转到父对象】按钮，将【凹凸】的数量设置为 400，单击右侧的【无】按钮，在弹出的【材质 / 贴图浏览器】中选择【位图】贴图，单击【确定】按钮，在弹出的对话框中打开本书相关素材中的 Map/Arch41_029_bark_bump.jpg 图片，如图 6.134 所示。

13 在【坐标】卷展栏中，将【瓷砖】下方的 U、V 均设置为 3，将【模糊】设置为 0.4，单击【转到父对象】按钮，如图 6.135 所示。

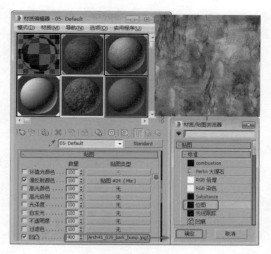

图 6.134

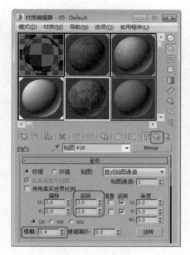

图 6.135

14 选择 Arch41_029_obj_3.jpg 对象，单击【将材质指定给选定对象】按钮，效果如图 6.136 所示。

图 6.136

15 选择一个新的材质样本球，单击【漫反射颜色】右侧的【无】按钮，弹出【材质 / 贴图浏览器】对话框，选择【混合】贴图，单击【确定】按钮，如图 6.137 所示。

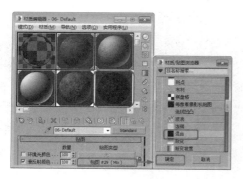

图 6.137

16 单击【颜色 #1】右侧的【无】按钮，弹出【材质 / 贴图浏览器】对话框，选择【位图】贴图，单击【确定】按钮，在弹出的对话框中打开本书相关素材中的 Map/Arch41_029_leaf_1.jpg 图片，如图 6.138 所示。

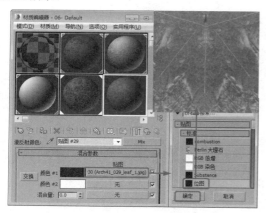

图 6.138

17 在【坐标】卷展栏中保持默认设置，单击【转到父对象】按钮，如图 6.139 所示。

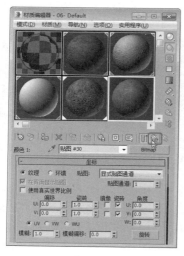

图 6.139

18 单击【颜色 #2】右侧的【无】按钮，弹出【材质 / 贴图浏览器】对话框，选择【位图】贴图，单击【确定】按钮，在弹出的对话框中打开本书相关素材中的 Map/Arch41_029_leaf_2.jpg 图片，如图 6.140 所示。

图 6.140

19 在【坐标】卷展栏中保持默认设置，单击【转到父对象】按钮。单击【混合量】右侧的【无】按钮，弹出【材质 / 贴图浏览器】对话框，选择【位图】贴图，单击【确定】按钮，在弹出的对话框中打开本书相关素材中的 Map/Arch41_029_leaf_mask.jpg 图片，如图 6.141 所示。

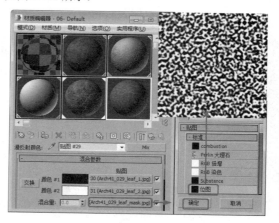

图 6.141

20 在【坐标】卷展栏中将【贴图通道】设置为 2，单击两次【转到父对象】按钮，如图 6.142 所示。

21 将【凹凸】的数量设置为 300，单击【凹凸】右侧的【无】按钮，弹出【材质 / 贴图浏览器】对话框，选择【位图】贴图，单击【确定】按钮，在弹出的对话框中打开本书相关素材中的 Map/Arch41_029_leaf_bump.jpg 图片，如图 6.143 所示。

22 在【坐标】卷展栏中保持默认设置，单击

【转到父对象】按钮，选择 Arch41_029_obj_2、Arch41_029_obj_4 和 Arch41_029_obj_5 对象，单击【将材质指定给选定对象】按钮，按 F9 键对其进行渲染即可预览效果，如图 6.144 所示。

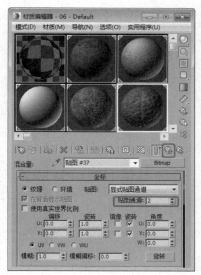

图 6.142

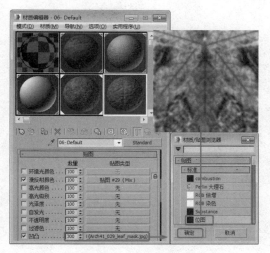

图 6.143

图 6.144

6.8　课后练习

1．简述【混合材质】的作用？

2．简述材质的创建步骤？

第7章

摄影机与灯光照明

灯光和摄影机是 3ds Max 中重要的组成部分，模型和材质设置完成后，主要通过灯光和摄影机对模型进行最后的完善，本章将重点介绍灯光和摄影机的基本知识。

7.1 摄影机

摄影机好比人的眼睛，创建场景对象、布置灯光、调整材质所创作的场景都要通过这双眼睛来观察，摄影机通常是场景中不可缺少的组成部分，最后完成的静态、动态图像都要在摄影机视图中表现，如图 7.1 所示。3ds Max 中的摄影机拥有超过现实摄影机的能力，更换镜头瞬间完成，无级变焦更是真实摄影机无法比拟的。

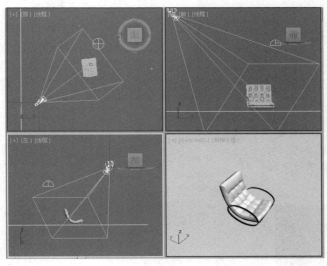

图 7.1

在【创建】命令面板中单击【摄影机】按钮，可以看到【目标】摄影机和【自由】摄影机两种类型。在使用过程中，它们各自都存在优缺点。

【目标】摄影机包含两个对象：摄影机和摄影机目标。摄影机表示观察点，目标指的是视点。你可以独立地变换摄影机和它的目标，但摄影机被限制为一直对着目标。对于一般的摄像工作，目标摄影机是你理想的选择。摄影机和摄影机目标的可变换功能，对设置和移动摄影机视野具有最大的灵活性。

【自由】摄影机只包括摄影机一个对象。由于自由摄影机没有目标，它将沿着其自己的局部坐标系 Z 轴负方向的任意一段距离定义为它们的视点。因为自由摄影机没有对准的目标，所以比目标摄影机更难于设置。自由摄影机在方向上不分上下，这正是自由摄影机的优点所在。自由摄影机不像目标摄影机那样要维持向上矢量，而受旋转约束因素的限制。

自由摄影机最适于复杂的动画，在这些动画中自由摄影机被用来飞越有许多侧向摆动和垂直定向的场景。因为自由摄影机没有目标，它更容易沿着一条路径设置动画。

7.1.1 认识摄影机

单击【创建】 | 【摄影机】按钮，进入【摄影机】面板，可以看到【目标】和【自由】两种类型的摄影机，如图 7.2 所示。

图 7.2

● 【目标】：用于查看目标对象周围的区域。它有摄影机、目标点两部分，可以很容易地单独进行控制调整，如图7.3所示。

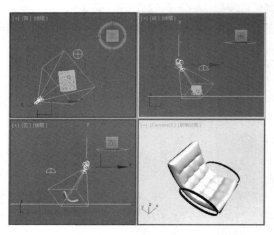

图7.3

● 【自由】：用于查看摄影机注视方向的区域。它没有目标点，不能单独进行调整，如图7.4所示，它可以用来制作室内外装潢的环游动画。

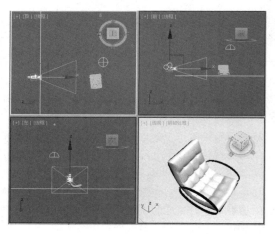

图7.4

7.1.2 摄影机对象的命名

当在视图中创建多台摄影机时，系统会以Camera001、Camera002等名称自动为摄影机命名。在制作一个大型场景时，如一个大型建筑效果图或复杂动画的表现时，随着场景变得越来越复杂，要记住哪一台摄影机聚焦于哪一个镜头也变得越来越困难，这时如果按照其表现的角度或方位进行命名，如【Camera 正视】、【Camera 左视】、【Camera 鸟瞰】等，在进行视图切换的过程中会减少失误，从而提

高工作效率。

7.1.3 摄影机视图的切换

【摄影机】视图就是被选中的摄影机的视图。在一个场景中创造若干台摄影机，激活任意一个视图，在视图标签上右击，从弹出的对话框中选择【摄影机】列表下的任意摄影机，如图7.5所示。这样该视图就变成当前的【摄影机】视图。

图7.5

在一个多摄影机场景中，如果其中的一台摄影机被选中，那么按下C键，该摄影机会自动被选中，不会出现【选择摄影机】对话框；如果没有选择的摄影机，【选择摄影机】对话框将会出现，如图7.6所示。

图7.6

7.2 摄影机共同的参数

两种摄影机的绝大部分参数设置是相同的，其【参数】卷展栏如图 7.7 所示。下面将对它们进行介绍。

图 7.7

7.2.1 【参数】卷展栏

【镜头】：以毫米为单位设置摄影机的焦距。使用【镜头】微调器来指定焦距值，而不是指定在【备用镜头】组框中按钮上的预设【备用】值。

> **提示**
>
> 更改【渲染设置】对话框上的【光圈宽度】值也会更改镜头微调器字段的值。这样并不通过摄影机更改视图，但将更改【镜头】值和【FOV】值之间的关系，也将更改摄影机锥形光线的纵横比。

FOV 方向弹出按钮。

● 【水平】↔：水平应用视野。这是设置和测量 FOV 的标准方法。

● 【垂直】↕：垂直应用视野。

● 【对角线】↗：在对角线上应用视野，从视图的一角到另一角。

【视野】：决定摄影机查看区域的宽度（视野）。当【视野方向】为水平（默认设置）时，视野参数

直接设置摄影机的地平线的弧形，以度为单位进行测量。也可以设置【视野方向】来垂直或沿对角线测量 FOV。

【正交投影】：选中该复选框，摄影机视图就好像用户视图一样，取消选中该复选框，摄影机视图就像透视视图一样。

【备用镜头】选项组：使用该选项组中提供的预设值设置摄影机的焦距（以毫米为单位）。

【类型】：用于改变摄影机的类型。

【显示圆锥体】：显示摄影机视野定义的锥形光线（实际上是一个四棱锥）。锥形光线出现在其他视图，但不出现在摄影机视图中。

【显示地平线】：显示地平线。在摄影机视图中的地平线层级显示一条深灰色的线条。

【环境范围】选项组。

● 【显示】：以线框的形式显示环境存在的范围。

● 【近距范围】：设置环境影响的最近距离。

● 【远距范围】：设置环境影响的最远距离。

【剪切平面】选项组。

● 【手动剪切】：选中该复选框可以定义剪切平面。

● 【近距剪切】和【远距剪切】：分别用来设置近距剪切平面与远距离平面的距离，剪切平面能去除场景几何体的某个断面，能看到几何体的内部。如果想产生楼房、车辆、人等的剖面图或带切口的视图时，可以使用该选项。要设置剪切平面，可以执行以下操作：

➢ 启用【手动剪切】。

➢ 当禁用【手动剪切】时，摄影机将忽略近距和远距剪切平面的位置，并且其控件不可用。摄影机渲染视野之内的所有几何体。

➢ 设置【近距剪切】值以定位近距剪切平面。

➢ 对于摄影机来说，与摄影机的距离比近距更近的对象不可见，并且不进行渲染。

➢ 设置【远距剪切】值，以定位远距剪切平面。

> 对于摄影机来说，与摄影机的距离比远距更远的对象不可见，并且不进行渲染。

> 可以设置靠近摄影机的近端剪切平面，以便它不排除任何几何体，并仍然使用远平面来排除对象。同样，可以设置距离摄影机足够远的"远端"剪切平面，以便它不排除任何几何体，并仍然使用近平面来排除对象。

> 【近端】值应小于【远端】值。

> 如果剪切平面与一个对象相交，则该平面将穿过该对象，并创建剖面视图。

【多过程效果】选项组。

● 【启用】：选中该复选框后，用于效果的预览或渲染。取消选中该复选框后，不渲染该效果。

● 【预览】：单击该按钮后，能够在激活的摄影机视图中预览景深或运动模糊效果。

● 【渲染每过程效果】：选中该复选框后，如果指定任何一个，则将渲染效果应用于多重过滤效果的每个过程（景深或运动模糊）；取消选中该复选框后，将在生成多重过滤效果的通道之后只应用渲染效果。默认设置为禁用状态。

【目标距离】：使用自由摄影机，将点设置为用作不可见的目标，以便可以围绕该点旋转摄影机。使用目标摄影机，表示摄影机和其目标之间的距离。

7.2.2 【景深参数】卷展栏

当在【多过程效果】选项组中选择了【景深】效果后，会出现相应的景深参数，如图7.8所示。

图 7.8

【焦点深度】选项组。

● 【使用目标距离】：选中该复选框，以摄影机目标距离作为摄影机进行偏移的位置；取消选中该复选框，以【焦点深度】的值进行摄影机偏移。

● 【焦点深度】：当【使用目标距离】处于禁用状态时，设置距离偏移摄影机的深度。范围为 0 ～ 100，其中 0 为摄影机的位置并且 100 是极限距离，默认设置为 100。

【采样】选项组。

● 【显示过程】：选中该复选框后，渲染帧窗口显示多个渲染通道；取消选中该复选框后，该帧窗口只显示最终结果。此控件对于在摄影机视图中预览景深无效，默认设置为启用。

● 【使用初始位置】：选中该复选框后，在摄影机的初始位置渲染第一个过程；取消选中该复选框后，第一个渲染过程像随后的过程一样进行偏移，默认为选中。

● 【过程总数】：用于生成效果的过程数。增加此值可以增加效果的精确性，但会增加渲染时间，默认设置为 12。

● 【采样半径】：通过移动场景生成模糊的半径。增加该值将增加整体模糊效果。减小该值将减少模糊，默认设置为 1。

● 【采样偏移】：设置模糊靠近或远离【采样半径】的权重值。增加该值，将增加景深模糊的数量级，提供更均匀的效果。减小该值，将减小数量级，提供更随机的效果，偏移的范围为 0 ～ 1，默认设置为 0.5。

【过程混合】选项组。

● 【规格化权重】：使用随机权重混合的过程可以避免出现例如条纹等人工效果。当选中【规格化权重】复选框后，将权重规格化，会获得较平滑的结果。取消选中复选框后，效果会变得清晰一些，但通常颗粒状效果更明显，默认设置为启用。

● 【抖动强度】：控制应用于渲染通道的抖动程度。增加此值会增加抖动量，并且生成颗粒状效果，尤其在对象的边缘上，默认值为 0.4。

● 【平铺大小】：设置抖动时图案的大小。此值是一个百分比，0% 是最小的平铺，100% 是最大的平铺，默认设置为 32%。

【扫描线渲染器参数】选项组。

- 【禁用过滤】：选中该复选框后，禁用过滤过程，默认设置为禁用状态。

- 【禁用抗锯齿】：选中该复选框后，禁用抗锯齿，默认设置为禁用状态。

7.3 放置摄影机

掌握了摄影机的基本知识后，下面介绍如何放置摄影机。首先选择合适的摄影机及【镜头】，激活摄影机视图，在不同的视图中进行调整。

7.3.1 使用摄影机视图导航控制

对于摄影机视图，系统在视图控制区提供了专门的导航工具，用来控制摄影机视图的各种属性，如图 7.9 所示。摄影机导航控件提供了许多控制功能和并能提高其灵活性。

图 7.9

摄影机导航工具的功能说明如下所述。

- 【推拉摄影机】按钮：沿视线移动摄影机的出发点，保持出发点与目标点之间连线的方向不变，使出发点在此线上滑动。这种方式不改变目标点的位置，只改变出发点的位置。

- 【推拉目标】按钮：沿视线移动摄影机的目标点，保持出发点与目标点之间连线的方向不变，使目标点在此线上滑动。这种方式不会改变摄影机视图中的影像效果，但有可能使摄影机反向。

- 【推拉摄影机＋目标】按钮：沿视线同时移动摄影机的目标点与出发点，这种方式产生的效果与【推拉摄影机】相同，只是保证了摄影机本身形态不发生改变。

- 透视按钮：以推拉出发点的方式改变摄影机的【视野】镜头值，配合 Ctrl 键可以增加变化的幅度。

- 【侧滚摄影机】按钮：沿着垂直于视平面的方向旋转摄影机的角度。

- 【视野】按钮：固定摄影机的目标点与出发点，通过改变视野取景的大小来改变 FOV 镜头值。这是一种调节镜头效果的好方法，得到的效果其实与 Perspective（透视）+Dolly Camera（推拉摄影机）相同。

- 【平移摄影机】按钮：在平行于视平面的方向上同时平移摄影机的目标点与出发点，配合 Ctrl 键可以加速平移变化，配合 Shift 键可以锁定在垂直或水平方向上平移。

- 【环游摄影机】按钮：固定摄影机的目标点，使出发点绕着它进行旋转观测，配合 Shift 键可以锁定在单方向上的旋转。

- 【摇移摄影机】按钮：固定摄影机的出发点，使目标点进行旋转观测，配合 Shift 键可以锁定在单方向上的旋转。

7.3.2 变换摄影机

在 3ds Max 中所有作用于对象（包括几何体、灯光、摄影机等）的位置、角度、比例的改变都被称为变换。摄影机及其目标的变换与场景中其他对象的变换非常相似。正如前面所提到的，许多摄影机视图导航命令能用在其局部坐标中变换摄影机来代替。

虽然摄影机导航工具能很好地变换摄影机参数，但对于摄影机的全局定位来说，一般使用标准的变换工具更合适。锁定轴向后，也可以像摄影机导航工具那样使用标准变换工具。摄影机导航工具与标准摄影机变换工具最主要的区别在于，标准变换工具可以同时在两个轴上变换摄影机，而摄影机导航工具只允许沿一个轴进行变换。

提示

在变换摄影机时不要缩放摄影机，缩放摄影机会使摄影机基本参数显示错误值。目标摄影机只能绕其局部 Z 轴旋转。绕其局部坐标 X 或 Y 轴旋转没有效果。

自由摄影机不像目标摄影机那样受旋转限制。

7.4　灯光基本用途与特点

下面对灯光的基本用途和特点进行简单介绍。

7.4.1　灯光的基本用途与设置

光线是画面视觉信息与视觉造型的基础，没有光便无法体现物体的形状、质感和颜色。

为当前场景创建平射式的白色照明或使用系统的默认照明设置是一件非常容易的事情，然而，平射式的照明通常对当前场景中对象的特别之处或奇特的效果不会有任何帮助。如果调整场景的照明，使光线与当前的气氛或环境相配合，就可以强化场景的效果，使其更加真实地体现在我们的视野中。

当前有非常多的例子可以说明灯光（照明）是如何影响环境与气氛的。诸如晚上一个人被汽车的前灯所照出的影子，当你站在这个人的后面时，这个被灯光所照射的人显得特别的神秘；如果你将打开的手电筒放在下巴处向上照射你的脸，那么通过镜子你可以观察到你的样子是那样狰狞、可怕。

另外灯光的颜色也可以对当前场景中的对象产生影响，例如黄色、红色、粉红色等一系列暖色调的颜色，可以使画面产生一种温暖的感觉，下面通过如图 7.10 所示进行比较，冷色与暖色的不同之处。

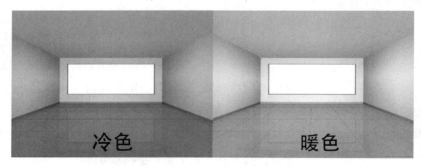

图 7.10

7.4.2　基本三光源的设置

在 3ds Max 中进行照明，一般使用三光源照明方案和区域照明方案。

所谓的三光源照明设置从字面上就非常容易让人理解，就是在一个场景中使用三盏灯光来对物体产生照明效果。其实如果这样理解，并不是完全正确。至于原因，我们暂且不来讨论，首先了解一下什么是三光源设置。

三光源设置也可以称为三点照明或三角形照明。与从字面上所理解的一样，它是使用三个光源来为当前场景中的对象提供照明。如图 7.11 所示。在这个场景中，我们所使用的三个光源为【目标聚光灯】、【泛光灯】和【平行光】，这三个灯光分别处于不同的位置，并且它们所起的作用也不相同。根据它们的作用不同又分别称其为主灯、背灯和辅灯。

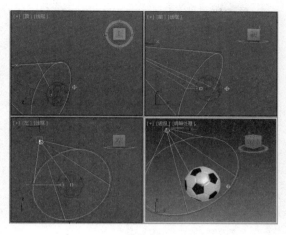

图 7.11

显示其轮廓，并且展现场景的深度。

最后所要讲的是第三光源，也称为辅光源，辅光的主要用途是用来控制场景中最亮的区域和最暗区域间的对比度。应当注意的是，在设置中亮的辅光将产生平均的照明效果，而设置较暗的辅光则增加场景效果的对比度，使场景产生不稳定的感觉。一般情况下，辅光源放置的位置要靠近摄像机，这样以便产生平面光和柔和的照射效果。另外，也可以使用泛光灯作为辅光源应用于场景中，而泛光灯在系统中设置的基本目的就是作为一个辅光而存在的。在场景中远距离设置大量的不同颜色和低亮度的泛光灯是非常普通和常见的，这些泛光灯混合在模型中，将弥补主灯所照射不到的区域。

主光在这整个的场景设置中是最基本，但也是最亮，最重要的一个光源，它是用来照亮所创建的大部分场景的灯光，并且因为其决定了光线的主要方向，所以在使用中常被设置为在场景中投射阴影的主要光源，由此，对象的阴影也从而产生。如果在设置制作中，想要当前对象的阴影小一些，那么可以将灯光的投射器调高一些，反之亦然。

另外，需要注意的是，作为主灯，在场景中放置这个灯光的最好位置是物体正面的 3/4 处（也就是物体正面左边或右边的 45°处）最佳。

在场景中，在主灯的反方向创建的灯光称为背光。这个照明灯光在设置时可以在当前对象的上方（高于当前场景对象），并且此光源的光照强度要等于或者小于主光。背光的主要作用是在制作中使对象从背景中脱离出来，而更加突出，从而使物体

> **提示**
>
> 当制作一个小型的或单独的为表现一个物体的场景时，可以采用上面所介绍的三光源设置，但是不要只局限于这三个灯光来对场景或对象进行照明，有必要再添加其他类型的光源，并相应调整其光照参数，以求制作出精美的效果。

有时一个大的场景不能有效地使用三光源照明，那么就要使用稍有不同的方法来照明。当一个大区域分为几个小区域时，你可以使用区域照明，这样每个小区域都会单独地被照明。可以根据重要性或相似性来选择区域，当一个区域被选择之后，你可以使用基本三光源照明方法，但是，有时，区域照明并不能产生合适的气氛，这时就需要使用一个自由照明方案。

7.5 建立标准的光源

在学习灯光之前，先来认识一下有关灯光的类型与它们之间的不同用途则是非常有必要的。因为只有了解了软件中所包含不同灯光以及它们之间所拥有的不同用途或功能，才能够准确、合理地应用它们。

7.5.1 3ds Max 的默认光源

当场景中没有设置光源时，3ds Max 提供了一个默认的照明设置，以便有效地观看场景。默认光源为场景提供了充足的照明，但它并不适于最后的渲染，如图 7.12 所示。

默认的光源是放在场景中对角线节点处的两盏泛光灯。假设场景的中心（坐标系的原点），则一盏泛光灯在上前方，另一盏泛光灯在下后方，如图 7.13 所示。

在 3ds Max 场景中，默认的灯光数量可以是 1，也可以是 2，并且可以将默认的灯光添加到当前场景中。当默认灯光被添加到场景后，便可以与其他光源一样，对其参数以及位置等进行调整。

图 7.12

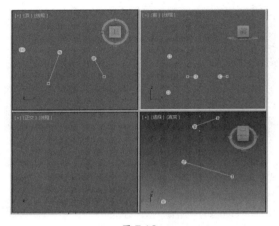

图 7.13

设置默认灯光的渲染数量，并增加默认灯光到场景中。

01 在视图左上角右击，选择【配置视口】命令，打开【视口配置】对话框。

提示

打开【视口配置】对话框还有两种方法：1.选择菜单栏中的【视图】|【视口配置】命令，弹出【视口配置】对话框；2.右击【视图控制区】面板中的任何一个按钮，都会直接弹出【视口配置】对话框。

02 在【视觉样式和外观】选项卡中选择【照明和阴影】|【默认灯光】|【1 盏灯】或【2 盏灯】选项，然后单击【确定】按钮，如图 7.14 所示。

03 选择菜单栏中的【创建】|【灯光】|【标准灯光】|【添加默认灯光到场景】命令，打开【添加默认灯光到场景】对话框，在该对话框中可以设置要加入场景的默认灯光的名称，以及距离缩放值，单击【确定】按钮，即可在场景中创建两个名为 DefaultKeyLight 和 DefaultFillLight 的泛光灯，如图 7.15 所示。

图 7.14

图 7.15

最后单击【所有视图最大化显示选定对象】按钮，将所有视图以最大化的方式显示，此时设置的默认光源显示在场景中。

提示

当第一次在场景中添加光源时，3ds Max 会关闭默认的光源，这样就可以看到我们所建立的灯光效果了。只要场景中有灯光存在，无论它们是打开的，还是关闭的，默认的光源将一起被关闭。当场景中所有的灯光都被删除时，默认的光源将自动恢复。

7.5.2　自然光、人造光和环境光

1．自然光

自然光也就是阳光，它是来自单一光源的平行光线，照明方向和角度会随着时间、季节等因素的变化而改变。晴天时阳光的色彩为淡黄色（R:250、G:255、B:175）；而多云时为蓝色；阴雨天时为暗灰色，大气中的颗粒会将阳光呈现为橙色或褐色；日出或落日时的阳光为红或橙色。天空越晴朗，物体产生的阴影越清晰，阳光照射中的立体效果越突出。

3ds Max 提供了多种模拟阳光的方式，在标准灯光中无论是【目标平行光】还是【自由平行光】，一盏就足以作为日照场景的光源。如图 7.16 所示的效果就是模拟晴天时的阳光照射。将平行光源的颜色设置为白色，亮度降低，还可以用来模仿月光效果。

图 7.16

2．人造光

人造光，无论是室内还是室外效果，都会使用多盏灯光，如图 7.17 所示。人造光首先要明确场景中的主体，然后单独为这个主体设置一盏明亮的灯光，称为"主灯光"，将其置于主体的前方稍稍偏上的位置。除了"主灯光"以外，还需要设置一盏或多盏灯光用来照亮背景和主体的侧面，称为"辅助灯光"，亮度要低于"主灯光"。这些"主灯光"和"辅助灯光"不但能够强调场景的主体，同时还加强了场景的立体效果。用户还可为场景的次要主体添加照明灯光，舞台术语称为"附加灯"，亮度通常高于"辅助灯光"，低于"主灯光"。在 3ds Max 中，【目标聚光灯】通常是最好的"主灯光"，【泛光灯】适合作"辅助灯光"，【环境光】则是另一种补充照明光源。

通常【光度学】灯光，可以基于灯光的色温、能量值以及分布位置，产生良好的效果。

图 7.17

3．环境光

环境光是照亮整个场景的常规光线。这种光具有均匀的强度，并且属于均质漫反射，它不具有可辨别的光源和方向。

默认情况下，场景中没有环境光，如果在带有默认环境光设置的模型上检查最黑色的阴影，无法辨别出曲面，因为它没有任何灯光照亮。场景中的阴影不会比环境光的颜色暗，这就是通常要将环境光设置为黑色（默认色）的原因，如图 7.18 所示。

图 7.18

设置默认环境光颜色的方法有以下两种。

方法一：选择【渲染】|【环境】命令，在打开的【环境和效果】对话框中可以设置环境光的颜色，如图 7.19 所示。

图 7.19

方法二：选择【自定义】|【首选项】命令，在打开的【首选项设置】对话框中选择【渲染】选项卡，然后在【默认环境光颜色】选项组的色块中设置环境光的颜色，如图 7.20 所示。

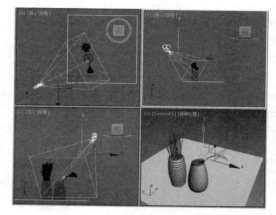

图 7.20

7.5.3　标准的照明类型

在 3ds Max 中进行照明，一般使用标准的照明也就是三光源照明方案和区域照明方案。所谓的标准照明就是在一个场景中使用一个主要的灯和两个次要的灯，主要的灯用来照亮场景，次要的灯光用来照亮局部，这是一种传统的照明方法。

场景中最好以目标聚光灯作为主光灯，一般使聚光灯与视平角为 30°～45°，与摄影机的夹角为 30°～45°，将其投向主物体，一般光照强度较大，能把主物体从背景中充分地凸显出来，通常将其设置为投射阴影。

在场景中主灯的反方向创建的灯光称为背光，其在设置时可以在当前对象的上方（高于当前场景对象），并且此光源的光照强度要等于或者小于主光。背光的主要作用是在制作中使对象从背景中脱离出来，从而使物体显示出轮廓，并且展现场景的深度。

最后要讲的是辅光源，其主要用途是用来控制场景中最亮的区域和最暗区域之间的对比度。应当注意的是，设置中亮的辅光源将产生平均的照明效果，而设置较暗的辅光则增加场景效果的对比度，使场景产生不稳定的感觉。一般情况下，辅光源放置的位置要靠近摄影机，这样以便产生平面光和柔和的照射效果。另外，也可以使用泛光灯作为辅光

源应用于场景中，而泛光灯在系统中设置的基本目的就是作为一个辅光而存在的。在场景中远距离设置大量的不同颜色和低亮度的泛光灯是非常常见的，这些泛光灯混合在模型中将弥补主灯照射不到的区域。

如图 7.21 所示的场景显示的就是标准的照明方式。渲染后的效果如图 7.22 所示。

图 7.21

图 7.22

7.5.4　阴影

阴影是对象后面灯光变暗的区域。3ds Max 支持多种类型的阴影，包括区域阴影、阴影贴图和光线跟踪阴影等。

区域阴影基于投射光的区域创建阴影，不需要太多的内存，但是支持透明对象。

阴影贴图实际上是位图，由渲染器产生并与完成的场景组合产生图像。这些贴图可以有不同的分辨率，但是较高的分辨率则会要求有更多的内存。阴影贴图通常能够创建出更真实、更柔和的阴影，但是不支持透明度。

3ds Max 按照每个光线照射场景的路径来计算光线跟踪阴影。该过程会耗费大量的处理周期，但是能产生非常精确且边缘清晰的阴影。使用光线跟踪可以为对象创建出阴影贴图所无法创建的阴影，例如透明的玻璃。【阴影类型】下拉列表中还包括了一个高级光线跟踪阴影选项，另外，还有一个选项是 Ray 阴影。

如图 7.23 所示使用了不同阴影类型渲染的图像，其中包括高级光线跟踪阴影、mental ray 阴影、区域阴影、阴影贴图和光线跟踪阴影。

高级光线跟踪阴影

mental ray阴影

区域阴影

阴影贴图

光线跟踪阴影

图 7.23

7.6 了解灯光类型

在 3ds Max 中许多内置灯光类型几乎可以模拟自然界中的每一种光，同时也可以创建仅存于计算机图形学中的虚拟现实的光。3ds Max 包括 8 种不同基本灯光对象，即【目标聚光灯】、【自由聚光灯】、【目标平行光】、【自由平行光】、【泛光灯】和【天光】等，它们在三维场景中都可以设置、放置以及移动，并且这些光源包含了一般光源的控制参数，而且这些参数决定了光照在环境中所起的作用。

7.6.1 聚光灯

聚光灯包括【目标聚光灯】、【自由聚光灯】和【Mr Area Spot】3 种，下面将对这 3 种灯光进行详细介绍。

1. 目标聚光灯

【目标聚光灯】产生锥形的照射区域，在照射区以外的物体不受灯光影响。创建目标聚光灯后，有投射点和目标点可以调节，它是一个有方向的光源，是可以独立移动的目标点投射光，可以产生优质、静态、仿真的效果。它有矩形和圆形两种投影区域，矩形适合制作电影投影图像以及窗户投影等；圆形适合制作路灯、车灯、台灯、舞台跟踪灯等灯光照射，如果作为体积光源，它能产生一个锥形的光柱，如图 7.24 所示。

图 7.24

2. 自由聚光灯

【自由聚光灯】产生锥形照射区域，它是一种受限制的目标聚光灯，因为只能控制它的整个图标，而无法在视图中分别对发射点和目标点进行调节。它的优点是不会在视图中改变投射范围，特别适合一些动画的灯光，例如摇晃的船桅灯、晃动的手电筒、舞台上的投射灯等。

3. Mr Area Spot

【Mr Area Spot】在使用 mental ray 渲染器进行渲染时，可以从矩形或圆形区域发射光线，产生柔和的照明和阴影。而在使用 3ds Max 的默认扫描线渲染器时，其效果等同于标准的聚光灯。

7.6.2 泛光灯

泛光灯包括【泛光灯】和【Mr 区域泛光灯】两种类型，下面将分别对它们进行介绍。

1. 泛光灯

【泛光灯】向四周发散光线，标准的泛光灯用来照亮场景，它的优点是易于建立和调节，不用考虑是否有对象在范围外而不被照射；其缺点就是不能创建太多，否则显得无层次感。泛光灯用于将【辅助照明】添加到场景中，或模拟点光源。

【泛光灯】可以投射阴影和投影，单个投射阴影的泛光灯等同于 6 盏聚光灯的效果，从中心指向外侧。另外泛光灯常用来模拟灯泡、台灯等光源对象。如图 7.25 所示，在场景中创建了一盏泛光灯，它可以产生明暗关系的对比，渲染后的效果如图 7.26 所示。

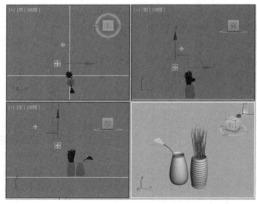

图 7.25

图 7.26

2．Mr Area Spot

当使用mental ray渲染器渲染场景时，区域泛光灯从球体或圆柱体体积发射光线，而不是从点源发射光线。使用默认的扫描线渲染器，区域泛光灯像其他标准的泛光灯一样发射光线。

【区域灯光参数】卷展栏如图7.27所示。

图 7.27

- 【启用】：用于控制【区域泛光灯】的开关。

- 【在渲染器中显示图标】：选中该复选框，当使用mental ray渲染器进行渲染时，区域泛光灯将按照其形状和尺寸设置在渲染图片中并显示为白色。

- 【类型】：可以在下拉列表中选择区域泛光灯的形状，可以是【球体】也可以是【圆柱体】。

- 【半径】：设置球体或圆柱体的半径。

- 【高度】：仅当区域灯光类型为【圆柱体】时可用，设置圆柱体的高。

- 【采样】：设置区域泛光灯的采样质量，可以分别设置U和V的采样数。越高的值，照明和阴影效果越真实、细腻，当然渲染时间也会增加。对于球形灯光，U值表示沿半径方向的采样值，V向表示沿角度采样值；对于圆柱形灯光，U值表示沿高度采样值，V值表示沿角度采样值。

7.6.3　平行光

【平行光】包括【目标平行光】和【自由平行光】两种。

1．目标平行光

【目标平行光】产生单方向的平行照射区域，它与目标聚光灯的区别是照射区域呈圆柱形或矩形，而不是锥形。平行光主要用于模拟阳光的照射，对于户外场景尤为适用。如果作为体积光源，可以

产生一个光柱，常用来模拟探照灯、激光光束等特殊效果。创建【目标平行光】的场景，如图7.28所示；渲染后的效果如图7.29所示。

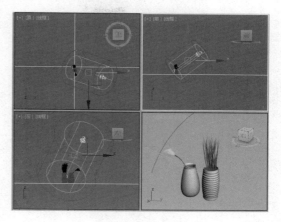

图 7.28

图 7.29

> **提示**
> 只有当平行光处于场景几何体边界盒之外，且指向下方的时候，才支持【光能传递】解算。

2．自由平行光

【自由平行光】产生平行的照射区域。它其实是一种受限制的目标平行光，在视图中，它的投射点和目标点不可分别调节，只能进行整体移动或旋转，这样可以保证照射范围不发生改变。如果对灯光的范围有固定要求，尤其是在有灯光的动画中，这是一个非常好的选择。

7.6.4　天光

【天光】能够模拟日光照射效果。在3ds Max中有好几种模拟日光照射效果的方法，但如果配合【照明追踪】渲染方式，【天光】往往能产生最生动的效果，如图7.30所示。【天光参数】卷展栏如图7.31所示。

图 7.30

图 7.31

> **提示**
>
> 使用 mental ray 渲染器渲染时，天光照明的对象显示为黑色，除非启用【最终聚集】。

- 【启用】：用于控制天光的开关。

- 【倍增】：指定正值或负值来增减灯光的能量，例如输入 2，表示灯光亮度增强 2 倍。使用该参数提高场景亮度时，有可能会引起颜色过亮，还可能产生视频输出中不可用的颜色，所以除非是制作特定案例或特殊效果，否则选择 1。

【天空颜色】选项组：天空被模拟成一个圆屋顶的样子覆盖在场景上，如图 7.32 所示。用户可以在这里指定天空的颜色或贴图。

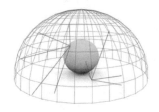

图 7.32

- 【使用场景环境】：使用【环境和效果】对话框设置的颜色为灯光颜色，只在【照明追踪】方式下才有效。

- 【天空颜色】：单击右侧的色块显示颜色选择器，从中调节天空的色彩。

- 【贴图】：通过指定贴图影响天空颜色。左侧的复选框用于设置是否使用贴图，下方的空白按钮用于指定贴图，右侧的文本框用于控制贴图的使用程度（低于 100% 时，贴图会与天空颜色进行混合）。

【渲染】选项组：定义天光的渲染属性，只有在使用默认扫描线渲染器，并且不使用高级照明渲染引擎时，该组参数才有效。

- 【投射阴影】：选中该复选框使用天光可以投射阴影。

- 【每采样光线数】：设置在场景中每个采样点上天光的光线数。较高的值使天光效果比较细腻，并有利于减少动画画面的闪烁，但较高的值会增加渲染时间。

- 【光线偏移】：定义对象上某一点的投影与该点的最短距离。

7.7 灯光的共同参数卷展栏

在 3ds Max 中，除了【天光】之外，所有不同的灯光对象都共享一套控制参数，它们控制着灯光的最基本特征，包括【常规参数】、【强度 / 颜色 / 衰减】、【高级效果】、【阴影参数】、【阴影贴图参数】和【大气和效果】等卷展栏。

7.7.1 【常规参数】卷展栏

【常规参数】卷展栏主要控制灯光的开启与关闭、排除或包含，以及阴影方式。在【修改】命令面板中，【常规参数】还可以用于控制灯光目标物体、改变灯光类型，【常规参数】卷展栏如图 7.33 所示。

图 7.33

【灯光类型】选项组。

- 【启用】：用来启用或禁用灯光。当【启用】选项处于启用状态时，使用灯光着色和渲染以照亮场景；当【启用】选项处于禁用状态时，进行着色或渲染时不使用该灯光。默认设置为启用。

- 【泛光▼】：可以对当前灯光的类型进行改变，如果当前选择的是【泛光灯】，可以在【聚光灯】、【平行灯】和【泛光灯】之间进行转换。

- 【目标】：选中该复选框，灯光将成为目标。灯光与其目标之间的距离显示在复选框的右侧。对于自由灯光，可以设置该值。对于目标灯光，可以通过禁用该复选框、移动灯光或灯光的目标对象对其进行更改。

【阴影】选项组。

- 【启用】：开启或关闭场景中的阴影使用。

- 【使用全局设置】：选中该复选框，将会把下面的阴影参数应用到场景中的投影灯上。

- 【阴影贴图▼】：决定当前灯光使用哪种阴影方式进行渲染，其中包括【高级光线跟踪】、【mental ray 阴影贴图】、【区域阴影】、【阴影贴图】和【光线跟踪阴影】5 种。

- 【排除】：单击该按钮，在打开的【排除/包含】对话框中，设置场景中的对象不受当前灯光的影响，如图 7.34 所示。

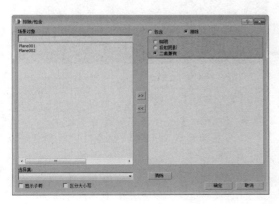

图 7.34

如果要设置个别物体不产生或不接受阴影，可以选择物体并右击，在弹出的快捷菜单中选择【对象属性】命令，在弹出的【对象属性】对话框中取消选中【接收阴影】或【投影阴影】复选框，如图 7.35 所示。

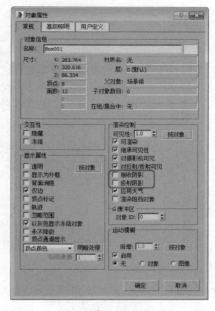

图 7.35

7.7.2 【强度/颜色/衰减】卷展栏

【强度/颜色/衰减】卷展栏是标准的附加参数卷展栏，如图 7.36 所示。它主要对灯光的颜色、强度以及灯光的衰减进行设置。

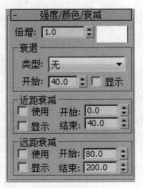

图 7.36

- 【倍增】：对灯光的照射强度进行控制，标准值为 1，如果设置为 2，则照射强度会增加 1 倍。如果设置为负值，将会产生吸收光的效果。通过这个选项增加场景的亮度可能会造成场景过曝光，还会产生视频无

法接受的颜色，所以除非是特殊效果或特殊情况，否则应尽量设置为1。

- 【色块】：用于设置灯光的颜色。

【衰退】选项组：用来降低远处灯光照射的强度。

- 【类型】：在其右侧有3个衰减选项。

  ➢ 【无】：不产生衰减。

  ➢ 【倒数】：以倒数方式计算衰减，计算公式为L（亮度）=RO/R，RO为使用灯光衰减的光源半径或使用衰减时的近距结束值，R为照射距离。

  ➢ 【平方反比】：计算公式为L（亮度）=（RO/R）2，这是真实世界中的灯光衰减，也是光度学灯光的衰减公式。

- 【开始】：该选项定义了灯光不发生衰减的范围。

- 【显示】：显示灯光进行衰减的范围。

【近距衰减】选项组。

- 【使用】：决定被选中的灯光是否使用其被指定的衰减范围。

- 【开始】：设置灯光开始淡入的位置。

- 【显示】：如果选中该复选框，在灯光的周围会出现表示灯光衰减开始和结束的圆圈，如图7.37所示。

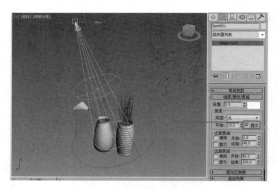

图 7.37

- 【结束】：设置灯光衰减结束的位置，也就是灯光停止照明的距离。在【开始】和【结束】之间灯光按线性衰减。

【远距衰减】选项组。

- 【使用】：决定灯光是否使用它被指定的衰减范围。

- 【开始】：该选项定义了灯光不发生衰减的范围，只有在比【开始】更远的照射范围灯光才开始发生衰减。

- 【显示】：选中该复选框会出现表示灯光衰减开始和结束的圆圈标记。

- 【结束】：设置灯光衰减结束的位置，也就是灯光停止照明的距离。

7.7.3 【高级效果】卷展栏

【高级效果】卷展栏提供了灯光影响曲面方式的控件，还包括很多微调和投影灯的设置，该卷展栏如图7.38所示。

图 7.38

各项参数功能介绍如下。

可以通过选择要投射灯光的贴图，使灯光对象成为一个投影。投射的贴图可以是静止的图像也可以是动画，如图7.39所示。

图 7.39

【影响曲面】选项组。

- 【对比度】：光源照射在物体上，会在物体的表面形成高光区、过渡区、阴影区和反光区。

- 【柔化漫反射边】：柔化过渡区与阴影表面之间的边缘，避免产生清晰的明暗分界。

● 【漫反射】：漫反射区就是从对象表面的亮部到暗部的过渡区域。默认状态下，此选项处于选中状态，这样光线才会对物体表面的漫反射产生影响。如果此项没有被选中，则灯光不会影响漫反射区域。

● 【高光反射】：也就是高光区，是光源在对象表面上产生的光点。此选项用来控制灯光是否影响对象的高光区域。默认状态下，此选项为选取状态。如果取消对该选项的选择，灯光将不影响对象的高光区域。

● 【仅环境光】：选中该复选框，照射对象将反射环境光的颜色。默认状态下，该选项为非选取状态。

如图 7.40 所示是【漫反射】、【高光反射】和【仅环境光】3 种渲染效果。

漫反射　　　　　高光反射

仅环境光

图 7.40

【投影贴图】选项组。

● 【贴图】：选中该复选框，可以通过右侧的【无】按钮为灯光指定一个投影图形，它可以像投影机一样将图形投影到照射的对象表面。当使用一个黑白位图进行投影时，黑色将光线完会挡住，白色对光线没有影响。

7.7.4　【阴影参数】卷展栏

　　【阴影参数】卷展栏中的参数用于控制阴影的颜色、浓度，以及是否使用贴图来代替颜色作为阴影，如图 7.41 所示。

图 7.41

其各项目的功能说明如下。

【对象阴影】选项组。

● 【颜色】：用于设置阴影的颜色。

● 【密度】：设置较大的数值产生一个粗糙、有明显的锯齿状边缘的阴影；相反阴影的边缘会变得比较平滑。如图 7.42 所示为不同的数值所产生的阴影效果。

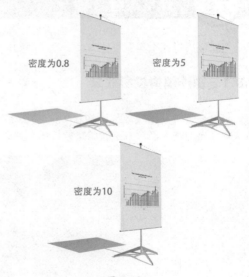

图 7.42

● 【贴图】：选中该复选框可以对对象的阴影投射图像，但不影响阴影以外的区域。在处理透明对象的阴影时，可以将透明对象的贴图作为投射图像投射到阴影中，以创建更多的细节，使阴影更真实。

● 【灯光影响阴影颜色】：启用此选项后，将灯光颜色与阴影颜色（如果阴影已设置贴图）混合起来，默认设置为禁用状态。如图 7.43 所示为设置阴影颜色的效果。

【大气阴影】选项组：用于控制允许大气效果投射阴影，如图 7.44 所示。

图 7.43   图 7.44

- 【启用】：如果选中该复选框，当灯光穿过大气时，大气投射阴影。
- 【不透明度】：调节大气阴影不透明度的百分比数值。
- 【颜色量】：调整大气的颜色和阴影混合的百分比数值。

7.8   课堂实例

下面将通过几个实例来练习本章学习的知识。

7.8.1   制作躺椅投影效果

阴影在三维动画及效果图的表现技术中最常用，本例将介绍躺椅投影效果的制作方法，以便读者能够掌握灯光的基本创建方法和调整的技巧，完成的躺椅投影效果如图 7.45 所示。

图 7.45

01 打开本书相关素材中的素 材\【制作躺椅真实阴影 .max】素材文件，素材显示效果如图 7.46 所示。

02 选择【创建】|【摄影机】|【目标】工具，在前视图中创建摄影机对象，在【参数】卷展栏中，将【镜头】设置为 56.633，如图 7.47 所示。

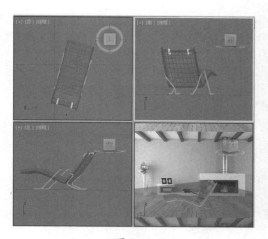

图 7.46

图 7.47

03 激活摄影机视图，按C键将其转换为摄影机视图，使用【选择并移动】工具，在视图中调整摄影机的位置，调整效果如图7.48所示。

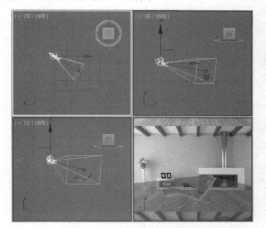

图 7.48

04 选择【创建】|【灯光】|【目标聚光灯】工具，

在前视图中创建目标聚光灯对象，如图7.49所示。

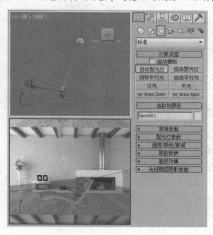

图 7.49

05 切换至【修改】命令面板，在【常规参数】卷展栏中，选中【阴影】组中的【启用】复选框，将【阴影模式】设置为【光线跟踪阴影】，在【聚光灯参数】卷展栏中，将【聚光区/光束】设置为0.5，【衰减区/区域】设置为90，在【强度/颜色/衰减】卷展栏中，将【倍增】设置为1.2，在【阴影参数】卷展栏中，将【对象阴影】选项组中的【密度】设置为0.3，如图7.50所示。

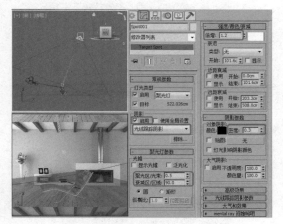

图 7.50

提示

一个目标聚光灯就像是在聚光灯前绑了一条绳子，无论绳子拉向哪里，聚光灯都会向绳子所拉的方向。在瞄准时，目标只是用来作为一个辅助手段，灯与目标之间的距离对其的亮度、距离衰减和衰减度没有影响。

06 使用【选择并移动】工具在视图中调整目标聚光灯的位置，调整后的显示效果如图7.51所示。

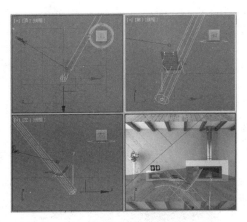

图 7.51

07 选择【创建】|【灯光】|【泛光灯】工具，在顶视图中创建泛光灯，在【强度/颜色/衰减】卷展栏中，将【倍增】设置为0.6，并对其位置进行调整，如图7.52所示。

图 7.52

08 继续选择【创建】|【灯光】|【泛光灯】工具，在顶视图中创建泛光灯并调整其位置，切换至【修改】命令面板，在【强度/颜色/衰减】卷展栏中，将【倍增】设置为1.0，如图7.53所示。

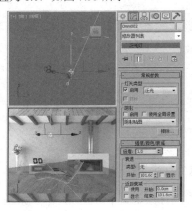

图 7.53

09 再次在顶视图中创建泛光灯对象，切换至【修改】命令面板，并调整泛光灯的位置，在【强度/颜色/衰减】卷展栏中，将【倍增】设置为0.8，单击【常规参数】卷展栏中的【排除】按钮，如图7.54所示。

图 7.54

10 在打开的【排除/包含】对话框中将【躺椅】对象排除，然后单击【确定】按钮，如图7.55所示。

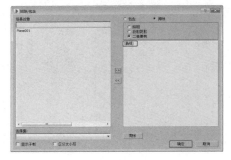

图 7.55

11 在菜单栏中执行【渲染】|【渲染设置】命令，弹出【渲染设置】对话框，选择【高级照明】选项卡，将照明方式设置为【光跟踪器】，其参数保持默认，如图7.56所示。

图 7.56

12 设置完成后激活摄影机视图，按 F9 键对摄影机视图进行快速渲染，渲染效果如图 7.57 所示。

图 7.57

7.8.2 室内日光灯的模拟

本例主要是为一幅简单的室内效果图场景进行日光效果的模拟，完成后的效果如图 7.58 所示。

图 7.58

01 按 Ctrl+O 快捷键，打开本书相关素材中的素材\第 7 章\【室内日光灯的模拟.max】文件，如图 7.59 所示。

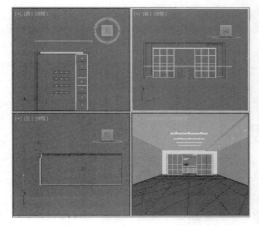

图 7.59

02 选择【创建】|【灯光】|【标准】|【目标聚光灯】工具，在顶视图中创建一盏目标聚光灯，切换到【修改】命令面板，在【常规参数】卷展栏中，选中【阴影】选项组中的【启用】复选框，将阴影模式定义为【光线跟踪阴影】，在【强度/颜色/衰减】卷展栏中，将【倍增】设置为 0.7，并将其右侧色块的 RGB 值设置为 201,201,201，在场景中调整灯光的位置，如图 7.60 所示。

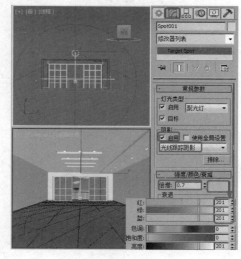

图 7.60

03 在【聚光灯参数】卷展栏中，将【聚光区/光束】和【衰减区/区域】分别设置为 0.5、62.4，如图 7.61 所示。

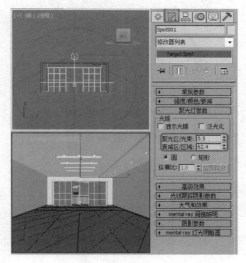

图 7.61

04 使用【目标聚光灯】工具在顶视图中创建一盏目标聚光灯，切换到【修改】命令面板，在【强度/颜色/衰减】卷展栏中，将【倍增】设置为 0.5，并将其右侧色块的 RGB 值设置为 211,211,211，在【聚光灯参数】卷展栏中，将【聚光区 / 光束】和【衰减区 / 区域】分别设置为 0.5、31，并选中【矩形】单选按钮，然后在场景中调整灯光的位置，如图 7.62 所示。

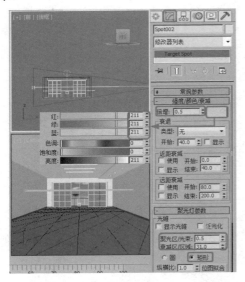

图 7.62

05 在顶视图中创建目标聚光灯，切换到【修改】命令面板，在【强度 / 颜色 / 衰减】卷展栏中，将【倍增】设置为 0.4，在【聚光灯参数】卷展栏中，将【聚光区 / 光束】和【衰减区 / 区域】分别设置为 0.5、24.7，然后在场景中调整灯光的位置，如图 7.63 所示。

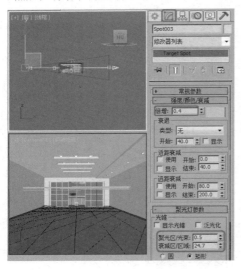

图 7.63

06 选择【创建】 | 【灯光】 | 【标准】 | 【泛光】工具，在顶视图中创建泛光灯，切换到【修改】命令面板，在【常规参数】卷展栏中单击【排除】按钮，如图 7.64 所示。

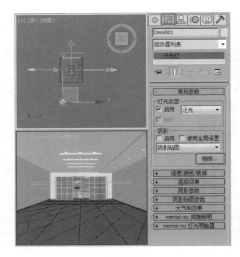

图 7.64

07 弹出【排除 / 包含】对话框，在左侧列表框中选择【背景】、【推拉门左玻璃】、【推拉门左玻璃01】和【阳台护栏玻璃】，单击 >> 按钮，即可排除对选择对象的照射，然后单击【确定】按钮，如图 7.65 所示。

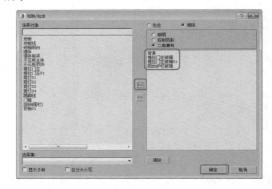

图 7.65

08 设置完成后在场景中调整泛光灯的位置，效果如图 7.66 所示。

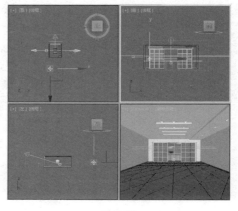

图 7.66

09 使用【泛光】工具在顶视图中创建泛光灯，切换到【修改】命令面板，在【常规参数】卷展栏中单击【排除】按钮，弹出【排除 / 包含】对话框，选中【包含】单选按钮，并在左侧列表框中选择【地板】、【地板线】、【地板阳台】、【推拉门左】和【推拉门左 01】，单击 >> 按钮，则灯光只照射选中的对象，然后单击【确定】按钮，如图 7.67 所示。

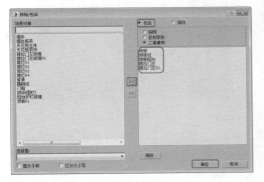

图 7.67

10 在【强度 / 颜色 / 衰减】卷展栏中，将【倍增】设置为 0.7，并将其右侧色块的 RGB 值设置为 255,255,255，然后在场景中调整灯光的位置，如图 7.68 所示。

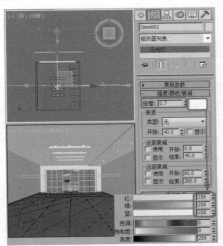

图 7.68

11 使用【泛光】工具在顶视图中创建泛光灯，切换到【修改】命令面板，在【常规参数】卷展栏中单击【排除】按钮，弹出【排除 / 包含】对话框，选中【排除】单选按钮，在左侧列表框中选择【背景】、【推拉门左玻璃】和【推拉门左玻璃 01】，单击 >> 按钮，即可排除对选中对象的照射，然后单击【确定】按钮，如图 7.69 所示。

12 在【强度 / 颜色 / 衰减】卷展栏中，将【倍增】右侧色块的 RGB 值设置为 254,247,238，然后在场景中调整灯光的位置，如图 7.70 所示。

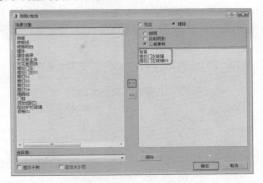

图 7.69

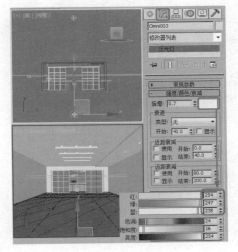

图 7.70

13 使用【泛光】工具在顶视图中创建泛光灯，切换到【修改】命令面板，在【常规参数】卷展栏中单击【排除】按钮，弹出【排除 / 包含】对话框，在左侧列表框中选择【背景】、【推拉门左玻璃】、【推拉门左玻璃 01】、【阳台护栏玻璃】和【阳台围栏】，单击 >> 按钮，即可排除对选择对象的照射，然后单击【确定】按钮，如图 7.71 所示。

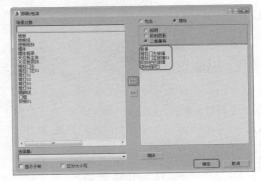

图 7.71

14 在【强度 / 颜色 / 衰减】卷展栏中，将【倍增】设置为 0.2，并将其右侧色块的 RGB 值设置为 211,211,211，然后在场景中调整灯光的位置，如图 7.72 所示。

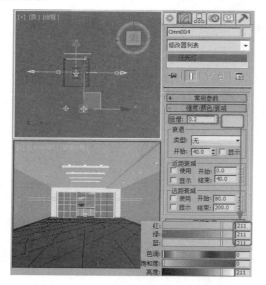

图 7.72

15 继续使用【泛光】工具在顶视图中创建泛光灯，切换到【修改】命令面板，在【常规参数】卷展栏中单击【排除】按钮，弹出【排除 / 包含】对话框，选中【包含】单选按钮，并在左侧列表框中选择【推拉门左玻璃】和【推拉门左玻璃 01】，单击>>按钮，则灯光只照射选中的对象，然后单击【确定】按钮，如图 7.73 所示。

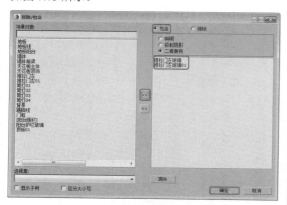

图 7.73

16 在【强度 / 颜色 / 衰减】卷展栏中，将【倍增】设置为 0.5，然后在场景中调整灯光的位置，如图 7.74 所示。

17 至此，室内日光灯效果制作完成了，对摄影机视图进行渲染，渲染后的效果如图 7.75 所示。然后将完成后的场景文件和效果存储。

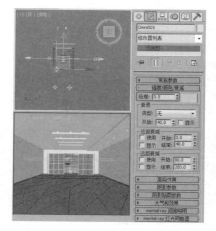

图 7.74

图 7.75

7.8.3　制作射灯效果

射灯是典型的无主灯、无定规模的现代流派照明，能营造室内照明气氛，若将一排小射灯组合起来，光线能变换奇妙的图案。本例将介绍使用【目标聚光灯】和【体积光】来模拟射灯照射的效果，如图 7.76 所示。

图 7.76

01 打开本书相关素材中的素材 \ 第 7 章 \【制作射灯效果 .max】场景文件，如图 7.77 所示。

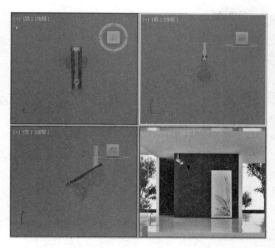

图 7.77

02 选择【创建】 |【灯光】 |【标准】|【目标聚光灯】工具，在顶视图中创建一盏目标聚光灯，如图 7.78 所示。

图 7.78

03 切换到【修改】 命令面板，在【聚光灯参数】卷展栏中，将【聚光区 / 光束】和【衰减区 / 区域】分别设置为 0.5、50，在【强度 / 颜色 / 衰减】卷展栏中单击【倍增】右侧的色块，在弹出的对话框中将 RGB 值设置为 255,255,245，选中【远距衰减】选项组中的【使用】复选框，将【开始】设置为 80，【结束】设置为 500，然后在其他视图中调整其位置，效果如图 7.79 所示。

04 按 8 键弹出【环境和效果】对话框，选择【环境】选项卡，在【大气】卷展栏中单击【添加】按钮，在弹出的【添加大气效果】对话框中选择【体积光】，单击【确定】按钮，如图 7.80 所示。

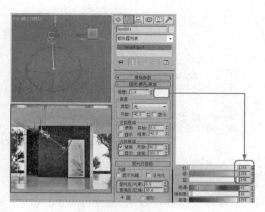

图 7.79

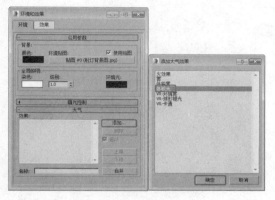

图 7.80

05 在【体积光参数】卷展栏中单击【拾取灯光】按钮，然后在顶视图中选择目标聚光灯，即可将其拾取，如图 7.81 所示。

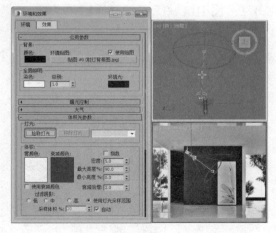

图 7.81

06 在【体积】选项组中将【雾颜色】的 RGB 值设置为 255,255,245，【衰减颜色】的 RGB 值设置为 255,255,255，【密度】设置为 4，在【噪波】选项组中选中【分形】单选按钮，如图 7.82 所示。

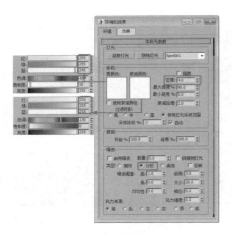

图 7.82

07 激活摄影机视图，按 F9 键进行渲染，渲染完成后将场景文件保存，渲染效果如图 7.83 所示。

图 7.83

7.8.4　使用区域泛光灯制作日落动画

本例将讲解如何制作日落动画，首先利用区域泛光灯通过设置其倍增和颜色，然后对其添加镜头效果，并设置不同参数最终得到日落动画，最终效果如图 7.84 所示。

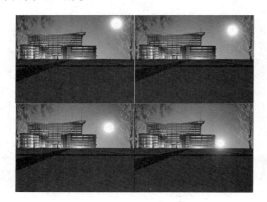

图 7.84

01 打开本书相关素材中的素 材 \ 第 7 章 \【制作日落动画 .max】素材文件，如图 7.85 所示。

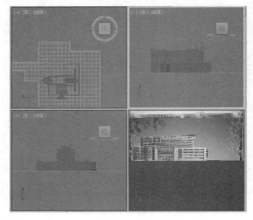

图 7.85

02 选择【创建】|【灯光】|【标准】|【mr Area omni】工具，在【摄影机】视图创建一盏区域泛光灯，如图 7.86 所示。

图 7.86

> **提示**
>
> 当使用 mental ray 渲染器渲染场景时，区域泛光灯从球体或圆柱体体积发射光线，而不是从点源发射光线。使用默认的扫描线渲染器，区域泛光灯像其他标准的泛光灯一样发射光线。

03 切换到【修改】命令面板中，在【常规参数】卷展栏中单击【排除】按钮，在弹出的【排除 / 包含】对话框中选择【包含】单选按钮，如图 7.87 所示。

04 在【强度 / 颜色 / 衰减】卷展栏中，将【倍增】设置为 1.5，单击其后面的色块按钮，将其颜色参数设置为 249,166,34，如图 7.88 所示。

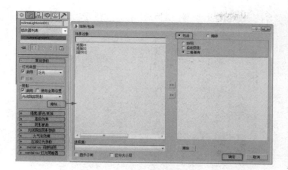

图 7.87

图 7.88

05 在【大气和效果】卷展栏中，单击【添加】按钮，在弹出的对话框中选择【镜头效果】选项，单击【确定】按钮，如图 7.89 所示。

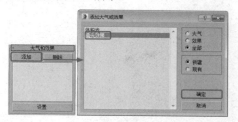

图 7.89

06 在【大气和效果】卷展栏中选择添加的【镜头效果】，并单击【设置】按钮，在弹出的对话框中展开【镜头效果参数】卷展栏，在左侧列表中选择【光晕】和【星形】特效，并添加该特效，如图 7.90 所示。

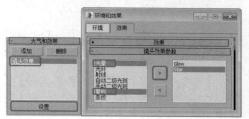

图 7.90

07 选择【星形】特效，在【星形元素】卷展栏中，将【大小】、【宽度】和【锥化】分别设置为 5、1、0.5，【强度】、【角度】和【锐化】分别设置为 2、20、1，如图 7.91 所示。

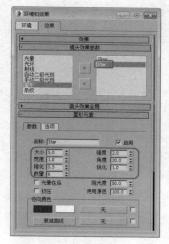

图 7.91

08 在【镜头效果参数】卷展栏中选择【条纹】效果并添加，在【条纹元素】卷展栏中，将【大小】、【宽度】和【锥化】分别设置为 20、1、0.6，【强度】、【角度】和【锐化】分别设置为 8、-15 和 7，如图 7.92 所示。

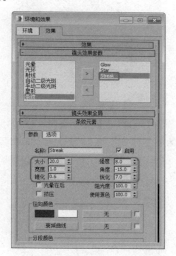

图 7.92

09 按 N 键进入动画记录模式，将时间滑块移动到 100 帧位置，调整泛光灯的位置，并在【强度 / 颜色 / 衰减】卷展栏中将【倍增】设置为 1.2，如图 7.93 所示。

10 打开【环境和效果】对话框，选择【星形】元素。在【星形元素】卷展栏中，将【宽度】、【锥化】、【角度】和【锐化】分别设置为 1.5、0.8、15、1.5，如图 7.94 所示。

图 7.93

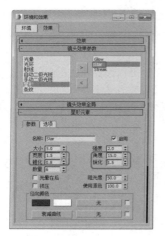

图 7.94

11 选择【条纹】元素，在【条纹元素】卷展栏中，将【强度】和【角度】分别设置为 12、90，如图 7.95 所示。

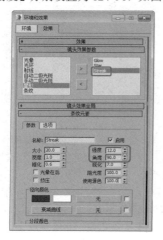

图 7.95

12 退出动画记录模式，对场景动画进行输出，渲染到 45 帧时的效果如图 7.96 所示。

图 7.96

7.8.5 制作室内摄影机效果

本例将介绍室内摄影机的创建，主要通过对【摄影机】的创建和【摄影机】参数的设置来表现室内装修的整体效果，完成后的效果如图 7.97 所示。

图 7.97

01 打开本书相关素材中的素 材 \ 第 7 章 \【制作室内摄影机 .max】文件，如图 7.98 所示。

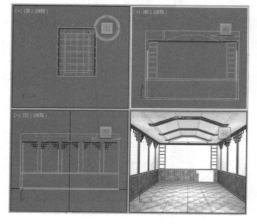

图 7.98

02 选择【创建】|【摄影机】|【目标】工具，在顶视图中创建摄影机，如图 7.99 所示。

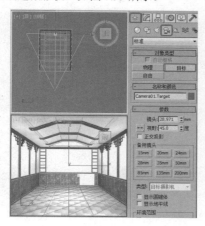

图 7.99

知识链接

当添加目标摄影机时，3ds Max 将自动为该摄影机指定注视控制器，摄影机目标对象指定为【注视】目标。可以使用【运动】面板上的控制器，将场景中的任何对象指定为【注视】目标。

03 激活透视图，按 C 键将透视视图转换为摄影机视图，在场景中调整摄影机的位置，激活摄影机视图，按 Shift+F 快捷键添加安全框，如图 7.100 所示。

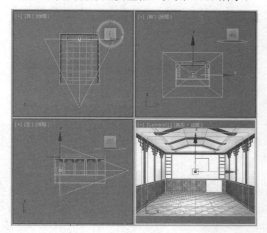

图 7.100

04 选择摄影机，单击【修改】按钮，进入【修改】命令面板，在【参数】卷展栏中，将【镜头】设置为20.373，并在场景中调整摄影机的位置，如图 7.101 所示。

05 至此室外摄影机添加完成，激活摄影机视图，按 F9 键进行渲染，渲染效果如图 7.102 所示，并将完成后的场景文件和效果存储。

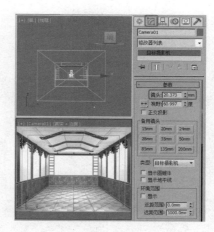

图 7.101

图 7.102

7.8.6　制作室外摄影机效果

本例将介绍室外摄影机的创建方法，主要通过对摄影机的创建和对摄影机参数的设置来表现室外建筑的整体效果，完成后的效果如图 7.103 所示。

图 7.103

01 打开本书相关素材中的素材 \ 第 7 章 \【制作室

外摄影机 .max】文件，如图 7.104 所示。

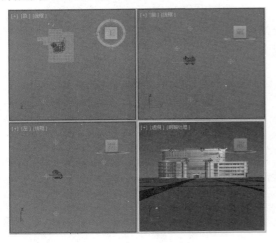

图 7.104

02 选择【创建】|【摄影机】|【目标】工具，在顶视图中创建摄影机，如图 7.105 所示。

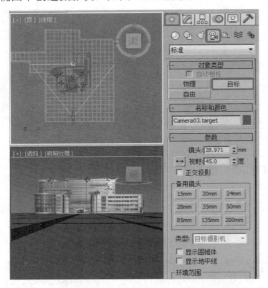

图 7.105

03 激活透视图，按 C 键将透视视图转换为摄影机视图，在场景中调整摄影机的位置，如图 7.106 所示。

04 激活摄影机视图，按 Shift+F 快捷键添加安全框并选择摄影机，单击【修改】按钮，进入【修改】命令面板，在【参数】卷展栏中，将【镜头】设置为 16.217，如图 7.107 所示。

05 至此室外摄影机添加完成，激活摄影机视图，按 F9 键进行渲染，渲染效果如图 7.108 所示，并将完成后的场景文件和效果存储。

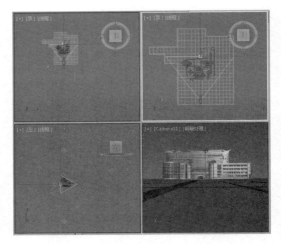

图 7.106

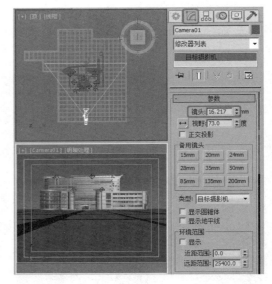

图 7.107

图 7.108

7.9　课后练习

1．简述【目标聚光灯】的作用。

2．简述【目标】摄影机和【自由】摄影机有何不同。

第8章

环境与效果

本章重点介绍环境和环境效果、大气装置辅助对象。在环境效果中介绍了大气效果、雾效果、体积雾效果和体积光效果，通过对本章的学习可以对环境与效果有一定的了解。

8.1　环境和环境效果

在三维场景中，经常要用到一些特殊的环境效果，例如对背景的颜色与图片进行设置、对大气在现实中产生的各种影响效果进行设置等。这些效果的使用会大大增强作品的真实性，而且会增加作品的魅力。本节对环境和环境效果进行简单介绍，通过对本节内容的学习，能够使用户对环境效果有一个简单的认识，并能掌握环境效果的基本应用方法。

8.1.1　环境面板

在菜单栏中选择【渲染】|【环境】命令，或者按8键，即可打开【环境和效果】对话框，如图8.1所示。

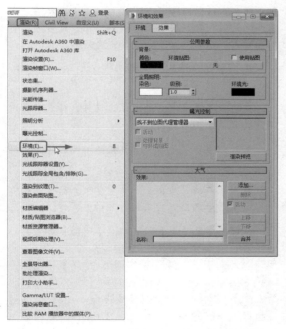

图 8.1

提示

通过按8键，可以快速打开环境编辑器。

使用环境功能可以实现以下功能。

- 设置背景颜色和背景颜色动画。
- 在渲染场景（屏幕环境）的背景中使用图像，或者使用纹理贴图作为球形环境、柱形环境或收缩包裹环境。
- 制作环境光和环境光动画。

- 在场景中使用大气插件（例如，体积光）。
- 将曝光控制应用于渲染。

【公用参数】卷展栏如图8.2所示。

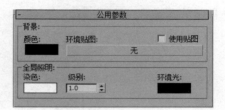

图 8.2

【背景】选项组。

- 【颜色】：设置场景背景颜色。单击色样，在【颜色选择器】对话框中选择所需的颜色。通过在启用【自动关键点】按钮的情况下更改非零帧的背景颜色，设置颜色效果动画。
- 【环境贴图】：【环境贴图】按钮会显示为贴图的名称，如果尚未指定名称，则显示为【无】。贴图必须使用环境贴图坐标（球形、柱形、收缩包裹和屏幕）。要指定环境贴图，可以单击【环境贴图】下的【无】按钮，在弹出的【材质/贴图浏览器】对话框中选择贴图，或将【材质编辑器】中的贴图拖放到【环境贴图】按钮上。此时会出现一个对话框，询问用户复制贴图的方法，这里给出了两种方法：一种是【实例】；另一种是【复制】。要调整环境贴图的参数，例如要指定位置或更改坐标设置，可以打开【材质编辑器】，将【环境贴图】按钮拖放到未使用的示例窗中。
- 【使用贴图】：使用贴图作为背景，而不是背景颜色。

【全局照明】选项组。

- 【染色】：系统默认的是白色，如果此颜色不是白色，则为场景中的所有灯光（环境光除外）染色。单击色样，显示【颜色选择器：全局光色彩】对话框，在该对话框中选择色彩颜色。

- 【级别】：增强场景中的所有灯光。如果级别为1，则保留各灯光的原始设置。增大级别将增强总体场景的照明，减小级别将减弱总体场景的照明。此参数可以设置动画，默认设置为1。

- 【环境光】：设置环境光的颜色。单击色样，在【颜色选择器：环境光】对话框中选择所需的颜色。

【大气】卷展栏如图8.3所示。

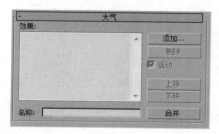

图8.3

- 【效果】：显示已添加的效果队列。在渲染时，效果在场景中按线性顺序计算。

- 【名称】：为列表中的效果自定义名称。例如，不同类型的火焰可以命名为【火花】或【火苗】。

- 【添加】：单击【添加】按钮，显示【添加大气效果】对话框，如图8.4所示。选择一种效果，然后单击【确定】按钮将效果指定给列表。

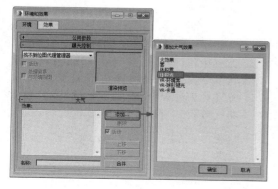

图8.4

- 【删除】：将所选大气效果从列表中删除。

- 【活动】：为列表中的各个效果设置启用或禁用状态。这种方法可以方便地将复杂的大气功能列表中的各种效果孤立。

- 【上移】/【下移】：将选择的大气效果在列表中上移或下移，从而更改大气效果的应用顺序。

- 【合并】：合并其他3ds Max场景文件中的效果。

单击【合并】按钮，打开【打开】对话框，然后在该对话框中选择3ds Max场景，再单击【打开】按钮。在打开的【合并大气效果】对话框中列出场景中可以合并的效果。选择一个或多个效果，然后单击【确定】按钮，将效果合并到场景中。

列表中仅显示大气效果的名称，但是在合并效果时，与该效果绑定的灯光或Gizmo也会合并。如果要合并的对象与场景中已有的一个对象重名，会出现警告，用户可以采用以下方法解决。

- 可以在可编辑字段中更改合并对象的名称，为其重命名。

- 可以不重命名合并对象，这样，场景中会出现两个同名的对象。

- 可以单击【删除原有】按钮，删除场景中现有的对象。

- 可以选择【应用于所有重复项】选项，对所有后续的匹配对象执行相同的操作。

如果禁用了【使用环境Alpha】（默认设置），则背景的Alpha值将为0（完全透明）。如果启用了【使用环境Alpha】，结果图像的Alpha是场景和图像的Alpha的组合。此外，如果在禁用【预乘Alpha】时写入TGA文件，则启用【使用环境Alpha】可以避免出现不正确的结果。注意，在Photoshop等其他程序中合成时，只支持包含Alpha通道的背景图像或黑色背景。

提示

要控制背景图像是否受渲染器的抗锯齿过滤器的影响，选择【自定义】|【首选项】|【渲染】命令，然后在【背景】选项组中启用【过滤背景】，默认设置为禁用状态，如图8.5所示。

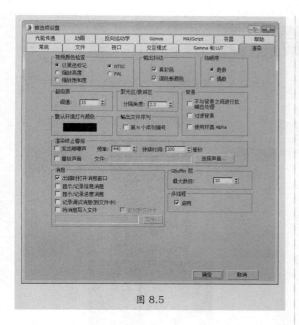

图 8.5

8.1.2　火焰环境效果

选择菜单栏中的【渲染】|【环境】命令，打开【环境和效果】对话框，选择【环境】选项卡，在【大气】卷展栏中单击【添加】按钮，在弹出的【添加大气效果】对话框中选择【火效果】，即可添加火效果，如图 8.6 所示。

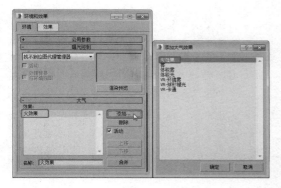

图 8.6

使用【火效果】可以生成火焰的动画、烟雾和爆炸效果。火焰效果包括篝火、火炬、火球、烟云和星云。

每个效果都有自己的参数。在【效果】列表中选择火焰效果时，其参数将显示在【环境】对话框中。

只有摄影机视图或透视视图中会渲染火焰效果。正交视图或用户视图不渲染火焰效果。

提示

火焰效果不支持完全透明的对象，应相应设置火焰对象的透明度。如果要使火焰对象消失，应使用可见性，而不要使用透明度。

添加火效果后，选择【火效果】，在【环境和效果】对话框中会自动添加一个【火效果参数】卷展栏，如图 8.7 所示。

图 8.7

【Gizmos】选项组。

- 【拾取 Gizmo】：通过单击进入拾取模式，然后单击场景中的某个大气装置。在渲染时，装置会显示火焰效果。装置的名称将添加到装置列表中。多个装置对象可以显示相同的火焰效果。例如，墙上的火炬可以全部使用相同的效果。为每个装置指定不同的种子可以改变效果。可以为多个火焰效果指定一个装置。例如，一个装置可以同时显示火球效果和火舌火焰效果。可以选择多个 Gizmo，单击【拾取 Gizmo】按钮，然后按 H 键。这将打开【拾取对象】对话框，用于从列表中选择多个对象。

- 【移除 Gizmo】：移除 Gizmo 列表中所选的 Gizmo。Gizmo 仍在场景中，但是不再显示火焰效果。

- 【Gizmo 列表】：列出了为火焰效果指定的装置对象。

【颜色】选项组。

- 【内部颜色】：设置中心密集区域的颜色。对于典型的火焰，此颜色代表火焰中最热的部分。

- 【外部颜色】：设置边缘稀薄区域的颜色。对于典型的火焰，此颜色代表火焰中较冷的散热边缘。火焰效果使用内部颜色和外部颜色之间的渐变进行着色。效果中的密集部分使用内部颜色，效果的边缘附近逐渐混合为外部颜色。

- 【烟雾颜色】：用于【爆炸】选项的烟雾颜色。如果在【爆炸】选项中启用了【爆炸】和【烟雾】，则内部颜色和外部颜色将对烟雾颜色设置动画。如果禁用了【爆炸】和【烟雾】，将忽略烟雾颜色。

【图形】选项组。

- 【火焰类型】：设置两种不同方向和形态的火焰。

  ➤ 【火舌】：沿中心有定向的燃烧火焰，方向为大气装置Gizmo物体的自身Z轴方向，常用于制作篝火、火把、烛火、喷射火焰等效果。

  ➤ 【火球】：球形膨胀的火焰，从中心向四周扩散，无方向性，常用于制作火球、恒星、爆炸等效果。

- 【拉伸】：将火焰沿Gizmo（线框）物体的Z轴方向拉伸。拉伸最适合火舌火焰。

  ➤ 如果【拉伸】值小于1，将压缩火焰，使火焰更短、更粗；如果值大于1，将拉伸火焰，使火焰更长、更细。不同数值的拉伸效果，如图8.8所示。可以将拉伸与装置的非均匀缩放组合使用。使用非均匀缩放可以更改效果的边界，缩放火焰的形状。使用拉伸参数只能缩放装置内部的火焰。也可以使用拉伸值反转缩放装置对火焰产生的效果。

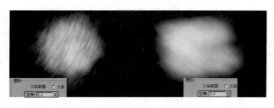

图 8.8

- 【规则性】：修改火焰填充装置的方式，范围为0～1。如果【规则性】值为1，则填满装置。效果在装置边缘附近衰减，但是总体形状仍然非常明显；如果【规则性】值为0，则生成很不规则的效果，有时可能会到达装置的边界，但是通常会被修剪。不同规则性参数的火焰效果，如图8.9所示。

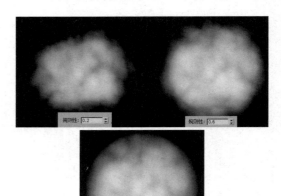

图 8.9

【特征】选项组：设置火焰的大小、密度等，它们与大气装置Gizmo物体的尺寸息息相关，对其中一个参数进行调节，也会影响其他3个参数的效果。

- 【火焰大小】：设置火苗的大小，装置大小会影响火焰大小。装置越大，需要的火焰也越大。使用15～30范围内的值可以获得最佳效果。较大的值适合火球效果；较小的值适合火舌效果。

- 【密度】：设置火焰不透明度和光亮度，装置大小会影响密度。值越小，火焰越稀薄、透明，亮度也越低；值越大，火焰越浓密，中央更加不透明，亮度也会增加。

- 【火焰细节】：控制火苗内部颜色和外部颜色之间的过渡程度。范围为0～10。值越小，火苗越模糊，渲染越快；值越大，火苗越清晰，渲染越慢。对大火焰使用较高的细节值。如果细节值大于4，可能需要增大【采样数】才能捕获细节。

- 【采样】：设置用于计算的采样速率。值越大，结果越精确，但渲染速度也越慢，当火焰尺寸较小或细节较低时，可以适当增大该值。在以下情况，可以考虑提高采样值。

➢ 火焰很小。

➢ 火焰细节大于4。

➢ 在效果中看到彩色条纹。如果平面与火焰效果相交，出现彩色条纹的概率会提高。

【动态】选项组。

● 【相位】：控制火焰变化的速度，对其进行动画设定可以产生动态的火焰效果。

● 【漂移】：设置火焰沿自身Z轴升腾的速度。值偏低时，表现出文火效果；值偏高时，表现出烈火效果。一般将其值设置为Gizmo物体高度的若干倍，可以产生最佳的火焰效果。

【爆炸】选项组。

● 【爆炸】：选中该复选框，会根据【相位】值的变化自动产生爆炸动画效果。根据【爆炸】复选框的状态，相位值可能有多种含义。如果取消选中【爆炸】复选框，相位将控制火焰的涡流。值更改得越快，火焰燃烧得越猛烈。如果相位功能曲线是一条直线，可以获得稳定燃烧的火焰；如果选中【爆炸】复选框，相位将控制火焰的涡流和爆炸的计时（使用0～300之间的值）。不同相位参数时的爆炸效果，如图8.10所示。

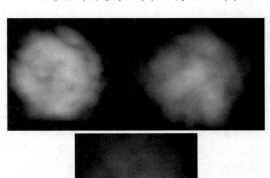

图 8.10

● 【设置爆炸】：单击该按钮，会弹出【设置爆炸相位曲线】对话框，如图8.11所示。在这里确定爆炸动画的起始帧和结束帧，系统会自动生成一个爆炸设置，也就是将【相位】值在该区间内做0～300的变化。

● 【烟雾】：控制爆炸是否产生烟雾。选中该复选框时，火焰颜色在相位值100～200之间变为烟雾，烟雾在相位值200～300之间清除。取消选中该复选框时，火焰颜色在相位值100～200之间始终为全密度，火焰在相位值200～300之间逐渐衰减。

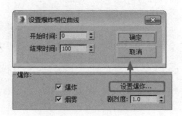

图 8.11

● 【剧烈度】：设置【相位】变化的剧烈程度。值小于1时，可以创建缓慢燃烧的效果；值大于1时，火焰爆发更为剧烈。

8.1.3 雾效果

【雾】效果会产生雾、层雾、烟雾、云雾或蒸汽等大气效果，作用于全部场景，分为标准雾和分层雾两种类型。标准雾依靠摄影机的衰减范围设置，根据物体离目光的远近产生淡入淡出的效果；分层雾根据地平面高度进行设置，产生一层云雾效果；标准雾常用于增大场景的空气不透明度，产生雾茫茫的大气效果；分层雾可以表现仙境、舞台等特殊效果。

在【环境和效果】对话框中打开【大气】卷展栏，单击【添加】按钮，在弹出的【添加大气效果】对话框中选择【雾】，然后单击【确定】按钮，如图8.12所示。

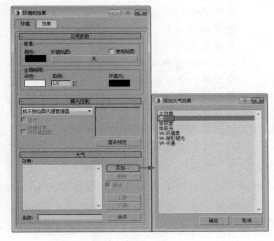

图 8.12

添加雾效果后，选择新添加的【雾】，在【环境和效果】对话框中会自动添加一个【雾参数】卷展栏，如图 8.13 所示。

图 8.13

【雾】选项组。

- 【颜色】：设置雾的颜色，可以将它的变化记录为动画，产生颜色变化的雾。

- 【环境颜色贴图】：从贴图导出雾的颜色。可以为背景和贴图，可以在【轨迹视图】或【材质编辑器】中设置程序贴图参数的动画，还可以为雾添加不透明度贴图。

- 【无】：该按钮显示颜色贴图的名称，如果没有指定贴图，则显示【无】。贴图必须使用环境贴图坐标（球形、柱形、收缩包裹和屏幕）。要指定贴图，可以将示例窗中的贴图或材质编辑器中的【贴图】按钮拖放到【环境颜色贴图】按钮上。此时会出现一个对话框，询问复制贴图的方法。单击【环境颜色贴图】按钮将显示【材质/贴图浏览器】对话框，可以在列表中选择贴图类型。如果要调整环境贴图的参数，打开【材质编辑器】，将【环境颜色贴图】按钮拖放到未使用的示例窗中。

- 【使用贴图】：切换该贴图效果为启用或禁用。

- 【环境不透明度贴图】：更改雾的密度。

- 【雾化背景】：将雾功能应用于场景的背景中。

- 【类型】：选择【标准】时，将使用【标准】部分的参数；选择【分层】时，将使用【分层】部分的参数。

  ➢ 【标准】：用于启用【标准】选项组。

  ➢ 【分层】：用于启用【分层】选项组。

【标准】选项组。

- 【指数】：选中该复选框后，将根据距离以指数方式递增雾的浓度，否则以线性方式计算，当要渲染体积雾中的物体时，将此复选框选中。

- 【近端%】：设置近距离范围雾的浓度（近距离和远距离范围在摄影机面板中设置）。

- 【远端%】：设置远距离范围雾的浓度（近距离和远距离范围在摄影机面板中设置）。

【分层】选项组。

- 【顶】：设置层雾的上限（以世界标准单位计算高度）。

- 【底】：设置层雾的下限（以世界标准单位计算高度）。

- 【密度】：设置整个雾的浓度。

- 【衰减】：设置层雾浓度的衰减情况，【顶】表示由底部向上部衰减，底部浓，顶部淡；【底】表示由上部向底部衰减，上部浓，底部淡；【无】为不产生衰减，雾的浓度均匀。

- 【地平线噪波】：在层雾与地平线交接的位置加入噪波，使雾能更真实地融入背景中。

- 【大小】：应用于噪波的缩放系数。缩放数值越大，雾的碎块也越大。默认设置为 20。

- 【角度】：设置与受影响的地平线的角度。

- 【相位】：通过相位值的变化可以将【噪波】效果记录为动画。如果层雾在地平线以上，相位正值的变化可以产生升腾的雾效；负值变化将产生下落的雾效。

8.1.4 体积雾环境效果

【体积雾】可以产生三维空间的云团，这是真实的云雾效果。在三维空间中它们以真实的体积存在，不仅可以飘动，还可以穿过它们。体积雾有两种使用方法，一种是直接作用于整个场景，但要求场景内必须有物体存在；另一种是作用于大气装置Gizmo物体，在Gizmo物体限制的区域内产生云团，这是一种更易控制的方法。

在【环境和效果】对话框中打开【大气】卷展栏，单击【添加】按钮，在弹出的【添加大气效果】对话框中选择【体积雾】，然后单击【确定】按钮，如图8.14所示。

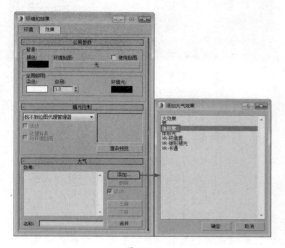

图8.14

添加体积雾效果后，选择新添加的【体积雾】，在【环境和效果】卷展栏中会自动添加【体积雾参数】卷展栏，如图8.15所示。

图8.15

【Gizmos】选项组：默认情况下，体积雾填满整个场景，也可以选择Gizmo（大气装置）包含雾。Gizmo可以是球体、长方体、圆柱体或这些几何体的组合体。

- 【拾取Gizmo】：单击该按钮进入拾取模式，然后单击场景中的某个大气装置。在渲染时，装置会包含体积雾，装置的名称将添加到装置列表中。

  ➢ 【拾取Gizmo】可以拾取多个Gizmo。单击【拾取Gizmo】按钮，然后按H键，此时将显示【拾取对象】对话框，可以在列表中选择多个对象。如果更改Gizmo的尺寸，会同时更改雾影响的区域，但是不会更改雾和其噪波的比例。例如，如果减小球体Gizmo的半径，将裁剪雾；如果移动Gizmo，将更改雾的外观。

- 【移除Gizmo】：单击该按钮，可以将右侧当前的Gizmo物体从当前的体积雾中去除。

- 【Gizmo列表】：列出了为体积雾效果指定的装置对象。

- 【柔化Gizmo边缘】：对体积雾的边缘进行柔化处理。值越大，边缘越柔化。范围为0～1。

提示

不要将此值设置为0。如果设置为0，【柔化Gizmo边缘】可能会造成边缘上出现锯齿。

【体积】选项组。

- 【颜色】：设置雾的颜色，可以通过动画设置产生变幻的雾效。

- 【指数】：随距离按指数增大密度。取消选中该复选框时，密度随距离线性增大。只有希望渲染体积雾中的透明对象时，才选中此复选框。

- 【密度】：控制雾的密度。值越大，雾的透明度越低，范围为0～20（超过该值可能会看不到场景），如图8.16所示。

- 【步长大小】：确定雾采样的粒度。值越低，颗粒越细，雾效果越优质；值越高，颗粒越粗，雾效果越差。

原始场景

增大雾的密度

图 8.16

- 【最大步数】：限制采样量，以便雾的计算不会永远执行。如果雾的密度较小，此选项尤其有用。

提示

如果【步长大小】和【最大步长】值都较小，会产生锯齿。

- 【雾化背景】：选中该复选框，雾效将会作用于背景图像。

【噪波】选项组：体积雾的噪波选项相当于材质的噪波选项。为雾中添加噪波前后的对比效果，如图 8.17 所示。

原始场景

增加雾的噪波

图 8.17

- 【类型】：从 4 种噪波类型中选择要应用的类型。

  - 【规则】：标准的噪波图案。

  - 【分形】：迭代分形噪波图案。

  - 【湍流】：迭代湍流图案。

  - 【反转】：将噪波效果反向，厚的地方变薄，薄的地方变厚。

- 【噪波阈值】：限制噪波效果，范围为 0～1。

  - 【高】：设置高阈值。

  - 【低】：设置低阈值。

  - 【均匀性】：范围为 –1～1，作用与高通过滤器类似。

  - 【级别】：设置分形计算的迭代次数。值越大，雾越精细，运算也越慢。

  - 【大小】：设置雾块的大小。

  - 【相位】：控制风的速度。如果进行了【风力强度】的设置，雾将按指定风向运动，如果没有风力设置，其将在原地翻滚。

- 【风力强度】：控制雾沿风向移动的速度，相对于相位值。如果相位值变化很快，而风力强度值变化较慢，雾将快速翻滚并缓慢漂移；如果相位值变化很慢，而风力强度值变化较快，雾将快速漂移并缓慢翻滚；如果只需雾在原地翻滚，将风力强度设置为 0 即可。

- 【风力来源】：确定风吹来的方向，有 6 个正方向可选。

8.1.5 体积光环境效果

制作带有体积的光线，可以指定给任何类型的灯光（环境光除外），这种体积光可以被物体阻挡，从而形成光芒透过缝隙的效果。带有体积光属性的灯光也可以进行照明和投影，从而产生真实的光线效果。例如对【泛光灯】进行体积光设定，可以制作出光晕效果，模拟发光的灯泡或太阳；对定向光进行体积光设定，可以制作出光束效果，模拟透过彩色玻璃、制作激光光束的效果。注意体积光渲染时速度会很慢，所以尽量少使用它。

在【环境和效果】对话框中打开【大气】卷展栏，单击【添加】按钮，在弹出的【添加大气效果】

对话框中选择【体积光】，然后单击【确定】按钮，如图 8.18 所示。

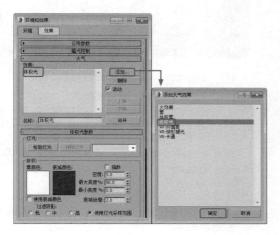

图 8.18

添加完体积光效果后，选择新添加的【体积光】，在【环境和效果】卷展栏中会自动添加【体积光参数】卷展栏，如图 8.19 所示。

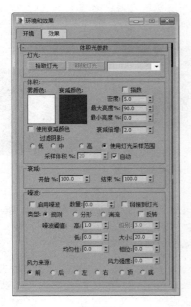

图 8.19

【灯光】选项组。

- 【拾取灯光】：在任意视图中单击要为体积光启用的灯光，可以拾取多个灯光。单击【拾取灯光】按钮，然后按 H 键，此时将显示【拾取对象】对话框，可以在列表中选择多个灯光。

- 【移除灯光】：从右侧列表中去除当前选中的灯光。

【体积】选项组。

- 【雾颜色】：设置形成灯光体积雾的颜色。对于体积光，它的最终颜色由灯光颜色与雾颜色共同决定，因此为了更好地进行调节，应该将雾颜色设置为白色，只通过对灯光颜色的调节来制作不同色彩的体积光效果。

- 【衰减颜色】：灯光随距离的变化会产生衰减，该距离值在灯光命令面板中设置，由【近距衰减】和【远距衰减】下的参数确定。衰减颜色就是指衰减区内雾的颜色，它和【雾颜色】相互作用，决定最后的光芒颜色，例如雾颜色为红色，衰减颜色为绿色，最后的光芒则显示为暗紫色。通常将其设置为较深的黑色，以至于不影响光芒的色彩。

- 【使用衰减颜色】：选中该复选框，衰减颜色将发挥作用，默认为关闭状态。

- 【指数】：跟踪距离以指数计算光线密度的增量，否则将以线性进行计算。如果需要在体积雾中渲染透明物体，则选中该复选框。

- 【密度】：设置雾的浓度。值越大，体积感也越强，内部不透明度越高，光线也越亮。通常设置为 2%～6% 可以制作出最真实的体积雾效，不同密度参数的对比效果，如图 8.20 所示。

图 8.20

- 【最大亮度%】：表示可以达到的最大光晕效果（默认设置为90%）。如果减小此值，可以限制光晕的亮度，以便使光晕不会随距离灯光越来越远而越来越浓，甚至出现一片白色。

提示

如果场景中体积光照射区域内存在透明物体，最大亮度值应该设置为100%。

- 【最小亮度%】：与环境光设置类似，如果【最小亮度%】大于0，光体积外面的区域也会发光。

- 【衰减倍增】：设置【衰减颜色】的影响程度。

- 【过滤阴影】：允许通过增加采样级别来获得更优秀的体积光渲染效果，同时也会增加渲染时间。

  › 【低】：图像缓冲区将不进行过滤，而直接以采样代替，适合于8位图像格式，如GIF和AVI动画格式的渲染。

  › 【中】：邻近像素进行采样均衡，如果发现有带状渲染效果，使用它可以非常有效地进行改进，它比【低】渲染更慢。

  › 【高】：邻近和对角像素都进行采样均衡，每个像素都有不同的影响，这种渲染效果比【中】更好，但速度很慢。

  › 【使用灯光采样范围】：基于灯光本身【采样范围】值的设定对体积光中的投影进行模糊处理。【采样范围】值是针对【使用阴影贴图】方式作用的，它的增大可以模糊阴影边缘的区域，在体积光中使用它，可以与投影更好地匹配，以快捷的渲染速度获得优质的渲染结果。

提示

对于【使用灯光采样范围】选项，灯光的【采样范围】值越大，渲染速度越慢。不过，对于此选项，如果使用较低的【采样体积%】设置，通常可以获得很好的效果，较低的参数可以缩短渲染的时间。

- 【采样体积%】：控制体积被采样的等级，范围为1～1000，1为最低品质；1000为最高品质。

- 【自动】：自动进行采样体积的设置。一般无须将此值设置高于100，除非有极高品质的要求。

【衰减】选项组：此部分的控件取决于单个灯光的【开始范围】和【结束范围】衰减参数的设置，不同衰减参数的对比效果如图8.21所示。

左图：原始场景
右图：通过增大采样体积提高质量

图8.21

- 【开始%】：设置灯光效果开始衰减的位置，与灯光自身参数中的衰减设置相对。默认值为100%。

- 【结束%】：设置灯光效果结束衰减的位置，与灯光自身参数中的衰减设置相对。如果将其设置小于100%，光晕将减小，但亮度增大，得到更亮的发光效果。

【噪波】选项组。

- 【启用噪波】：控制噪波影响的开关，当选中该复选框时，这里的设置才有意义。添加噪波前后的对比效果如图8.22所示。

左图：原始场景
右图：添加了噪波

图8.22

- 【数量】：设置指定给雾效的噪波强度。值为0时，无噪波效果；值为1时，表现为完全的噪波效果。

- 【链接到灯光】：将噪波设置与灯光的自身坐标相链接，这样灯光在进行移动时，噪波也会随灯光一同移动。通常在制作云雾或大气中的尘埃等效果时，不将噪波与灯光链接，这样噪波将被固定在世界坐标上，灯光在移动时就好像在云雾或灰尘间穿行。

- 【类型】：选择噪波的类型。

  › 【规则】：标准的噪波效果。

  › 【分形】：使用分形计算得到不规则的噪波效果。

  › 【湍流】：极不规则的噪波效果。

● 【反转】：将噪波效果反向，厚的地方变薄，薄的地方变厚。

● 【澡波阈值】：用来限制噪波的影响，通过【高】和【低】值进行设置，可以在 0～1 之间调节。当噪波值高于低值而低于高值时，动态范围值被拉伸填充在 0～1 之间，从而产生小的雾块，这样可以起到轻微抗锯齿的效果。

➤ 【高】/【低】：设置最高和最低的阈值。

➤ 【均匀性】：如同一个高级过滤系统。值越低，体积越透明。

➤ 【级别】：设置分形计算的迭代次数。值越大，雾效越精细，运算速度也越慢。

➤ 【大小】：确定烟卷或雾卷的大小。值越小，卷越小。

➤ 【相位】：控制风的速度。如果进行了【风力强度】的设置，雾将按指定风向进行运动，如果没有风力设置，它将在原地翻滚。

● 【风力强度】：控制雾沿风向移动的速度，相对于相位值。如果相位值变化很快，而风力强度值变化较慢，雾将快速翻滚而缓慢漂移；如果相位值变化很慢，而风力强度值变化较快，雾将快速漂移而缓慢翻滚；如果只需雾在原地翻滚，将风力强度设置为 0 即可。

● 【风力来源】：确定风吹来的方向，有 6 个方向可选。

8.2 大气装置辅助对象

选择【创建】 | 【辅助对象】 | 【大气装置】命令，在【对象类型】卷展栏中有 3 种类型大气装置，即长方体 Gizmo、球体 Gizmo 和圆柱体 Gizmo，它们限制场景中的雾或火焰的扩散。下面将对它们进行简单介绍。

8.2.1 长方体 Gizmo 辅助对象

选择【创建】 | 【辅助对象】 | 【大气装置】 | 【长方体 Gizmo】工具，在视图中拖动鼠标定义初始长度和宽度，释放鼠标，沿垂直方向拖动，设置初始高度，即可创建长方体 Gizmo，如图 8.23 所示。单击【修改】 按钮，进入【修改】命令面板，如图 8.24 所示。

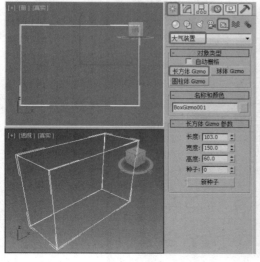

图 8.23

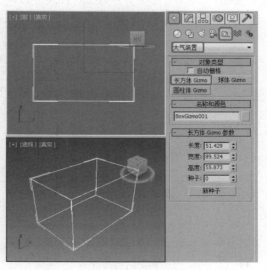

图 8.24

各个选项的功能介绍如下:

【长方体 Gizmo 参数】卷展栏。

- 【长度】、【宽度】和【高度】: 设置长方体 Gizmo 的尺寸。

- 【种子】: 设置用于生成大气效果的基值。场景中的每个装置应具有不同的种子。如果多个装置使用相同的种子和相同的大气效果, 将产生几乎相同的结果。

- 【新种子】: 单击可以自动生成一个随机数字, 并将其放入种子字段。

【大气和效果】卷展栏。使用该面板中的【大气和效果】卷展栏, 可以直接在 Gizmo 中添加和设置大气。

- 【添加】: 单击该按钮, 打开【添加大气】对话框, 用于向长方体 Gizmo 中添加大气, 如图 8.25 所示。

图 8.25

- 【删除】: 删除高亮显示的大气效果。

- 【设置】: 选择添加的效果, 单击【设置】按钮, 打开【环境】面板, 在此可以编辑高亮显示的效果, 如图 8.26 所示。

图 8.26

8.2.2 圆柱体 Gizmo 辅助对象

选择【创建】|【辅助对象】|【大气装置】|【圆柱体 Gizmo】工具, 在视图中拖动鼠标定义初始半径, 然后释放鼠标, 沿垂直方向拖动, 设置初始高度, 即可创建圆柱体 Gizmo, 如图 8.27 所示。单击【修改】按钮, 进入【修改】命令面板, 如图 8.28 所示。

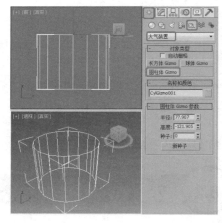

图 8.27

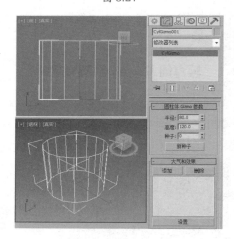

图 8.28

各个选项的功能介绍如下:

【圆柱体 Gizmo 参数】卷展栏。

- 【半径】和【高度】: 设置圆柱体 Gizmo 的尺寸。

- 【种子】: 设置用于生成大气效果的基值。场景中的每个装置应具有不同的种子。如果多个装置使用相同的种子和相同的大气效果, 将产生几乎相同的结果。

- 【新种子】: 单击可以自动生成一个随机数

字，并将其放入种子字段。

【大气和效果】卷展栏。使用该面板中的【大气和效果】卷展栏可以直接在 Gizmo 中添加和设置大气。

- 【添加】：单击该按钮，打开【添加大气】对话框，用于向圆柱体 Gizmo 中添加大气，如图 8.29 所示。

图 8.29

- 【删除】：删除高亮显示的大气效果。
- 【设置】：单击该按钮，打开【环境】面板，在此可以编辑高亮显示的效果，如图 8.30 所示。

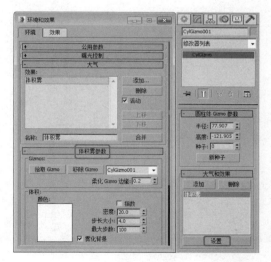

图 8.30

8.2.3　球体 Gizmo 辅助对象

选择【创建】 | 【辅助对象】 | 【大气装置】 | 【球体 Gizmo】工具，在视图中拖动鼠标定义初始半径，即可创建球体 Gizmo，可以在【球体 Gizmo 参数】卷展栏中调整半径，如图 8.31 所示。单击【修改】按钮，进入修改命令面板，如图 8.32 所示。

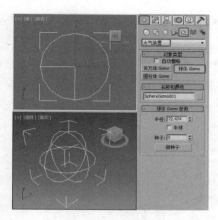

图 8.31

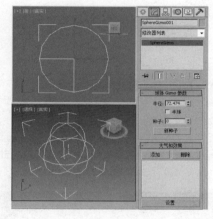

图 8.32

【球体 Gizmo 参数】卷展栏。

- 【半径】：设置球体 Gizmo 的尺寸。
- 【半球】：选中该复选框时，将丢弃球体 Gizmo 底部的一半，创建一个半球，如图 8.33 所示。

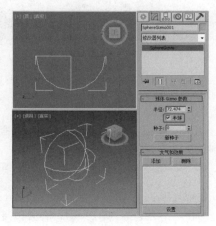

图 8.33

- 【种子】：设置用于生成大气效果的基值。场景中的每个装置应具有不同的种子。如果多个装置使用相同的种子和相同的大气效果，将产生几乎相同的结果。
- 【新种子】：单击可以自动生成一个随机数字，并将其放入种子字段。

【大气和效果】卷展栏。使用该面板中的【大气和效果】卷展栏可以直接在Gizmo中添加和设置大气。

- 【添加】：单击该按钮，打开【添加大气】对话框，用于向圆柱体Gizmo中添加大气。
- 【删除】：删除高亮显示的大气效果。
- 【设置】：单击该按钮，打开【环境】面板，在此可以编辑高亮显示的效果。

8.3 课堂实例

下面将通过本章所学习的内容来制作体积光与云雾效果，通过对两个案例的学习，可以对本章所学的内容进行巩固。

8.3.1 制作体积光动画

本例将介绍如何制作体积光动画，首先创建一盏目标聚光灯，然后添加体积光特效并将其赋予聚光灯通过对聚光灯添加关键帧，完成体积光动画的制作，渲染后的效果如图8.34所示。

将【开始】和【结束】值设置为18202、29000，如图8.37所示。

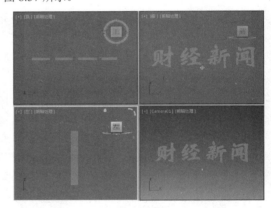

图8.35

图8.34

01 启动软件后，打开本书相关素材中的素材\第8章\【使用体积光效果制作体积光动画.max】文件，查看效果，如图8.35所示。

02 执行【创建】|【灯光】|【目标聚光灯】命令，在顶视图中创建一盏聚光灯，如图8.36所示。

03 切换到【修改命令】面板，在【常规参数】卷展栏中选中【阴影】下的【启用】复选框。在【强度/颜色/衰减】卷展栏中，将【倍增】值设置为2，并单击其右侧的色块将其RGB值设置为255,248,230，在【远距衰减】中选中【使用】复选框，

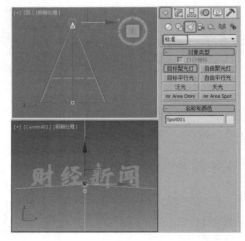

图8.36

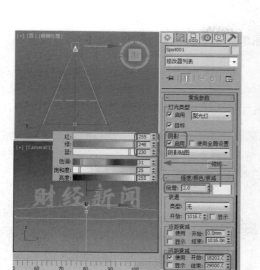

图 8.37

04 在【聚光灯参数】卷展栏中，将【聚光区 / 光束】、【衰减区 / 区域】的值分别设置为 17.7、23.5，选中【矩形】单选按钮，将【纵横比】设置为 6.73，如图 8.38 所示。

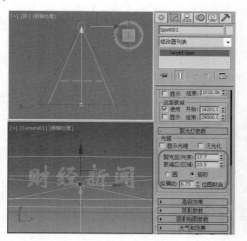

图 8.38

05 使用【选择并移动】工具，对创建的目标聚光灯调整位置，如图 8.39 所示。

06 按 8 键，打开【环境和效果】对话框，在【大气】卷展栏中单击【添加】按钮，弹出【添加大气效果】对话框，选择【体积光】选项，单击【确定】按钮，如图 8.40 所示。

知识链接

【体积光】：体积光是一种比较特殊的光线，它的作用类似于灯光和雾的结合效果，用它可以制作光束、光斑、光芒等效果，而其他灯光只能起到照亮的作用。

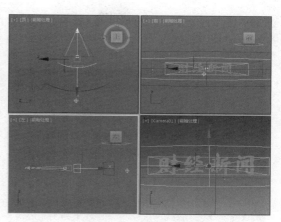

图 8.39

图 8.40

07 返回到【环境和效果】对话框中，选择【体积光参数】卷展栏，单击【拾取灯光】按钮，拾取上一步创建的【目标聚光灯】，在【体积】组中，将【雾颜色】的 RGB 值设置为 255,246,228，【衰减颜色】设置为黑色，【密度】设置为 0.6，选中【过滤阴影】下的【高】单选按钮，如图 8.41 所示。

图 8.41

08 打开关键帧记录，确认当前为 0 帧，调整【目标聚光灯】的位置，单击【自动关键点】按钮，添加关键帧，如图 8.42 所示。

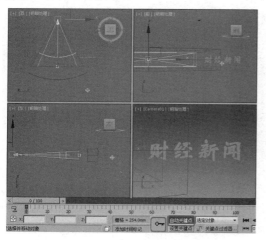

图 8.42

09 将光标移动到 100 帧，调整【目标聚光灯】的位置，单击【设置关键点】按钮，如图 8.43 所示。

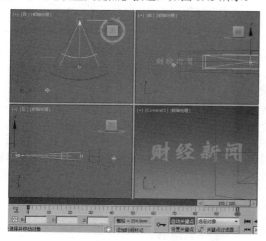

图 8.43

10 渲染第 50 帧时的效果如图 8.44 所示。

图 8.44

8.3.2 制作云雾效果

本例将利用大气效果中的【体积雾】效果来创建云雾特效，其中完成后的效果如图 8.45 所示，具体操作方法如下。

图 8.45

01 启动软件后，重置场景，按 8 键，弹出【环境和效果】对话框，切换到【环境】选项卡，在【公用参数】卷展栏中的【背景】选项组中单击【环境贴图】下面的【无】按钮，弹出【材质 / 贴图浏览器】对话框，选择【位图】选项，并单击【确定】按钮，如图 8.46 所示。

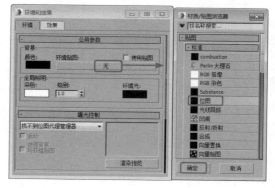

图 8.46

02 弹出【选择位图图形文件】对话框，选择本书相关素材中的 Map/013.jpg 文件，然后单击【打开】按钮，如图 8.47 所示。

03 按 M 键打开【材质编辑器】对话框，选择上一步添加的【贴图】，单击并将其拖至一个空的样本球上，在弹出的【实例（副本）贴图】对话框，选择【实例】选项，并单击【确定】按钮，如图 8.48 所示。

图 8.47

图 8.48

04 在【坐标】卷展栏中将【贴图】设置为【屏幕】
选项，如图 8.49 所示。

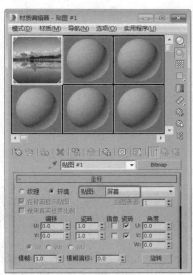

图 8.49

05 激活透视视图，在菜单栏中执行【视图】|【视口
配置】|【环境背景】命令，如图 8.50 所示。

06 选择【创建】 |【辅助对象】 |【大气装置】
|【球体 Gizmo】选项，在顶视图中创建一个【半径】

为 100 的【球体 Gizmo】，并选中【半径】复选框，
如图 8.51 所示。

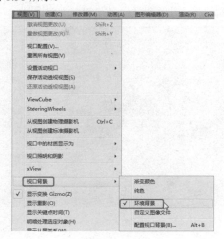

图 8.50

图 8.51

07 确认创建的【SphereGizmo001】处于选中状态，
激活前视图，选择【选择并均匀缩放】工具，在前
视图中沿 Y 轴进行缩放，如图 8.52 所示。

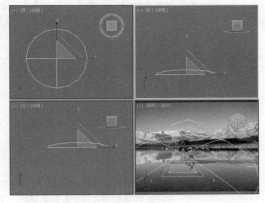

图 8.52

08 使用同样的方法，再次创建其他的【球体Gizmo】，并使用【选择并均匀缩放】工具分别在顶和前视图中进行缩小，效果如图 8.53 所示。

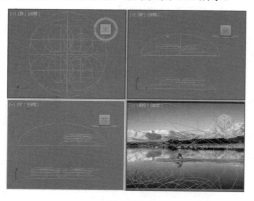

图 8.53

09 选择【创建】|【摄影机】|【目标】选项，在顶视图中创建目标摄影机，激活透视视图，按 C 键，将其转换为摄影机视图，并在场景中调整摄影机的位置，如图 8.54 所示。

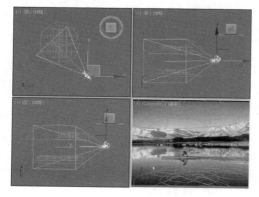

图 8.54

10 按 8 键，弹出【环境和效果】对话框，在【大气】卷展栏中单击【添加】按钮，在弹出【添加大气效果】卷展栏中选择【体积雾】特效，并单击【确定】按钮，如图 8.55 所示。

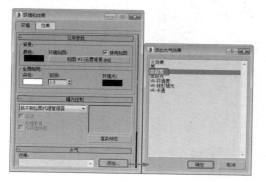

图 8.55

11 选择添加【体积雾】效果，在【体积雾参数】卷展栏中单击【拾取 Gizmo】按钮，按 H 键，打开【拾取对象】对话框，在该对话框中选择创建的【球体Gizmo】，并单击【拾取】按钮，如图 8.56 所示。

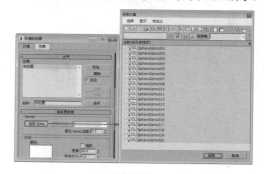

图 8.56

12 在【体积雾】参数卷展栏中，将【柔化 Gizmo 边缘】设置为 0.4，在【体积】选项组中，将【密度】设置为 10，【颜色】的 RGB 值设置为 235,235,235，在【噪波】选项组中选中【分形】单选按钮，将【级别】设置为 4，如图 8.57 所示。

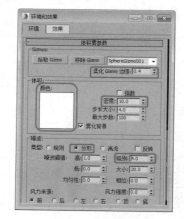

图 8.57

13 激活摄影机视图，进行渲染，完成后的效果如图 8.58 所示。

图 8.58

8.4 课后练习

1. 简述【环境和效果】面板的功能作用。
2. 简述体积雾和雾的区别。

第9章

粒子系统、空间扭曲与视频后期处理

本章将介绍粒子系统、空间扭曲和视频后期处理的方法。粒子系统可以模拟自然界中的雨、雪、雾等。粒子系统本身是一个对象，其中的粒子可以看作是它的子对象。粒子系统生成的粒子随时间的变化而变化，主要用于动画制作。空间扭曲则可以创建力场使其他对象发生变形。而视频后期处理是 3ds Max 中一个强大的编辑、合成与特效处理工具。使用视频后期处理可以将包括目前的场景图像和滤镜在内的各个要素结合起来，从而生成一个综合结果。希望通过本章的介绍可以使用户对其有一个简单的认识，并能将其掌握。

9.1 粒子系统

粒子系统是一个相对独立的造型系统，用来创建雨、雪、灰尘、泡沫、火花、气流等效果，它还可以将任何造型作为粒子，例如用来表现成群的蚂蚁、鱼群、吹散的蒲公英等动画效果。下面主要介绍常用的几种粒子系统。

9.1.1 【喷射】粒子系统

【喷射】粒子系统发射垂直的粒子流，粒子可以是四面体尖锥，也可以是四方形面片，用来表示下雨、水管喷水、喷泉等效果，也可以表现彗星拖尾等效果。

这种粒子系统参数较少，易于控制，使用起来很方便，所有数值均可制作动画效果。

选择【创建】■ |【几何体】○ |【粒子系统】|【喷射】工具，并在顶视图中创建喷射粒子系统，如图 9.1 所示。

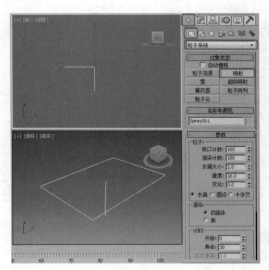

图 9.1

其【参数】卷展栏中的各选项说明如下。

【粒子】选项组。

● 【视口计数】：在给定帧处，视图中显示的最大粒子数。

提示

将视图显示数量设置为少于渲染计数，可以提高视图的性能。

● 【渲染计数】：设置最后渲染时可以同时出现在一帧中的粒子最大数量，它与【计时】选项组中的参数组合使用。如果粒子数达到【渲染计数】的值，粒子创建将暂停，直到有些粒子消亡。消亡了足够的粒子后，粒子创建将恢复，直到再次达到【渲染计数】的值。

● 【水滴大小】：设置渲染时每个颗粒的大小。

● 【速度】：设置粒子从发射器流出时的初速度，它将保持匀速不变。只有增加了粒子空间扭曲，它才会发生变化。

● 【变化】：影响粒子的初速度和方向。值越大，粒子喷射得越猛烈，喷洒的范围也越大。

● 【水滴、圆点、十字叉】：设置粒子在视图中的显示符号。水滴是一些类似雨滴的条纹，圆点是一些点，十字叉是一些小的加号。

【渲染】选项组。

● 【四面体】：以四面体（尖三棱锥）作为粒子的外形进行渲染，常用于表现水滴。

● 【面】：以正方形面片作为粒子外形进行渲染，常用于有贴图设置的粒子。

【计时】选项组：计时参数控制发射粒子的出生和消亡速率。在【计时】选项组的底部是显示最大可持续速率的行。此值基于【渲染计数】和每个粒子的寿命。其中最大可持续速率 = 渲染计数 / 寿命。

命。因为一帧中的粒子数永远不会超过【渲染计数】的值，如果【出生速率】超过了最高速率，系统将会用光所有的粒子，并暂停生成粒子，直到有些粒子消亡，然后重新开始生成粒子，形成突发或喷射的粒子。

- 【开始】：设置粒子从发射器喷出的帧号。可以是负值，表示在 0 帧以前已开始。

- 【寿命】：设置每个粒子从出现到消失所存在的帧数。

- 【出生速率】：设置每一帧新粒子产生的数目。

- 【恒定】：选中该复选框，【出生速率】将不可用，所用的出生速率等于最大可持续速率。取消选中该复选框后，【出生速率】可用，默认设置为启用。禁用【恒定】并不意味着出生速率自动改变；除非为【出生速率】参数设置了动画，否则出生速率将保持恒定。

【发射器】选项组：指定粒子喷出的区域。它同时决定喷出的范围和方向。发射器以黑色矩形框显示时，将不能被渲染，可以通过工具栏中的工具对其进行移动、缩放和旋转。

- 【宽度、长度】：分别设置发射器的宽度和长度。在粒子数目确定的情况下，面积越大，粒子越稀疏。

- 【隐藏】：选中该复选框可以在视图中隐藏发射器。取消选中【隐藏】复选框后，在视图中显示发射器。发射器从不会被渲染。默认设置为禁用状态。

提示

要设置粒子沿着空间中某个路径的动画，可以通过使用路径跟随空间扭曲来实现。

下面将介绍如何利用【喷射】粒子系统制作下雨效果，其具体操作步骤如下。

01 启动 3ds Max 2016，选择【创建】|【几何体】|【粒子系统】|【喷射】工具，在顶视图中绘制一个喷射粒子系统，如图 9.2 所示。

02 确认该对象处于选中状态，切换至【修改】命令面板，将其命名为【雨】，在【参数】卷展栏中，将【粒子】选项组中的【视口计数】和【渲染计数】均设置为 10000，【水滴大小】、【速度】和【变化】分别设置为 3、15 和 0.3，选中【水滴】单选按钮，

在【渲染】组中选中【四面体】单选按钮，在【计时】选项组中，将【开始】和【寿命】分别设置为 −100 和 400，选中【恒定】复选框，将【宽度】和【长度】均设置为 1500，如图 9.3 所示。

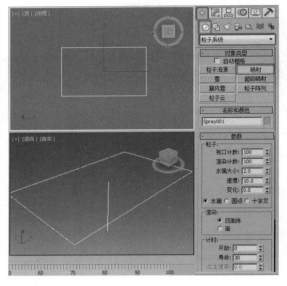

图 9.2

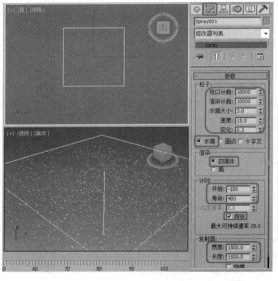

图 9.3

03 确认该对象处于选中状态，按 M 键打开【材质编辑器】，选择一个新的材质样本球，并将其命名为【雨】，确认【明暗器的类型】设置为【Blinn】，在【Blinn 基本参数】卷展栏中，将【环境光】和【漫反射】的 RGB 值设置为 164,241,255；选中【自发光】选项组中的【颜色】复选框，并将【颜色】的 RGB 值设置为 169,220,250，将【不透明度】设置为 50，如图 9.4 所示。

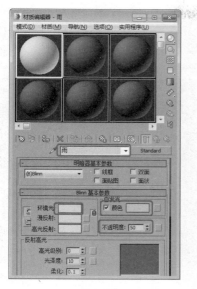

图 9.4

04 打开【扩展参数】卷展栏，选择【高级透明】选项组中【衰减】下的【外】单选按钮，并将【数量】设置为 100，如图 9.5 所示。

图 9.5

05 设置完成后，单击【将材质指定给选定对象】按钮，将该对话框关闭即可，选择【创建】|【摄影机】|【目标】工具，在顶视图中创建一架摄影机，如图 9.6 所示。

06 继续选中该对象，激活透视视图，按 C 键将其转换为摄影机视图，切换至【修改】命令面板，在【参数】卷展栏中选择【备用镜头】选项组中的【28mm】选项，设置完成后，在视图中调整摄像机的位置，效果如图 9.7 所示。

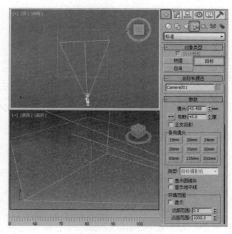

图 9.6

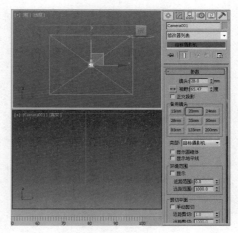

图 9.7

07 按 8 键，在弹出的【环境和效果】对话框中选择【环境】选项卡，在【公用参数】卷展栏中单击【环境贴图】下的【无】按钮，在弹出的对话框中选择【位图】选项，如图 9.8 所示。

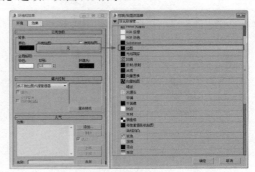

图 9.8

08 单击【确定】按钮，在弹出的对话框中选择本书相关素材中的 Map/【雨 .jpg】贴图文件，如图 9.9 所示。

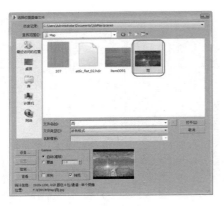

图 9.9

09 单击【打开】按钮，按 M 键，打开材质编辑器，在【环境和效果】对话框中选择【环境贴图】下的材质，单击并将其拖曳至材质编辑器中的新材质样本球上，在弹出的对话框中选中【实例】单选按钮，如图9.10所示。

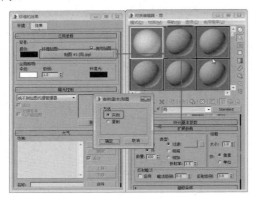

图 9.10

10 单击【确定】按钮，在【坐标】卷展栏中将【贴图】设置为【屏幕】，如图9.11所示。

图 9.11

11 设置完成后，将材质编辑器与【环境和效果】对话框关闭，激活摄影机视图，按 Alt+B 快捷键，在【背景】选项卡中选中【使用环境背景】单选按钮，如图9.12所示。

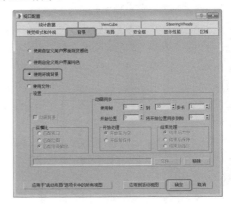

图 9.12

12 在该对话框中选择【安全框】选项卡，在【应用】选项组中选中【在活动视图中显示安全框】复选框，如图9.13所示。

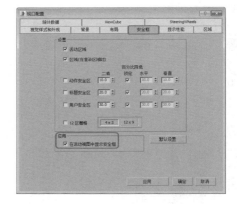

图 9.13

13 设置完成后，单击【确定】按钮，即可为摄影机视图添加背景及安全框，如图9.14所示。

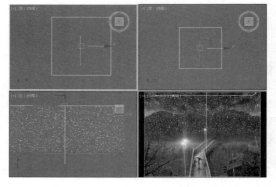

图 9.14

14 按F10键，在弹出的对话框中选择【公用】选项卡，在【时间输出】选项组中选中【活动时间段】单选按钮，在【渲染输出】选项组中单击【文件】按钮，如图9.15所示。

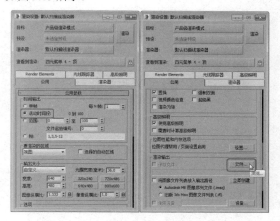

图 9.15

15 在弹出的对话框中指定保存路径，将【文件名】设置为【下雨】，将【保存类型】设置为【AVI文件（*.avi）】，如图9.16所示。

图 9.16

16 设置完成后，单击【保存】按钮，在弹出的对话框中使用默认设置，单击【确定】按钮即可，如图9.17所示，在【渲染设置】对话框中单击【渲染】按钮进行渲染即可。

图 9.17

9.1.2　【雪】粒子系统

【雪】粒子系统可以模拟降雪或投撒纸屑的效果。雪系统与喷射类似，但是雪系统提供了其他参数来生成翻滚的雪花，渲染选项也有所不同。

【雪】粒子系统不仅可以用来模拟下雪，还可以将多维材质指定给它，产生五彩缤纷的碎片下落效果，常用来增添节日的喜庆气氛；如果将雪花向上发射，可以表现从火中升起的火星效果。

选择【创建】|【几何体】|【粒子系统】|【雪】工具，在视图中创建雪粒子系统，如图9.18所示。

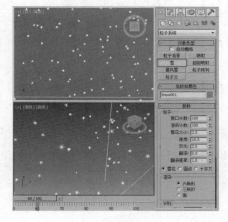

图 9.18

【粒子】选项组。

● 【视口计数】：在给定帧处，视图中显示的最大粒子数。

提示

将视图显示数量设置为少于渲染计数，可以提高视图的性能。

● 【渲染计数】：一个帧在渲染时可以显示的最大粒子数。该选项与粒子系统的计时参数配合使用。如果粒子数达到【渲染计数】的值，粒子创建将暂停，直到有些粒子消亡。消亡了足够的粒子后，粒子创建将恢复，直到再次达到【渲染计数】的值。

● 【雪花大小】：设置渲染时每个粒子的大小。

● 【速度】：设置粒子从发射器流出时的初速度，它将保持匀速不变，只有增加了粒子空间扭曲，它才会发生变化。

● 【变化】：改变粒子的初始速度和方向。【变化】的值越大，降雪的区域越广。

- 【翻滚】：雪花粒子的随机旋转量。此参数可以在 0～1 之间取值。设置为 0 时，雪花不旋转；设置为 1 时，雪花旋转度最多。每个粒子的旋转轴随机生成。

- 【翻滚速率】：雪片旋转的速度，值越大，旋转得越快。

- 【雪花、圆点、十字叉】：设置粒子在视图中的显示符号。雪花是一些星形的雪花，圆点是一些点，十字叉是一些小的加号。

【渲染】选项组。

- 【六角形】：以六角形面进行渲染，常用于表现雪花。

- 【三角形】：以三角形面进行渲染，三角形只有一个边是可以指定材质的面。

- 【面】：粒子渲染为正方形面，其宽度和高度同水滴大小。

提示

其他参数与【喷射】粒子系统的参数基本相同，所以在此不再赘述。

下面将介绍如何利用【雪】粒子系统制作下雪效果，其具体操作步骤如下：

01 选择【创建】█|【几何体】◯|【粒子系统】|【雪】工具，在顶视图中创建一个【雪】粒子系统，如图 9.19 所示。

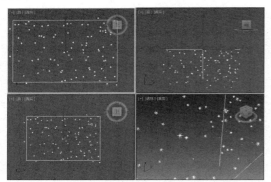

图 9.19

02 确认该对象处于选中状态，切换至【修改】命令面板中，将其命名为【雪】，在【参数】卷展栏中，将【粒子】选项组中的【视口计数】和【渲染计数】分别设置为 1000 和 8000，【雪花大小】、【速度】、【变化】分别设置为 1、10、10，选中【雪花】单选按钮，在【渲染】选项组中选中【六角形】单选按钮，在

【计时】选项组中，将【开始】和【寿命】分别设置为 –100 和 100，选中【恒定】复选框，将【发射器】选项组中的【宽度】和【长度】分别设置为 430 和 488，如图 9.20 所示。

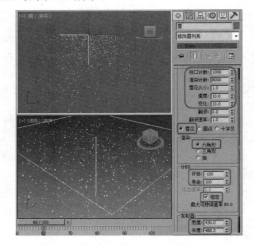

图 9.20

03 确认该对象处于选中状态，按 M 键打开【材质编辑器】，选择一个新的材质样本球，并将其命名为【雪】，将【明暗器类型】设置为【Blinn】，在【Blinn 基本参数】卷展栏中选中【自发光】选项组中的【颜色】复选框，然后将该颜色的 RGB 值设置为 196,196,196，如图 9.21 所示。

图 9.21

04 在【贴图】卷展栏中单击【不透明度】右侧的【无】按钮，在打开的【材质/贴图浏览器】对话框中选择【渐变坡度】选项，如图 9.22 所示。

05 单击【确定】按钮，进入渐变坡度材质层级，在【渐变坡度参数】卷展栏中，将【渐变类型】定义为【径向】，打开【输出】卷展栏，选中【反转】复选框，如图 9.23 所示。

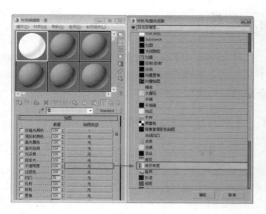

图 9.22

图 9.23

06 在该对话框中单击【将材质指定给选定对象】按钮，设置完成后，将该对话框关闭，选择【创建】|【摄影机】|【目标】工具，在顶视图中创建一架摄影机，如图 9.24 所示。

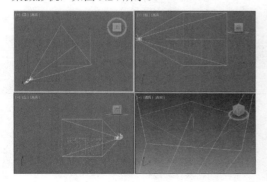

图 9.24

07 继续选中该对象，激活透视视图，按 C 键将其转换为摄影机视图，切换至【修改】命令面板中，在【参数】卷展栏中，将【镜头】设置为 84mm，设置完成后，在视图中调整摄像机的位置，效果如图 9.25 所示。

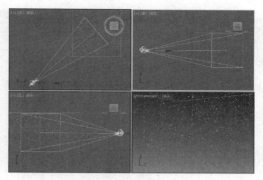

图 9.25

08 按 8 键，在弹出的【环境和效果】对话框中选择【环境】选项卡，在【公用参数】卷展栏中，单击【环境贴图】下的【无】按钮，在弹出的对话框中选择【位图】选项，如图 9.26 所示。

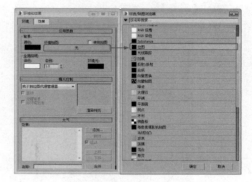

图 9.26

09 单击【确定】按钮，在弹出的对话框中选择本书相关素材中的 Map/【雪.jpg】贴图文件，如图 9.27 所示。

图 9.27

10 单击【打开】按钮，按 M 键，打开材质编辑器，在【环境和效果】对话框中选择【环境贴图】下的材质，单击并将其拖曳至材质编辑器中的新材质样本球上，在弹出的对话框中选中【实例】单选按钮，如图9.28所示。

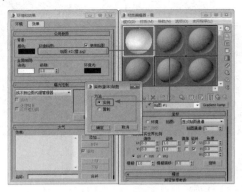

图 9.28

11 单击【确定】按钮，在【坐标】卷展栏中，将【贴图】设置为【屏幕】，如图9.29所示。

图 9.29

12 设置完成后，将材质编辑器与【环境和效果】对话框关闭，激活摄影机视图，在菜单栏中选择【视图】|【视口背景】|【环境背景】命令，如图9.30所示，根据前面介绍的方法对场景进行渲染输出即可。

图 9.30

9.1.3 【粒子阵列】粒子系统

粒子阵列粒子系统可将粒子分布在几何体对象上，也可用于创建复杂的对象爆炸效果，例如可以表现喷发、爆裂等特殊效果。

1. 【基本参数】卷展栏

使用【基本参数】卷展栏中的选项可以创建和调整粒子系统的大小，并拾取分布对象。此外，还可以指定粒子相对于分布对象几何体的初始分布，以及分布对象中粒子的初始速度。在该卷展栏中也可以指定粒子在视图中的显示方式。【基本参数】卷展栏如图9.31所示。

图 9.31

【基于对象的发射器】选项组。

- 【拾取对象】：单击此按钮，并选择要作为自定义发射器使用的可渲染网格对象。

- 【对象】：显示所拾取对象的名称。

【粒子分布】选项组。

- 【在整个曲面】：在整个发射器对象表面随机发射粒子。

- 【沿可见边】：在发射器对象可见的边界上随机发射粒子。

- 【在所有的顶点上】：从发射器对象每个顶点上发射粒子。

- 【在特殊点上】：指定从发射器对象所有顶点中随机的若干个顶点上发射粒子，顶点的数目由下面的【总数】决定。

- 【总数】：可以通过该选项设置顶点数目。

- 【在面的中心】：从每个三角面的中心发射粒子。

- 【使用选定子对象】：使用网格对象和一定范围的面片对象作为发射器时，可以通过【编辑网格】等修改器的帮助，选择自身的子对象来发射粒子。

【显示图标】选项组。

- 【图标大小】：设置系统图标在视图中显示的尺寸。

- 【图标隐藏】：设置是否将系统图标隐藏。如果使用了分布对象，最好将系统图标隐藏。

【视口显示】选项组：设置在视图中粒子以何种方式显示，这和最后的渲染效果有关。

2. 【粒子生成】卷展栏

【粒子生成】卷展栏中的选项可以控制粒子产生的时间和速度、粒子的移动方式，以及不同时间粒子的大小。【粒子生成】卷展栏如图9.32所示。

图 9.32

【粒子数量】选项组。

- 【使用速率】：其下的数值决定了每一帧粒子产生的数目。

- 【使用总数】：其下的数值决定了在整个生命系统中粒子产生的总数目。

【粒子运动】选项组。

- 【速度】：设置在生命周期内的粒子每一帧移动的距离。

- 【变化】：为每一个粒子发射的速度指定一个百分比变化量。

- 【散度】：每一个粒子的发射方向相对于发射器表面法线的夹角，可以在一定范围内波动。该值越大，发射的粒子束越集中，反之则越分散。

【粒子计时】选项组：这里用于设定粒子何时开始发射，何时停止发射，以及每个粒子的生存时间。

- 【发射开始】：设置粒子从哪一帧开始出现在场景中。

- 【发射停止】：设置粒子最后被发射出的帧号。

- 【显示时限】：设置到多少帧时，粒子将不显示在视图中，这不影响粒子的实际效果。

- 【寿命】：设置每个粒子诞生后的生存时间。

- 【变化】：设置每个粒子寿命的变化百分比值。

- 【子帧采样】：提供下面3个选项，用于避免粒子在普通帧计数下产生肿块，而不能完全打散。先进的子帧采样功能提供更高的分辨率。

  - ➤ 【创建时间】：在时间上增加偏移处理，以避免时间上的肿块堆集。

  - ➤ 【发射器平移】：如果发射器本身在空间中有移动变化，可以避免产生移动中的肿块堆集。

  - ➤ 【发射器旋转】：如果发射器在发射时自身进行旋转，选中该复选框可以避免肿块，并且产生平稳的螺旋效果。

【粒子大小】选项组：可以在该选项组中调整粒子的大小。

- 【大小】：可以通过该参数设置粒子的大小。

- 【变化】：设置每个粒子寿命的变化百分比数值。

- 【增长耗时】：该参数选项用于设置粒子

从很小增长到【大小】的值所经历的帧数。结果受【大小/变化】值的影响，因为【增长耗时】在【变化】之后应用。使用此参数可以模拟自然效果，例如气泡随着向表面靠近而增大。

- 【衰减耗时】：该参数选项用于设置粒子在消亡之前缩小到其【大小】设置的 1/10 所经历的帧数。此设置也在【变化】之后应用。使用此参数可以模拟自然效果，例如火花逐渐变为灰烬。

【唯一性】选项组：用户可以在该选项组中调整种子值。

- 【新建】：单击该按钮后，将会随机生成新的种子值。

- 【种子】：可以通过该参数选项设置特定的种子值。

提示

使用【粒子阵列】创建爆炸效果的一种好方法是：将粒子类型设置为【对象碎片】，然后应用【粒子爆炸】空间扭曲。

3.【粒子类型】卷展栏

使用【粒子类型】卷展栏上的参数选项可以指定所用的粒子类型，以及对粒子执行的贴图类型。【粒子类型】卷展栏如图 9.33 所示。

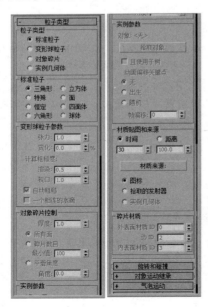

图 9.33

【粒子类型】选项组：提供 4 个粒子类型选择方式，在此项目下是 4 个粒子类型的各自分项目，只有当前选择类型的分项目才能变为有效控制，其余的以灰色显示。对每一个粒子阵列来说，只允许设置一种类型的粒子，但允许将多个粒子阵列绑定到同一个分布对象上，这样就可以产生不同类型的粒子了。

【标准粒子】选项组：如果在【粒子类型】选项组中选择了【标准粒子】单选按钮，则该选项组中的选项变为可用。

【变形球粒子参数】选项组：如果在【粒子类型】选项组中选择了【变形球粒子】单选按钮，则此组中的选项变为可用，且变形球作为粒子使用。变形球粒子需要额外的时间进行渲染，但是对于喷射和流动的液体效果非常有效。

- 【张力】：该参数选项用于确定有关粒子与其他粒子混合倾向的紧密度。张力越大，聚集越难，合并也越难。

- 【变化】：该参数选项用于指定张力效果的变化百分比。

- 【计算粗糙度】：指定计算变形球粒子解决方案的精确程度。粗糙值越大，计算工作量越少。不过，如果粗糙值过大，可能变形球粒子效果很小或根本没有效果；反之，如果粗糙值设置过小，计算时间可能会非常长。

  - 【渲染】：设置渲染场景中的变形球粒子的粗糙度。如果启用了【自动粗糙】，则此选项不可用。

  - 【视口】：设置视图显示的粗糙度。如果启用了【自动粗糙】，则此选项不可用。

- 【自动粗糙】：一般规则是，将粗糙值设置为介于粒子大小的 1/4 ～ 1/2 之间。如果启用此项，会根据粒子大小自动设置渲染粗糙度，视图粗糙度会设置为渲染粗糙度的大约两倍。

- 【一个相连的水滴】：如果禁用该选项（默认设置），将计算所有粒子；如果启用该选项，将使用快捷算法，仅计算和显示彼此相连或邻近的粒子。

注意

【一个相连的水滴】模式可以加快粒子的计算速度，但是只有变形球粒子形成一个相连的水滴，才应使用此模式。也就是说，所有粒子的水滴必须接触。例如，一个粒子流依次包含 10 个连续的粒子、一段间隔、12 个连续的粒子、一段间隔、20 个连续的粒子。如果对其使用【一个相连的水滴】，则将选择其中一个粒子，并且只有与该粒子相连的粒子群才会显示和渲染。

【对象碎片控制】选项组：此选项组用于将分布对象的表面炸裂，产生不规则的碎片。这只是产生一个新的粒子阵列，不会影响到分布对象。

- 【厚度】：设置碎片的厚度。

- 【所有面】：将分布对象所有三角面分离，炸成碎片。

- 【碎片数目】：对象破碎成不规则的碎片。其下方的【最小值】参数用于指定将出现的碎片的最小数目。计算碎块的方法可能会使产生的碎片数多于指定的碎片数。

- 【平滑角度】：根据对象表面平滑度进行面的分裂，其下方的【角度】参数用于设定角度值。值越低，对象表面分裂越碎。

【实例参数】选项组：如果在【粒子类型】选项组中选中【实例几何体】单选按钮，该选项组中的参数才会呈可用状态。

- 【对象】：在拾取对象之后，将会在其右侧显示所拾取对象的名称。

- 【拾取对象】：单击该按钮后，在视图中选择要作为粒子使用的对象。如果选择的对象属于层次的一部分，并且启用了【且使用子树】，则拾取的对象及其子对象会成为粒子。如果拾取了组，则组中的所有对象作为粒子使用。

- 【且使用子树】：如果要将拾取对象的链接子对象包括在粒子中，则启用此选项。如果拾取的对象是组，将包括组的所有子对象。

- 【动画偏移关键点】：因为可以为实例对象设置动画，此处的选项可以指定粒子的动画计时。

- 【帧偏移】：该参数用于指定从源对象的当前计时的偏移值。

【材质贴图和来源】选项组：可以在该选项组中指定贴图材质如何影响粒子，并且可以为粒子指定材质的来源。

- 【时间】：指定从粒子出生开始完成粒子的一个贴图所需的帧数。

- 【距离】：指定从粒子出生开始完成粒子的一个贴图所需的距离（以单位计）。

- 【材质来源】：单击该按钮更新粒子的材质。

- 【图标】：使用当前系统指定给粒子的图标颜色。

提示

【四面体】类型的粒子不受影响，它始终有着自身的贴图坐标。

- 【拾取的发射器】：粒子系统使用分布对象指定的材质。

- 【实例几何体】：使用粒子的替身几何体材质。

【碎片材质】选项组：为碎片粒子指定不同的材质 ID 号，以便在不同区域指定不同的材质。

- 【外表面材质 ID】：指定为碎片的外表面指定的面 ID 编号。其默认设置为 0，它不是有效的 ID 编号，从而会强制粒子碎片的外表面使用当前为关联面指定的材质。因此，如果已经为分布对象的外表面指定了多种子材质，这些材质将使用 ID 保留。如果需要一个特定的子材质，可以通过更改【外表面材质 ID】编号进行指定。

- 【边 ID】：指定为碎片的边指定的子材质 ID 编号。

- 【内表面材质】：指定为碎片的内表面指定的子材质 ID 编号。

4. 【旋转和碰撞】卷展栏

粒子经常高速移动，在这样的情况下，可能需要为粒子添加运动模糊以增强其动感。此外，现实世界的粒子通常边移动边旋转，并且互相碰撞。【旋转和碰撞】卷展栏如图 9.34 所示。

图 9.34

【自旋速度控制】选项组。

- 【自旋时间】：该参数选项用于控制粒子自身旋转的节拍，即一个粒子进行一次自旋需要的时间。值越高，自旋越慢。当值为 0 时，不发生自旋。

- 【变化】：设置自旋时间变化的百分比。

- 【相位】：设置粒子诞生时的旋转角度。它对碎片类型无意义，因为它们总是从 0° 开始分裂。

- 【变化】：设置相位变化的百分比。

【自旋轴控制】选项组。

- 【随机】：随机为每个粒子指定自旋轴向。

- 【运动方向/运动模糊】：以粒子发散的方向作为其自身的旋转轴向，这种方式会产生放射状粒子流，选中该单选按钮后，则其下方的【拉伸】参数将呈可用状态。

- 【拉伸】：沿粒子发散方向拉伸粒子的外形，此拉伸强度会依据粒子速度的不同而变化。

- 【用户自定义】：通过 3 个轴向值来自行设置粒子沿各轴向进行自旋的角度。

- 【变化】：设置 3 个轴向自旋设定的变化百分比。

【粒子碰撞】选项组：使粒子内部之间产生相互碰撞，并控制粒子之间如何碰撞。该选项要进行大量的计算，对计算机的配置有一定要求。

- 【启用】：在计算粒子移动时，启用粒子间碰撞。

- 【计算每帧间隔】：每个渲染间隔的间隔数，期间进行粒子碰撞测试。值越大，模拟越精确，但是模拟运行的速度将越慢。

- 【反弹】：在碰撞后速度恢复到的程度。

- 【变化】：用于设置粒子的随机变化百分比。

5. 【对象运动继承】卷展栏

每个粒子移动的位置和方向由粒子创建时发射器的位置和方向决定。使用【对象运动继承】卷展栏中的参数选项，可以通过发射器的运动影响粒子的运动。如果发射器穿过场景，粒子将沿着发射器的路径散开。【对象运动继承】卷展栏如图 9.35 所示。

图 9.35

- 【影响】：该参数选项用于设置在粒子产生时，继承基于对象发射器运动的粒子所占的百分比。例如，如果将此选项设置为 100（默认设置），则所有粒子均与移动的对象一同移动；如果设置为 0，则所有粒子都不会受对象平移的影响，也不会继承对象的移动。

- 【倍增】：该参数选项用于修改发射器运动影响粒子运动的量。该参数选项可以是正值，也可以是负值。

- 【变化】：该参数选项用于设置倍增值的变化百分比。

6. 【气泡运动】卷展栏

【气泡运动】提供了在水下气泡上升时所看到的摇摆效果的参数选项。通常，将粒子设置为在较窄的粒子流中上升时，会使用该效果。气泡运动与波形类似，气泡运动参数可以调整气泡【波】的振幅、周期和相位。【气泡运动】卷展栏如图 9.36 所示。

图 9.36

气泡运动不受空间扭曲的影响，所以，可以使用空间扭曲控制粒子流的方向，而不改变局部的摇摆气泡效果。

- 【振幅】：该参数选项用于控制粒子离开通常的速度矢量的距离。

提示

速度矢量是指速度既有大小又有方向，速度的大小在数值上等于物体在单位时间内发生的位移，速度的方向就是物体运动的方向。

- 【变化】：用于控制每个粒子所应用振幅变化的百分比。
- 【周期】：该参数用于控制粒子通过气泡【波】的一个完整振动的周期。建议的值为 20～30 个时间间隔。

注意

气泡运动按时间测量，而不是按速率测量，所以，如果周期值很大，运动可能需要很长时间才能完成。

- 【变化】：用于设置每个粒子的周期变化的百分比。
- 【相位】：该参数用于控制气泡图案沿着矢量的初始置换。
- 【变化】：该参数用于控制每个粒子的相位变化的百分比。

7. 【粒子繁殖】卷展栏

【粒子繁殖】卷展栏中的选项可以指定粒子消亡时或粒子与粒子导向器碰撞时，粒子会发生的情况。使用此卷展栏中的选项可以使粒子在碰撞或消亡时繁殖其他粒子。【粒子繁殖】卷展栏如图 9.37 所示。

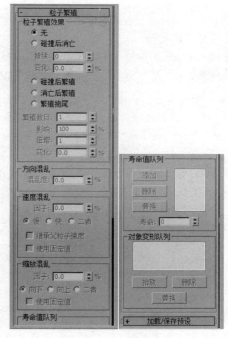

图 9.37

【粒子繁殖效果】选项组：可以在该选项组中确定粒子在碰撞或消亡时发生的情况。

- 【无】：选中该单选按钮后，将不使用任何繁殖控件，粒子按照正常方式活动。
- 【碰撞后消亡】：选中该单选按钮后，粒子将在碰撞到绑定的导向器（例如导向球）后消失。
- 【持续】：该参数用于控制粒子在碰撞后持续的寿命（帧数）。如果将此选项设置为 0（默认设置），粒子在碰撞后立即消失。
- 【变化】：当【持续】大于 0 时，每个粒子的【持续】值各不相同。使用此选项可以羽化粒子密度的逐渐衰减。
- 【碰撞后繁殖】：在与绑定的导向器碰撞时产生繁殖效果。
- 【消亡后繁殖】：在每个粒子的寿命结束时产生繁殖效果。
- 【繁殖拖尾】：在现有粒子寿命的每个帧处，从该粒子繁殖粒子。【倍增】参数选项用于指定每个粒子繁殖的粒子数。繁殖的粒子的基本方向与父粒子的速度方向相反。【缩放混乱】、【方向混乱】和【速度混乱】因子应用于该基本方向。

注意

如果【倍增】大于1，3个混乱因子中至少有一个要大于0，才能看到其他繁殖的粒子。否则，倍数将占据该空间。

- 【繁殖数目】：除原粒子以外的繁殖数。例如，如果此选项设置为1，并在消亡时繁殖，每个粒子超过原寿命后繁殖一次。

- 【影响】：该参数选项用于指定将繁殖的粒子的百分比。如果减小此设置，会减少产生繁殖粒子的粒子数。

- 【倍增】：用于倍增每个繁殖事件繁殖的粒子数。

- 【变化】：该参数选项用于逐帧指定【倍增】值将变化的百分比范围。

【方向混乱】选项组。

- 【混乱度】：用于指定繁殖粒子的方向可以从父粒子方向变化的量。如果设置为0，则表明无变化。如果设置为100，繁殖的粒子将沿着任意随机方向移动。如果设置为50，繁殖的粒子可以从父粒子的路径最多偏移90°。

【速度混乱】选项组：可以在该选项组中设置随机改变繁殖的粒子与父粒子的相对速度。

- 【因子】：该参数用于设置繁殖粒子的速度相对于父粒子的速度变化的百分比范围。如果值为0，则表明无变化。

- 【慢】：随机应用速度因子，减慢繁殖粒子的速度。

- 【快】：根据速度因子随机加快粒子的速度。

- 【二者】：根据速度因子，有些粒子加快速度，而其他粒子减慢速度。

- 【继承父粒子速度】：选中该复选框后，除了速度因子的影响外，繁殖的粒子还继承母体的速度。

- 【使用固定值】：将【因子】值作为设置值，而不是作为随机应用于每个粒子的范围。

- 【缩放混乱】选项组：可以通过该选项组中的设置对粒子应用随机缩放。

- 【因子】：为繁殖的粒子确定相对于父粒子的随机缩放百分比范围。

- 【向下】：根据【因子】的值随机缩小繁殖的粒子，使其小于其父粒子。

- 【向上】：随机放大繁殖的粒子，使其大于其父粒子。

- 【二者】将繁殖的粒子缩放为大于和小于其父粒子。

- 【使用固定值】：选中该复选框后，将【因子】值作为固定值，而不是范围值。

【寿命值队列】选项组：可以通过该选项组中的参数选项指定繁殖的每一代粒子的备选寿命值的列表。繁殖的粒子使用这些寿命，而不使用在【粒子生成】卷展栏的【寿命】文本框中为原粒子指定的寿命。

- 【列表窗口】：用于显示寿命值的列表。列表上的第一个值用于繁殖的第一代粒子，下一个值用于下一代，依此类推。如果列表中的值数少于繁殖的代数，最后一个值将重复用于所有剩余的繁殖。

- 【添加】：单击该按钮后，会将【寿命】文本框中的值加入列表窗口。

- 【删除】：单击该按钮后，将会删除列表窗口中当前选择显示的值。

- 【替换】：单击该按钮后，可以使用【寿命】文本框中的值替换队列中的值。

- 【寿命】：使用此选项可以设置一个值，然后单击【添加】按钮将该值加入列表窗口。

【对象变形队列】选项组：使用该选项组中的参数可以在带有每次繁殖（按照【繁殖数】微调器设置）的实例对象粒子之间切换。

- 【列表窗口】：用于显示要实例化为粒子的对象的列表。列表中的第一个对象用于第一次繁殖，第二个对象用于第二次繁殖，依此类推。如果列表中的对象数少于繁殖数，列表中的最后一个对象将用于所有剩余的繁殖。

- 【拾取】：单击该按钮后，在视图中选择要加入列表的对象。

- 【删除】：单击该按钮后，将可以删除列表窗口中当前选中的对象。

- 【替换】：使用其他对象替换队列中的对象。

9.1.4 【暴风雪】粒子系统

【暴风雪】粒子系统从一个平面向外发射粒子流，与【雪】粒子系统相似，但功能更为复杂。从发射平面上产生的粒子在落下时不断旋转、翻滚。它们可以是标准基本体、变形球粒子或替身几何体。暴风雪的名称并非强调它的猛烈，而是指它的功能强大，不仅可以用于普通雪景的制作，还可以表现火花进射、气泡上升、开水沸腾、满天飞花、烟雾升腾等特殊效果。

选择【创建】|【几何体】|【粒子系统】|【暴风雪】工具，在视图中拖动以创建暴风雪粒子系统，如图9.38所示。

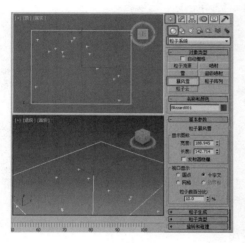

图 9.38

【显示图标】选项组。

- 【宽度、长度】：设置发射器平面的长、宽，即确定粒子发射覆盖的面积。

- 【发射器隐藏】：控制是否将发射器图标隐藏，发射器图标即使在屏幕上显示，它也不会被渲染。

【视图显示】选项组：设置在视图中粒子以何种方式显示，这与最后的渲染效果无关。

其他参数选项的功能参考【粒子阵列】粒子系统中的参数，在此不再赘述。

9.1.5 【粒子云】粒子系统

【粒子云】可以创建一群鸟、一个星空或一队在地面行军的士兵。【粒子云】粒子系统限制在一个空间内，在空间内部产生粒子效果。通常空间可以是球形、柱体或长方体，也可以是任意指定的分布对象，空间内的粒子可以是标准基本体、变形球粒子或替身几何体，常用来制作堆积的不规则群体。

选择【创建】|【几何体】|【粒子系统】|【粒子云】工具，在视图中拖动以创建粒子云粒子系统，如图9.39所示。

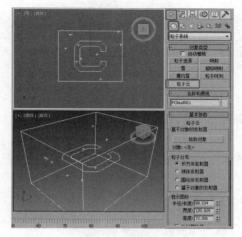

图 9.39

其【基本参数】卷展栏中的各个选项的功能如下。

【基于对象的发射器】选项组。

- 【拾取对象】：单击此按钮，并选择要作为自定义发射器使用的可渲染网格对象。

- 【对象】：显示所拾取对象的名称。

【粒子分布】选项组。

- 【长方体发射器】：选择长方体形状的发射器。

- 【球体发射器】：选择球体形状的发射器。

- 【圆柱体发射器】：选择圆柱体形状的发射器。

- 【基于对象的发射器】：选择【基于对象的发射器】选项组中所选的对象。

【显示图标】选项组。

- 【半径/长度】：当使用长方体发射器时，它为长度设定；当使用球体发射器和圆柱体发射器时，它为半径设定。

- 【宽度】：设置长方体的底面宽度。

- 【高度】：设置长方体或柱体的高度。

- 【发射器隐藏】：控制是否将发射器标志隐藏。

【视口显示】选项组：设置在视图中粒子以何种方式显示，这与最后的渲染效果有关。

9.1.6　【超级喷射】粒子系统

从一个点向外发射粒子流，与【喷射】粒子系统相似，但功能更为复杂。它只能由一个出发点发射，产生线形或锥形的粒子群形态。在其他的参数控制上，与【粒子阵列】几乎相同，既可以发射标准基本体，也可以发射其他替代对象。通过参数控制，可以实现喷射、拖尾、拉长、气泡晃动、自旋等多种特殊效果。常用来制作水管喷水、喷泉、瀑布等特效。

选择【创建】|【几何体】|【粒子系统】|【超级喷射】工具，在视图中拖动以创建粒子云粒子系统，如图9.40所示。

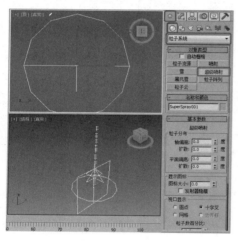

图 9.40

其【基本参数】卷展栏中的各个选项的功能如下。

【粒子分布】选项组。

- 【轴偏离】：设置粒子与发射器中心Z轴的偏离角度，产生斜向的喷射效果。
- 【扩散】：设置在Z轴方向上粒子发射后散开的角度。
- 【平面偏离】：设置粒子在发射器平面上的偏离角度。
- 【扩散】：设置在发射器平面上粒子发射后散开的角度，产生空间的喷射。

【显示图标】选项组。

- 【图标大小】：设置发射器图标的尺寸，它对发射效果没有影响。
- 【发射器隐藏】：设置是否将发射器图标隐藏。发射器图标即使在屏幕上，也不会被渲染出来。

【视口显示】选项组：设置在视图中粒子以何种方式显示，这与最后的渲染效果无关。

【粒子生成】、【粒子类型】、【气泡运动】和【旋转和碰撞】卷展栏中的内容参见其他区粒子系统相应的卷展栏，其功能相似。

> **注意**
>
> 超级喷射是喷射的一种更强大、更高级的版本。它提供了喷射的所有功能，以及其他特性。

9.2　空间扭曲

空间扭曲对象是一类在场景中影响其他物体的不可渲染对象，它们能够创建力场使其他对象发生变形，可以创建涟漪、波浪、强风等效果，如图9.41所示。不过空间扭曲改变的是场景空间，而修改器改变的是物体空间。

9.2.1　【力】类型的空间扭曲

【力】中的空间扭曲用来影响粒子系统和动力学系统。它们全部可以与粒子一起使用，而且其中

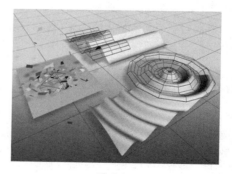

图 9.41

一些可以与动力学一起使用。

【力】面板中提供了 9 种不同类型的作用力，下面将分别对其中的 4 种进行介绍。

1. 路径跟随

指定粒子沿着一条曲线路径流动，需要一条样条线作为路径。可以用来控制粒子运动的方向，例如表现山间的小溪，可以让水流顺着曲折的山麓流下。如图 9.42 所示为粒子沿螺旋形路径运动，选择【创建】 | 【空间扭曲】 | 【力】 | 【路径跟随】工具，在顶视图中创建一个粒子路径跟随对象，如图 9.43 所示。

图 9.42

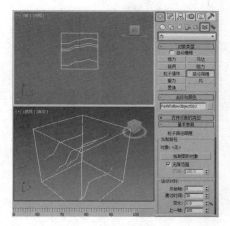

图 9.43

【当前路径】选项组。

- 【拾取图形对象】：单击该按钮，然后单击场景中的图形即可将其选为路径。可以使用任意图形对象作为路径；如果选择的是一个多样条线图形，则只会使用编号最小的样条线。

- 【无限范围】：取消选中该复选框时，会将空间扭曲的影响范围限制为【距离】设置的值；选中该复选框时，空间扭曲会影响场景中所有绑定的粒子，而不论它们距离路径对象有多远。

- 【范围】：指定取消选中【无限范围】复选框时的影响范围。这是路径对象和粒子系统之间的距离。【路径跟随】空间扭曲的图标位置会被忽略。

【运动计时】选项组。

- 【开始帧】：该参数选项用于设置路径开始影响粒子的起始帧。

- 【通过时间】：该参数选项用于设置每个粒子在路径上运动的时间。

- 【变化】：该参数选项用于设置粒子在传播时间的变化百分比。

- 【上一帧】：路径跟随释放粒子并且不再影响它们时所在的帧。

【粒子运动】选项组。

- 【沿偏移样条线】：设置粒子系统与曲线路径之间的偏移距离对粒子的运动产生影响。如果粒子喷射点与路径起始点重合，粒子将顺着路径流动；如果改变粒子系统与路径的距离，粒子流也会发生变化。

- 【沿平行样条线】：设置粒子系统与曲线路径之间的平移距离对粒子的运动不产生影响。即使粒子喷射口不在路径起始点，它也会保持路径的形态发生流动，但路径的方向会改变粒子的运动。

- 【恒定速度】：选中该复选框，粒子将保持匀速流动。

- 【粒子流锥化】：设置粒子在流动时偏向于路径的程度，根据其下的 3 个选项将产生不同的效果。

- 【变化】：设置锥形流动的变化百分比。

- 【会聚】：当【粒子流锥化】值大于 0 时，粒子在沿路径运动的同时会朝路径移动。

- 【发散】：粒子以分散方式偏向于路径。

- 【二者】：一部分粒子以会聚方式偏向于路径；另一部分粒子以分散方式偏向于路径。

- 【旋涡流动】：设置粒子在路径上螺旋运动的圈数。

- 【变化】：设置旋涡流动的变化百分比。

- 【顺时针】和【逆时针】：设置粒子旋转的方向为顺时针，还是逆时针方向。

● 【双向】：设置粒子打旋方向为双方向。

【唯一性】选项组。

● 【种子】：设置在相同设置下表现出不同的效果。

【显示图标】选项组。

● 【图标大小】：设置视图中图标的显示大小。

2. 重力

　　【重力】空间扭曲可以在粒子系统所产生的粒子上对自然重力的效果进行模拟。重力具有方向性，沿重力箭头方向运动的粒子呈加速状；逆着箭头方向运动的粒子呈减速状。在球形重力下，运动朝向图标。重力也可以作为动力学模拟中的一种效果，如图 9.44 所示。

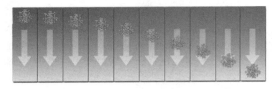

图 9.44

　　下面将对【重力】的【参数】卷展栏进行介绍，如图 9.45 所示。

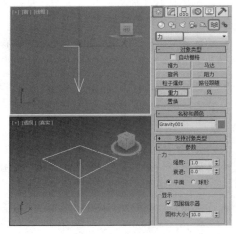

图 9.45

【力】选项组。

● 【强度】：该参数用于设置重力的大小。当值为 0 时，无引力影响；值为正时，粒子会沿着箭头方向偏移；值为负时，粒子会指向箭头方向。

● 【衰退】：该参数用于设置粒子随着距离的增加而减少，受引力的影响。

● 【平面】：选中该单选按钮后，重力效果将垂直于贯穿场景的重力扭曲对象所在的平面。

● 【球形】：选中该单选按钮后，重力效果将变为球形，粒子将被球心吸引。

【显示】选项组。

● 【范围指示器】：选中该复选框时，如果衰减参数大于 0，视图中的图标会显示出重力最大值的范围。

● 【图标大小】：该参数选项用于设置图标在视图中的大小。

　　下面通过实例来讲解如何制作喷水动画，其具体操作步骤如下。

01 打开素材【利用喷射粒子制作喷水动画 .max】，选择【创建】|【几何体】|【粒子系统】|【喷射】工具，在顶视图中创建喷射粒子，如图 9.46 所示。

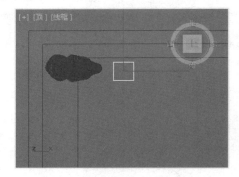

图 9.46

02 使用【选择并移动】工具，在视图中调整其位置，然后使用【选择并旋转】工具在前视图中旋转，将其沿 Y 轴旋转 $-80°$，效果如图 9.47 所示。

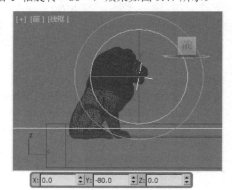

图 9.47

03 确定粒子系统处于选中状态，激活【修改】命令面板，在【参数】卷展栏中，将【视口计数】设置为 3000，【渲染计数】设置为 3000，【水滴大小】设置为 30，【速度】设置为 45，【变化】设置为 0.2，选中【水滴】单选按钮，如图 9.48 所示。

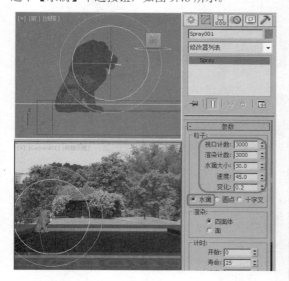

图 9.48

04 在【计时】选项组中，将【开始】设置为 –50，【寿命】设置为 300，在【发射器】选项组中，将【宽度】、【长度】分别设置为 80、80，如图 9.49 所示。

图 9.49

05 选择【创建】|【空间扭曲】|【重力】工具，在顶视图中创建重力，调整重力的位置，然后在【修改】命令面板中，将【强度】设置为 0.5，【图标大小】设置为 100，如图 9.50 所示。

06 在工具栏中单击【绑定到空间扭曲】按钮，在场景中选择喷射粒子，将其拖曳至重力上，释放鼠标即可将喷射粒子绑定到重力上，如图 9.51 所示。

图 9.50

图 9.51

07 按 M 键打开【材质编辑器】，选择一个空白的材质样本球，将其命名为【水】，选中【双面】复选框，将【环境光】RGB 设置为 150,176,185，选中【颜色】复选框，将【颜色】设置为黑色，【不透明度】设置为 90，【高光级别】、【光泽度】分别设置为 80、40，如图 9.52 所示。

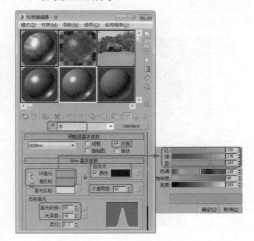

图 9.52

08 展开【扩展参数】卷展栏，将【衰减】设置为【外】，单击【过滤】右侧的色块，在弹出的对话

框中将 RGB 值设置为 144,158,188，【数量】设置为 96，如图 9.53 所示。

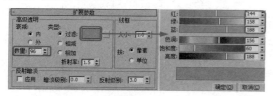

图 9.53

09 展开【贴图】卷展栏，将【不透明度】设置为45，【凹凸】设置为36，单击【不透明度】右侧的【无】按钮，在弹出的对话框中选择【噪波】，单击【确定】按钮，在【坐标】卷展栏中，将【偏移】下的【Z】设置为3000，【瓷砖】下的【X】设置为6，在【噪波】卷展栏中，将【噪波类型】设置为【分形】，【大小】设置为300，如图 9.54 所示。

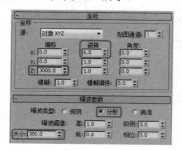

图 9.54

10 单击【转到父对象】按钮，再单击【凹凸】右侧的【无】按钮，在弹出的对话框中选择【噪波】，单击【确定】按钮，在【坐标】卷展栏中，将【偏移】下的【Z】设置为3000，【瓷砖】下的【X】设置为6，在【噪波】卷展栏中，将【噪波类型】设置为【分形】，【大小】设置为300，如图 9.55 所示。

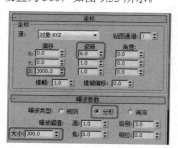

图 9.55

11 单击【转到父对象】按钮，确定粒子系统处于选中状态，单击【将材质指定给选定对象】按钮，将对话框关闭，选择雕塑、粒子系统和重力，在菜单栏中选择【组】|【组】命令，弹出【组】对话框，在该对话框中保持默认设置，单击【确定】按钮，如图 9.56 所示。

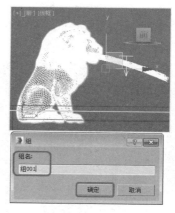

图 9.56

12 确定组处于选中状态，使用【选择并旋转】工具，激活顶视图，将其沿 Z 轴旋转 –45°，然后激活摄影机视图对该视图进行渲染、输出即可。效果如图 9.57 所示。

图 9.57

3. 风

　　【风】空间扭曲可以模拟风吹动粒子系统所产生的粒子效果。风力具有方向性，顺着风力箭头方向运动的粒子呈加速状。逆着箭头方向运动的粒子呈减速状，效果如图 9.58 所示。【风】空间扭曲的【参数】卷展栏如图 9.59 所示。

图 9.58

图 9.59

【力】选项组。

- 【强度】：该参数选项用于设置风力的强度。

- 【衰退】：设置【衰退】为 0.0 时，风力扭曲在整个世界空间内有相同的强度。增加【衰退】值会导致风力强度从风力扭曲对象的所在位置开始随距离的增加而减弱。

- 【平面】：设置空间扭曲对象为平面方式，箭头面为风吹的方向。

- 【球形】：设置空间扭曲对象为球形方式，球体中心为风源。

【风】选项组。

- 【湍流】：该参数可以使粒子在被风吹动时随机改变路线。该数值越大，湍流效果越明显。

- 【频率】：当其设置大于 0.0 时，会使湍流效果随时间呈周期变化。这种微妙的变化可能无法察觉，除非绑定的粒子系统生成大量粒子。

- 【比例】：该参数可以缩放湍流效果。当【比例】值较小时，湍流效果会更平滑、更规则。当【比例】值增加时，紊乱效果会变得更不规则、更混乱。

【显示】选项组。

- 【范围指示器】：选中该复选框，如果衰减参数大于 0，视图中的图标会显示出风力最大值的范围。

- 【图标大小】：用于设置视图中图标的大小。

4. 置换

【置换】空间扭曲以力场的形式推动和重塑对象的几何外形。置换对几何体（可变形对象）和粒子系统都会产生影响，如图 9.60 所示。使用【置换】

空间扭曲有以下两种基本方法。

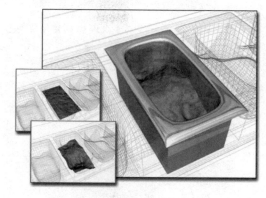

图 9.60

方法一：应用位图的灰度生成位移量。2D 图像的黑色区域不会发生位移。较白的区域会往外推进，从而使几何体发生 3D 置换。

方法二：通过设置位移的【强度】和【衰退】值，直接应用置换。

【置换】空间扭曲的工作方式和【转换】修改器类似，只不过前者像所有空间扭曲那样，影响的是世界空间而不是对象空间。

【置换】空间扭曲的【参数】卷展栏中的参数选项功能如下。

【置换】选项组。

- 【强度】：当将该参数设置为 0.0 时，置换扭曲没有任何效果。大于 0.0 的值会使对象几何体或粒子按偏离【置换】空间扭曲对象所在位置的方向发生置换。小于 0.0 的值会使几何体朝扭曲置换。默认值为 0.0。

- 【衰退】：默认情况下，置换扭曲在整个世界空间内有相同的强度。增加【衰退】值会导致置换强度从置换扭曲对象的所在位置开始随距离的增加而减弱。默认值为 0.0。

【图像】选项组。

- 【位图】：默认情况下为【无】。单击该按钮后，可以在对话框中指定位图文件。选择位图后，此按钮会显示位图的名称。

- 【移除位图】：单击该按钮后，将会移除指定的位图或贴图。

- 【贴图】：默认情况下标为【无】。单击以从【材质/贴图浏览器】中指定位图或贴图。选择位图或贴图后，该按钮会显示贴图的名称。

- 【移除贴图】：单击该按钮后，将会移除指定的位图或贴图。

- 【模糊】：增加该值可以模糊或柔化位图置换的效果。

【贴图】选项组。

- 【平面】：从对象上的一个平面投影贴图，在某种程度上类似于投影幻灯片，如图9.61所示为平面贴图效果。

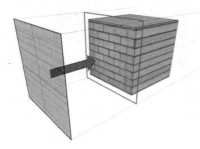

图9.61

- 【柱形】：从圆柱体投影贴图，使用它包裹对象。圆柱形投影用于基本形状为圆柱形的对象，如图9.62所示。

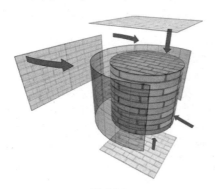

图9.62

- 【球形】：通过从球体投影贴图来包围对象，如图9.63所示。球形投影用于基本形状为球形的对象。

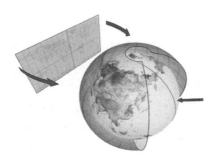

图9.63

- 【收缩包裹】：使用球形贴图，但是它会截去贴图的各个角，然后在一个单独极点将它们全部结合在一起，仅创建一个奇点。如图9.64所示。收缩包裹贴图用于隐藏贴图奇点。

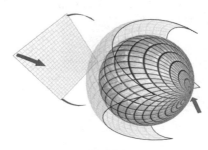

图9.64

- 【长度、宽度、高度】：指定空间扭曲gizmo的边界框尺寸。

提示

高度对平面贴图没有任何影响。

- 【U/V/W 向平铺】：用于指定位图沿指定尺寸重复的次数。默认值1.0对位图执行一次贴图操作，数值2.0对位图执行两次贴图操作，依此类推。分数值会在除了重复整个贴图之外，对位图执行部分贴图操作。例如，数值2.5会对位图执行两次半贴图操作。

- 【翻转】：用于设置沿相应的U、V或W轴反转贴图的方向。

9.2.2 【几何/可变形】类型的空间扭曲

几何/可变形空间扭曲用于使几何体变形，其中包括FFD（长方体）空间扭曲、FFD（圆柱体）空间扭曲、波浪空间扭曲、涟漪空间扭曲、置换空间扭曲、一致空间扭曲和爆炸空间扭曲。

1. 波浪

【波浪】空间扭曲可以在整个世界空间中创建线性波浪。它影响几何体和产生作用的方式与【波浪】修改器相同，它们最大的区别在于对象与波浪空间扭曲间的相对方向和位置会影响最终的扭曲效果。通常用它来影响大面积的对象，产生波浪或蠕动等特殊效果，效果如图9.65所示。

图 9.65

其【参数】卷展栏中各个选项的功能如下。

【波浪】选项组。

- 【振幅 1】：设置沿波浪扭曲对象的局部 X 轴的波浪振幅。

- 【振幅 2】：设置沿波浪扭曲对象的局部 Y 轴的波浪振幅。

- 【波长】：以活动单位数设置每个波浪沿其局部 Y 轴的长度。

- 【相位】：在波浪对象中央的原点开始偏移波浪的相位。整数值无效，只有小数值才有效。设置该参数的动画会使波浪看起来像是在空间中传播。

- 【衰退】：当其设置为 0 时，波浪在整个世界空间中有相同的一个或多个振幅。增加【衰退】值会导致振幅从波浪扭曲对象的所在位置开始随距离的增加而减弱，默认设置为 0。

【显示】选项组。

- 【边数】：设置波浪自身 X 轴的振动幅度。

- 【分段】：设置波浪自身 Y 轴上的片段划分数。

- 【尺寸】：在不改变波浪效果的情况下，调整波浪图标的大小。

2. 涟漪

　　【涟漪】空间扭曲可以在整个世界空间中创建同心波纹。它影响几何体和产生作用的方式与涟漪修改器相同。如果想让涟漪影响大量对象，或想要相对于其在世界空间中的位置影响某个对象时，应该使用【涟漪】空间扭曲。涟漪效果如图 9.66 所示。

图 9.66

　　下面将对【参数】卷展栏进行介绍，如图 9.67 所示。

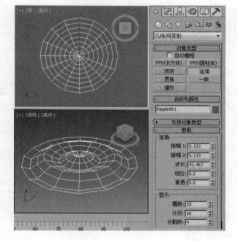

图 9.67

【涟漪】选项组。

- 【振幅 1】：设置沿着涟漪对象自身 X 轴向上的振动幅度。

- 【振幅 2】：设置沿着涟漪对象自身 Y 轴向上的振动幅度。

- 【波长】：设置每一个涟漪波的长度。

- 【相位】：设置波从涟漪中心点发出时的振幅偏移。此值的变化可以记录为动画，产生从中心向外连续波动的涟漪效果。

- 【衰退】：设置从涟漪中心向外衰减振动的影响，靠近中心的区域振动最强，随着距离的拉远，振动也逐渐变弱，这一点符合自然界中的涟漪现象，当水滴落入水中后，水波向四周扩散，振动衰减直至消失。

【显示】选项组。

- 【圈数】：设置涟漪对象圆环的圈数。
- 【分段】：设置涟漪对象圆周上的片段划分数。
- 【尺寸】：设置涟漪对象显示的尺寸。

3. 置换

【置换】是一个具有奇特功能的工具，它可以将一个图像映射到三维对象表面，根据图像的灰度值，可以对三维对象表面产生凹凸效果，白色的部分将凸起，黑色的部分将凹陷，该功能与力中的【置换】一样，这里就不再重复。

9.3 视频后期处理

本节将对视频后期处理进行全面介绍，希望通过对本节的学习，读者能够对视频后期处理有一个全面的认识。

9.3.1 视频后期处理简介

视频后期处理视频合成器是 3ds Max 中独立的一大组成部分，相当于一个视频后期处理软件，包括动态影像的非线性编辑功能和特殊效果处理功能，类似于 After Effects 或者 Combustion 等后期合成软件的性质，但视频后期处理功能很弱。在几年前后期合成软件不太流行的时候，这个视频合成器的确起到了很大的作用。

一个视频后期处理序列可以包含场景几何体、背景图像、效果，以及用于合成这些内容的遮罩，如图 9.68 所示。

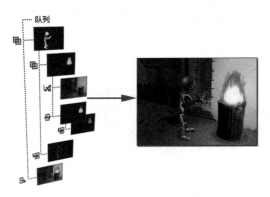

图 9.68

9.3.2 视频后期处理界面介绍

在菜单栏中选择【渲染】|【视频后期处理】命令，如图 9.69 所示，即可打开【视频后期处理】对话框，如图 9.70 所示。

图 9.69

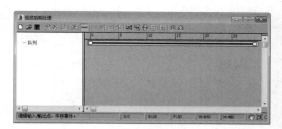

图 9.70

从外表上看，视频后期处理界面由 4 部分组成：顶端为工具栏，完成各种操作；左侧为序列窗口，用于加入和调整合成的项目序列；右侧为编辑窗口，以滑块控制当前项目所处的活动区段；在该对话框的底部提供了一些用于提示信息的显示和一些控制工具。

在视频后期处理中，可以加入多种类型的项目，包括当前场景、图像、动画、过滤器和合成器等，其主要目的有两个：一是将场景、图像和动画组合连接在一起，层层覆盖以产生组合的图像效果，分段连接产生剪辑影片的作用；二是对组合和连接加入特殊处理，如对图像进行发光处理，在两个影片衔接时做淡入淡出处理等。

1. 序列窗口和编辑窗口

左侧空白区中为序列窗口，在序列窗口中以一个分支树的形式将各个项目连接在一起，项目的种类可以任意指定，它们之间也可以分层。这与材质分层、轨迹分层的概念相同。

在视频后期处理中，大部分工作是在各个项目的自身设置面板中完成的。通过序列窗口可以安排这些项目的顺序，从上至下，越往上，层级越低，下面的层级会覆盖在上面的层级之上。所以对于背景图像，应该将其放置在最下层（即底层级）。

对于序列窗口中的项目，双击可以直接打开它的参数控制面板，进行参数设置。单击可以将其选中，配合键盘上的 Ctrl 键可以单独添加或减去选择，配合 Shift 键可以将两个选择之间的所有项目选中，这对于编辑窗口中的操作也同样适用。

右侧窗口是编辑窗口，它的内容很简单，以条柱表示当前项目作用的时间段，上面有一个可以滑动的时间标尺，由此确定时间段的坐标，时间条柱可以移动或放缩，多个条柱选择后可以进行各种对齐操作。双击项目条柱也可以直接打开其参数控制面板，进行参数设置，如图 9.71 所示。

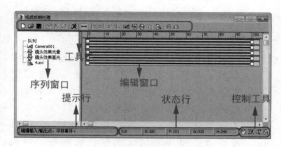

图 9.71

2. 信息栏和显示控制工具

在视频后期处理窗口底部是信息栏和显示控制工具。

最左侧为提示行，显示下一步进行何种操作，主要针对当前选中的工具。

中间为状态行，S：显示当前选择项目的起始帧；E：显示当前选择项目的结束帧；F：显示当前选择项目的总帧数；W/H：显示当前序列最后输出图像的尺寸，单位为像素。

控制工具主要用于编辑窗口的显示。

- 【平移】：用于在事件轨迹区域水平拖动，将视图从左移至右。

- 【最大化显示】：水平调整事件轨迹区域的大小，使最长轨迹栏的所有帧都可见。

- 【缩放时间】：事件轨迹区域显示较多或较少数量的帧，可以缩放显示。时间标尺显示当前时间单位。在事件轨迹区域水平拖动来缩放时间。向右拖动以在轨迹区域显示较少帧（放大）。向左拖动以在轨迹区域显示较多帧（缩小）。

- 【缩放区域】：通过在事件轨迹区域拖动矩形来放大定义的区域。

3. 工具栏

工具栏中包含的工具主要用于处理视频后期处理文件、管理显示在序列窗口和编辑窗口中的单个事件。

- 【新建序列】：单击该按钮，将会弹出一个确认提示，新建一个序列的同时，会将当前所有序列设置删除。

- 【打开序列】：单击该按钮，弹出【打开序列】对话框，在该对话框中可以将以保存的 vpx 格式文件调入。vpx 是视频后

期处理保存的标准格式，这有利于序列设置的重复利用。

- 【保存序列】■：单击该按钮，弹出【保存视频后期处理文件】对话框，将当前视频后期处理中的序列设置保存为标准的 vpx 文件，以便用于其他场景。一般情况下，不必单独保存视频后期处理文件，所有的设置会连同 3ds Max 文件一同保存。如果在序列项目中有动画设置，将会弹出一个警告框，告知不能将此动画设置保存在 vpx 文件中，如果需要完整保存，应当以 3ds Max 文件保存，如图 9.72 所示。

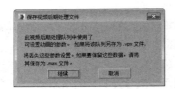

图 9.72

- 【编辑当前事件】■：在序列窗口中选择一个事件后，此按钮成为活动状态，单击它，可以打开当前选择项目的参数设置面板。一般我们不使用这个工具，因为无论在序列窗口还是在编辑窗口中，双击项目即可打开它的参数设置面板。

- 【删除当前事件】✗：可以删除不可用的启用事件和禁用事件。

- 【交换事件】⟨⟩：当两个相邻的事件一同被选中时，它变为激活状态。单击该按钮可以将两个事件的前后次序颠倒，用于事件之间相互次序的调整。

- 【执行序列】✗：对当前视频后期处理中的序列进行输出渲染，这是最后的执行操作，将弹出一个参数设置面板，如图 9.73 所示。在该对话框中设置时间范围和输出大小，然后单击【渲染】按钮创建视频。

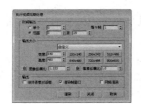

图 9.73

➢ 【时间输出】选项组。

  ◆ 【单个】：仅当前帧。只能执行单帧，

前提是它在当前范围内。

  ◆ 【范围】：两个数字之间（包括这两个数）的所有帧。

  ◆ 【每 N 帧】：帧的规则采样。例如，输入 8 则每隔 8 帧执行一次。

➢ 【输出大小】选项组。

  ◆ 【类型】：可以在该下拉列表中选择【自定义】或电影及视频格式。对于【自定义】类型，可以设置摄影机的光圈宽度、渲染输出分辨率和图像纵横比或像素纵横比。

  ◆ 【宽度/高度】：以像素为单位指定图像的宽度和高度。对于【自定义】格式，可以分别单独进行设置。对于其他格式，两个微调器会锁定为指定的纵横比，因此更改一个，另外一个也会更改。

  ◆ 【分辨率按钮】：指定预设的分辨率。右击该按钮将显示子对话框，利用它可以更改该按钮指定的分辨率。

  ◆ 【图像纵横比】：设置图像的纵横比。更改【图像纵横比】时，还可以更改【高度】值以保持正确的纵横比。对于标准的电影或视频格式，图像纵横比是锁定的，该文本框由显示的文字取代。

  ◆ 【像素纵横比】：设置图像像素的纵横比。对于标准的电影或视频格式，像素纵横比由格式确定，该文本框由显示的文字取代。

➢ 【输出】选项组。

  ◆ 【保持进度对话框】：视频后期处理序列完成执行后，强制【视频后期处理进度】对话框保持显示。默认情况下，它会自动关闭。如果选中该复选框，则必须单击【关闭】按钮关闭该对话框。

  ◆ 【渲染帧窗口】：在屏幕中以窗口方式显示渲染输出过程。

  ◆ 【网络渲染】：如果选中该复选框，在渲染时将会看到【网络作业分配】对话框。

- 【编辑范围栏】━：这是视频后期处理中的基本编辑工具，对序列窗口和编辑窗口都有效。

- 【将选定项靠左对齐】▐▌：将多个选择的
  项目范围条左侧对齐。

- 【将选定项靠右对齐】▐▌：将多个选择的
  项目范围条右侧对齐。

- 【使选定项大小相同】▐▌：单击该按钮使
  所有选定的事件与当前的事件大小相同。

- 【关于选定项】▐▌：单击该按钮，将选定
  的事件首尾连接，这样，一个事件结束时，
  下一个事件开始。

- 【添加场景事件】▐▌：为当前序列加入一
  个场景事件，渲染的视图可以从当前屏幕中
  使用的几种标准视图中选择。对于摄影机
  视图，不出现在当前屏幕上的也可以选择，
  这样，可以使用多架摄影机在不同角度拍
  摄场景，通过视频后期处理将它们按时间
  段组合在一起，编辑成一段连续切换镜头
  的影片。单击【添加场景事件】按钮▐▌，
  可以打开【添加场景事件】对话框，如图9.74
  所示。

图 9.74

- 【视图】选项组。

  - 【标签】：这里可以为当前场景事件
    设定一个名称，它将出现在序列窗口
    中，如果为【未命名】，则以当前选
    择的视图标识名称作为序列名称。

  - 【视图选择】下拉列表：在这里可以
    选择当前场景渲染的视图，其中包括
    当前屏幕中存在的标准视图，以及所
    有的摄影机视图。

- 【场景选项】选项组。

  - 【渲染设置】：单击该按钮，将打开【渲

染设置】面板，其中所包含的内容是
除视频后期处理执行序列对话框参数
以外的其他渲染参数，这些参数与场景
的渲染参数通用，彼此调节都会产
生相同的影响。

- 【场景运动模糊】：为整个场景打开
  场景运动模糊效果。这与对象运动模
  糊有所区别，对象运动模糊只能为场
  景中的个别对象创建运动模糊。

- 【持续时间（帧）】：为运动模糊设
  置虚拟快门速度。当将它设置为1时，
  则为连续两帧之间的整个持续时间开
  启虚拟快门。当将它设置为较小数值
  时（例如0.25），在【持续时间细分】
  字段指定的细分数将在帧的指定部分
  渲染。

- 【持续时间细分】：确定在【持续时
  间】内渲染的子帧切片的数量。默认
  值为2，但是可能要有至少5个或者
  6个才能达到合适的效果。

- 【抖动％】：设置重叠帧的切片模糊
  像素之间的抖动数量。如果【抖动％】
  设置为0，则不会有抖动发生。

- 【场景范围】选项组。

  - 【场景开始／结束】：设置要渲染的
    场景帧范围。

  - 【锁定范围栏到场景范围】：当取消
    选中【锁定到视频后期处理范围】复
    选框时才可用。当它可用时，将禁用【场
    景结束】微调器，并锁定到【视频后
    期处理】范围。更改【场景开始】微
    调器时，它会根据为该事件设置的【视
    频后期处理】范围自动更新【场景结束】
    微调器。

  - 【锁定到视频后期处理范围】：将相
    同范围的场景帧渲染为【视频后期处
    理】帧。可以在【视频后期处理】对
    话框中设置【视频后期处理】范围。

- 【视频后期处理参数】选项组。

  - 【VP 开始／结束时间】：在整个视频
    后期处理队列中，设置选定事件的开
    始帧和结束帧。

  - 【启用】：该复选框用于启用或禁用

事件。取消选中该复选框时，事件被禁用，当渲染队列时，【视频后期处理】会忽略该事件。必须分别禁用各个事件。

- 【添加图像输入事件】: 将静止或移动的图像添加至场景。【图像输入】事件将图像放置到队列中，但不同于【场】事件，该图像是一个事先保存过的文件或设备生成的图像。单击【添加图像输入事件】按钮，可以打开【添加图像输入事件】对话框，如图 9.75 所示。

图 9.75

➢ 【图像输入】选项组。

- ◆ 【标签】: 为当前事件定义一个特征名称，如果默认【未命名】，将使用输入图像的文件名称。

- ◆ 【文件】: 可用于选择位图或动画图像文件。

- ◆ 【设备】: 选择用于图像输出的外围设备驱动。

- ◆ 【选项】: 单击该按钮，弹出【图像输入选项】对话框，如图 9.76 所示。在该对话框中可以设置输入图像的对齐方式、大小和帧范围。

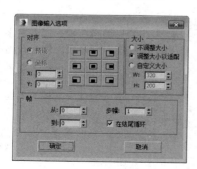

图 9.76

提示

【选项】按钮只有在添加图像文件之后才可用。

- ◆ 【缓存】: 在内存中存储位图。如果要使用单个图像位图，则可以选中该复选框。【视频后期处理】不会重新加载或缩放每个帧的图像。

➢ 【图像驱动程序】选项组。

提示

只有将选择的设备用作图像源时，这些按钮才可用。

- ◆ 【关于】: 提供关于图像处理软件来源的信息，该软件用于将图像导入 3ds Max 环境。

- ◆ 【设置】: 显示插件的设置对话框，某些插件可能不能使用该按钮。

➢ 【视频后期处理参数】选项组: 与【添加场景事件】对话框中的内容相同，可参见前面相关内容的介绍。

- 【添加图像过滤事件】: 提供图像和场景的图像处理。单击(添加图像过滤事件)按钮，打开如图 9.77 所示的【添加图像过滤事件】对话框。

图 9.77

➢ 【过滤器插件】选项组。

- ◆ 【标签】: 指定一个名称作为当前过滤事件在序列中的名称。

- ◆ 【过滤器】列表: 在该下拉列表中列出了已安装的过滤器插件。

- ◆ 【关于】: 提供插件的版本和来源信息。

- ◆ 【设置】: 显示插件的设置对话框。某些插件可能不能使用该按钮。

➤ 【遮罩】选项组。

◆ 【通道】：如果要将位图用作遮罩文件，可以使用 Alpha 通道、【红色、绿色或蓝色】通道、【亮度】、【Z缓冲区】、【材质效果】或【对象 ID】。

提示

通道类型下拉列表只有在选中【遮罩】选项组中的【启用】复选框时才可用。

◆ 【文件】：选择用作遮罩的文件。选定文件的名称会出现在【文件】按钮上方。

◆ 【选项】：单击该按钮，将会显示【图像输出选项】对话框，可以在该对话框中设置相对于视频输出帧的对齐和大小。对于已生成动画的图像，还可以将遮罩与视频输出帧序列同步。

◆ 【启用】：如果取消选中该选项，则【视频后期处理】会忽略任何其他的遮罩设置。

◆ 【反转】：启用后，将遮罩反转。

➤ 【视频后期处理参数】选项组：与【添加场景事件】对话框中【视频后期处理参数】选项组中的内容相同，可参见相关的内容进行设置。这里就不再赘述了。

● 【添加图像层事件】：将两个事件以某种特殊方式合成在一起，这时它成为父级事件，被合成的两个事件成为子级事件。对于事件的要求，只能合成输入图像和输入场景事件，当然也可以合成图层事件，产生嵌套的层级。单击【添加图像层事件】按钮，即可打开【添加图像层事件】对话框，如图 9.78 所示。

图 9.78

一般利用它将两个图像或场景合成在一起，利用 Alpha 通道控制透明度，从而产生一个新的合成图像。还可以将两段影片连接在一起，用作淡入淡出或擦拭等基本转场效果。对于更加复杂的剪辑效果，应使用专门的视频剪辑软件来完成，如 Adobe Premiere 等。

它的参数与【过滤器事件】相同，只是菜单中提供的合成器不同。

● 【添加图像输出事件】：与图像输入事件按钮用法相同，只是支持的图像格式少了一些。通常将它放置在序列的最后，可以将最后的合成结果保存为图像文件。单击【添加图像输出事件】按钮，打开【添加图像输出事件】对话框，如图 9.79 所示。

图 9.79

● 【添加外部事件】：使用它可以为当前事件加入一个外部处理程序，例如 Photoshop、CorelDRAW 等。它的原理是在完成 3ds Max 的渲染任务后，打开外部程序，将保存在系统剪贴板中的图像粘贴为新文件。在外部程序中对它进行编辑加工，最后再复制到剪贴板中，关闭该程序后，加工后的剪贴板图像会重新应用到 3ds Max 中，继续其他的处理操作。单击【添加外部事件】按钮，将会打开【添加外部事件】对话框，如图 9.80 所示。

➤ 【浏览】：单击该按钮，在硬盘目录中指定要加入的程序名称。

➤ 【将图像写入剪贴板】：选中该复选框，将把前面 3ds Max 完成的图像粘贴到系统剪贴板中。

➤ 【从剪贴板读取图像】：选中该复选框，将外部程序关闭后，重新读入剪贴板中的图像。

图 9.80

其他命令参照前面相关的内容，这里就不再赘述了。

- 【添加循环事件】 ：对指定事件进行循环处理。它可以对所有类型的事件操作，包括它自身，加入循环事件后会产生一个层级，子事件为原事件，父事件为循环事件，表示对原事件进行循环处理。加入循环事件后，可以更改原事件的范围，但不能更改循环事件的范围，它以灰色显示出循环后的总长度，如果要对它进行调节，必须进入其循环设置面板。单击【添加循环事件】按钮 ，即可打开【添加循环事件】对话框，如图 9.81 所示。

图 9.81

➤ 【顺序】选项组。

◆ 【标签】：为循环事件指定一个名称，它将显示在事件窗口中。

◆ 【循环】：以首尾的连接方式循环。

◆ 【往复】：重复子事件，方法是首先向前播放，然后向后播放，再向前播放，以此类推。不重复子事件的最后帧。

➤ 【次数】选项组：指定除子事件首次播放以外的重复循环或往复的次数。

- 序列窗口：在【序列窗口】中包含以下操作选项及编辑方式。

➤ 通过单击项目事件（选定后黄色底显示）来选择任意事件。

➤ 配合 Ctrl 键加入或减去一个项目事件。

➤ 配合 Shift 键将两个选择项目事件之间的全部事件选中。

➤ 单击【队列】项目事件，全选子级事件。

➤ 双击项目事件，打开其参数控制面板。

➤ 右击取消所有选择。

- 编辑窗口：在【编辑窗口】中包含以下操作选项及编辑方式。

➤ 单击选择单个范围栏，以红色显示。

➤ 配合 Ctrl 键加入或减去一个范围栏。

➤ 配合 Shift 键将两个选择范围栏之间的全部范围栏选中。

➤ 在范围栏两端拖动鼠标，进行时间范围的调节。

➤ 在范围栏中央拖动鼠标，进行整个范围栏整个区间的移动。

➤ 双击事件范围栏，打开它的参数控制面板。

➤ 右击取消所有选择。

下面将介绍如何制作通过视频后期处理制作太阳耀斑的效果，其具体操作步骤如下。

01 打开素材【太阳耀斑 .max】，如图 9.82 所示。

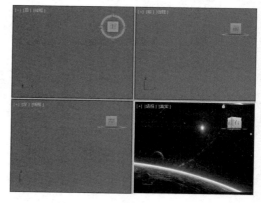

图 9.82

02 选择【创建】|【辅助对象】|【大气装置】|【球体 Gizmo】工具，在前视图中创建一个球体 Gizmo，在【球体 Gizmo 参数】卷展栏中将【半径】设置为 500，如图 9.83 所示。

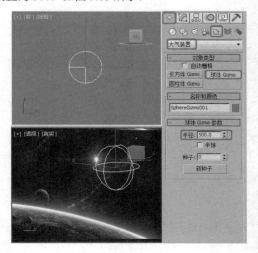

图 9.83

03 按 8 键，在弹出的【环境和效果】对话框中选择【环境】选项卡，在【大气】卷展栏中单击【添加】按钮，在弹出的对话框中选择【火效果】选项，如图 9.84 所示。

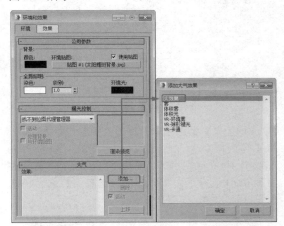

图 9.84

04 单击【确定】按钮，在【火效果参数】卷展栏中单击【拾取 Gizmo】按钮，在视图中拾取前面所创建的球体 Gizmo 对象，如图 9.85 所示。

05 拾取完成后，关闭该对话框，选择【创建】|【摄影机】|【目标】摄影机工具，在顶视图中创建一架摄影机，在【参数】卷展栏中将【镜头】设置为 40，激活透视图，按 C 键将该视图转换为摄影机视图，然后在其他视图中调整摄影机的位置，如图 9.86 所示。

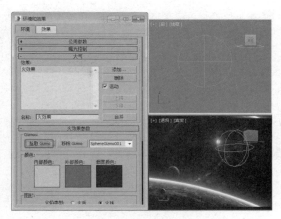

图 9.85

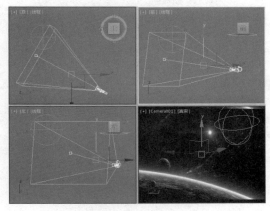

图 9.86

06 选择【创建】|【灯光】|【标准】|【泛光】工具，在顶视图中创建泛光灯对象，并调整其位置，效果如图 9.87 所示。

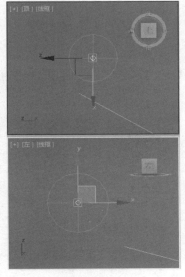

图 9.87

287

07 在菜单栏中单击【渲染】按钮，在弹出的下拉列表中选择【视频后期处理】命令，如图9.88所示。

图 9.88

08 在弹出的对话框中单击【添加场景事件】按钮，在弹出的对话框中将视图设置为【Camera001】，如图9.89所示。

图 9.89

09 单击【确定】按钮，再单击【添加图像过滤事件】按钮，在弹出的对话框中将过滤器设置为【镜头效果光斑】，如图9.90所示。

图 9.90

10 设置完成后，单击【确定】按钮，在【视频后期处理】对话框中双击该事件，在弹出的对话框中单击【设置】按钮，在弹出的对话框中单击【VP队列】与【预览】按钮，单击【节点源】按钮，在弹出的对话框中选择【Omni001】，如图9.91所示。

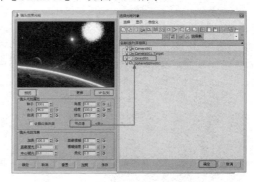

图 9.91

11 单击【确定】按钮，在【首选项】选项卡中选中所需的复选框，如图9.92所示。

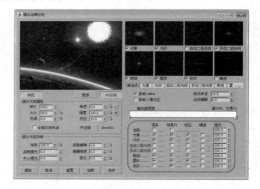

图 9.92

12 选择【光晕】选项卡，将【大小】设置为260，将【径向颜色】左侧渐变滑块的RGB值设置为255,255,108；确定第二个渐变滑块在93的位置，并将其RGB值设置为45,1,27；将最右侧的色标RGB值设置为0,0,0，如图9.93所示。

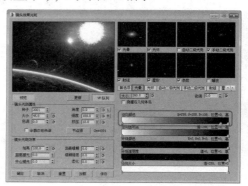

图 9.93

13 选择【光环】选项卡，将【厚度】设置为8，如图9.94所示。

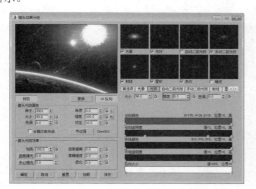

图 9.94

14 选择【射线】选项卡，将【大小】设置为300，将【径向颜色】所有渐变滑块的 RGB 值设置为255,255,108，如图9.95所示。

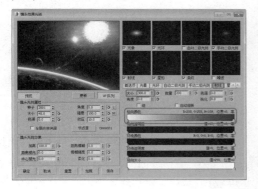

图 9.95

15 设置完成后，单击【确定】按钮，单击【添加图像输出事件】按钮，在弹出的对话框中单击【文件】按钮，在弹出的对话框中指定输出路径，将【文件名】设置为【太阳耀斑】，【保存类型】设置为【JPEG文件（*.jpg，*.jpe，*.jpeg）】，如图9.96所示。

16 设置完成后，单击【保存】按钮，在弹出的对话框中单击【确定】按钮即可，再在【添加图像输出事件】对话框中单击【确定】按钮，单击【执行序列】按钮，在弹出的对话框中选中【单个】单选按钮，如图9.97所示，单击【渲染】按钮即可。

图 9.96

图 9.97

17 渲染完成后的效果如图9.98所示。

图 9.98

⑨.4 课堂实例

本节将通过镜头效果、镜头效果光晕、镜头效果高光、风、阻力等效果来制作太阳光特效、星光闪烁、香烟动画等。

9.4.1　制作太阳光特效

本例将介绍如何使用镜头光斑效果和镜头效果制作太阳光特效，首先使用【环境和效果】对话框添加背景贴图，然后在【视频后期处理】对话框中进行调整，效果如图9.99所示。

图 9.99

01 重置场景后，按 8 键，在弹出的【环境和效果】对话框中，单击【环境贴图】下的【无】按钮，在弹出的【材质/贴图浏览器】对话框中选择【位图】贴图，再在弹出的对话框中选择本书相关素材中的 Map/318751-140416214T512.jpg，如图9.100所示。

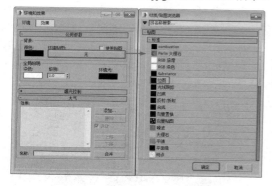

图 9.100

02 按 M 键打开【材质编辑器】对话框，将【环境和效果】对话框中的【贴图】按钮拖曳到新的材质球上，在弹出的对话框中选中【实例】单选按钮，并单击【确定】按钮，然后在【坐标】卷展栏中选中【环境】单选按钮，将【贴图】设置为【屏幕】，如图9.101所示。

03 激活透视视图，按 Alt+B 快捷键，弹出【视口配置】对话框，在【背景】选项卡中选择【使用环境背景】选项，然后单击【确定】按钮，如图9.102所示，即可在透视视图显示环境贴图。

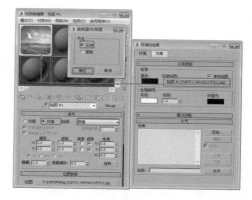

图 9.101

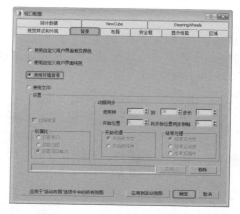

图 9.102

04 进入【创建】命令面板，在【摄影机】对象面板中单击【目标】按钮，然后在视图中创建目标摄影机，在【参数】卷展栏中，将【镜头】设置为43，并在其他视图中调整其位置，如图9.103所示。

图 9.103

05 激活透视视图，按 C 键将其转换为摄影机视图，使用【选择并移动】工具，在视图中调整摄影机的位置，如图9.104所示。

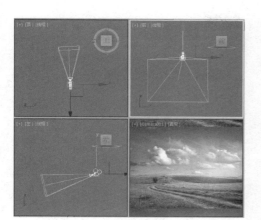

图 9.104

06 选择【创建】|【灯光】|【泛光】工具，在视图中创建一个泛光对象，如图 9.105 所示。

图 9.105

07 使用【选择并移动】工具，在视图中调整泛光灯的位置，确认灯光处于选中状态，切换至【修改】命令面板，在【大气和效果】卷展栏中单击【添加】按钮，如图 9.106 所示。

图 9.106

08 弹出【添加大气或效果】对话框，在该对话框中选择【镜头效果】，然后单击【确定】按钮，如图 9.107 所示。

图 9.107

09 在【大气和效果】卷展栏中选中【镜头效果】，单击【设置】按钮，在弹出的对话框中打开【镜头效果参数】卷展栏，分别将【光晕】、【自动二级光斑】、【射线】、【手动二级光斑】添加至右侧的列表框中，在右侧的列表框中选择【Ray】，在【射线元素】卷展栏中选择【参数】选项卡，将【大小】设置为 10，如图 9.108 所示。

图 9.108

10 在【镜头效果参数】卷展栏中选择右侧列表中的【Manual Secondary】，在【手动二级光斑元素】卷展栏中，将【大小】设置为 400，【平面】设置为 150，【强度】设置为 60，【使用源色】设置为 20，【边数】设置为 [三]，如图 9.109 所示。

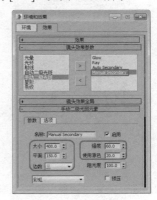

图 9.109

11 设置完成后，将该对话框关闭，按 F9 键渲染并查看效果，渲染效果如图 9.110 所示。

图 9.110

12 在菜单栏中执行【渲染】|【视频后期处理】命令，在弹出的【视频后期处理】对话框中单击【添加场景事件】按钮，如图 9.111 所示。

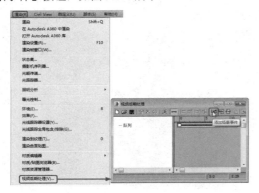

图 9.111

13 弹出【添加场景事件】对话框，在弹出的对话框中使用其默认的设置，单击【确定】按钮，如图 9.112 所示。

图 9.112

14 在【视频后期处理】对话框中单击【添加图像过滤事件】按钮，在弹出的对话框中将过滤事件设置

为【镜头效果光斑】，单击【确定】按钮，如图 9.113 所示。

图 9.113

15 在【视频后期处理】对话框中可以看到添加的场景事件，双击【镜头效果光斑】过滤器，如图 9.114 所示。

图 9.114

16 弹出【编辑过滤事件】对话框，在该对话框中直接单击【设置】按钮，如图 9.115 所示。

图 9.115

17 弹出【镜头效果光斑】对话框，在队列窗口中单击【VP 队列】和【预览】按钮，显示场景图像效果，将【强度】设置为 10，在【镜头光斑属性】选项组中单击【节点源】按钮，如图 9.116 所示。

18 弹出【选择光斑对象】对话框，在列表中选择【Omni001】对象，然后单击【确定】按钮，如图 9.117 所示。

图 9.116

图 9.117

知识链接

【预览】：单击预览按钮时，如果光斑拥有自动或手动二级光斑元素，则在窗口左上角显示光斑。如果光斑不包含这些元素，光斑会在预览窗口的中央显示。如果【VP 队列】按钮未处于启用状态，则预览显示一个可以调整的常规光斑。每次更改设置时，预览都会自动更新。一条白线会出现在预览窗口底部，以指示预览正在更新。

【VP 队列】：在主预览窗口中显示队列的内容。预览按钮也必须处于启用状态。【VP 队列】将显示最终的合成结果（其中将正在编辑的效果与【视频后期处理】对话框中的队列内容结合在一起）。

注意

退出【镜头效果光斑】时，如果【预览】和【VP队列】按钮保持活动状态，那么下次启动【镜头效果光斑】对话框时，重新渲染主预览窗口中的场景，将花费几秒钟时间。

19 选择【首选项】选项卡，设置其参数如图 9.118 所示。

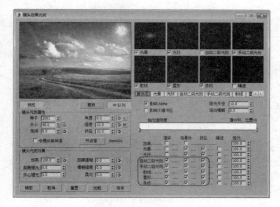

图 9.118

20 切换至【手动二级光斑】选项卡，将【大小】设置为 90，如图 9.119 所示。

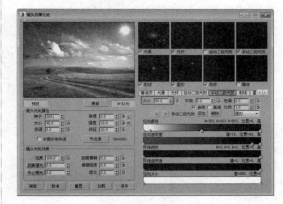

图 9.119

21 选择【射线】选项卡，将【大小】设置为 150，【数量】设置为 200，【锐化】设置为 8，如图 9.120 所示。

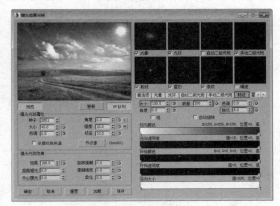

图 9.120

22 切换至【星形】选项卡，将【大小】设置为 125，【角度】设置为 100，【数量】设置为 12，【亮度】设置为 3.5，【色调】设置为 0，【锐化】设置为 9.7，【锥化】设置为 7.0，如图 9.121 所示。

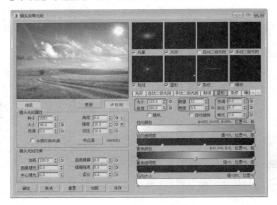

图 9.121

23 切换至【条纹】选项卡，将【大小】设置为 500，【宽度】设置为 12，【锐化】设置为 9，【锥化】设置为 0.5，设置完成后单击【确定】按钮，如图 9.122 所示。

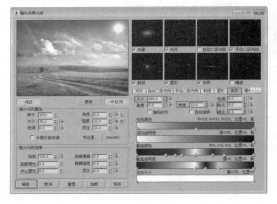

图 9.122

24 激活摄影机视图，按 F9 键进行快速渲染，渲染效果如图 9.123 所示。

图 9.123

9.4.2 星光闪烁

本例将介绍如何制作星光闪烁的动画效果，首先使用圆工具绘制出运动路径，然后绘制圆柱体，为圆柱体添加【路径变形】修改器，拾取圆为路径；其次创建粒子云系统，拾取圆柱体为发射器，设置粒子参数；最后通过视频后期处理为粒子添加【镜头效果光晕】和【镜头效果高光】过滤器，将视频渲染输出，效果如图 9.124 所示。

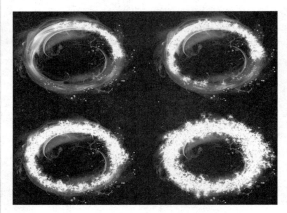

图 9.124

01 重置场景后，按 8 键，在弹出的【环境和效果】对话框中，单击【环境贴图】下的【无】按钮，在弹出的【材质/贴图浏览器】对话框中选择【位图】贴图，再在弹出的对话框中选择本书相关素材中的 Map/214818-120P41224299.jpg，如图 9.125 所示。

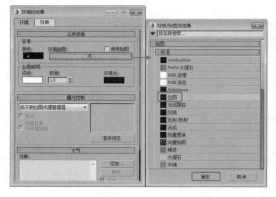

图 9.125

02 按 M 键打开【材质编辑器】对话框，将【环境和效果】对话框中的【贴图】按钮拖曳到新的材质球上，在弹出的对话框中选中【实例】单选按钮，并单击【确定】按钮，然后在【坐标】卷展栏中选中【环境】单选按钮，将【贴图】设置为【屏幕】，如图 9.126 所示。

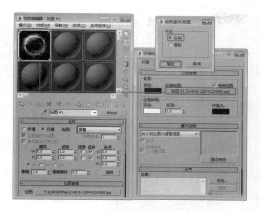

图 9.126

03 激活透视视图，按Alt+B快捷键，弹出【视口配置】对话框，在【背景】选项卡中选择【使用环境背景】选项，然后单击【确定】按钮，如图 9.127 所示。

图 9.127

04 使用环境背景后的显示效果如图 9.128 所示。

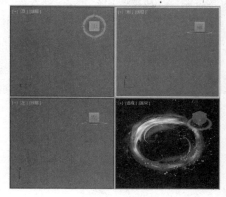

图 9.128

提示

为了使路径更加圆滑，可以将普通的顶点转换为Bazier 角点，此时会出现可以调节的手柄，可以使曲线更加平滑。

05 选择【创建】|【图形】|【圆】工具，在前视图中创建一个圆对象，在【参数】卷展栏中将【半径】设置为399，如图 9.129 所示。

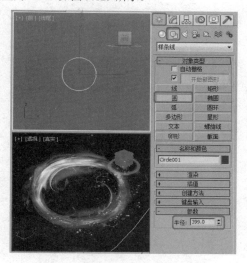

图 9.129

06 使用【选择并均匀缩放】工具，调整圆的形状至合适的效果，如图 9.130 所示。

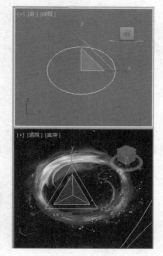

图 9.130

07 选择【创建】|【几何体】|【标准基本体】|【圆柱体】工具，在前视图中绘制圆柱体，在【参数】卷展栏中，将【半径】设置为25，【高度】设置为90，【高度分段】设置为50，【端面分段】设置为5，如图 9.131 所示。

08 选择【创建】|【几何体】|【粒子系统】|【粒子云】选项，在前视图中创建粒子对象，在【基本参数】卷展栏中单击【拾取对象】按钮，在场景中选择圆柱体，此时，在【粒子分布】选项组中系统将自动选中【基于对象的发射器】单选按钮，如图 9.132 所示。

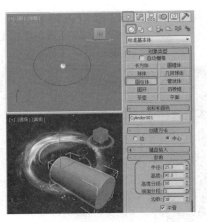

图 9.131

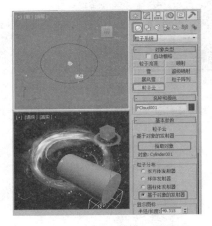

图 9.132

09 在场景中选择圆柱体，右击，在弹出的快捷菜单中执行【对象属性】命令，弹出【对象属性】对话框，在【显示属性】组中选择【透明】选项，然后单击【确定】按钮，如图 9.133 所示。

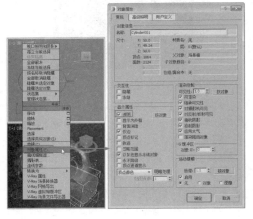

图 9.133

10 切换至【修改】命令面板，在【修改器列表】中添加【路径变形（WSM）】修改器，在【参数】卷

展栏中单击【拾取路径】按钮，在视图中拾取圆图形对象，然后再单击【转到路径】按钮，在【路径变形轴】选项组中选中【Z】单选按钮，如图 9.134 所示。

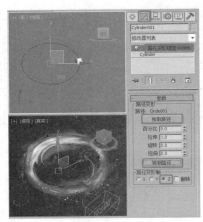

图 9.134

11 按 N 键进入动画记录模式，将第 0 帧处的【拉伸】设置为 0，将时间滑块拖曳至第 40 帧位置处，将【拉伸】设置为 28，如图 9.135 所示。

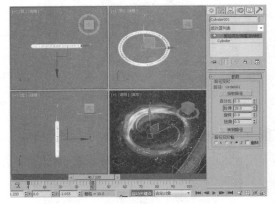

图 9.135

12 按 N 键关闭自动动画记录模式，选择圆柱体，右击，在弹出的快捷菜单中选择【对象属性】命令，弹出【对象属性】对话框，在该对话框中选择【常规】选项卡，在【渲染控制】选项组中取消选中【可渲染】复选框，设置完成后单击【确定】按钮，如图 9.136 所示。

13 选择粒子系统，进入【修改】命令面板，在【粒子生成】卷展栏中，将【使用速率】设置为 10，在【粒子运动】选项组中，将【速度】设置为 1，在【粒子计时】选型组中，将【发射开始】、【发射停止】、【显示时限】、【寿命】分别设置为 0、100、100、100，在【粒子大小】选项组中，将【大小】设置为 10，如图 9.137 所示。

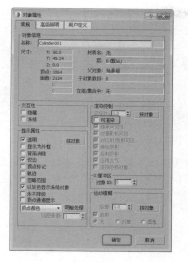

图 9.136

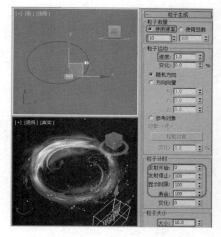

图 9.137

14 展开【粒子类型】卷展栏，在【粒子类型】选项组中选中【标准粒子】单选按钮，在【标准粒子】选项组中选择【球体】单选按钮，如图 9.138 所示。

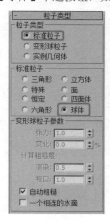

图 9.138

15 选择粒子系统，右击，在弹出的快捷菜单中选择【对象属性】命令，弹出【对象属性】对话框，在该对话框中选择【常规】选型卡，在【G 缓冲区】选项组中将【对象 ID】设置为 1，设置完成后单击【确定】按钮，如图 9.139 所示。

图 9.139

16 选择【创建】|【摄影机】|【标准】|【目标】工具，在顶视图中创建摄影机，在【参数】卷展栏中，将【镜头】设置为 43.456，如图 9.140 所示。

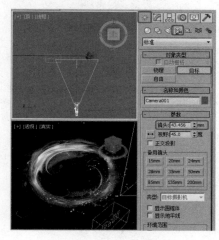

图 9.140

17 激活透视视图按 C 键将其转换为摄影机视图，然后在其他视图中调整摄影机的位置，调整效果如图 9.141 所示。

18 在菜单栏中选择【渲染】|【视频后期处理】命令，弹出【视频后期处理】对话框，在该对话框中单击【添加场景事件】按钮，弹出【添加场景事件】对话框，将【视图】设置为【Camera001】，然后单击【确定】按钮，如图 9.142 所示。

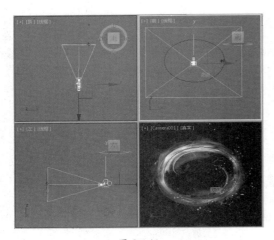

图 9.141

图 9.142

19 在【视频后期处理】对话框中单击【添加图像过滤事件】按钮，弹出【添加图像过滤事件】对话框，在过滤器列表中选择【镜头效果光晕】过滤器，单击【确定】按钮，如图 9.143 所示。

图 9.143

20 再次单击【添加图像过滤事件】按钮，在弹出的对话框中选择【镜头效果高光】过滤器，添加过滤器的效果如图 9.144 所示。

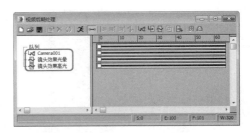

图 9.144

21 双击【镜头效果光晕】过滤器，在弹出的对话框中单击【设置】按钮，如图 9.145 所示。

图 9.145

22 进入【镜头效果光晕】对话框，单击【VP 序列】和【预览】按钮，在【属性】选项卡的【源】选项组中将【对象 ID】设置为1，在【过滤】选项组中选中【全部】复选框，如图 9.146 所示。

图 9.146

23 选择【首选项】选项卡，在【效果】选项组中将【大小】设置为3，在【颜色】选项组中选中【渐变】单选按钮，如图 9.147 所示。

图 9.147

24 选择【噪波】选项卡,将【运动】设置为5,选中【红】、【绿】和【蓝】复选框,在【参数】选项组中,将【大小】、【速度】分别设置为1、0.5,设置完成后单击【确定】按钮,如图9.148所示。

图 9.148

25 返回【视频后期处理】对话框,双击【镜头效果高光】,在弹出的对话框中单击【设置】按钮,在【属性】选项卡中将【对象 ID】设置为1,在【过滤】选项组中选中【全部】复选框,如图9.149所示。

26 在【几何体】选项卡中,将【角度】设置为40,【钳位】设置为10,在【变化】选项组中单击【大小】按钮,如图9.150所示。

27 选择【首选项】选项卡,将【大小】设置为7,【点数】设置为6,在【颜色】选项组中选择【渐变】单选按钮,设置完成后单击【确定】按钮,如图9.151所示。

图 9.149

图 9.150

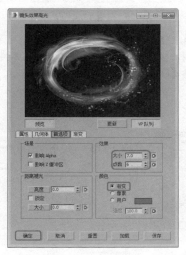

图 9.151

28 返回【视频后期处理】对话框，单击【添加图像输出事件】按钮，在弹出的对话框中单击【文件】按钮，如图 9.152 所示。

图 9.152

29 在弹出的对话框中，将【文件名】设置为【星光闪烁】，【保存类型】设置为 AVI 格式，单击【保存】按钮，如图 9.153 所示。

图 9.153

30 在弹出的【AVI 文件压缩设置】对话框中单击【确定】按钮，再在弹出的【添加图像输出事件】对话框中单击【确定】按钮，如图 9.154 所示。

图 9.154

31 在【视频后期处理】对话框中单击【执行序列】

按钮，在弹出的对话框中选择【范围】单选按钮，将【宽度】、【高度】分别设置为 640、480，设置完成后单击【渲染】按钮即可，如图 9.155 所示。

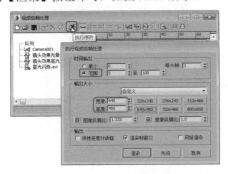

图 9.155

9.4.3 制作戒烟动画

本例将介绍如何制作戒烟动画，首先在场景中创建【超级喷溅】，并调整其参数，再为粒子系统创建【风】和【阻力】，并调整其参数，添加【自由关键点】后渲染的效果如图 9.156 所示。

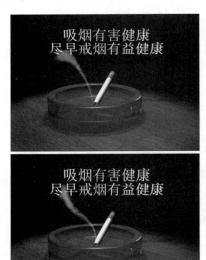

图 9.156

01 选择本书相关素材中的素 材 \ 第 9 章 \【制作香烟动画 .max】文件，如图 9.157 所示。

02 选择【创建】|【几何体】|【粒子系统】|【超级喷溅】，在顶视图中绘制【超级喷溅】粒子对象，创建完成后确认其处于选中状态。在【修改】面板中，将【基本参数】卷展栏中的【扩散】分别设置为 1 和 180，将【图标大小】设置为 8，选中【网格】单选按钮，将【粒子百分比】设置为 50，如图 9.158 所示。

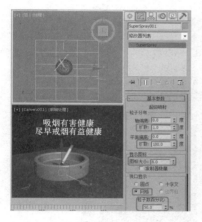

图 9.157

图 9.158

03 打开【粒子生成】卷展栏，将【粒子运动】下的【速度】设置为1，【变化】设置为10，将【粒子计时】下的【发射开始】、【发射停止】、【显示时限】、【寿命】和【变化】分别设置为 −90、300、301、100、5，【粒子大小】下的【大小】、【变化】、【增长耗时】和【衰减耗时】分别设置为4、25、100、10，【种子】设置为 14218，如图 9.159 所示。

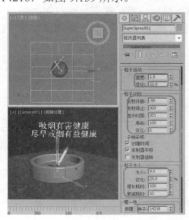

图 9.159

04 打开【粒子类型】卷展栏，选择【标准粒子】下的【面】选项，如图 9.160 所示。

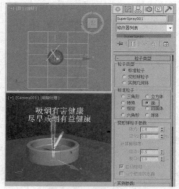

图 9.160

05 确认创建的【超级喷射】粒子系统处于选中状态并调整其位置，在工具栏中单击【材质编辑器】按钮，在弹出的【材质编辑器】面板中将第一个材质球【烟】的材质赋予所选对象，效果如图 9.161 所示。

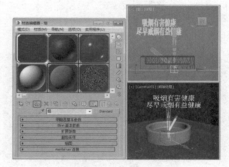

图 9.161

06 选择【创建】|【空间扭曲】|【力】|【风】工具，在前视图中创建风对象，并对其进行调整，在视图中选中粒子对象，在工具栏中单击【绑定到空间扭曲】按钮，将粒子绑定到风对象上，如图 9.162 所示。

图 9.162

07 选择风对象，在【参数】卷展栏中，将【强度】设置为0.01，【湍流】、【频率】和【比例】分别设置为0.04、0.26、0.03，如图9.163所示。

图 9.163

08 选择【创建】|【空间扭曲】|【力】|【阻力】工具，在前视图创建一个阻力对象，在视图中选择粒子对象，在工具栏中单击【绑定到空间扭曲】按钮，将粒子绑定到阻力对象上，如图9.164所示。

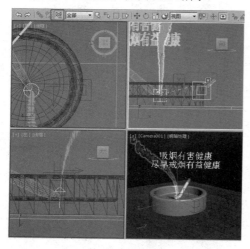

图 9.164

09 在视图中选择阻力对象，在【参数】卷展栏中，将【开始时间】和【结束时间】分别设置为−100和300，【线性阻尼】下的【X轴】、【Y轴】和【Z轴】分别设置为1、1和3，如图9.165所示。

知识链接

应用【线性阻尼】的各个粒子的运动被分离到空间扭曲的局部X、Y和Z轴向量中。在其上面对各个向量施加阻尼的区域是一个无限的平面，其厚度由相应的【范围】值决定。

【X轴】/【Y轴】/【Z轴】：指定受阻尼影响粒子沿局部运动的百分比。

【范围】：设置垂直于指定轴的范围平面或者无限平面的厚度。仅在取消选中【无限范围】复选框时生效。

【衰减】：指定在X、Y或Z轴范围外应用线性阻尼的距离。阻尼在距离为【范围】值时的强度最大，在距离为【衰减】值时线性降至最低，在超出的部分没有任何效果。【衰减】效果仅在超出【范围】值的部分生效，它是从图标的中心处开始测量的，并且其最小值总是和【范围】值相等。仅在取消选中【无限范围】复选框时生效。

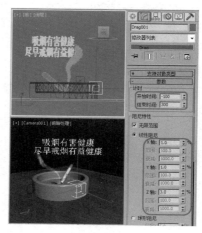

图 9.165

10 激活透视视图，在工具栏中选择【渲染设置】，将【公用参数】中的【时间输出】设置为【活动时间段：0到300】，【输出大小】设置为640×480，将【渲染输出】进行设置并保存，如图9.166所示。

图 9.166

9.5 课后练习

1．简述粒子系统的作用。

2．简述【力】类型的空间扭曲中包括几种空间扭曲，分别包括什么。

3．简述视频后期处理的功能。

第10章

渲染与输出场景

渲染在整个三维创作过程中是重要而又经常做的一项工作，前期创建的模型、材质、灯光都需要最后的输出来查看效果，因此渲染也是一个很重要的环节，本章将重点介绍渲染与输出场景的方法。

10.1 渲染工具

在工具栏的右侧提供了几个用于渲染的按钮，如图 10.1 所示。下面将对经常用到的几个渲染按钮分别进行介绍。

图 10.1

- 【渲染设置】按钮 ：3ds Max 中最标准的渲染工具，单击它会弹出【渲染设置】面板，进行各项渲染设置。菜单栏中的【渲染】|【渲染设置】菜单命令与此工具的用途相同。一般对一个新场景进行渲染时，应使用【渲染设置】工具，以便进行渲染设置，在此后可以使用【渲染迭代】按钮，按照已完成的渲染设置再次进行渲染，从而可以跳过渲染设置环节，加快制作速度。

- 【渲染帧窗口】 ：单击该按钮可以显示上次渲染的效果。

- 【渲染产品】按钮 ：使用该工具按钮可以

按照已完成的渲染设置再次进行渲染，从而跳过设置环节，加快制作速度。

- 【渲染迭代】按钮 ：可从主工具栏上的渲染弹出按钮中启用，该命令可在迭代模式下渲染场景，而无须打开【渲染设置】对话框。【迭代渲染】会忽略文件输出、网络渲染、多帧渲染、导出到 MI 文件，以及电子邮件通知。在图像（通常对各部分迭代）上执行快速迭代时使用该选项，例如，处理最终聚集设置、反射或者场景的特定对象或区域。同时，在迭代模式下进行渲染时，渲染选定或区域会使渲染帧窗口的其余部分保留完好。

- 【ActiveShade】按钮 ：ActiveShade 提供预览渲染，可帮助查看场景中更改照明或材质的效果。调整灯光和材质时，ActiveShade 窗口交互地更新渲染效果。

10.2 渲染设置

当选择【渲染】|【渲染设置】菜单命令或者单击【渲染设置】按钮 ，也可以按 F10 键，如图 10.2 所示，可以打开【渲染设置】对话框。

对于一般用户来讲，【公用】与【渲染器】两项参数比较常用，下面将分别对其中的一些常用参数进行讲解。

10.2.1 公用参数

【公用】选项卡中的参数是最常用到的，如图 10.3 所示，其各项目的功能说明如下所述。

【时间输出】选项组：主要用于确定要对哪些帧进行渲染。

图 10.2

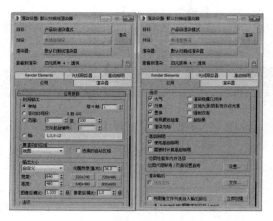

图 10.3

- 【单帧】：渲染只针对选取的作用视图和选取的帧数的单一画面。

- 【活动时间段】：对当前活动的时间段进行渲染，当前时间段来自屏幕下方时间滑块的显示。

- 【范围】：手动设置渲染的范围。

- 【帧】：特殊指定单帧或时间段进行渲染，单帧用"，"号隔开，时间段之间用"-"连接。

【要渲染的区域】选项组：在该选项组中可以选择要进行渲染的区域，例如视图、区域、裁剪等，如果在该选项组中选中【选择的自动区域】复选框，在渲染对象时将自动渲染相应的区域。

【输出大小】选项组：用于选择渲染图像的尺寸。4 个固定尺寸按钮根据当前的尺寸类型不同而不同。也可以在【宽度】和【高度】文本框中直接输入要渲染图像的尺寸。

- 自定义 ▼：输出大小下拉列表中可以选择几个标准的电影和视频分辨率及纵横比。选择其中一种格式，或转到【自定义】中使用【输出大小】组中的其他控件。从列表中可以选择以下格式：

  ➢ 自定义

  ➢ 35mm 1.316:1 全光圈（电影）

  ➢ 35mm 1.37:1 学院（电影）

  ➢ 35mm 1.66:1（电影）

  ➢ 35mm 1.75:1（电影）

  ➢ 35mm 1.95:1（电影）

  ➢ 35mm 失真（2.35:1）

➢ 35mm 失真（2.35:1）（挤压）

➢ 70mm 宽银幕电影（电影）

➢ 70mm IMAX（电影）

➢ VistaVision

➢ 35mm（24mm X 36mm）（幻灯片）

➢ 6cm×6cm（2 1/4"×2 1/4"）（幻灯片）

➢ 4"×5" 或 8"×10"（幻灯片）

➢ NTSC D-1（视频）

➢ NTSC DV（视频）

➢ PAL（视频）

➢ PAL D-1（视频）

➢ HDTV（视频）

- 【光圈宽度（毫米）】：指定用于创建渲染输出的摄影机光圈宽度。更改此值将更改摄影机的镜头值。这将影响镜头值和 FOV 值之间的关系，但不会更改摄影机场景的视图。例如，如果将镜头设置为 43.0 毫米，将光圈宽度从 36 更改为 50，则当关闭【渲染设置】对话框（或进行渲染）时，摄影机镜头微调器将变为 59.722，但场景在视图和渲染中都不发生变化。如果使用预定义格式，而没有使用【自定义】，【光圈宽度】将由所选择的格式确定，该控件替换为文本显示。

- 【图像纵横比】：宽度与高度的比率。更改此值将改变高度值以保持活动的分辨率正确。如果使用的格式并非该组的下拉列表中的【自定义】，则纵横比是固定的并显示为只读字段。使用自定义输出大小时，【图像纵横比】右侧的锁按钮会将纵横比锁定在其当前值。启用此按钮后，【图像纵横比】微调器将替换为一个标签，并且【宽度】和【高度】字段将锁定在一起；调整其中一个值，另一个也将跟着改变，以保持纵横比不变。另外，锁定纵横比后，改变像素纵横比值，将改变高度值以保持图像纵横比。

- 【像素纵横比】：设置显示在其他设备上的像素纵横比。图像可能会在显示上出现挤压效果，但将在具有不同形状像素的设备上正确显示。如果使用标准格式而非自定义格式，则不可以更改像素纵横比，该控件处于禁用状态。【像素纵横比】左边的锁定按钮可以锁定像素纵横比。启用此按钮后，像素纵横比微调器替换为一个标签，并且不能更改该值。【锁定】按钮仅在【自定义】格式中可用。

【选项】选项组。

- 【大气】：启用此选项后，渲染任何应用的大气效果，如体积雾。

- 【效果】：启用此选项后，渲染任何应用的渲染效果，如模糊。

- 【置换】：选择该项，将对所有应用贴图置换的对象进行渲染。

- 【视频颜色检查】：检查超出 NTSC 或 PAL 安全阈值的像素颜色，标记这些像素颜色并将其改为可接受的值。默认情况下，【不安全】颜色渲染为黑色像素。可以使用【首选项设置】对话框的渲染面板更改颜色检查的显示。

- 【渲染为场】：使动画渲染为视频的场，而不是帧。

- 【渲染隐藏几何体】：选项将对隐藏的对象进行渲染。

- 【区域光源 / 阴影视作点光源】：将所有的区域光源或阴影当作从点对象发出的进行渲染，这样可以加快渲染速度。如果 mental ray 为活动的渲染器，则此开关也在【渲染帧窗口】|【下部】面板中可用，类似于软阴影精度滑块最左侧位置。或者，可以使用滑块来全局调整软阴影，以便在加快渲染速度的同时，仍可看到软阴影。

提示

这对草图渲染非常有用，因为点光源的渲染速度比区域光源快得多。

- 【强制双面】：双面材质渲染可渲染所有曲面的两个面。通常，需要加快渲染速度时禁用此选项。如果需要渲染对象的内部及外部，或如果已导入面法线未正确统一的复杂几何体，则可能要启用此选项。

- 【超级黑】：超级黑渲染限制用于视频组合的渲染几何体的暗度。除非确实需要此选项，否则将其禁用。

【高级照明】选项组。

- 【使用高级照明】：启用此选项后，软件在渲染过程中提供光能传递解决方案或光跟踪。

- 【需要时计算高级照明】：启用此选项后，当需要逐帧处理时，软件计算光能传递。通常，渲染一系列帧时，软件只为第一帧计算光能传递。如果在动画中有必要为后续的帧重新计算高级照明，可以启用此选项。例如，一扇颜色很亮丽的门打开后影响到旁边白色墙壁的颜色，这种情况下应该重新计算高级照明。

【渲染输出】选项组：用于设置渲染输出的路径设备等。

- 【文件】：打开【渲染输出文件】对话框，指定输出文件名、格式及路径。可以渲染到任何可写的静态或动画图像文件格式。如果将多个帧渲染到静态图像文件，渲染器渲染每个单独的帧文件并在每个文件名后附加序号。可以用文件起始编号设置控制。

- 【保存文件】：启用此选项后，进行渲染时软件将渲染后的图像或动画保存到磁盘。使用【文件】按钮指定输出文件之后，【保存文件】才可用。

- 【将图像文件列表放入输出的路径】：启用此选项可创建图像序列（IMSQ）文件，并将其保存在与渲染相同的目录中。默认设置为禁用状态。3ds Max 将通过渲染元素创建一个 IMSQ 文件（或 IFL 文件）。单击【渲染】或【创建】按钮时创建该文件。在实际渲染之前生成它们。

- 【立即创建】：单击该按钮以手动创建图像序列文件。首先必须为渲染自身选择一个输出文件。

- 【Autodesk ME 图像序列文件（.imsq）】：选中此选项之后，可创建图像序列（IMSQ）文件。

- 【旧版 3ds Max 图像文件列表（.ifl）】：选中此选项后，可创建类似于由旧版 3ds Max 创建的文件。

- 【使用设备】：将渲染的图像输出发送到录像机这样的设备上。首先单击【设备】按钮指定设备，设备上必须安装相应的驱动程序。

- 【设备】：用于选择图像的输出设备。

- 【渲染帧窗口】：在渲染帧窗口中显示渲染输出。

- 【跳过现有图像】：启用此选项且启用【保存文件】选项后，渲染器将跳过序列中已经渲染到磁盘中的图像。

10.2.2　渲染器：默认扫描线渲染器

在 3ds Max 中，默认扫描线是最为常见的渲染器，在【渲染设置】对话框中提供了相应的设置参数，如图 10.4 所示，其中各个的功能如下。

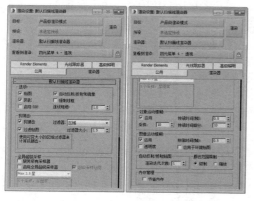

图 10.4

【选项】选项组。

- 【贴图】：禁用该选项可忽略所有贴图信息，从而加速测试渲染。自动影响反射和环境贴图，同时也影响材质贴图。默认设置为启用。

- 【阴影】：当取消选中该选项后，将在渲染时忽略所有灯光的投影设置，可用于效果测试，以加快渲染速度。

- 【启用 SSE】：启用该选项后，渲染使用【流 SIMD 扩展】（SSE）。SIMD 代表"单指令、多数据"，取决于系统的 CPU，SSE 可以缩短渲染时间，默认设置为禁用状态。

- 【自动反射 / 折射和镜像】：如果取消选中该选项，将在渲染时忽略所有自动反射材质、自动折射材质和镜面反射材质的跟踪计算，可用于场景测试，以加快渲染速度。

- 【强制线框】：像线框一样设置为渲染场景中所有曲面。可以选择线框厚度（以像素为单位），默认设置为 1。

【抗锯齿】选项组。

- 【抗锯齿】：抗锯齿可以平滑渲染时产生的对角线或弯曲线条的锯齿状边缘。只有在渲染测试图像并且速度比图像质量更重要时才禁用该选项。

- 【过滤器下拉列表】：可用于选择高质量的基于表的过滤器，将其应用到渲染上。过滤是抗锯齿的最后一步操作。它们在子像素层级起作用，并允许根据所选择的过滤器来清晰或柔化最终输出。在该组的这些控件下面，3ds Max 会在一个方框内显示过滤器的简要说明，以及如何将过滤器应用于图像。

- 【过滤贴图】：启用或禁用对贴图材质的过滤，默认设置为启用。

- 【过滤器大小】：可以增加或减小应用到图像中的模糊量。此选项仅供某些过滤器选项使用。将【过滤器大小】设置为 1.0 可以有效地禁用过滤器。

【全局超级采样】选项组。

- 【禁用所有采样器】：禁用所有超级采样，默认设置为禁用状态。

- 【启用全局超级采样器】：启用该选项后，对所有的材质应用相同的超级采样器；禁用该选项后，将材质设置为使用全局设置，该全局设置由渲染对话框中的设置控制。除了【禁用所有采样器】控件，渲染对话框的【全局超级采样】组中的所有控件都将无效。默认设置为启用。

- 【超级采样贴图】：启用或禁用对贴图材质的超级采样。默认设置为启用。

提示

可以保持启用【超级采样贴图】选项，除非在进行测试渲染并想加速渲染速度和节省内存时。

- 【采样器下拉列表】：选择应用何种超级采样方法。默认设置为 Max 2.5 星。用于超级采样方法的选项与出现在【材质编辑器】|【超级采样】卷展栏中的选项相同。某些方法提供扩展的选项，通过这些选项可以更好地控制超级采样的质量和渲染过程中所获得的采样数。

【对象运动模糊】选项组：设置物体运动模糊参数。在制作运动模糊效果时首先要对物体进行指定，在物体的属性对话框中（在物体上右击，在弹出的快捷菜单中选择【属性】命令，打开物体属性对话框，右下角有运动模糊控制区域，默认为【无】，可以选择【对象】或【图像】两种方式之一。

- 【应用】：为整个场景全局启用或禁用对象运动模糊。任何设置【对象运动模糊】属性的对象都将用运动模糊进行渲染。

- 【持续时间（帧）】：确定【虚拟快门】打开的时间。设置为 1.0 时，虚拟快门在一帧和下一帧之间的整个持续时间保持打开。较长的值产生更为夸张的效果，如图 10.5 所示。

图 10.5

- 【采样】：确定采样的【持续时间细分】副本数，最大值设置为 32。当采样小于持续时间时，在持续时间中随机采样（这也就是运动模糊看起来可能有一点颗粒化的原因）。例如，如果【持续时间细分】值为 12，而【采样】值为 8，那么就可能在每帧的 12 个副本中随机采样出 8 个；当采样等于持续时间时，就不存在随机性（如果两个数都为最大值 32，则将获得密集效果，对于指定对象，通常这将花费渲染所需时间的 3～4 倍）。如果想获得平滑模糊效果，则可使用最大设置 32/32。如果想缩短渲染时间，12/12 的值将比使用 16/12 获得的结果更平滑。因为采样发生在持续时间中，所以持续时间值必须总是小于或等于采样值，如图 10.6 所示。

采样值与细分值相同　采样值小于细分值

图 10.6

- 【持续时间细分】：确定在持续时间内渲染

的每个对象副本的数量。

【图像运动模糊】选项组：通过为对象设置【属性】对话框的【运动模糊】组中的【图像】，确定对哪个对象应用图像运动模糊。图像运动模糊通过创建拖影效果而不是多个图像来模糊对象。它考虑摄影机的移动。图像运动模糊是在扫描线渲染完成之后应用的。这种方式在渲染速度上要快于物体运动模糊，而且得到的效果也更光滑、均匀，如图 10.7 所示。

图 10.7

- 【应用】：为整个场景全局启用或禁用图像运动模糊。任何设置了图像运动模糊属性的对象都用运动模糊进行渲染。

- 【持续时间（帧）】：指定【虚拟快门】打开的时间。设置为 1.0 时，虚拟快门在一帧和下一帧之间的整个持续时间保持打开。值越大，运动模糊效果越明显。

- 【透明度】：启用该选项后，图像运动模糊对重叠的透明对象起作用。在透明对象上应用图像运动模糊会增加渲染时间，默认设置为禁用。

- 【应用于环境贴图】：设置该选项后，图像运动模糊既可以应用于环境贴图也可以应用于场景中的对象。当摄影机环游时效果非常显著。环境贴图应当使用【环境】进行贴图：球形、圆柱形或收缩包裹。图像运动模糊不能与屏幕贴图环境一起使用。

【自动反射 / 折射贴图】选项组。

- 【渲染迭代次数】：设置对象间在非平面自动反射贴图上的反射次数。虽然增加该值有时可以改善图像质量，但是这样做也将增加反射的渲染时间。

【颜色范围限制】选项组：通过切换【钳制】或【缩放】来处理超出范围（0～1）的颜色分量（RGB），【颜色范围限制】允许处理亮度过高的问题。

通常，反射高光会导致颜色分量高于范围，而使用负凸轮的过滤器将导致颜色分量低于范围。选择两种选项之一来控制渲染器如何处理超出范围的颜色分量。

- 【钳制】：要保证所有颜色分量在范围【钳制】内，则需要将任何大于1的值设定为1，而将任何小于0的颜色限制在0～1之间的任何值都保持不变。使用【钳制】时，因为在处理过程中色调信息会丢失，所以非常亮的颜色渲染为白色。

- 【缩放】：要保证所有颜色分量在范围内，将需要通过缩放所有3个颜色分量来保留非常亮的颜色的色调，因此最大分量的值为1，这样将更改高光的外观。

【内存管理】选项组。

- 【节省内存】：启用该选项后，渲染使用更少的内存但会增加一点渲染时间。可以节约15%～25%的内存，而时间大约增加4%，默认设置为禁用状态。

10.3 光跟踪器

【光跟踪器】方式应用范围广泛，使用较为简单，即便场景设置得不太精确，也可以渲染出非常逼真的效果，并且兼容各种灯光类型和模型，如图10.8所示。

图10.8

【光能传递】方式相对来说较为复杂，对建模与场景设置有特殊要求时，灯光方面必须采用【光度学灯光】（标准灯光将被转换为光度学灯光进行计算），材质设计上也必须仔细。

两者有一个重要的不同点：【光跟踪器】的渲染结果取决于观察角度的情况，而【光能传递】则不是。【光跟踪器】方式在每帧都会重新计算场景的照明情况，而在【光能传递】方式下，只要场景中的对象不移动，灯光将不发生变化，则只需计算一次光能传递，并且可以在不同视角直接渲染。

10.3.1 光跟踪器概述

【光跟踪器】是一种使用【光线跟踪】技术的全局照明系统，它通过在场景中进行点采样并计算光线的反弹，从而创建较为逼真的照明效果。尽管【照明追踪】方式并没有精确遵循自然界的光线照明法则，但产生的效果却已经很接近真实了，操作时也只需进行细微的设置就可以获得满意的效果。

光跟踪器主要是基于采样点进行工作的，它首先按照规则的间距对图像进行采样，并且通过适配进一步的采样功能在物体的边缘和对比强烈的位置进行次级采样。

10.3.2 光跟踪器参数

在菜单栏中选择【渲染】|【渲染设置】命令，打开【渲染场景：默认扫描线渲染器】对话框，激活【高级照明】选项卡，在【选择高级照明】参数卷展栏中单击下拉按钮，并在打开的下拉列表中选择【光跟踪器】选项，即可出现【参数】卷展栏，如图 10.9 所示。

图 10.9

在该面板中可以设置以下参数。

【常规设置】选项组。

- 【全局倍增】：用于控制整体的照明级别，默认值为1，如图 10.10 所示为设置不同的【全局倍增】后的效果。

图 10.10

- 【对象倍增】：用于单独控制场景中物体反射的光线级别。默认值为1，增【对象倍增】值时的效果，如图 10.11 所示。

图 10.11

提示

只有在【反弹】值大于等于 2 的情况下，此项设置才有明显的效果。

- 【天光】：左侧的复选框用于设置照明追踪是否对天光进行重聚集处理（场景可以包含多个天光），默认为开启状态。右侧的数值用于缩放天光的强度，默认值为1，增大【天光值】时的效果如图 10.12 所示。

图 10.12

- 【颜色溢出】：用于控制颜色溢出的强度。光线在场景物体间反射时通常会产生颜色溢出的结果。只有在【光线反弹】值大于等于 2 的情况下，此项设置才有明显的效果。当颜色溢出过强时，可以降低此值，值为 0 时不产生颜色溢出，如图 10.13 所示。

映色过多　　　颜色移除设为0后的效果

图 10.13

- 【光线/采样】：设置每采样点或像素所投射的光线数量。增加该值能够提高图像的平滑度，但也增加渲染时间；降低该值图像会出现颗粒（噪波），但渲染时间也相应减少。默认值为250，如图 10.14 所示为不同的【光线/采样数】值的不同效果。

图 10.14

- 【颜色过滤器】：过滤所有照射在物体上的光线，设置为白色以外的颜色时，可以对全部效果进行染色。默认为白色。

- 【过滤器大小】：以像素为单位的过滤尺寸设置，主要用于降低噪波的影响。可以将其理解为对噪波进行的涂抹处理，从而使图像看起来更加平滑，如图10.15所示，设置【过滤器大小】来减少渲染中的噪波。

图 10.15

提示

在取消选中【自适应欠采样】复选框并且【光线/采样数】值比较低的情况下，【过滤器大小】选项的作用更明显。

- 【附加环境光】：当设置为除黑色外的其他颜色时，可以在对象上添加该颜色作为附加环境光，默认颜色为黑色。

- 【光线偏移】：像阴影偏移一样，【光线偏移】可以调整反射光效果的位置。使用该选项更正渲染的不真实效果，例如，对象投射阴影到自身所可能产生的条纹，默认值为0.03。

- 【反弹】：被跟踪的光线反弹数。增大该值可以增加映色量。值越小，快速结果越不精确，并且通常会产生较暗的图像。较大的值允许更多的光在场景中流动，这会产生更亮更精确的图像，但同时也将使用较多渲染时间。默认值为0。当反弹为0时，光跟踪器不考虑体积照明，如图10.16所示。

- 【锥体角度】：控制用于重聚集的角度。减小该值会使对比度稍微升高，尤其在有许多小几何体向较大结构上投射阴影的区域

中更加明显。范围为33～90。默认值为88，如图10.17所示。

图 10.16

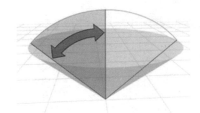

图 10.17

- 【体积】：照明追踪方式能够将大气特效作为发光源。通过左侧的复选框，设置是否对体积照明效果（例如体积光、体积雾）进行重聚集处理。右侧的数值用于对体积照明效果进行倍增，增加该值提高效果，降低该值削弱效果，效果如图10.18所示。默认值为1。

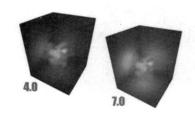

图 10.18

【自适应欠采样】选项组：通过该选项组中的选项可以降低照明采样的数量，从而有效地提高渲染速度。如果场景不同，适配采样的设置也往往会不同。当取消关闭【自适应欠采样】复选框时，系统会强制对图像的每个像素都进行采样处理，但这种方式通常是没有必要的，不仅增加了渲染时间，而且对最终渲染品质没有什么影响。【自适应欠采样】的主要作用是创建一种能够在边缘和高光对比区域增加密度的采样点网格，对这些区域进行进一步采样，如图10.19所示。

初始采样栅格　　　　　自适应欠采样栅格

图 10.19

- 【初始采样间距】：图像初始采样的栅格间距，以像素为单位进行衡量。默认设置为 16×16，不同采样栅格间距，如图 10.20 所示。

图 10.20

- 【细分对比度】：设置对比度阈值，用于决定何时对区域进行进一步细分。增加该值能够减少细分的产生，减少该值能够对更为细微的对比度差异区域进行采样细分，对于降低天光的软阴影或反射照明效果中的噪波很有帮助，但过低的取值可能会造成不必要的细分。默认值为 5，如图 10.21 所示。

图 10.21

- 【向下细分至】：用于设置细分的最小间距。增加该值能够改善渲染时间，但也会影响图像的精确程度。默认设置为 1×1。

- 【显示采样】：选中该复选框，采样点的位置会渲染为红点，从而了解到采样点的分布情况，有助于对进一步优化采样设置。默认设置为关闭。

10.3.3 光跟踪器的优化与技巧

对【光跟踪器】进行快速预览的方法之一，是使用低的【光线/采样数】和【过滤器大小】值，取得的结果会充满噪波颗粒。另一种快速预览的方法是确保选中【自适应欠采样】复选框，设置【初

始采样间距】与【向下细分至】的值相同，并在【常规设置】卷展栏中设置较低的【光线/采样数】值，【反弹】值设置为 0。这样得到的效果也会充满噪波颗粒，但渲染速度很快，并且可以通过增加【光线/采样数】和【过滤器大小】的值来提高图像质量。通常【光线/采样数】取值较高，并且选中了【自适应欠采样】复选框，即使【过滤器大小】的值很低，也能快速获得很好的图像效果。

要改善【光跟踪器】的渲染时间，主要的手段是进行优化。优化的方法很多，主要包括以下几种。

- 排除对象。将那些对最终效果影响不大的对象排除在【光跟踪器】或【光能传递】计算之外。大多数情况下，光线反弹之后不会再碰到其他对象，从而结束该光线的追踪，也节省了渲染时间。

- 优化光线数量。每个对象都有一个用于增加或减少采样点投射光线数量的倍增设置，这个设置选项同样位于对象的属性对话框中的【高级照明】卷展栏中。通过它可以使细小的对象只使用 0.5 的倍增值就能获得同样好的渲染结果。

- 降低采样值。采样有初始值和最小值两个设置。一般大而平坦的表面区域，细分程度不会低于初始值的设置；高对比度及边缘区域细分一次之后，如果细节程度仍然很高，会继续细分下去。

需要注意的是，某些边缘上的采样进行了强制处理，即使增大最小值设置也不会对其造成影响。通过选中【显示采样】复选框，可以对图像的采样情况进行检查，如果出现因采样值低而产生噪波的现象，可以通过增加【过滤器大小】进行缓和。

使用【光跟踪器】时还有一些技巧需要注意，分别如下。

带有透明或不透明贴图对象会明显降低光线跟踪处理的速度。这是因为落在透明表面上的光线分为了两条，一条进行反射；另一条则穿透对象，直接造成光线数量的成倍增加。此时应当使用一种或多种优化技术来确保处理时间，如果想要加快渲染速度，可以把这些对象排除在高级照明处理之外。

使用标准灯光进行【光跟踪器】渲染时，没有必要再使用【对数曝光控制】。标准灯光比光度学灯光更适用于【光跟踪器】渲染方式。

【天光】只有在使用【高级照明】系统时，才能产生投影。如果场景中不打算使用【高级照明】系统，但又需要【天光】的投影时，可以使用【光

跟踪器】方式，并且将【反弹】设置为0，这样它就不会影响到场景中的其他照明情况了。

如果场景中的【天光】指定了一张很细致的天空颜色贴图，一定要将这张贴图进行模糊处理，避免噪波颗粒的产生。【光跟踪器】随机投射的光线会丢掉很多的细节。

粒子系统要排除在高级照明处理之外，因为它所产生的几何体数量太多。

增加【颜色溢出】值应当同时增加【反弹】和【颜色溢出】值，颜色溢出的效果通常都很敏感。

如果场景的主光源是【天光】，而场景又需要产生高光时，可以使用第二光源，如一盏与【天光】类似的【平行光】。

实现【光跟踪器】设置的动画时，不需要考虑设置【关键点过滤器】，如果需要使用【设置关键点】方式来创建【光跟踪器】参数的关键点动画，可以通过Shift键 + 右击参数的调节按钮来创建这些关键点。

10.4 输出场景

在 3ds Max 中，可以选择多种文件格式用于保存渲染结果，包括静态图像和动画文件，针对每种格式，都有其对应的参数设置。

当进行渲染设置时，单击【文件】按钮，可以打开文件面板，在下方保存类型中可以选择任意一种文件格式，如图 10.22 所示，在文件名中输入文件名称，输入完成后，直接单击【保存】按钮即可。

图 10.22

下面对一些常用的文件格式进行说明。

- AVI（*.avi）：这是一种被多媒体和 Windows 应用程序广泛支持的动画格式。AVI 支持灰度、9 位彩色和插入声音，还支持与 JPEG 相似的变化压缩方法，是一种通过 Internet 传送多媒体图像和动画的常用格式，如图 10.23 所示。

- BMP（*.bmp）：BMP 图像文件是微软公司 Paint 的自身格式，可以被多种 Windows 和 OS/2 应用程序所支持，在存储 BMP 格式的图像文件中，还可以使用 RLE 压缩方案进行数据压缩。RLE 压缩方案是一个极其成熟的压缩方案，它的特点是无损失压缩。它能使你节省磁盘空间又不牺牲任何图像数据。但是，有利必有弊，用此种方式压缩过的文件，将会花费大量的时间，而且，一些兼容性不太好的应用程序可能会打不开这类文件。它支持 9 位 256 色和 24 位真彩色两种模式，不能保存 Alpha 通道信息，如图 10.24 所示。它可以用在 Windows 的画图程序中，也可以插入 Word 文本中。

图 10.23

图 10.24

- JPEG（*.Jpg）：这是一种高压缩的真彩色图像文件，常用于网络图像的传输。它是苹果计算机上常用的存储类型，是所有压缩格式中最卓越的，使用有损失压缩方案（Lossy）。但是，在压缩之前，可以从面板中选取所需图像的最终结果，这样，就有效地控制了 JPEG 在压缩时的损失数据量，如图 10.25 所示。

- TIF（*.tif）：印刷行业标准的图像格式，有黑白和真彩色之分，它会自动携带 Alpha 通道图像，成为一个 32 位的文件。在 3ds Max 中，tif 文件无法进行数据压缩处理，所以文件尺寸最大，当然在 Photoshop 中可以进行数据压缩保存，这种压缩后的 tif 格式可以被 3ds Max 读取，但要注意一点，只有 RGB 模式的 tif（或 jpg）图像能被 3ds Max 读取，而 CMYK 色彩模式的图像格式不能被 3ds Max 引用，如图 10.26 所示。

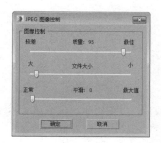

图 10.25

图 10.26

10.5　课堂实例——气泡飘动

本案例将介绍如何制作气泡漂动的效果，其效果如图 10.27 所示，其具体操作步骤如下。

图 10.27

01 新建一个空白场景，按 8 键，在弹出的对话框中选择【环境】选项卡，在【背景】选项组中单击【环境贴图】下的材质按钮，在弹出的对话框中选择【位图】选项，如图 10.28 所示。

02 单击【确定】按钮，在弹出的对话框中选择本书相关素材中的 Map/【心形闪烁背景 .jpg】文件，如图 10.29 所示。

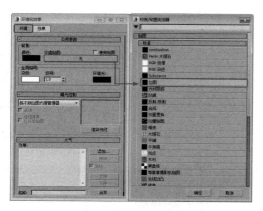

图 10.28

图 10.29

03 单击【打开】按钮，按 M 键打开材质编辑器，在【环境和效果】对话框中选择【环境贴图】下的材质，单击并将其拖曳至材质编辑器中新的材质样本球上，在弹出的对话框中选中【实例】单选按钮，如图 10.30 所示。

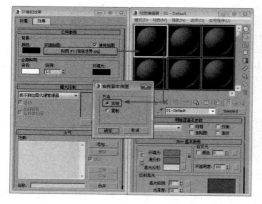

图 10.30

04 单击【确定】按钮，在【坐标】卷展栏中，将【贴图】设置为【屏幕】，如图 10.31 所示。

图 10.31

05 设置完成后，关闭材质编辑器与【环境和效果】对话框，选择透视视图，在菜单栏中单击【视图】|【环境背景】命令，如图 10.32 所示。

图 10.32

06 选择【创建】 |【几何体】 |【球体】工具，在顶视图中创建一个球体，在【参数】卷展栏中，将【半径】设置为 16，如图 10.33 所示。

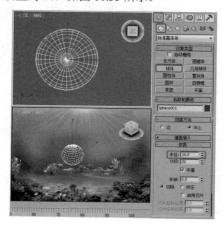

图 10.33

07 选择【创建】 |【几何体】 |【粒子系统】|【粒子云】工具，在顶视图中创建一个粒子云发射器，如图 10.34 所示。

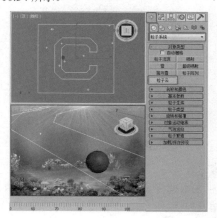

图 10.34

08 继续选中该对象，切换至【修改】命令面板中，在【基本参数】卷展栏中，将【半径/长度】、【宽度】、【高度】分别设置为 600、600、10，如图 10.35 所示。

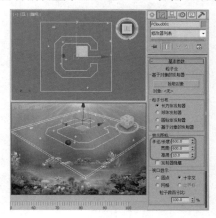

图 10.35

09 在【粒子生成】卷展栏中的【粒子数量】选项组中选中【使用速率】单选按钮，在其下方的文本框中输入 1，在【粒子运动】选项组中，将【速度】、【变化】分别设置为 1.2、30，选中【方向向量】单选按钮，将【X】、【Y】、【Z】分别设置为 1、0、100，【变化】设置为 10，在【粒子计时】选项组中，将【发射开始】、【发射结束】、【显示时限】、【寿命】分别设置为 −50、200、200、100，在【粒子大小】选项组中，将【大小】、【变化】分别设置为 0.2、10，如图 10.36 所示。

10 在【粒子类型】卷展栏中选中【实例几何体】单选按钮，在【实例参数】卷展栏中单击【拾取对象】按钮，在视图中拾取前面创建的球体，如图 10.37 所示。

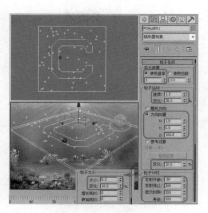

图 10.36

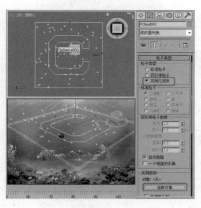

图 10.37

11 设置完成后，在视图中调整粒子云发射器的位置，调整后的效果如图 10.38 所示。

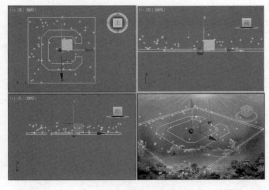

图 10.38

12 单击【时间配置】按钮 ，在弹出的对话框中将【动画】选项组中的【结束时间】设置为 200，如图 10.39 所示。

13 设置完成后，单击【确定】按钮，选择【创建】 |【摄影机】 |【目标】工具，在顶视图中创建一架摄影机，在【参数】卷展栏中，将【镜头】设置为 50，在【环境范围】选项组中，选中【显示】

复选框，将【近距范围】、【远距范围】分别设置
为400、600，如图10.40所示。

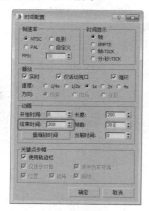

图 10.39

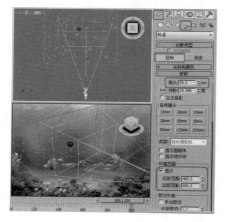

图 10.40

14 激活【透视】视图，按 C 键，将其转换为摄影机
视图，并在其他视图中调整摄影机的位置，效果如
图10.41 所示。

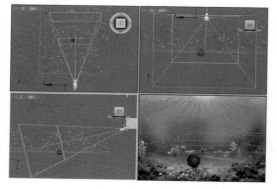

图 10.41

15 按 Shift+C 快捷键将摄影机隐藏，在视图中选择
前面所创建的球体，右击，在弹出的快捷菜单中选
择【隐藏选定对象】命令，如图 10.42 所示。

图 10.42

16 在视图中选择粒子云发射器，按 M 键，在弹出
的对话框中选择一个新的材质样本球，将其命名为
【气泡】，在【Blinn 基本参数】卷展栏中，将【环
境光】与【高光反射】都设置为0、0、0，在【自发光】
选项组中选中【颜色】复选框，将颜色的 RGB 值设
置为 255,255,255，如图 10.43 所示。

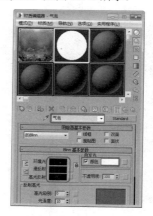

图 10.43

17 在【贴图】卷展栏中单击【漫反射颜色】右侧的
【无】按钮，在弹出的对话框中选择【位图】选项，
如图 10.44 所示。

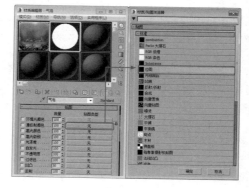

图 10.44

18 单击【确定】按钮，在弹出的对话框中选择本书相关素材中的 Map/BUBBLE3.TGA 贴图文件，如图 10.45 所示。

图 10.45

19 单击【打开】按钮，单击【转到父对象】按钮，在【贴图】卷展栏中单击【漫反射颜色】右侧的材

质按钮，单击并将其拖曳至【不透明度】右侧的材质按钮上，在弹出的对话框中选中【复制】单选按钮，单击【确定】按钮，效果如图 10.46 所示。

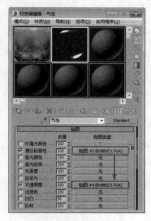

图 10.46

20 单击【将材质指定给选定对象】按钮，关闭该对话框，激活摄影机视图，按 F9 进行渲染即可。

10.6　课后练习

1．简述如何对场景进行渲染和输出。

2．简述光能传递和光跟踪器有何不同。

第11章

动画的制作与设置

动画在长期的发展过程中，基本原理未发生过很大的变化，不论是早期手绘动画还是现代的计算机动画，都是由若干张图片连续放映产生的。在三维计算机动画制作中，操作人员就是主动画师，计算机是动画助理，你只要设定关键帧，由计算机自动在关键帧之间生成连续的动画。本章将讲解动画的制作原理及一些常用的动画控制器和约束动画的制作方法。

11.1 动画概述

3ds Max 有一项最为重要的功能是其制作动画效果，要制作三维动画，必须要先掌握基本动画制作原理和方法，掌握基本方法后，再创建其他动画就简单了。根据实际的运动规律 3ds Max 2016 提供了很多的运动控制器，使制作动画变得简单容易。3ds Max 2016 还为用户提供了强大的轨迹视图功能，可以用来编辑动画的各项属性。

11.1.1 动画原理

动画是通过把人物的表情、动作、变化等分解后形成的许多动作瞬间的画幅，再用摄影机连续拍摄成一系列画面，给视觉造成连续变化的图画。它的基本原理与电影、电视一样，都是视觉暂留原理。医学证明人类具有"视觉暂留"的特性，人的眼睛看到一幅画或一个物体后，在 0.34s 内不会消失。利用这一原理，在一幅画还没有消失前播放下一幅画，就会给人造成一种流畅的视觉变化效果。

11.1.2 动画方法

1. 传统的动画制作方法

传统的动画（Traditional animation），也被称为经典动画，是动画的一种表现形式，始于 19 世纪，流行于 20 世纪。传统动画制作方式以手绘为主，绘制静止但互相具有连贯性的画面，然后将这些画面（帧）按一定的速度拍摄后，制作成影像。大部分作品中的图画都是画在纸或赛璐珞上进行拍摄的。由于大部分的这种类型的动画作品都是用手直接的绘制作在赛璐珞上的，因此传统动画也被称为手绘动画或者是赛璐珞动画（Cel-animation）。在早期的传统动画作品中也有的画在黑板上或胶片上的。传统动画的制作手段在如今已经被更为现代的扫描、手写板，或者计算机技术取代。但传统动画制作的原理却一直在现代的动画制作当中延续。

2. 3ds Max 2016 中的动画制作方法

随着动画技术的发展，关键帧动画的概念应运而生。科技人员发现在组成动画的众多图片中，相邻的图片之间只有极小的变化。因此动画制作人员只绘制其中比较重要的图片（帧），然后由计算机自动完成各重要图片之间的过渡，这样就大大提高了工作效率。由动画制作人员绘制的图片称为关键帧，由计算机完成的关键帧之间的各帧称为过渡帧。

如图 11.1 所示，在所有的关键帧和过渡帧绘制完毕后，这些图像按照顺序连接在一起并被渲染生成最终的动画图像。

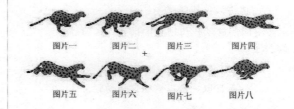

图片一　　图片二　　图片三　　图片四

图片五　　图片六　　图片七　　图片八

图 11.1

3ds Max 基于此技术来制作动画，并进行了功能的增强，当用户指定了动画参数以后，动画渲染器就接管了创建并渲染每一帧动画的工作，从而得到高质量的动画效果。

11.1.3 帧与时间的概念

3ds Max 是一个基于时间的动画制作软件，最小的时间单位是 TICK（帧），相当于 1/4800s。系统中默认的时间单位是帧，帧速率为每秒 30 帧。用户可以根据需要设置软件创建的动画的时间长度与精度。设置的方法是单击动画播放控制区域中的【时间配置】按钮，打开【时间配置】对话框，如图 11.2 所示。

图 11.2

【帧速率】选项组用来设置动画的播放速度，可以在不同视频格式之间选择，其中默认的 NTSC 格式的帧速率是每秒 30 帧（30bps），【电影】格式是每秒 24 帧，PAL 格式为每秒 25 帧，还可以选择【自定义】格式来设置帧速率，这会直接影响到最终的动画播放效果。

- 【FPS】：采用每秒帧数来设置动画的帧速率。视频使用 30 fps 的帧速率，电影使用 24 fps 的帧速率，而 Web 和多媒体动画则使用更低的帧速率。

【时间显示】选项组提供了 4 种时间显示方式供选择。

- 【帧】：帧是默认显示方式，时间转换为帧的数目取决于当前帧速率的设置。

- 【SMPTE】：用 Society of Motion Picture and Television Engineers（电影电视工程协会）格式显示时间，这是许多专业动画制作工作中使用的标准时间显示方式。格式为【分钟：秒：帧】。

- 【帧：TICK】：使用帧和系统内部的计时增量（称为 TICK）来显示时间。选择此方式可以将动画时间精确到 1/4800 秒。

- 【分：秒：TICK】：以分钟（MM）、秒（SS）和 TICK 显示时间，其间用冒号分隔。例如：02:16:2240 表示 2 分钟、16 秒和 2240TICK。

【播放】选项组用来控制如何回放动画，并可以选择播放的速度。

- 【实时】：实时可使视图播放跳过帧，以与当前【帧速率】设置保持一致。禁用【实时】后，视图播放将尽可能快地运行并且显示所有帧。

- 【仅活动视口】：可以使播放只在活动视图中进行。禁用该选项之后，所有视图都将显示动画。

- 【循环】：控制动画只播放一次，还是反复播放。启用后，播放将反复进行，可以通过单击动画控制按钮或时间滑块方式来停止播放。禁用后，动画将只播放一次然后停止。单击【播放】将倒回第一帧，然后重新播放。

- 【速度】：可以选择 5 种播放速度：1x 是正常速度，1/2x 是半速等等。速度设置只影响在视图中的播放。默认设置为 1x。

- 【方向】：将动画设置为向前播放、反转播放或往复播放（向前然后反转重复进行）。该选项只影响在交互式渲染器中的播放。其并不适用于渲染到任何图像输出文件的情况。只有在禁用【实时】后才可以使用这些选项。

【动画】选项组用于设置动画激活的时间段和调整动画的长度。

- 【开始时间】和【结束时间】：设置在时间滑块中显示的活动时间段。选择第 0 帧之前或之后的任意时间段。例如，可以将活动时间段设置为从第 −50 帧到第 250 帧。

- 【长度】：显示活动时间段的帧数。如果你将此选项设置为大于活动时间段总帧数的数值，则将相应增加【结束时间】字段。

- 【帧数】：将渲染的帧数，始终是【长度】+1。

- 【重缩放时间】：重缩放时间会重新定位所有轨迹中全部关键点的位置。因此，将在较大或较小的帧数上播放动画，以使其更快或更慢。

- 【当前时间】：指定时间滑块的当前帧。调整此选项时，将相应移动时间滑块，视图将进行更新。

【关键点步幅】选项组用来控制如何在关键帧之间移动时间滑块。

- 【使用轨迹栏】：使关键点模式能够遵循轨迹栏中的所有关键点。其中包括除变换动画之外的任何参数动画。

- 【仅选定对象】：在使用【关键点步幅】模

式时只考虑选定对象的变换。如果禁用此选项，则将考虑场景中所有（未隐藏）对象的变换，默认设置为启用。

- 【使用当前变换】：禁用【位置】、【旋转】和【缩放】，并在【关键点模式】中使用当前变换。例如，如果在工具栏中选中【旋转】工具，则将在每个旋转关键点处停止。如果这三个变换工具均启用，则【关键点模式】将考虑所有变换。

- 【位置】、【旋转】和【缩放】：指定【关键点模式】所使用的变换。

11.2 三维动画的基本制作方法

制作三维动画最基本的方法是使用自动帧模式录制动画。创建一个简单动画的基本步骤是：设置场景，在场景中创建若干物体，单击【自动关键点】按钮开始录制动画，移动动画控制区中的时间滑块，修改场景中物体的位置、角度或大小等参数，重复前面的移动时间滑块和修改物体参数的操作，最后单击【自动关键点】按钮，关闭帧动画的录制。

下面通过制作一个例子，来体会这种动画制作的基本方法。

01 在视图中创建一个半径为 20 的茶壶和一个半径为 105 的圆，并在视图中调整其位置，如图 11.3 所示。

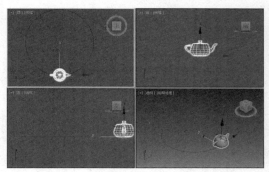

图 11.3

02 单击动画播放控制区域中的【时间配置】按钮，在弹出的对话框的【结束时间】文本框中输入 40，如图 11.4 所示。

图 11.4

03 单击【确定】按钮，再单击【自动关键点】按钮，将时间滑块拖曳到 5 帧的位置，在顶视图中沿圆的边缘对球体进行拖动，如图 11.5 所示。

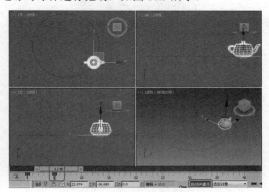

图 11.5

04 将时间滑块拖动到 10 帧的位置上，然后在顶视图中沿圆的边缘对球体进行拖动，如图 11.6 所示。

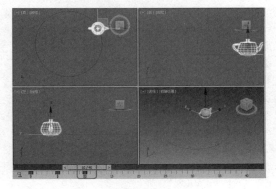

图 11.6

05 依此类推，设置完成后，单击【自动关键点】按钮，然后单击【播放动画】按钮▶进行播放即可。

11.3 运动命令面板与动画控制器

在动画创建过程中要经常使用【运动】◎命令面板，该命令面板提供了对动画物体的控制能力，体现在可以为物体指定各种运动控制器、对各个关键点信息进行编辑，以及对运行轨迹进行控制等。它为用户提供了现成的动画控制工具，可以制作更为复杂的动画效果。

打开【运动】◎命令面板，可以看到该命令面板中有两个按钮：【参数】和【轨迹】，【运动】◎命令面板就是通过这两个按钮切换功能的，如图 11.7 所示。

图 11.7

11.3.1 参数设置

进入【运动】◎命令面板后，默认的就是进入【参数】设置，在这部分中主要包括指定控制器、RGB 参数、位置 XYZ 参数、关键点信息（基本）、关键点信息（高级）。

1. 【指定控制器】卷展栏

在该卷展栏中，可以为选择的物体指定需要的动画控制器，完成对物体的运动控制。在该卷展栏的列表框中可以看到为物体指定的动画控制器项目，如图 11.8 所示。有一个主项目为变换，有 3 个子项目分别为【位置】、【旋转】和【缩放】。列表框左上角的【指定控制器】◎按钮用来给子项目指定不同的动画控制器，可以是一个，也可以是多个或没有。使用时要选择子项目，然后单击【指定控制器】◎按钮，会弹出指定动画控制器的对话框，选择其中一个动画控制器，单击【确定】按钮后可在列表框中看到新指定的动画控制器的名称。

图 11.8

图 11.9

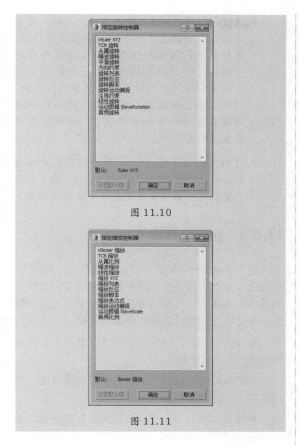

图 11.10

图 11.11

2. 【PRS 参数】卷展栏

【PRS 参数】卷展栏用于创建和删除关键帧，PRS 参数控制基于 3 种基本的动画变换控制器：【位置】、【旋转】角度和【缩放】比例，如图 11.12 所示。【位置】按钮用来创建或删除一个记录位置变化信息的关键帧；【旋转】按钮用来创建或删除一个记录旋转角度变化信息的关键帧；【缩放】按钮用来创建或删除一个记录缩放变形信息的关键帧。

图 11.12

要创建一个变换参数关键帧，应首先在视图中选择物体，拖动时间滑块到要添加关键帧的位置，在 运动命令面板中展开【PRS 参数】卷展栏，单击其中的按钮即可创建相应类型的关键帧。

提示

如果当前帧已经有了一个某种项目类型的关键点，那么【创建关键点】选项组中对应项目的按钮将变为不可用，而右侧【删除关键点】选项组中的对应按钮将变为可用。

3. 【关键点信息（基本）】卷展栏

用户可以通过【关键点信息（基本）】卷展栏查看当前关键帧的基本信息，如图 11.13 所示。

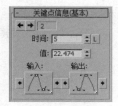

图 11.13

- 中显示的是当前关键帧的序号，单击左侧的 按钮，可以定位到上一个关键帧，单击 按钮，可以定位到下一个关键帧。

- 【时间】文本框中显示的是当前关键帧所在的帧号，可以通过右侧的微调按钮更改当前关键帧的位置。右侧的 按钮是一个锁定按钮，用来在轨迹视图编辑模式下使关键帧产生水平移动。

- 【值】文本框用于以数值的方式精确调整当前关键帧的数据。

4. 【关键点信息（高级）】卷展栏

通过【关键点信息（高级）】卷展栏可以查看和控制当前关键帧的更为高级的信息，该卷展栏如图 11.14 所示。

图 11.14

在【输入】微调框中显示的是接近关键点时改变的速度；在【输出】微调框中显示的是离开关键点时改变的速度。要修改速度值时必须选择自定义插补方式。【规格化时间】按钮用来将关键帧的时间平均，得到光滑均衡的运动曲线。当关键帧的时间分配不均时，会出现加速或减速运动造成的顿点。

选中【自由控制柄】复选框时，切线的手柄会按时间长度自动更新，取消选中时切线的手柄长度被自动锁定。

11.3.2　运动轨迹

创建了一个动画后，若想看一下物体的运动轨迹或要对轨迹进行修改，可在【运动】 ◎命令面板中单击【轨迹】按钮，展开【轨迹】卷展栏，如图11.15所示。只要在场景中选择要观察的物体，就能看到它的运动轨迹，如图11.16所示为显示运动轨迹。使用物体运动轨迹可以显示选择物体位置的三维变化路径，对路径进行修改变换，实现对路径的精确控制。

图 11.15

图 11.16

下面介绍【轨迹】卷展栏中各选项的作用。

● 【删除关键点】和【添加关键点】按钮用来在运动路径中删除和增加关键点，关键点的增加和减少会影响到运动轨迹的形状。

● 【采样范围】选项组用于对【样条线转化】选项组进行控制，其中【开始时间】为采样开始时间，【结束时间】为采样结束时间，【采样数】用来设置采样样本的数目。

● 【样条线转化】选项组共有两个按钮，用来控制在运动轨迹和样条曲线之间进行转换。【转化为】按钮的作用是将运动轨迹转换为曲线，转换时依照【采样范围】选项组中设置的时间范围和采样样本数进行转换。【转化自】按钮的作用是将选择曲线转换为当前选择物体的运动轨迹，转换时同样受采样范围限制。

● 【塌陷变换】选项组中的【塌陷】按钮用来将当前选择物体进行塌陷变换，其下的3个复选框用来选择要进行塌陷的变换方式。

11.3.3　动画控制器

利用前面的内容制作动画比较简单，制作完成后进行修改时需要在动画控制器中完成，动画控制器中存储着物体的各种变换动作和动画关键帧数据，并且能在关键帧之间计算出过渡帧。

添加关键帧后，物体所做的改变就被自动添加到相应的动画控制器。

要查看并修改动画控制器时，可以通过以下两种方式。

● 单击工具栏中的【曲线编辑器】 ☒按钮，在打开的轨迹视图窗口中会显示动画控制器，并可以对其进行修改，如图11.17所示。

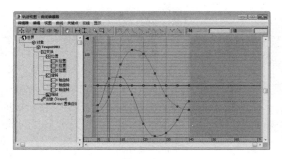

图 11.17

● 在【运动】 ◎命令面板的【指定控制器】卷展栏中对动画控制器进行修改和添加。

动画控制器分为单一属性的动画控制器和复合属性的动画控制器两种类型。单一属性的动画控制器只控制3ds Max 2016中物体的单一属性；复合属性的动画控制器结合并管理多个动画控制器，如PRS动画控制器、变换脚本动画控制器和列表动画控制器等都是复合属性的动画控制器。

每个参数都有与之对应默认的动画控制器类型，用户可以在设置动画之后修改参数的动画控制器类型，修改或指定动画控制器可以通过以下两种方式：

● 在【运动】◎命令面板中可以在【指定控制器】卷展栏内选择要修改的动画控制器，然后单击【指定控制器】⚙按钮，在打开的对话框中选择其他动画控制器。注意这里只能为单一物体指定动画控制器。

● 如果使用【轨迹视图】对话框，同样可以选择控制器元素，在【轨迹视图】对话框中单击菜单栏中的【显示】按钮，在弹出的菜单中选择【过滤器】选项，然后在打开的对话框中选择其他类型的控制器。

提示

需要为多个参数选择相同的动画控制器时，可以将多个参数选中，然后为它们指定相同的动画控制器类型。

11.4　常用动画控制器

3ds Max 2016 系统为用户提供了多种具有不同功能的动画控制器，按功能主要分为以下几种类型。

● Bezier 动画控制器：用于在两个关键帧之间进行插值计算，也可以通过调整关键点的控制手柄来调整物体的运动效果。

● 噪波动画控制器：用于可以模拟震动运动的效果。

● 块控制器：块控制器是一种全局列表控制器，使用该控制器可以合并来自多个对象跨越一段时间范围的多个轨迹，并将它们组织为【块】。这些块接下来可用于在时间上的任何地方重新创建动画。可以在【轨迹视图】中添加、删除、缩放、以图形方式移动【块】并将其保存。【块】既可以表示绝对动画，也可以表示相对动画。

● 位置 XYZ（位置）动画控制器：用于将原来的位置控制器细分为 X、Y、Z 3 个方向单独的选项，从而使用户可以控制场景中物体在各个方向上的细微运动。

● 浮点动画控制器：用于设置浮点数值变化的动画。

● 位置动画控制器：用于设置物体位置变化的动画。

● 旋转动画控制器：用于设置物体旋转角度变化的动画。

● 缩放动画控制器：用于设置物体缩放变形的动画。

● 变换动画控制器：用于设置物体位置、旋转和缩放变换的动画。

下面介绍一些常用的动画控制器。

11.4.1　Bezier 控制器

Bezier 控制器是一个比较常用的动画控制器，它可以在两个关键帧之间进行插值计算，并可以使用一个可编辑的样条曲线进行控制动作插补计算，也可以通过调整关键点的控制手柄来调整物体的运动效果。

下面通过一个例子来学习如何调整 Bezier 变换的切线类型。

01 重置一个新的场景文件，在场景中创建一个球体，如图 11.18 所示。

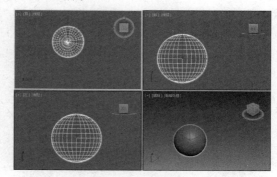

图 11.18

02 单击【自动关键点】按钮，拖曳时间滑块到20帧处，并在视图中调整茶壶的位置，进入【运动】面板，单击【轨迹】按钮，即可显示运动轨迹，如图 11.19 所示。

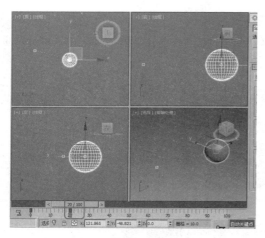

图 11.19

03 将时间滑块拖曳到 40 帧处，并在场景中调整球体的位置，如图 11.20 所示。

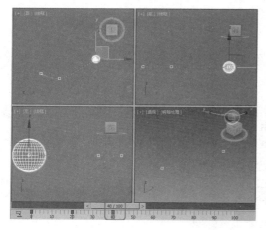

图 11.20

04 依此类推，设置完成后单击【自动关键点】按钮，然后进入【运动】命令面板，如图 11.21 所示。

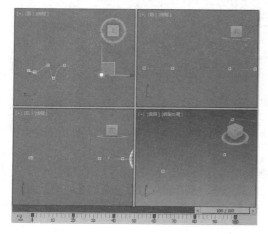

图 11.21

05 单击【参数】按钮，将时间滑块拖曳到 40 帧处，在【关键点信息（基本）】卷展栏中单击【输出】下方的切线方式按钮，在弹出的列表中选择如图11.22 所示的切线方式。

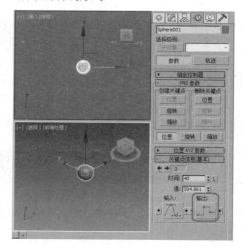

图 11.22

06 执行操作后，再单击【轨迹】按钮，即可发现运动轨迹已经发生了变化，如图 11.23 所示。

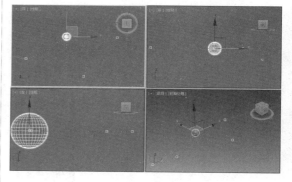

图 11.23

11.4.2　线性动画控制器

线性动画控制器可以均匀分配关键帧之间的数值变化，从而产生均匀变化的插补过渡帧。通常情况下使用线性控制器来创建一些非常机械的、不规则的动画效果，例如匀速变化色彩的变换动画或类似球体、木偶等做出的动作。

下面通过一个例子来学习添加和使用线性控制器的方法。

01 重置一个新的场景文件，在视图中创建一个半径为 30 的茶壶，选择【运动】命令面板，单击【轨迹】按钮，然后单击【自动关键点】按钮，将时间滑块拖曳到 10 帧处，在视图中拖动球体，如图 11.24 所示。

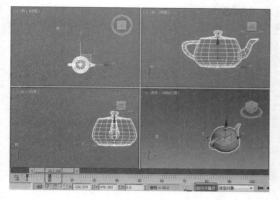

图 11.24

02 在将时间滑块拖曳到 20 帧处，再在视图中对球体进行拖动，如图 11.25 所示。

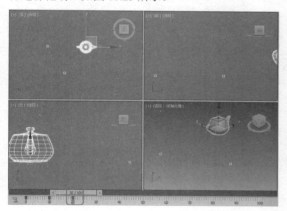

图 11.25

03 依次类推，设置完成后，单击【自动关键点】按钮，设置完成后的运动轨迹，如图 11.26 所示。

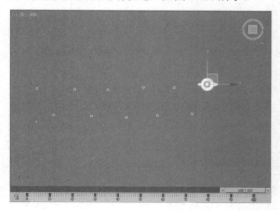

图 11.26

04 在【运动】命令面板中单击【参数】按钮，在【指定控制器】卷展栏中选择【位置】，然后单击【指定控制器】按钮，在弹出的【指定位置控制器】对话框中选择【线性位置】，如图 11.27 所示。

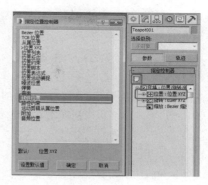

图 11.27

05 单击【确定】按钮，在【运动】命令面板中单击【轨迹】按钮，即可发现运动轨迹发生了变化，如图 11.28 所示。

图 11.28

注意

使用线性动画控制器时并不会显示属性对话框，保存在线性关键帧中的信息只是动画的时间及动画数值等。

11.4.3 噪波动画控制器

使用噪波动画控制器可以模拟震动运动的效果。例如，用手上下移动物体产生的震动效果。噪波动画控制器能够产生随机的动作变化，用户可以使用一些控制参数来控制噪波曲线，模拟出极为真实的震动运动，如山石滑坡、地震等。噪波动画控制器的控制参数如下。

- 【种子】：产生随机的噪波曲线，用于设置各种不同的噪波效果。

- 【频率】：设置单位时间内的震动次数，频率越大，震动次数越多。

- 【分形噪波】：利用一种叫作分形的算法计算噪波的波形，使噪波曲线更加不规则。

● 【粗糙度】：改变分形噪波曲线的粗糙度，数值越大，曲线越不规则。

● 【强度】：控制噪波波形在 3 个方向上的范围。

● 【渐入 / 渐出】：可以设置在动画的开始和结束处，噪波强度由浅到深或由深到浅的渐入渐出方式。对话框中的数值用于设置在动画的多少帧处达到噪波的最大值或最小值。

● 【特征曲线图】：显示所设置的噪波波形。

下面通过一个例子来学习使用噪波位置控制器创建物体随机变形动画的方法。

01 打开本书相关素材中的素材\第 11 章\【素材 001.max】素材文件，如图 11.29 所示。

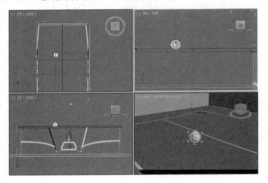

图 11.29

02 在场景中选择球体对象，切换到【运动】面板，在【指定控制器】卷展栏中，选择【位置】下的【Z 位置：浮动限制】选项，并单击【指定控制器】按钮，在弹出【指定浮点控制器】对话框中，选择【噪波浮点】选项，如图 11.30 所示。

图 11.30

03 单击【确定】按钮，弹出对话框，选中【强度】文本框右侧的复选框，并将其【强度】设置为 0.3，【频率】设置为 0.11，取消选中【分形噪波】复选框，如图 11.31 所示。

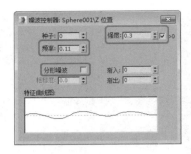

图 11.31

04 关闭该对话框，返回到【指定控制器】卷展栏中，可以查看添加的【噪波控制器】，如图 11.32 所示。单击【播放动画】按钮，查看效果。

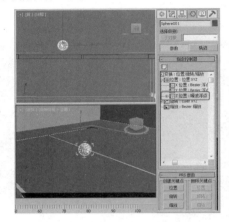

图 11.32

11.4.4　列表动画控制器

使用列表动画控制器可以将多个动画控制器结合成一个动画控制器，从而实现复杂的动画控制效果。

将列表动画控制器指定给属性后，当前的控制器就会被移动到列表动画控制器的子层级中，成为动画控制器列表中的第 1 个子控制器。同时还会生成一个名为【可用】的属性，作为向列表中添加的动画控制器占位准备。

下面通过一个例子来学习列表控制器的使用方法。

01 重置一个新的场景，在视图中创建一个半径为 25 的球体，单击【自动关键点】按钮，将时间滑块拖曳到 100 帧处，在顶视图中向右拖动球体，如图 11.33 所示。

02 单击【自动关键点】按钮，选择【运动】命令面板，单击【轨迹】按钮，即可发现球体的运动轨迹如图 11.34 所示。

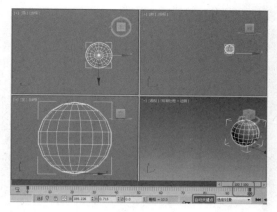

图 11.33

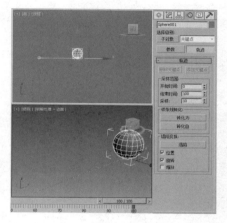

图 11.34

03 单击【参数】按钮,在【指定控制器】卷展栏中选择【位置】,然后单击【指定控制器】按钮,在弹出的对话框中选择【位置列表】,如图11.35所示。

图 11.35

04 单击【确定】按钮,在【指定控制器】卷展栏中单击【位置】选项左侧的加号按钮,展开控制器层级,选择【可用】选项,如图11.36所示。

05 单击【指定控制器】按钮,在弹出的【指定位置控制器】对话框中选择【噪波位置】,如图11.37所示。

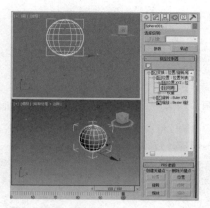

图 11.36

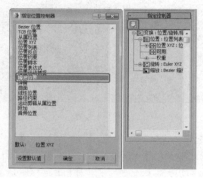

图 11.37

06 单击【确定】按钮,将弹出的【噪波控制器】对话框关闭即可,单击【轨迹】按钮,即可发现球体的运动轨迹发生了变化,如图11.38所示。

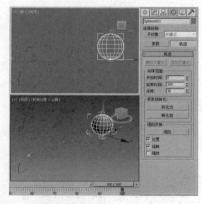

图 11.38

提示

创建完成动画后,如果不满意可以对动画控制器的参数进行修改,方法是右击【指定控制器】卷展栏中相应的动画控制器,在弹出的快捷菜单中选择【属性】命令,就会打开相应的动画控制器对话框,可以设置各种参数。

11.4.5 波形控制器

【波形】控制器是浮动的控制器，提供规则和周期波形。最初创建的用来控制闪烁的灯光，可以在任何浮点值上使用。下面通过一个实例来介绍波形控制器的使用方法。

01 打开本书相关素材中的素材\第11章\【素材001.max】素材文件，如图11.39所示。

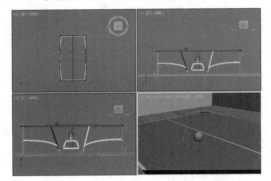

图 11.39

02 在场景中选择球体对象，切换到【运动】命令面板，在【指定控制器】卷展栏中，选择【位置】下的【Z位置：浮动限制】选项，并单击【指定控制器】按钮，弹出【指定浮点控制器】对话框，选择【波形浮点】选项，并单击【确定】按钮，如图11.40所示。

图 11.40

03 执行该操作后，将会弹出对话框，在【波形】选项组中设置【周期】为50，【振幅】为0.5，在【效果】选项组中，选中【钳制上方】单选按钮，在【垂直偏移】选项组中选中【自动 >0】单选按钮，如图11.41所示。

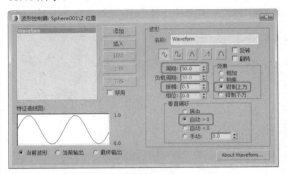

图 11.41

04 关闭该对话框，返回到【指定控制器】卷展栏中即可查看添加的【波形控制器】，如图11.42所示。单击动画控制区中的【播放动画】按钮，查看效果。

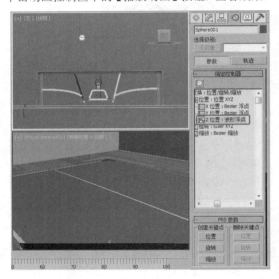

图 11.42

11.5 轨迹视图

【轨迹视图】可以使用两种不同的模式：【曲线编辑器】和【摄影表】。【曲线编辑器】模式将动画显示为功能曲线，而【摄影表】模式将动画显示为包含关键点和范围的电子表格。关键点是带颜色的代码，便于辨认。一些【轨迹视图】功能（例如移动和删除关键点）也可以在时间滑块附近的轨迹栏上进行访问，还可以展开轨迹栏来显示曲线。默认情况下，【曲线编辑器】和【摄影表】打开为浮动窗口，但也可以将其停靠在界面底部的视图下面，甚至可以在视图中打开它们。

11.5.1 轨迹视图层级

单击工具栏中的【曲线编辑器】按钮，将打开当前场景的轨迹视图的曲线编辑器模式，如图 11.43 所示。

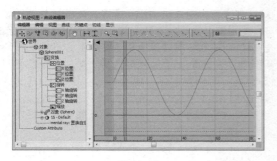

图 11.43

在轨迹视图的曲线编辑器模式中，允许用户以图形化的功能曲线形式对动画进行调整，用户可以很容易地查看并控制动画中的物体运动，设置并调整运动轨迹。曲线编辑器模式包含菜单栏、工具栏、控制器窗口和一个关键帧窗口，其中包括时间标尺、导航等。

摄影表模式是另一种关键帧编辑模式，可以在轨迹视图中选择【编辑器】|【摄影表】命令，进入【摄影表】视图中，如图 11.44 所示，切换到摄影表模式。在这种模式中，关键帧以时间块的形式显示，用户可以在这种模式下进行显示关键帧、插入关键帧、缩放关键帧及所有其他关于动画时间设置的操作。

图 11.44

摄影表又包含两种模式，编辑关键点和编辑范围。摄影表模式下的关键帧显示为矩形框，可以方便地识别关键帧。

11.5.2 轨迹视图工具

轨迹视图窗口上方含有操作项目、通道和功能曲线等各种工具。默认的【曲线编辑器】模式下的工具栏，如图 11.45 所示。

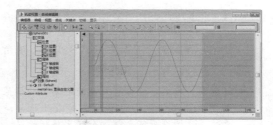

图 11.45

选择【模式】|【摄影表】命令，切换到【摄影表】模式下的工具栏，如图 11.46 所示。

图 11.46

在【曲线编辑器】模式下的菜单栏中右击，在弹出的快捷菜单中选择【显示工具栏】，在弹出的子菜单中选择【全部】，如图 11.47 所示，即可显示全部的工具栏。

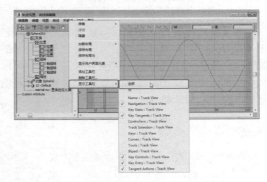

图 11.47

在【曲线编辑器】模式下单击工具栏中的【参数曲线超出范围类型】按钮，将会弹出【参数曲线超出范围类型】对话框，如图 11.48 所示，在对话框中可以看到所选关键帧的参数曲线越界类型，共有 6 种，可以选择其中一种。

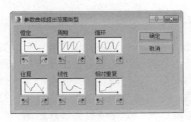

图 11.48

- 【恒定】方式：把确定的关键帧范围的两端部分设置为常量，使物体在关键帧范围以外不产生动画。系统在默认情况下，使用常量方式。

- 【周期】方式：使当前关键帧范围的动画呈周期性循环播放，但要注意如果开始与结束的关键帧设置不合理，会产生跳跃效果。

- 【循环】方式：使当前关键帧范围的动画重复播放，此方式会将动画首尾对称连接，不会产生跳跃效果。

- 【往复】方式：使当前关键帧范围的动画播放后再反向播放，如此反复，就像一个乒乓球被两个运动员以相同的方式打来打去。

- 【线性】方式：使物体在关键帧范围的两端成线形运动。

- 【相对重复】方式：在一个范围内重复相同的动画，但是每个重复会根据范围末端的值有一个偏移，使用相对重复来创建在重复时彼此构建的动画。

11.5.3 【编辑关键点】模式

在【编辑关键点】模式下可以对帧进行编辑。在【编辑关键点】模式下可以以方框的形式显示关键帧及范围条。在【编辑关键点】模式下由于可以显示所有通道的动画时间，所以便于对整个动画进行全局的控制和调整。

> **提示**
>
> 只有动画控制器项目可以显示为关键帧，而其他的项目都只能显示范围条。

1．捕捉帧

当开启关键帧捕捉选项后，所有关键帧以及范围条的移动增量都是1帧的整数倍。如果移动多个选择的帧，这些关键帧将自动捕捉到最近的帧上。

2．锁定当前选择

单击【锁定当前选择】按钮，可以锁定当前选择对象，这样就不用担心会由于误操作而取消当前的选择目标了。当确认当前在关键帧编辑模式下时，选择一个或多个帧，单击【锁定当前选择】按钮，然后在窗口任意位置单击并拖动，此时用户

会发现原来的选择并没有被取消，而且会随着鼠标的移动而改变位置。

3．关键帧对齐

使用关键帧对齐功能可以实现将选择的关键帧对齐到当前时间。当选择了很多比较分散的关键帧时，使用该工具可以将它们移动到同一时间位置上。当确认当前在关键帧编辑模式下时，拖动时间滑块到需要对齐的时间上，然后选择一个或多个想要对齐到某一时间上的帧，再选择【关键点】|【对齐到光标】命令，此时所选择的每个通道最左侧的帧移动到当前时间位置，通道的中间帧保持与最左侧帧的相对位置。

4．帧操作

在默认状态下，【移动关键点】按钮始终处于选中状态，因此可以直接拖动关键帧，并可以调整关键帧的时间位置。选择多个帧时，使用【缩放关键点】工具可以对关键帧进行缩放，单击【添加关键点】按钮，可以在通道中添加新的关键帧。

11.5.4 【编辑范围】模式

在【摄影表】模式的【编辑范围】模式下，所有的通道均以范围条的形式显示，这种方式有助于快速缩放或移动整段动画通道。

在【摄影表】模式下，单击轨迹视图窗口工具栏中的【编辑范围】按钮，进入【编辑范围】模式，如图11.49所示。单击【修改子树】按钮，可以拖动范围条，该按钮处于选中状态时，将在Objects通道中显示一个范围条，它是默认的所有命名物体的父物体。如果拖动这个父物体的范围条，将影响场景中所有的物体。

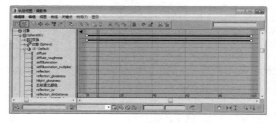

图11.49

11.6 课堂实例

本节将利用前面所学的知识来制作光影文字与机械臂捡球动画，通过对该案例的学习，可以加深对前面所学知识的认识。

11.6.1 光影文字

本例将介绍如何制作光影文字动画，首先在场景中绘制文本文字，然后使用【倒角】修改器将文字制作得有立体感，将制作完成的文字复制并使用【锥化】修改器将复制后的文字进行修改，再使用【自动关键点】记录动画，使用【曲线编辑器】修改位置，最后渲染效果如图 11.50 所示。

图 11.50

01 在菜单栏中选择【自定义】|【单位设置】命令，在弹出的对话框中选择【公制】，然后选择【厘米】，设置完成后单击【确定】按钮，如图 11.51 所示。

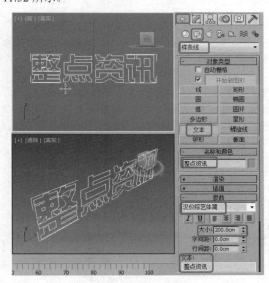

图 11.51

02 选择【创建】|【图形】|【样条线】选项，在【对象类型】卷展栏中选择【文本】工具，在文本下面的文本框中输入【整点资讯】，然后激活前视图，单击创建【整点资讯】文字标题，并将其命名为【整

点资讯】，在【参数】卷展栏中的字体列表中选择【汉仪综艺体简】字体，将【大小】设置为200，如图11.52 所示。

图 11.52

03 确定文本处于选中状态，进入【修改】命令面板，在修改器列表中选择【倒角】修改器，在【倒角值】卷展栏中，将【起始轮廓】设置为1.5，【级别1】下的【高度】设置为13，选中【级别2】复选框，将其下面的【高度】和【轮廓】分别设置为1和 −1.4，如图 11.53 所示。

知识链接

在捕捉类型浮动框中，可以选择所要捕捉的类型，还可以控制捕捉的灵敏度，这一点是比较重要的。如果捕捉到了对象，会以浅蓝色显示（可以修改）一个 15 像素的方格，以及相应的线。

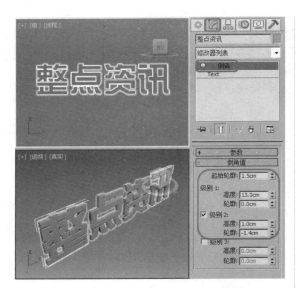

图 11.53

04 选择【创建】|【摄影机】|【标准】工具，在【对象类型】卷展栏中选择【目标】工具，在顶视图中创建一个摄像机，切换至【修改】命令面板，在【参数】卷展栏中，将【镜头】参数设置为35，并在除透视视图以外的其他视图中调整摄影机的位置，激活透视视图，按 C 键将当前视图转换成为摄影机视图，如图 11.54 所示。

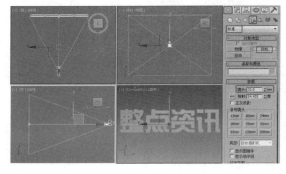

图 11.54

05 确定【整点资讯】对象处于选中状态。在工具栏中单击【材质编辑器】按钮，打开【材质编辑器】对话框。将第一个材质样本球命名为【整点资讯】。在【明暗器基本参数】卷展栏中，将明暗器类型定义为【金属】。在【金属基本参数】卷展栏中，单击按钮，解除【环境光】与【漫反射】的颜色锁定，将【环境光】的 RGB 值设置为 0,0,0，单击【确定】按钮；将【漫反射】的 RGB 值设置为 255,255,255，单击【确定】按钮；将【自发光】设置为50，【反射高光】选项组中的【高光级别】、【光泽度】都设置为100、100，如图 11.55 所示。

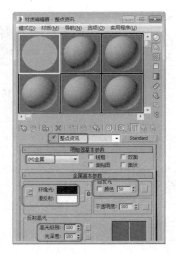

图 11.55

知识链接

要显示安全框的另一种方法就是在激活视图中的视图名称下右击，在弹出的快捷菜单中选择【显示安全框】命令，这时在视图的周围出现一个杏黄色的边框，这个边框就是安全框。

06 打开【贴图】卷展栏，单击【反射】通道右侧的【无】按钮，在打开的【材质|贴图浏览器】对话框中选择【位图】贴图，单击【确定】按钮，然后在打开的对话框中选择本书相关素材中的 Map\Gold04B.jpg 文件，打开位图文件，在【输出】卷展栏中，将【输出量】设置为 1.2，按 Enter 键确认。在场景中选择【整点资讯】对象，单击【将材质指定给选定对象】按钮，将材质指定给【整点资讯】对象，如图 11.56 所示。

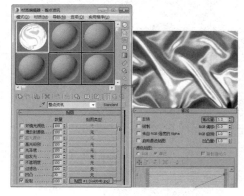

图 11.56

07 将时间滑块拖动至 100 帧处，然后单击打开【自动关键点】按钮，开始记录动画。在【坐标】卷展栏中将【偏移】下的【U】、【V】值分别设置为 0.2、0.1，按 Enter 键确认，如图 11.57 所示。

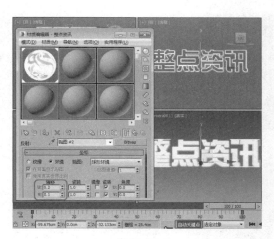

图 11.57

08 选中【位图参数】卷展栏中的【应用】复选框，并单击【查看图像】按钮，在打开的对话框中对当前贴图的有效区域进行设置，在设置完成后将其对话框关闭即可，并将【裁剪 | 放置】选项组中的 W、H 设置为 0.474、0.474，如图 11.58 所示。设置完成后，关闭【自动关键点】按钮。

图 11.58

09 在场景中选择【整点资讯】对象，按 Ctrl+V 快捷键对其进行复制，在打开的【克隆选项】对话框中，选中【对象】选项组下的【复制】单选按钮，将新复制的对象重新命名为【整点资讯光影】，单击【确定】按钮，如图 11.59 所示。

图 11.59

10 单击【修改】按钮，进入【修改】命令面板，在堆栈中选择【倒角】修改器，然后单击堆栈下的【从堆栈中移除修改器】按钮，将【倒角】删除。然后在【修改器列表】中选择【挤出】修改器，在【参数】卷展栏中，将【数量】设置为 500，按 Enter 键确认，取消选中【封口】选项组中的【封口始端】与【封口末端】，如图 11.60 所示。

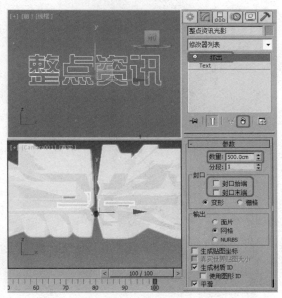

图 11.60

知识链接

大量的片头文字使用光芒四射的效果来表现，这种效果在 3ds Max 中可以通过多种方法实现。在这个实例中，将介绍通过一种特殊的材质与模型结合完成的光影效果。这种方法制作出的光影效果的优点是渲染速度快、制作简便。

11 确定【整点资讯光影】对象处于选中状态。激活第二个材质样本球，将当前材质名称重新命名为【光影材质】。在【明暗器基本参数】卷展栏中选中【双面】复选框。在【Blinn 基本参数】卷展栏中，将【环境光】和【漫反射】的 RGB 值均设置为 255,255,255，单击【确定】按钮；将【自发光】值设置为 100，按 Enter 键确认；将【反射高光】选项组中的【光泽度】的参数设置为 0，如图 11.61 所示。

12 打开【贴图】卷展栏，单击【不透明度】通道右侧的【无】按钮，打开【材质 / 贴图浏览器】对话框，在该对话框中选择【遮罩】贴图，单击【确定】按钮，如图 11.62 所示。

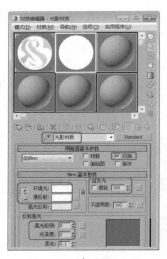

图 11.61

图 11.62

13 进入【遮罩】二级材质设置面板，首先单击【贴图】右侧的【无】按钮，在打开的【材质/贴图浏览器】对话框中选择【棋盘格】选项，单击【确定】按钮，如图 11.63 所示。

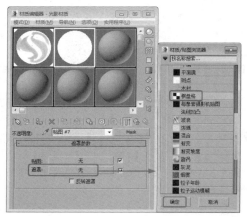

图 11.63

14 在打开的【棋盘格】层级材质面板中，在【坐标】卷展栏中，将【瓷砖】下的 U 和 V 分别设置为 250 和 −0.001，打开【噪波】参数卷展栏，选中【启用】复选框，将【数量】设置为 5，如图 11.64 所示。

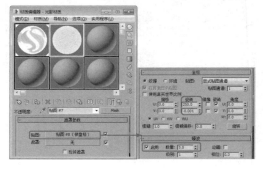

图 11.64

15 打开【棋盘格参数】卷展栏，将【柔化】值设置为 0.01，按 Enter 键确认，将【颜色 #2】的 RGB 值设置为 156,156,156，如图 11.65 所示。

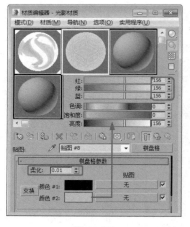

图 11.65

知识链接

【遮罩】是使用一张贴图作为罩框，透过它来观看上面的材质效果，罩框图本身的明暗强度将决定透明的程度。

【双面】：将物体法线相反的一面也进行渲染，通常计算机为了简化计算，只渲染物体法线为正方向的表面（即可视的外表面），这对大多数物体都适用，但有些敞开面的物体，其内壁会看不到任何材质效果，这时就必须打开双面设置。

16 设置完毕后，单击【转到父对象】按钮 ，返回遮罩层级。单击【遮罩】右侧的【无】按钮，在打开的【材质/贴图浏览器】对话框中选择【渐变】贴图，如图 11.66 所示。单击【确定】按钮。

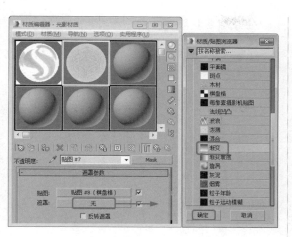

图 11.66

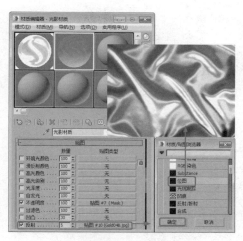

图 11.68

17 在打开的【渐变】层级材质面板中,打开【渐变参数】卷展栏,将【颜色 #2】的 RGB 数值设置为 0,0,0。将【噪波】选项组中的【数量】设置为 0.1,选择【分形】选项,最后将【大小】设置为 5,如图 11.67 所示。单击两次【转到父对象】按钮 返回父级材质面板。

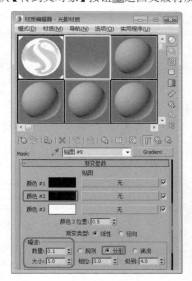

图 11.67

18 将【反射】的【数量】设置为 5,单击【反射】通道右侧的【无】按钮,在打开的【材质|贴图浏览器】对话框中选择【位图】贴图,单击【确定】按钮,然后在打开的对话框中选择本书相关素材中的 Map/Gold04B.jpg 文件,如图 11.68 所示。

19 打开位图文件,在【输出】卷展栏中,将【输出量】设置为 1.35,按 Enter 键确认,单击【转到父对象】按钮 返回父级材质面板,在【材质编辑器】中单击【将材质指定给选定的对象】按钮 ,将当前材质赋予视图中的【整点资讯光影】对象。如图 11.69 所示。

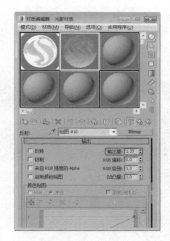

图 11.69

20 在场景中选择【整点资讯光影】对象,单击【修改】按钮 ,切换到修改命令面板,在【修改器列表】中选择【锥化】修改器,打开【参数】卷展栏,将【数量】设置为 1.0,按 Enter 键确认,如图 11.70 所示。

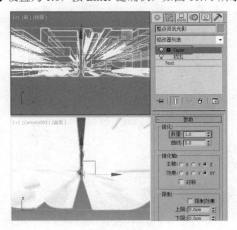

图 11.70

339

21 在场景中选择【整点资讯】和【整点资讯光影】对象，在工具栏中选择【选择并移动】工具，然后在顶视图中沿 Y 轴将选择的对象移动至摄影机下方，如图 11.71 所示。

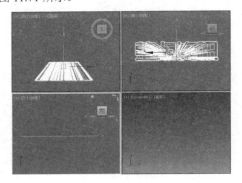

图 11.71

22 将视图底端的时间滑块拖曳至 60 帧处，单击【自动关键点】按钮，然后将选中的对象重新移动至移动前的位置处，如图 11.72 所示。

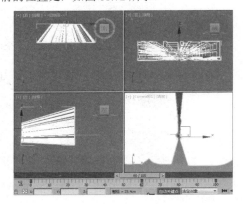

图 11.72

23 将时间滑块拖曳至 80 帧处，选中【整点资讯光影】对象，在【修改】命令面板中将【锥化】修改器的【数量】设置为 0，如图 11.73 所示。

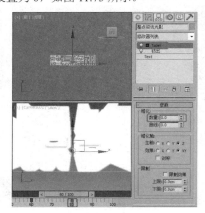

图 11.73

24 确定当前帧仍然为 80 帧。激活顶视图，在工具栏中选择【选择并非均匀缩放】工具并右击，在弹出的【缩放变换输入】对话框中设置【偏移：屏幕】选项组中的 Y 值为 1，如图 11.74 所示。

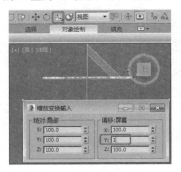

图 11.74

25 单击关闭【自动关键点】按钮。确定【整点资讯光影】对象仍然处于选中状态。在工具栏中单击【曲线编辑器】按钮，打开【轨迹视图】对话框。选择【编辑器】|【摄影表】菜单命令，如图 11.75 所示。

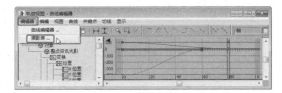

图 11.75

26 在打开的【整点资讯光影】序列下选择【变换】选项，在【变换】选项下选择【缩放】，将第 0 帧处的关键点移动至第 60 帧处，如图 11.76 所示。

图 11.76

27 按 8 键，在打开的【环境和效果】面板中，单击【环境贴图】下的【无】按钮，在弹出的【材质 / 贴图浏览器】中双击【位图】，在打开的对话框中选择本书相关素材中的 Map/Z4.jpg 文件，如图 11.77 所示。

28 打开材质编辑器，在【环境和效果】对话框中拖动【环境贴图】按钮到材质编辑器中的新材质样本球窗口中。在弹出的对话框中选中【实例】选项，如图 11.78 所示，单击【确定】按钮。

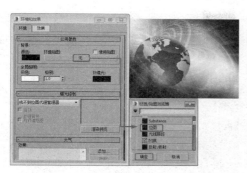

图 11.77

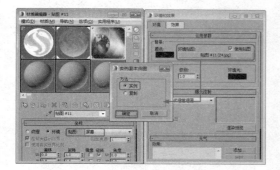

图 11.78

29 激活摄影机视图,在菜单栏中执行【视图】|【视口背景】|【环境背景】命令,在工具栏中单击【渲染设置】按钮 🗔,打开【渲染场景】对话框,在【公用参数】卷展栏中选中【范围 0 至 100】选项,在【输出大小】选项组中,设置【宽度】和【高度】分别为 640 和 480,完成渲染输出设置,如图 11.79 所示。

图 11.79

11.6.2 机械臂捡球动画

本例将制作机械臂捡球的动画,首先利用关键帧,设置出机械臂的运动路径,然后通过【链接约束】将球体绑定到一个对象上,这样就可以减少关键帧的设置。具体操作方法如下,完成后的效果如图 11.80 所示。

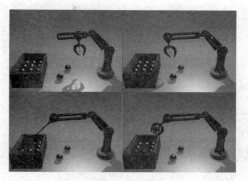

图 11.80

01 打开本书相关素材中的素 材 \ 第 11 章 \【制作捡球动画 .max】文件,如图 11.81 所示。

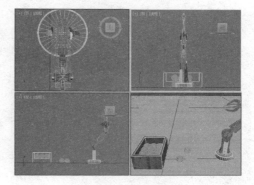

图 11.81

02 激活左视图,单击【自动关键点】按钮,开启动画记录模式,将时间滑块移动到第 40 帧位置,按 H 键打开【从场景中选择】对话框,选择【机械臂 1】单击【确定】按钮,如图 11.82 所示。

图 11.82

03 激活左视图，在工具栏中选择【选择并移动】工具，对【机械臂1】对象进行旋转，此时系统会自动添加关键帧，如图 11.83 所示。

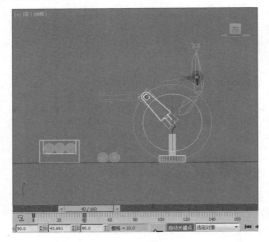

图 11.83

04 选择【链接 01】对象，使用【选择并移动】和【选择并旋转】工具，对【链接 01】对象进行位置和角度调整，完成后的效果如图 11.84 所示。

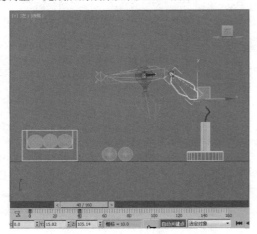

图 11.84

05 此时【链接 01】对象在移动时与【机械臂 01】对象不协调，使用【选择并移动】和【选择并旋转】工具分别在 13、20、33 帧位置对【链接 01】对象进行调整，完成后的效果如图 11.85 所示。

06 取消自动关键点的设置，单击【设置关键点】按钮，开启手动设置关键点，将时间滑块移动到第 40 帧位置，选择【抓手 01】对象，单击【设置关键点】按钮，在 40 帧位置添加关键帧，如图 11.86 所示。

07 将时间滑块移动到第 60 帧位置，使用【选择并移动】工具调整【抓手 01】对象位置，并单击【设置关键点】按钮，添加关键帧，如图 11.87 所示。

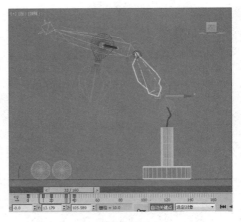

图 11.85

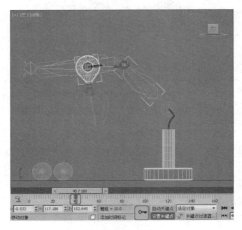

图 11.86

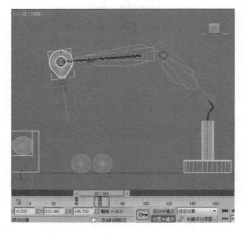

图 11.87

08 将时间滑块移动到第 70 帧位置，使用【选择并旋转】工具，对【抓手 01】对象进行旋转，单击【设置关键点】按钮，添加关键帧，如图 11.88 所示。

09 在场景中选择【软管】对象，切换到【修改】命令面板，在【软管参数】卷展栏中单击【拾取顶部

对象】按钮，在场景中拾取【软管上】对象，单击【拾
取底部对象】按钮，在场景中拾取【软管下】对象，
如图 11.89 所示。

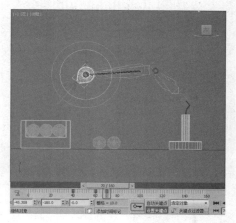

图 11.88

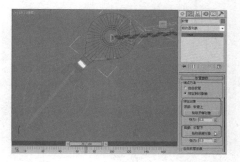

图 11.89

10 将时间滑块移动到 70 帧位置，选择【软管下】对象，
单击【设置关键点】按钮，添加关键帧，如图 11.90
所示。

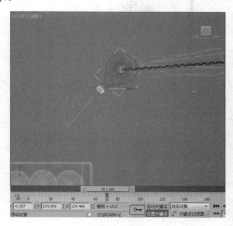

图 11.90

11 将时间滑块移动到 90 帧位置，调整【软管下】
对象的位置，并单击【设置关键点】按钮，为其添
加关键帧，如图 11.91 所示。

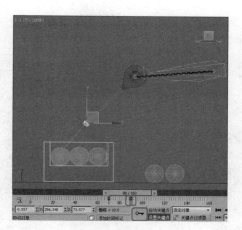

图 11.91

12 将时间滑块移动到第 100 帧，继续调整【软管下】
的位置，并单击【设置关键点】按钮，添加关键帧，
如图 11.92 所示。

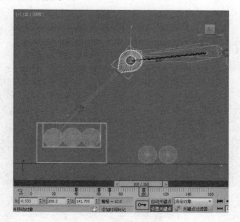

图 11.92

13 将时间滑块移动到 105 帧，继续调整【软管下】
的位置，并单击【设置关键点】按钮，如图 11.93 所示。

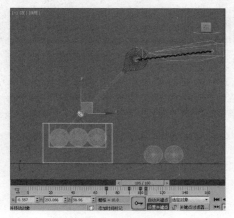

图 11.93

14 将时间滑块移动到 130 帧，继续调整【软管下】的位置，并单击【设置关键点】按钮，如图 11.94 所示。

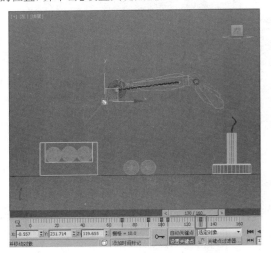

图 11.94

15 将时间滑块移动到 90 帧，分别选择【Line001】和【Line004】对象，单击【设置关键点】按钮，分别对两个对象添加关键帧，如图 11.95 所示。

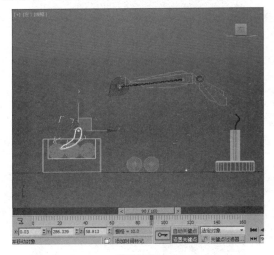

图 11.95

16 将时间滑块移动到 100 帧，使用【选择并旋转】工具对【Line001】和【Line004】对象进行适当旋转，并添加关键帧，完成后的效果，如图 11.96 所示。

17 在场景中选择【Sphere008】对象，确认当前时间滑块在 100 帧，单击【设置关键点】按钮，为球体创建一个关键帧，如图 11.97 所示。

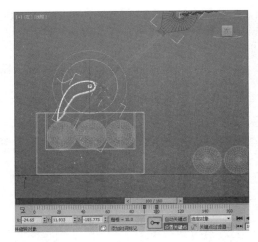

图 11.96

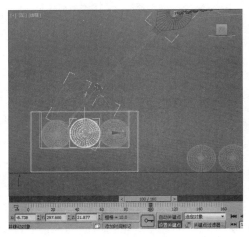

图 11.97

18 将时间滑块移动到 105 位置，分别对【Line001】和【Line004】调整角度并添加关键帧，对【Sphere008】对象调整位置，添加关键帧，如图 11.98 所示。

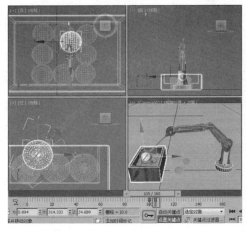

图 11.98

19 选择【Sphere008】球体对象，将时间滑块移动到 108 帧，在菜单栏中选择【动画】|【约束】|【链接约束】命令，然后在场景中拾取【软管下】对象，如图 11.99 所示。

图 11.99

20 将时间滑块移动到 107 帧，在【链接参数】卷展栏中单击【链接到世界】按钮，如图 11.100 所示。

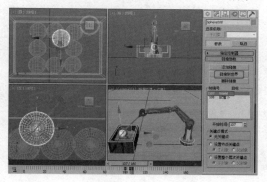

图 11.100

21 退出动画记录模式，对场景动画进行输出。

11.7 课后练习

1. 简述动画的原理。

2. 简述路径约束动画如何使用。

第12章

项目指导——常用三维文字的制作

三维文字主要用于广告制作，通过为文字添加挤出、倒角修改器，制作出三维效果的文字，为文字添加不同的材质。通过创建摄影机与灯光，选择合适的位置进行摆放，达到更好的效果。

12.1　制作金属文字

本例将介绍如何制作金属文字，首先使用【文字】工具输入文字，然后为文字添加【倒角】修改器，最后为文字添加摄影机及灯光，完成后的效果如图 12.1 所示。

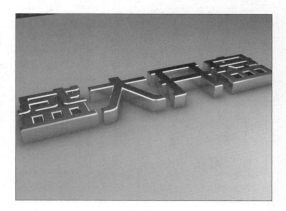

图 12.1

01 重置场景，选择【创建】|【图形】|【文本】工具，将【字体】设置为【方正综艺体简】，将【大小】设置为 75，在【文本】下的文本框中输入文字【盛大开盘】，然后在顶视图中单击创建文字，如图 12.2 所示。

图 12.2

02 确定文字处于选中状态，切换至【修改】命令面板，为文字添加【倒角】修改器，在【倒角】卷展栏中，将【级别 1】下的【高度】设置为 13，选中【级别 2】复选框，将【高度】设置为 1，【轮廓】设置为 −1，如图 12.3 所示。

图 12.3

知识链接

【倒角】：倒角修改器是通过对二维图形进行挤出成形，并且在挤出的同时，在边界上加入直线或曲线的倒角，一般用来制作立体文字和标志。

03 按 M 键打开【材质编辑器】，选择一个空白的材质球，将其命名为【金属】，然后将【明暗器】设置为【（M）金属】，将【环境光】RGB 设置为 209,205,187，在【反射高光】选项组中将【高光级别】、【光泽度】分别设置为 102、74，如图 12.4 所示。

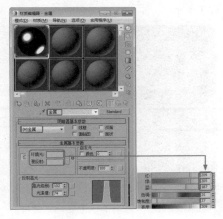

图 12.4

04 展开【贴图】卷展栏，单击【反射】通道后的【无】按钮，在弹出的【材质／贴图浏览器】对话框中选择【光线跟踪】选项，如图 12.5 所示。

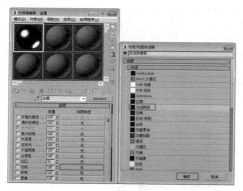

图 12.5

05 单击【转到父对象】按钮，确定文字处于选中状态，单击【将材质指定给选定对象】和【在视口中显示标准贴图】按钮，将材质指定给文字对象，如图 12.6 所示。

图 12.6

06 将对话框关闭，在透视视图中的指定材质，效果如图 12.7 所示。

图 12.7

07 选择【创建】|【摄影机】|【目标】选项，然后在顶视图中创建一个目标摄影机，如图 12.8 所示。

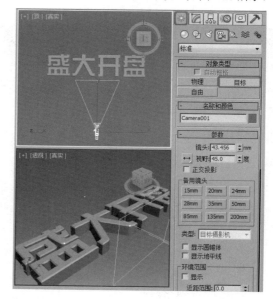

图 12.8

08 激活透视视图，按 C 键将该视图转换为摄影机视图，然后使用【移动工具】在其他视图调整摄影机的位置，调整效果如图 12.9 所示。

图 12.9

09 选择【创建】|【几何体】|【平面】工具，在顶视图中创建一个【长度】、【宽度】均为 500 的平面，并调整其位置至合适的位置，如图 12.10 所示。

10 按 M 键打开【材质编辑器】，选择空白材质球，将【Blinn 基本参数】卷展栏中的【环境光】RGB 值设置为 208,208,200，单击【将材质指定给选定对象】和【在视口中显示标准贴图】按钮，如图 12.11 所示。

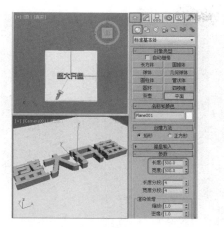

图 12.10

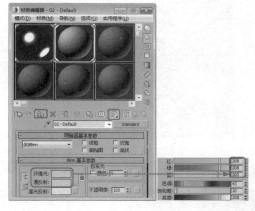

图 12.11

11 将对话框关闭，选择【创建】|【灯光】|【标准】|【泛光】工具，在前视图中创建一盏泛光灯，如图 12.12 所示。

图 12.12

12 切换至【修改】 命令面板，在【阴影参数】卷展栏中将【密度】设置为 0.5，按 Enter 键确认，如图 12.13 所示。

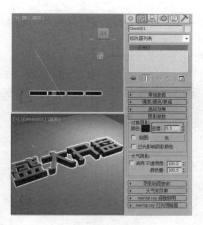

图 12.13

13 使用【选择并移动】工具，在视图中调整泛光灯的位置，调整效果如图 12.14 所示。

图 12.14

14 在顶视图中再创建一个泛光灯，切换至【修改】 命令面板，在【常规参数】卷展栏中选中【阴影】下的【启用】复选框，在【强度 / 颜色 / 衰减】卷展栏中，将【倍增】设置为 0.03，按 Enter 键确认，如图 12.15 所示。

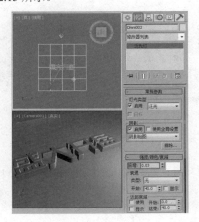

图 12.15

15 在【阴影参数】卷展栏中，将【密度】设置为2，按 Enter 键确认，如图 12.16 所示。

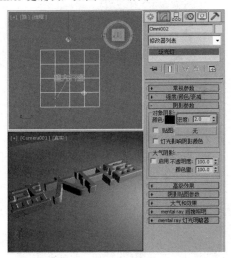

图 12.16

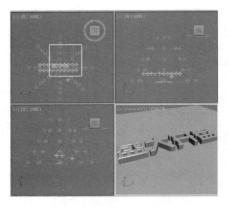

图 12.17

16 使用同样的方法创建其他灯光，并在视图中调整其位置，调整后的效果如图 12.17 所示。

17 调整完成后，按 F9 键对摄影机视图进行渲染，渲染完成后的效果如图 12.18 所示。

图 12.18

12.2 制作砂砾金文字

在本例中将介绍制作砂砾金文字的方法，其效果如图 12.19 所示。本例主要使用文本样条线制作文字轮廓，然后为其添加【倒角】修改器并设置参数，设置材质并为文字添加材质，通过使用灯光体现出文字真实的灯光反射质感效果。通过对本例的学习，可以学会设置砂砾金文字的凹凸质感与灯光反射质感的方法。

图 12.19

01 重置场景，选择【创建】 | 【图形】 | 【样条线】|【文本】工具，在文本框中输入【水木清华】，在【参数】卷展栏中的【字体】下拉列表中选择【方正宋黑简体】，将【字间距】设置为1.0，然后在前

视图中单击创建文字，如图 12.20 所示。

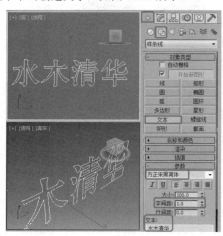

图 12.20

02 切换至【修改】命令面板，在【修改器】下拉列表中选择【倒角】修改器，在【倒角值】卷展栏中，将【起始轮廓】设置为2.5，【级别1】下的【高度】设置为10，选中【级别2】复选框，将其下面的【高度】设置为2，【轮廓】设置为−2.5，在【参数】卷展栏的【相交】选项组中选中【避免线相交】复选框，如图12.21所示。

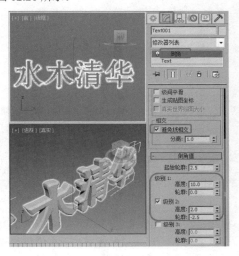

图 12.21

03 选择【创建】■|【几何体】◎|【长方体】工具，在前视图中创建一个长方体对象，并在【名称和颜色】卷展栏中将其重命名为【底板】，在【参数】卷展栏中，将【长度】、【宽度】、【高度】分别设置为120、420、1，如图12.22所示。

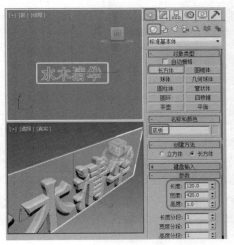

图 12.22

04 在其他视图中将底板调整至合适的位置，选择【创建】■|【图形】◎|【样条线】|【矩形】工具，在前视图中沿着底板的边缘创建一个矩形对象，将其重命名为【边框】，在【参数】卷展栏中，将【长度】、

【宽度】分别设置为120、420，如图12.23所示。

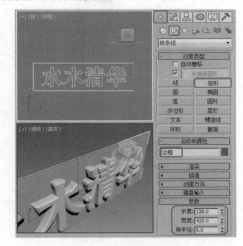

图 12.23

05 切换至【修改】命令面板，在【修改器】下拉列表中选择【编辑样条线】修改器，将当前选择集定义为【样条线】，在视图中选择样条曲线，在【几何体】卷展栏中，将【轮廓】值设置为−15，按Enter键确认，然后关闭当前选择集，如图12.24所示。

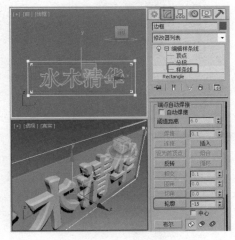

图 12.24

06 在【修改器】下拉列表中添加【倒角】修改器，在【倒角值】卷展栏中，将【起始轮廓】设置为1.5，【级别1】下的【高度】和【轮廓】分别设置为10、−1，选中【级别2】复选框，将其下面的【高度】和【轮廓】分别设置为2、−2.5，如图12.25所示。

07 按M键打开【材质编辑器】，选择一个空白的材质样本球，将【明暗器】类型设置为【金属】，在【金属基本参数】卷展栏中，取消【环境光】和【漫反射】之间的链接关系，并将【环境光】的RGB值设置为0,0,0，【漫反射】的RGB值设置为255,240,0，在【反射高光】选项组中，将【高光级别】

设置为100，【光泽度】设置为80，如图12.26所示。

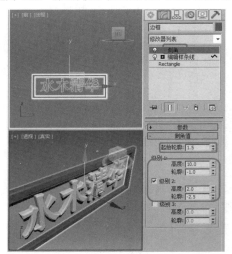

图 12.25

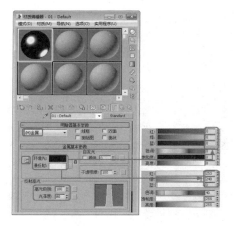

图 12.26

08 展开【贴图】卷展栏，单击【反射】右侧的【无】按钮，在弹出的对话框中选择【位图】选项，然后单击【确定】按钮，如图12.27所示。

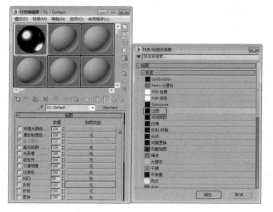

图 12.27

09 在弹出的对话框中选择打开本书相关素材中的Map/Gold04.jpg贴图，在场景中选择【边框】和【文字】对象，然后在【材质编辑器】对话框中单击【将材质指定给选定对象】和【视口中显示明暗处理材质】按钮，将材质指定给选定对象，如图12.28所示。

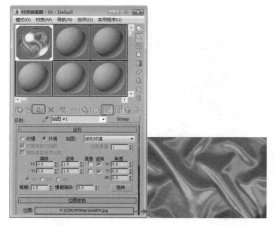

图 12.28

10 再次选择一个空白的材质球，将【明暗器】类型设置为【金属】，在【金属基本参数】卷展栏中，取消【环境光】和【漫反射】之间的链接关系，并将【环境光】的颜色参数设置为0,0,0，【漫反射】的颜色参数设置为255,200,0，在【反射高光】选项组中，将【高光级别】设置为100，【光泽度】设置为0，如图12.29所示。

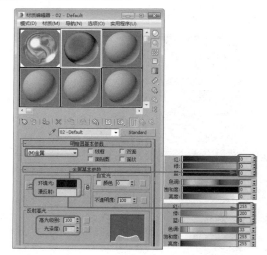

图 12.29

11 展开【贴图】卷展栏，将【凹凸】设置为120，单击该选项右侧的【无】按钮，在弹出的对话框中选择【位图】选项，单击【确定】按钮，如图12.30所示。

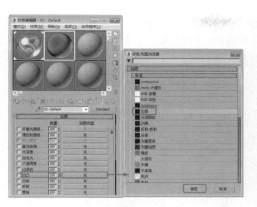

图 12.30

12 在弹出的对话框中打开 Map\SAND.jpg 贴图，单击【打开】按钮，在【坐标】卷展栏中，将【瓷砖】的 U、V 值均设置为 1.2，如图 12.31 所示。

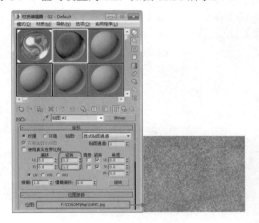

图 12.31

13 单击【转到父对象】 按钮，单击【反射】右侧的【无】按钮，在弹出的对话框中选择【位图】选项，单击【确定】按钮，在弹出的对话框中打开相关素材中的 Map\Gold04.jpg 贴图，将材质制定给场景中的【底板】对象，如图 12.32 所示。

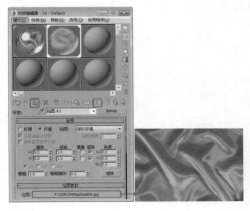

图 12.32

14 激活透视视图，按 F9 进行快速渲染，设置材质后的渲染效果如图 12.33 所示。

图 12.33

15 选择【创建】 |【几何体】 |【平面】工具，在前视图中创建一个【长度】、【宽度】分别为 500、1000 的平面，并将其颜色设置为白色，如图 12.34 所示。

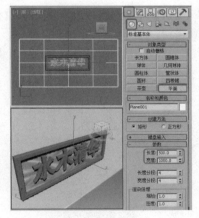

图 12.34

16 选择【创建】|【摄影机】|【目标】命令，在顶视图中创建摄影机对象，如图 12.35 所示。

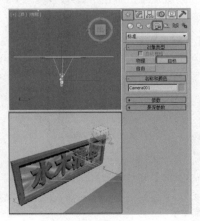

图 12.35

17 激活透视图，按 Ctrl+C 快捷键将透视图转换为摄影机视图。在视图中将创建的长方体调整至合适的位置，并在其他视图中调整摄影机的位置，如图 12.36 所示。

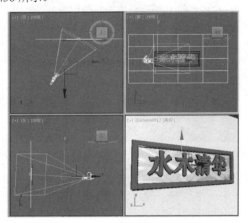

图 12.36

18 选择【创建】 |【灯光】 |【标准】|【泛光】工具，在顶视图中创建一盏泛光灯，在【强度 / 颜色 / 衰减】卷展栏中，将【倍增】设置为 0.5，如图 12.37 所示。

图 12.37

19 在【常规参数】卷展栏中单击【排除】按钮，在弹出的对话框中将创建的平面排除，如图 12.38 所示。

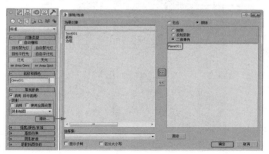

图 12.38

20 使用同样的方法创建一个【天光】，在【渲染】选项组中选中【投射阴影】复选框，并将【天空颜色】的 RGB 值设置为 242,242,255，如图 12.39 所示。

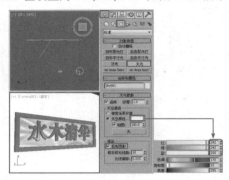

图 12.39

21 按 F10 键打开【渲染设置】对话框，在【输出】选项组中将其设置为【自定义】，将【宽度】和【高度】分别设置为 640、480，如图 12.40 所示。

图 12.40

22 设置完成后单击【渲染】按钮，渲染效果如图 12.41 所示。

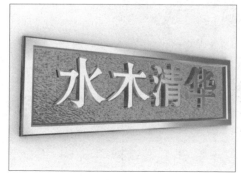

图 12.41

12.3 制作玻璃文字

在本例中将介绍玻璃文字质感的表现方法，其效果如图 12.42 所示，通过设置材质的【环境光】、【漫反射】设置主要颜色，并设置【不透明度】制作玻璃的透明度效果；调节【高级透明】参数来表现逼真的玻璃透明效果；在【折射】通道制定【光线跟踪】贴图，制作出玻璃边缘处的折射效果。

图 12.42

01 选择【创建】 ➕ |【图形】 ◎ |【样条线】|【文本】工具，在文本框中输入【乘风破浪】，在【参数】卷展栏中的【字体】下拉列表中选择【华文中宋】，然后在前视图中单击创建文字，如图 12.43 所示。

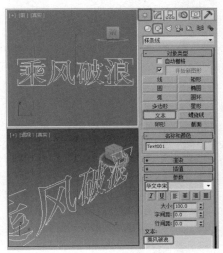

图 12.43

02 切换至【修改】命令面板，在【修改器列表】中选择【倒角】修改器，在【倒角值】卷展栏中，将【起始轮廓】设置为 1，【级别 1】下的【高度】设置为 2，【轮廓】设置为 2，选中【级别2】复选框，将【高度】设置为 20，选中【级别3】复选框，将【高度】设置为 2，【轮廓】设置为 -2，选中【避免线相交】选项，如图 12.44 所示。

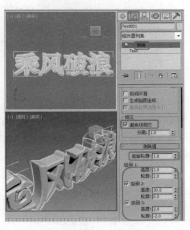

图 12.44

03 按 M 键打开【材质编辑器】对话框，选择一个空白的材质球，在【明暗器参数】卷展栏中选中【双面】复选框，取消【环境光】和【漫反射】之间的链接关系，并将【环境光】颜色的 RGB 值设置为200,200,200，【漫反射】的颜色设置为白色，【不透明度】设置为 50，【反射高光】选项组中的【高光级别】设置为 100，【光泽度】设置为 70，【柔化】设置为 0.53，如图 12.45 所示。

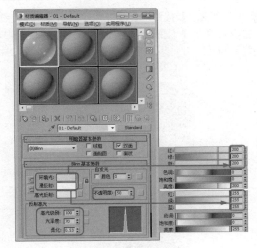

图 12.45

04 展开【扩展参数】卷展栏，将【高级透明】下的【数量】设置为 100，如图 12.46 所示。

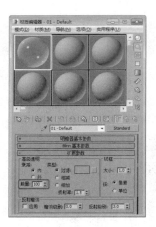

图 12.46

05 展开【贴图】卷展栏，将【折射】贴图的【数量】设置为 90，并单击【折射】右侧的【无】按钮，在弹出的对话框中选择【光线跟踪】贴图，如图 12.47 所示。

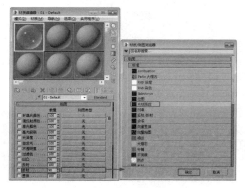

图 12.47

06 单击【确定】按钮，在【光线跟踪器参数】卷展栏中取消选中【局部选项】选项组中的【光线跟踪大气】和【反射/折射材质 ID】复选框，如图 12.48 所示。

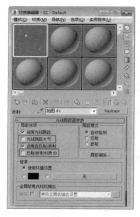

图 12.48

07 在场景中选中文字对象，单击【将材质制定给选定对象】按钮，将设定的材质制定给场景中的对象，指定材质的效果，如图 12.49 所示。

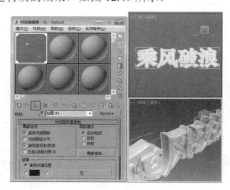

图 12.49

08 按 8 键打开【环境和贴图】对话框，在【公用参数】卷展栏中单击【背景】下的【无】按钮，在弹出的对话框中选择【位图】选项，然后单击【确定】按钮，如图 12.50 所示。

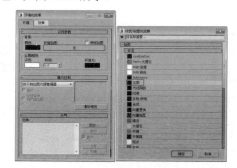

图 12.50

09 在弹出的对话框中选择本书相关素材中的 Map/015.jpg，打开【材质编辑器】，将环境贴图拖曳至材质编辑器中的一个空白材质球上，释放鼠标，在弹出的对话框中选择【实例】选项，然后单击【确定】按钮，在【坐标】卷展栏中将【贴图】类型设置为【收缩包裹环境】，将【角度】U、V 值设置为 30、20，如图 12.51 所示。

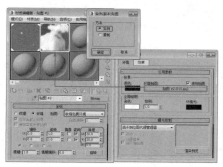

图 12.51

10 选择【创建】|【摄影机】|【目标】命令，在顶视图中创建摄影机，如图 12.52 所示。

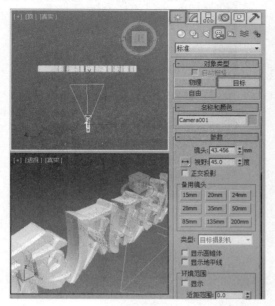

图 12.52

11 激活透视视图，按 Ctrl+C 快捷键将其转换为摄影机视图，并在其他视图中调整摄影机的位置，如图 12.53 所示。

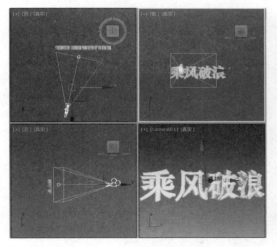

图 12.53

12 按 F10 键打开【渲染设置】对话框，在【输出】选项组中将其设置为【自定义】，将【宽度】和【高度】分别设置为 640、480，如图 12.54 所示。

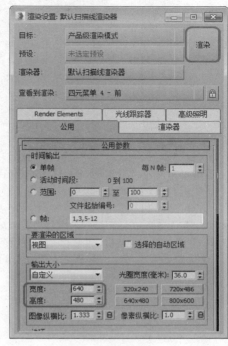

图 12.54

13 设置完成后单击【渲染】按钮，渲染效果如图 12.55 所示。

图 12.55

12.4 制作波浪文字

本例将介绍波浪文字效果的制作方法，本例主要使用【倒角】修改器为文字设置厚度和倒角，再使用【波浪空间扭曲】工具使其产生波浪效果，完成后的文字波浪效果如图 12.56 所示。

图 12.56

01 重置场景，选择【创建】◎|【图形】◎|【样条线】|【文本】工具，在【参数】卷展栏中，将【字体】设置【方正综艺简体】，【大小】设置为120，在文本框中输入【情深似海】，然后在前视图中单击创建文本，并将其重命名为【文本】，如图12.57所示。

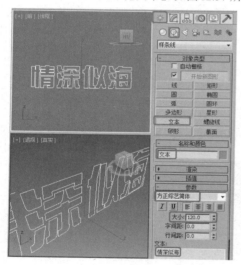

图 12.57

02 切换至【修改】命令面板，在【修改器列表】中选择【角度】修改器，在【倒角】卷展栏中，将【级别1】下的【高度】和【轮廓】均设置为1，选中【级别2】复选框，将【高度】设置为10，选中【级别3】复选框，将【高度】和【轮廓】分别设置为1和 −0.8，如图12.58所示。

03 按 M 键打开【材质编辑器】对话框，选择一个新的样本球，将其重命名为【玻璃文字】，在【Blinn基本参数】卷展栏中，将【环境光】的颜色参数设置为107,157,250，【高光反射】的颜色参数设置为255,255,255，【不透明度】设置为50，【反射高光】组中的【高光级别】和【光泽度】分别设置为95和45，如图12.59所示。

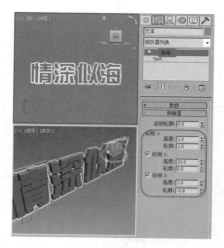

图 12.58

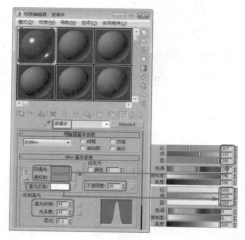

图 12.59

04 切换至【贴图】卷展栏，将【折射】设置为35，然后单击右侧的【无】按钮，在弹出的【材质 / 贴图浏览器】对话框中选择【光线跟踪】选项，然后单击【确定】按钮，如图 12.60 所示。

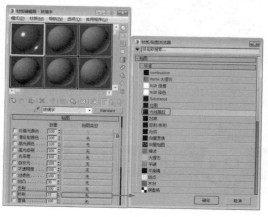

图 12.60

05 在【光线跟踪参数】卷展栏中，取消选中【局部选项】组中的【光线跟踪大气】和【发射／折射材质 ID】复选框，如图 12.61 所示。

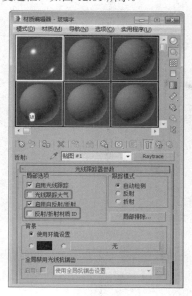

图 12.61

06 单击【转到父对象】按钮，返回到父级材质层级，单击【将材质指定给选定对象】和【视口中显示明暗处理材质】按钮，将材质指定给文字对象，指定效果如图 12.62 所示。

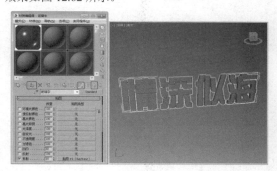

图 12.62

07 选择【创建】|【空间扭曲】|【几何／可变形】|【波浪】工具，在前视图中创建一个波浪空间扭曲物体，在【参数】卷展栏中，将【振幅 1】和【振幅 2】均设置为 12，【波长】设置为 260，如图 12.63 所示。

08 在前视图中选择波浪空间扭曲，按 A 键，打开【角度捕捉】，在工具栏中单击【选择并旋转】按钮并右击，弹出【旋转变换输入】对话框，在【绝对：世界】组中将 Y 轴设置为 90°，如图 12.64 所示。

09 在工具栏中单击【空间扭曲】按钮，然后在前视图中选择文字对象并拖出一条虚线，移动到波浪空间扭曲物体上，如图 12.65 所示。

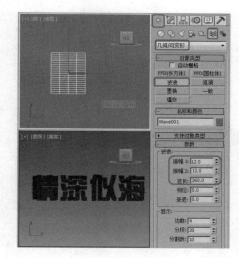

图 12.63

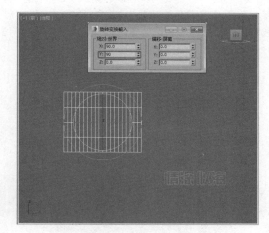

图 12.64

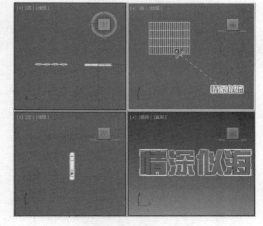

图 12.65

10 释放鼠标后，波浪空间扭曲物体一闪，表示绑定成功，此时文本对象将产生波浪效果，绑定后的对比效果如图 12.66 所示。

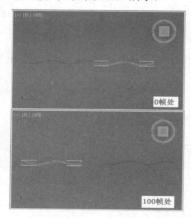

图 12.66

11 在场景中选择文本对象，单击【自动关键点】按钮，开启动画模式。将时间滑块拖动到100帧位置处，然后使用【选择并移动】工具，在顶视图中沿 X 轴移动文本对象至合适的位置，然后单击【自动关键点】按钮关闭动画模式，如图 12.67 所示。

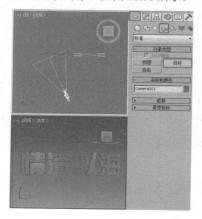

图 12.67

12 选择【创建】|【摄影机】|【目标】工具，在顶视图中创建摄影机对象，如图 12.68 所示。

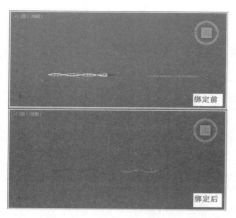

图 12.68

13 激活透视视图，按 C 键将其转换为摄影机视图，并在其他视图中调整摄影机的位置，如图 12.69 所示。

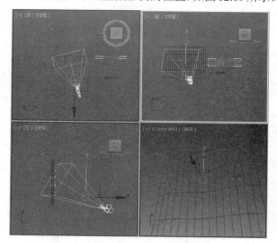

图 12.69

14 按 8 键打开【环境和效果】对话框，单击【环境贴图】下的【无】按钮，在弹出的对话框中选择【位图】选项，如图 12.70 所示。

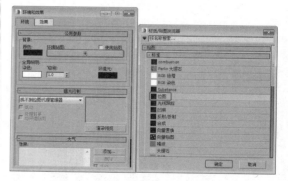

图 12.70

15 在弹出的对话框中选择本书相关素材中的 Map/【波浪字背景 .jpg】文件，然后在【材质编辑器】对话框中选择一个新的样本球，将【环境贴图】拖曳至新的样本球上，在弹出的【实例（副本）】对话框中选择【实例】选项，然后单击【确定】按钮，在【坐标】卷展栏中选择【环境】选项并将其设置为【屏幕】，在【位图参数】卷展栏中选中【应用】选项，将【U】设置为0.166，【V】设置为0.207，【W】设置为0.834，【H】设置为0.793，如图 12.71 所示。

16 将时间滑块拖曳至第 100 帧，然后单击【自动关键帧】按钮，开启动画模式，在【位图参数】卷展栏中将【U】和【V】均设置为0，单击【查看图像】按钮，其效果如图 12.72 所示。

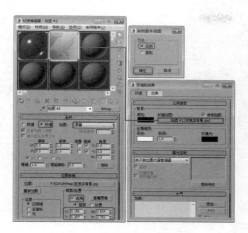

图 12.71

图 12.72

17 按 F10 键打开【渲染设置】对话框，在【输出时间】组中选择【活动间段】选项，在【输出】选项组中，将【宽度】和【高度】分别设置为 320、240，在【输出渲染】组中单击【文件】按钮设置输出路径，设置完成后单击【渲染】按钮进行渲染即可，如图 12.73 所示。

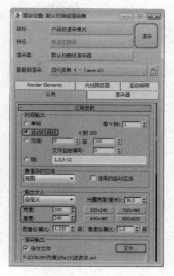

图 12.73

18 渲染完成后的效果如图 12.74 所示。

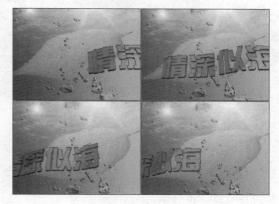

图 12.74

第13章

项目指导——电视片头动画

在日常生活中的电视、电影或网络中，常常可以看见一些片头动画，本章将介绍如何制作电视片头动画，通过对本章的学习可以对片头动画有一个系统的认识。本例效果如图 13.1 所示。

图 13.1

13.1　创建飞舞的数字

下面将介绍如何创建飞舞的数字，该效果主要利用粒子系统来创建，其具体操作步骤如下。

01 选择【创建】|【几何体】|【粒子系统】|【粒子流源】命令，在前视图中创建【粒子流源】，在【发射】卷展栏中，将【徽标大小】设置为143，【长度】和【宽度】分别设置为198、210，如图 13.2 所示。

02 切换到【修改】命令面板中单击【设置】卷展栏中的【粒子视图】按钮，弹出【粒子视图】对话框，选择【材质频率】并将其添加到【事件 003】上，如图 13.3 所示。

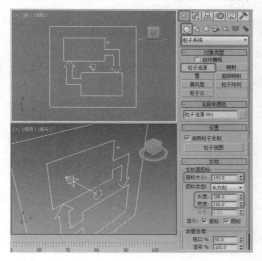

图 13.2

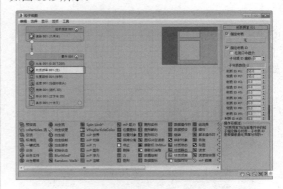

图 13.3

03 选择【出生 001】选项，在【出生 001】卷展栏中，将【发射开始】设置为 −39，【发射停止】设置为15，【数量】设置为100，并取消选中【子帧采样】复选框，如图 13.4 所示。

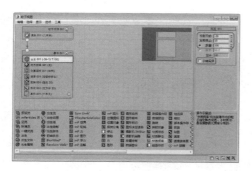

图 13.4

04 将【粒子视图】复选框最小化显示，按 M 键打开【材质编辑器】对话框，选择一个新的样本球，并将其命名为【粒子流】，在【明暗器基本参数】卷展栏中将【明暗器类型】设置为【金属】，在【金属基本参数】卷展栏中取消【环境光】和【漫反射】的锁定，将【环境光】的 RGB 值设置为 0,0,0，【漫反射】的 RGB 值设置为 255,255,255，在【反射高光】组中，将【高光级别】设置为 72，【光泽度】设置为 55，如图 13.5 所示。

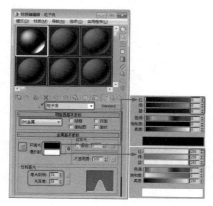

图 13.5

05 切换到【贴图】卷展栏中，单击【反射】后面的【无】按钮，在弹出的对话框中选择【位图】选项，如图 13.6 所示。

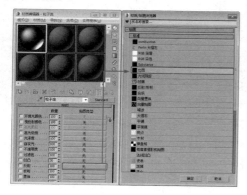

图 13.6

06 单击【确定】按钮，在弹出的对话框中选择本书相关素材中的 Map\LAKEREF.JPG 位图文件，如图 13.7 所示。

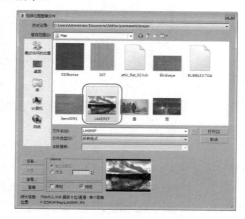

图 13.7

07 打开【粒子视图】对话框，选择【材质频率 001】选项，打开【材质编辑器】选择上一步创建的【粒子流】材质，将其拖至【粒子视图】对话框的【材质频率 001】卷展栏下的【无】按钮上，弹出【实例（副本）材质】对话框，选择【实例】单选按钮，并单击【确定】按钮，如图 13.8 所示。

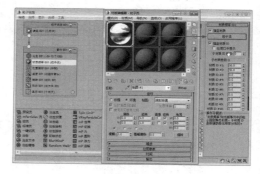

图 13.8

08 选择【速度 001（沿图表箭头）】选项，在【速度 001】卷展栏中，将【速度】设置为 410，【变化】设置为 140，选中【反转】复选框，如图 13.9 所示。

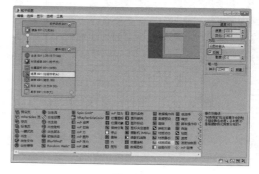

图 13.9

09 选择【形状001】选项，在【形状001】卷展栏中，将【3D】设置为【数字Courier】，【大小】设置为20，如图13.10所示。

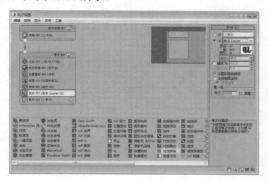

图 13.10

10 关闭【粒子视图】对话框，单击【时间配置】按钮，在弹出的对话框中将【结束时间】设置为330，如图13.11所示，设置完成后，单击【确定】按钮。

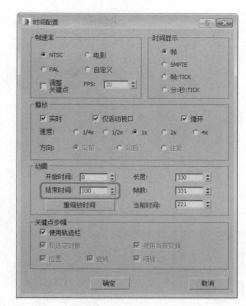

图 13.11

13.2 创建标题文字

下面将介绍如何创建标题文字，其具体操作步骤如下。

01 选择【创建】|【图形】|【文本】工具，在【参数】卷展栏中，将【字体】设置为【汉仪书魂体简】，在【文本】文本框中输入【财经风暴】，在前视图中单击创建文本，并将其命名为【财经风暴】，如图13.12所示。

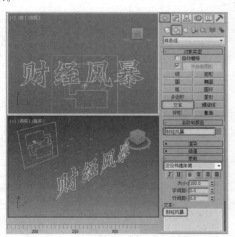

图 13.12

02 选择【修改】命令面板，在修改器下拉列表中选择【倒角】修改器，在【相交】选项组中选中【避免线相交】复选框，在【倒角值】卷展栏中，将【级

别1】下的【高度】设置为4，选中【级别2】复选框，将【高度】和【轮廓】分别设置为1和－1，如图13.13所示。

图 13.13

03 在修改器下拉列表中选择【UVW贴图】修改器，使用其默认参数即可，如图13.14所示。

04 确认该对象处于选中状态，按Ctrl+V快捷键，在弹出的对话框中选中【复制】单选按钮，如图13.15所示。

图 13.14

图 13.15

05 单击【确定】按钮，确认复制后的对象处于选中状态，在【修改】命令面板中按住 Ctrl 键选择【UVW贴图】和【倒角】修改器，右击，在弹出的快捷菜单中选择【删除】命令，如图 13.16 所示。

图 13.16

06 确认该对象处于选中状态，右击，在弹出的快捷菜单中选择【转换为】|【转换为可编辑样条线】命令，如图 13.17 所示。

07 继续选中该对象，在【渲染】卷展栏中选中【在渲染中启用】与【在视口中启用】复选框，选中【生成贴图坐标】复选框，将【厚度】设置为 2，如图13.18 所示。

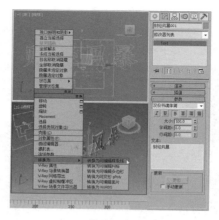

图 13.17

图 13.18

08 选择【创建】|【图形】|【文本】工具，在【参数】卷展栏中将【字体】设置为【TW Cen MT Bold】，将【大小】和【字间距】分别设置为 53、2，在【文本】文本框中输入【FINANCIAL STORM】，然后在前视图中单击创建文本，将其命名为【字母】，在【渲染】卷展栏中取消选中【在渲染中启用】和【在视口中启用】复选框，如图 13.19 所示。

图 13.19

09 创建完成后，在绘图区中调整该文字的位置，效果如图 13.20 所示。

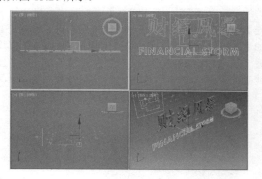

图 13.20

10 继续选中该对象，切换至【修改】命令面板，在修改器下拉列表中选择【挤出】修改器，在【参数】卷展栏中，将【数量】设置为5，选中【生成贴图坐标】复选框，如图 13.21 所示。

图 13.21

11 确认该对象处于选中状态，按 Ctrl+V 快捷键，在弹出的对话框中选中【复制】单选按钮，如图 13.22 所示。

图 13.22

12 单击【确定】按钮，确认复制后的对象处于选中状态，选择【挤出】修改器，右击，在弹出的快捷

菜单中选择【删除】命令，如图 13.23 所示。

图 13.23

13 继续选中该对象，在修改器下拉列表中选择【编辑样条线】修改器，将当前选择集定义为【样条线】，在视图中框选样条线，在【几何体】卷展栏中将【轮廓】设置为 −0.8，如图 13.24 所示。

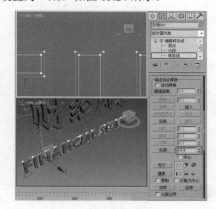

图 13.24

14 设置完成后，关闭当前选择集，在修改器下拉列表中选择【挤出】修改器，使用其默认参数即可，如图 13.25 所示。

图 13.25

15 按 H 键，在弹出的对话框中选择【财经风暴】和【字母】对象，如图 13.26 所示。

图 13.26

16 单击【确定】按钮，按 M 键打开材质编辑器，在弹出的对话框中选择一个新的材质样本球，将其命名为【标题】，然后单击右侧的【Standard】按钮，在弹出的对话框中选择【混合】材质，如图 13.27 所示。

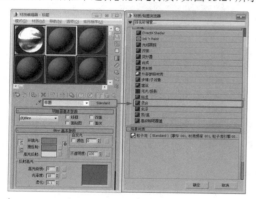

图 13.27

17 单击【确定】按钮，在弹出的对话框中选择【将旧材质保存为子材质？】单选按钮，如图 13.28 所示。

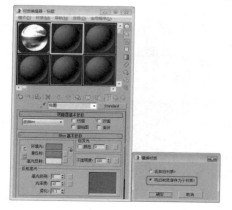

图 13.28

18 单击【确定】按钮，在【混合基本参数】卷展栏中单击【材质1】通道后面材质按钮，进入材质 1 的通道。在【Blinn 基本参数】卷展栏中单击【环境光】左侧的按钮，取消颜色的锁定，将【环境光】的 RGB 值设置为 0,0,0，将【漫反射】的 RGB 值设置为 128,128,128，【不透明度】设置为 0，在【反射高光】选项组中，将【光泽度】设置为 0，如图 13.29 所示。

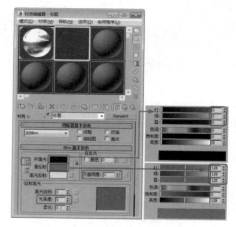

图 13.29

19 设置完成后，单击【转到父对象】按钮，在【混合基本参数】卷展栏中单击【材质2】右侧的【材质通道】按钮，在【明暗器基本参数】卷展栏中将【明暗器类型】设置为【金属】，在【金属基本参数】卷展栏中单击【环境光】左侧的按钮，取消颜色的锁定，将【环境光】的 RGB 值设置为 118,118,118，【漫反射】的 RGB 值设置为 255,255,255，【不透明度】设置为 0。在【反射高光】选项组中，将【高光级别】和【光泽度】分别设置为 120 和 65，如图 13.30 所示。

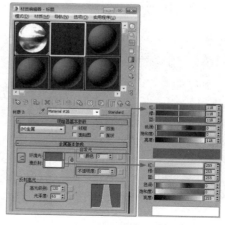

图 13.30

20 在【贴图】卷展栏中单击【漫反射颜色】后面的

【无】按钮，在打开的【材质 / 贴图浏览器】对话框中选择【位图】贴图，如图13.31所示。

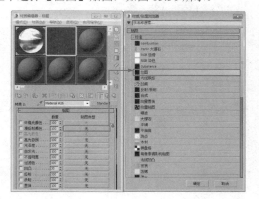

图13.31

21 单击【确定】按钮。在打开的对话框中选择本书相关素材中的Map/Metal01.tif文件，如图13.32所示。

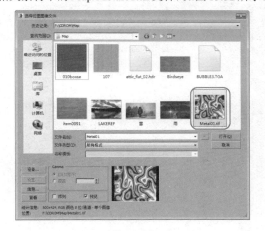

图13.32

22 单击【打开】按钮，在【坐标】卷展栏中，将【瓷砖】下的U和V均设置为0.08，如图13.33所示。

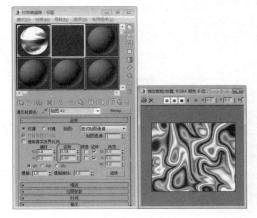

图13.33

23 单击【转到父对象】按钮，将【凹凸】右侧的【数量】设置为15，如图13.34所示。

图13.34

24 单击其右侧的【无】按钮，在打开的【材质 / 贴图浏览器】对话框中选择【噪波】贴图，如图13.35所示。

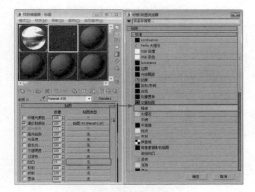

图13.35

25 单击【确定】按钮，在【噪波参数】卷展栏中选中【分形】单选按钮，将【大小】设置为0.5，【颜色 #1】的RGB值设置为134,134,134，如图13.36所示。

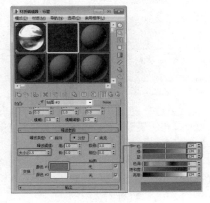

图13.36

26 单击两次【转到父对象】按钮，单击【遮罩】通道右侧的【无】按钮，在弹出的【材质/贴图浏览器】对话框中选择【渐变坡度】选项，如图 13.37 所示。

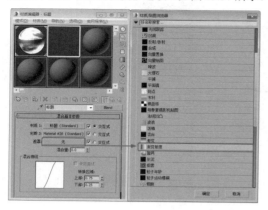

图 13.37

27 单击【确定】按钮，在【渐变坡度参数】卷展栏中将【位置】为 50% 的色标滑动到 95% 位置处，并将其 RGB 值设置为 0,0,0，在【位置】为 97% 处添加一个色标，并将其 RGB 值设置为 255,255,255；在【噪波】选项组中，将【数量】设置为 0.01，选中【分形】单选按钮，如图 13.38 所示。

图 13.38

28 设置完毕后，将时间滑块移动到 150 帧位置处，单击【自动关键点】按钮，将【位置】为 95% 处的色标移动至 1% 处，将 97% 位置处的色标移动至 2% 处，如图 13.39 所示。

29 关闭自动关键点记录模式，选择【图形编辑器】|【轨迹视图 - 摄影表】命令，即可打开【轨迹视图 - 摄影表】对话框，如图 13.40 所示。

30 在面板左侧的序列中打开【材质编辑器材质】|【标题】|【遮罩】|【Gradient Ramp】，将 0 帧处的关键帧移动至 95 帧处，如图 13.41 所示。

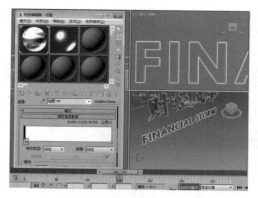

图 13.39

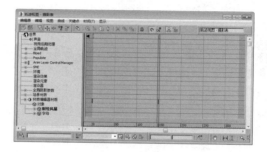

图 13.40

图 13.41

31 调整完成后，将该对话框关闭，在【材质编辑器】对话框中将设置完成后的材质指定给选定对象，指定完成后，按 H 键，在弹出的对话框中选择【财经风暴 001】与【字母 001】两个对象，如图 13.42 所示。

图 13.42

32 单击【确定】按钮，在【材质编辑器】对话框中选择一个材质样本球，将其命名为【标题轮廓】，在【明暗器基本参数】卷展栏中将明暗器类型设置为【金属】，在【金属基本参数】卷展栏中单击【环境光】右侧的 C 按钮，取消颜色的锁定，将【环境光】的 RGB 值设置为 77,77,77，【漫反射】的 RGB 值设置为 178,178,178；【反射高光】选项组中的【高光级别】和【光泽度】分别设置为 75 和 51，如图 13.43 所示。

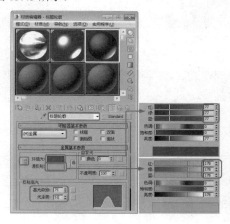

图 13.43

33 在【贴图】卷展栏中将【反射】右侧的【数量】设置为 80，单击其右侧的【无】按钮，在打开的【材质/贴图浏览器】对话框中选择【位图】贴图，如图 13.44 所示。

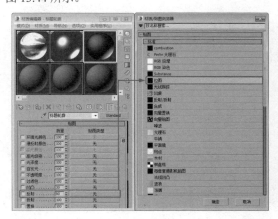

图 13.44

34 单击【确定】按钮。在打开的对话框中选择本书相关素材中的 Map/Metals.jpg 文件，如图 13.45 所示。

35 单击【打开】按钮，在【坐标】卷展栏中，将【瓷砖】下的 U 和 V 分别设置为 0.5 和 0.2，如图 13.46 所示。

36 单击【转到父对象】按钮，返回到上一层级，将设置完成后的材质指定给选定对象，将【材质编辑器】对话框关闭，指定材质后的效果，如图 13.47

所示。

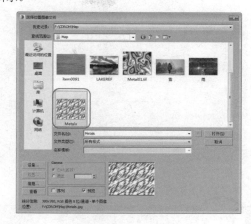

图 13.45

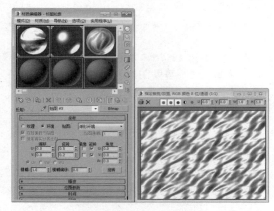

图 13.46

图 13.47

37 在视图中选择所有的【财经风暴】对象，选择【组】|【组】命令，在弹出的对话框中将【组名】命名为【文字标题】，如图 13.48 所示，然后单击【确定】按钮。

38 按 Ctrl+I 快捷键进行反选，选择【组】|【组】命令，在弹出的对话框中将【组名】命名为【字母标题】，如图 13.49 所示，单击【确定】按钮。

图 13.48

图 13.49

13.3 添加背景

下面将介绍如何添加背景，其具体操作步骤如下。

01 按 8 键，弹出【环境和效果】对话框，在【背景】选项组中单击【环境贴图】下方的【无】按钮，在打开的【材质/贴图浏览器】对话框中选择【位图】贴图，如图 13.50 所示。

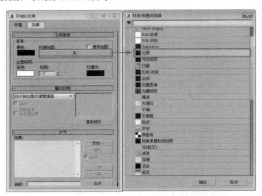

图 13.50

02 单击【确定】按钮，在打开的对话框中选择本书相关素材中的 Map\【片头背景 .jpg】文件，如图 13.51 所示。

03 单击【打开】按钮，按 M 键打开【材质编辑器】对话框，将环境贴图拖曳到【材质编辑器】中新的样本球上，在弹出的对话框中选中【实例】单选按钮，如图 13.52 所示。

04 单击【确定】按钮，在【材质编辑器】对话框中的【坐标】卷展栏中将【贴图】设置为【屏幕】，如图 13.53 所示。

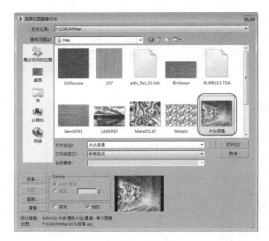

图 13.51

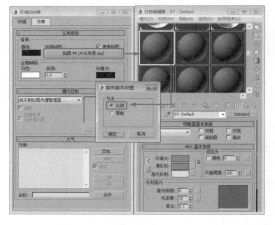

图 13.52

图 13.53

05 将时间滑块拖到 0 帧处，按 N 键进入动画记录模式，选中【裁剪 / 放置】选项组中的【启用】复选框，将【U】、【V】、【W】、【H】分别设置为 0.17、0.245、0.67、0.486，如图 13.54 所示。

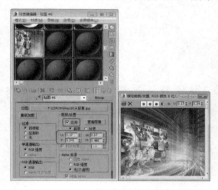

图 13.54

06 将时间滑块拖到 250 帧处，在【裁剪 / 放置】选项组中将【U】、【V】、【W】、【H】分别设置为 0、0、1、1，如图 13.55 所示。

07 在【坐标】卷展栏中将【模糊】参数设置为 50，如图 13.56 所示。

08 设置完成后单击关闭【自动关键点】按钮和【材质编辑器】对话框，选择透视视图，按 Alt+B 快捷键，

在弹出的对话框中选中【使用环境背景】单选按钮，设置完成后单击【确定】按钮，效果如图 13.57 所示。

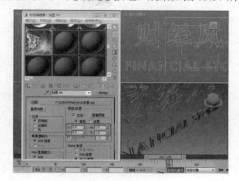

图 13.55

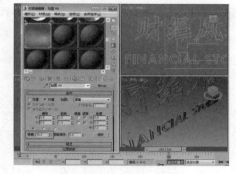

图 13.56

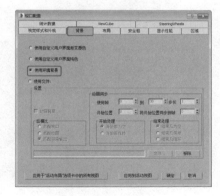

图 13.57

13.4　创建灯光和摄影机

添加完标题等对象后，接下来就要为场景添加灯光与摄影机，其具体操作步骤如下。

01 在场景中调整文字标题与字母标题的位置，选择【创建】 | 【摄影机】 | 【目标】工具，在顶视图中创建一架摄影机，激活透视视图，按 C 键，将当前视图转换为摄影机视图。在【环境范围】选项组中选中【显示】复选框，将【近距范围】和【远距范围】分别设置为 8 和 811，【目标距离】设置为 533，然后在场景中调整摄影机的位置，如图 13.58 所示。

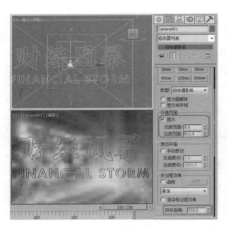

图 13.58

02 激活摄影机视图，在菜单栏中选择【视图】|【视口配置】命令，如图 13.59 所示。

图 13.59

03 在弹出的对话框中选择【安全框】选项卡，选中【动作安全区】和【标题安全区】复选框，在【应用】选项组中选中【在活动视图中显示安全框】复选框，如图 13.60 所示。

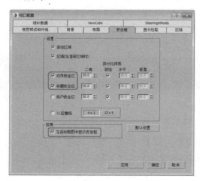

图 13.60

04 设置完成后，单击【应用】及【确定】按钮，添加安全框后的效果，如图 13.61 所示。

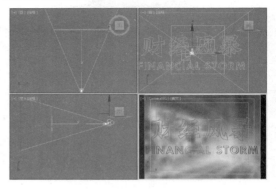

图 13.61

05 选择【创建】|【灯光】|【标准】|【泛光】工具，在顶视图中创建一盏泛光灯，在视图中调整灯光的位置，如图 13.62 所示。

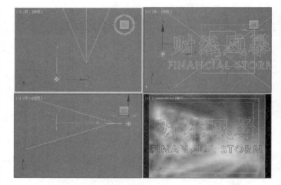

图 13.62

06 使用同样的方法继续创建一盏泛光灯，在【强度/ 颜色 / 衰减】卷展栏中，将【倍增】设置为 0.6，并在视图中调整其位置，如图 13.63 所示。

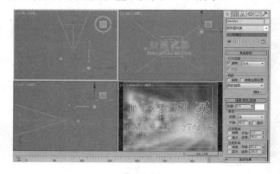

图 13.63

13.5　为标题文字添加动画

下面将介绍如何为标题文字添加动画效果，其具体操作步骤如下。

01 将场景中的灯光与摄影机隐藏，在场景中选择【文字标题】对象，激活顶视图，在工具栏中右击【选择并旋转】 🔄 工具，在弹出的对话框中将【偏移：屏幕】选项组中的【Z】设置为90，如图13.64所示。

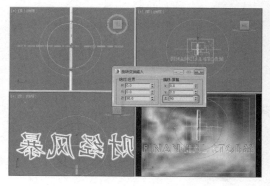

图 13.64

02 在工具栏中单击【选择并移动】工具 ✛，在【移动变换输入】对话框中，将【绝对：世界】选项组中的X、Y、Z分别设置为2.43、2813.511、29.299，如图13.65所示。

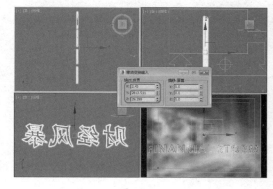

图 13.65

03 在视图中选中【字母标题】对象，在【移动变换输入】对话框中将【绝对：世界】选项组中的X、Y、Z分别设置为 –760.99、–584.03、–55.368，如图13.66所示。

04 将时间滑块拖曳到90帧处，单击【自动关键点】按钮，确认【字母标题】对象处于选中状态，在【移动变换输入】对话框中，将【绝对：世界】选项组中的X、Y、Z分别设置为1.689、–0.678、–51.445，如图13.67所示。

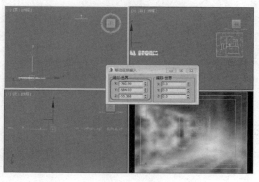

图 13.66

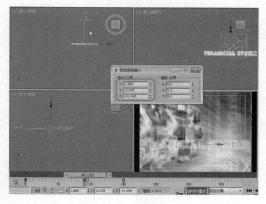

图 13.67

05 在视图中选择【文字标题】对象，在【移动变换输入】对话框中，将【绝对：世界】选项组中的X、Y、Z分别设置为2.43、–0.678、29.299，如图13.68所示。

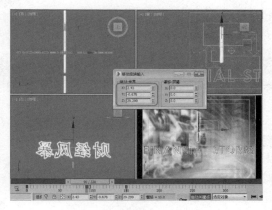

图 13.68

06 在工具栏中单击【选择并旋转】○工具，激活顶视图，在【旋转变换输入】对话框中的【偏移：屏幕】选项组中将【Z】设置为 −90，如图 13.69 所示。

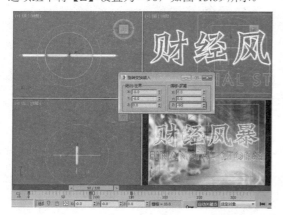

图 13.69

07 设置完成后，将该对话框关闭，按 N 键关闭自动关键点记录模式，使用【选择并移动】工具✛在场景中选择【文字标题】和【字母标题】对象，打开【轨迹视图 - 摄影表】对话框，如图 13.70 所示。

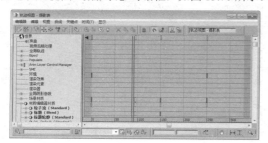

图 13.70

08 选择【文字标题】右侧 0 帧处的关键帧，单击并将其拖曳至 10 帧处，如图 13.71 所示。

09 选择【字母标题】右侧 0 帧处的关键帧，单击并将其拖曳至 30 帧处，如图 13.72 所示。

10 设置完成后，在场景中观察效果，如图 13.73 所示。

图 13.71

图 13.72

图 13.73

13.6 创建电光效果

下面将介绍如何添加电光效果，其具体操作步骤如下。

01 激活前视图，选择【创建】|【图形】|【线】工具，创建一个与【财经风暴】高度相等的线段，在【渲染】卷展栏中选中【在渲染中启用】和【在视口中启用】复选框，将【厚度】设置为 1，如图 13.74 所示。

02 确定新创建的线段处于选中状态，右击，在弹出的快捷菜单中选择【对象属性】命令，如图 13.75 所示。

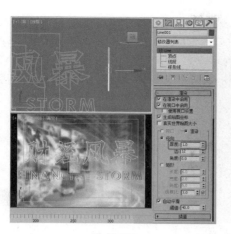

图 13.74

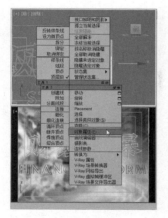

图 13.75

03 在弹出的对话框中将【对象 ID】设置为 1，如图 13.76 所示。

图 13.76

04 设置完成后，单击【确定】按钮，将时间滑块拖曳至 150 帧处，单击【自动关键帧】按钮，选择工具栏中的【选择并移动】❖工具，激活前视图，

将线沿 X 轴向左移至【财】字的左侧边缘，如图 13.77 所示。设置完成后单击关闭【自动关键点】按钮。

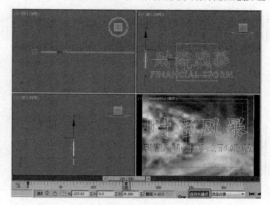

图 13.77

05 确定线处于选中状态，打开【轨迹视图 - 摄影表】对话框，在左侧的区域中选择【Line001】下的【变换】，将其右侧 0 帧处的关键帧移动至 95 帧处，如图 13.78 所示。

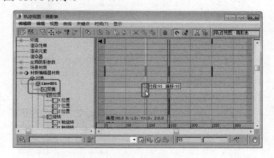

图 13.78

06 在【轨迹视图 - 摄影表】对话框左侧的选项栏中选择【Line001】，在菜单栏中选择【编辑】|【可见性轨迹】|【添加】命令，为【Line001】添加一个可见性轨迹，如图 13.79 所示。

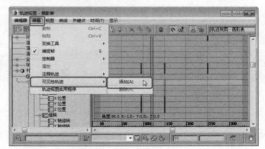

图 13.79

07 选择【可见性】选项，在工具栏中选择【添加关键点】工具⚿，在 94 帧处添加一个关键点，并将值设置为 0.000，表示在该帧时不可见，如图 13.80 所示。

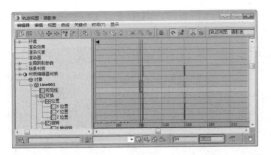

图 13.80

08 继续在 95 帧处添加关键点，并将其值设置为1.000，表示在该帧时可见，如图 13.81 所示。

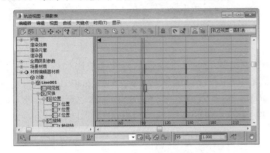

图 13.81

09 使用同样的方法，在 150 帧处添加关键帧，并将值设置为 1.000，在 150 帧处添加一个可见关键点，如图 13.82 所示。

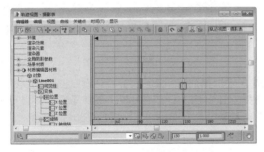

图 13.82

10 继续在 151 帧处添加关键帧，并将值设置为 0.000，在 151 帧处添加一个不可见关键帧，如图 13.83 所示。

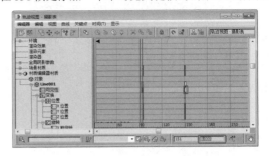

图 13.83

11 添加完成后，将该对话框关闭，按 M 键，在弹出的【材质编辑器】中选择一个新样本球，将其命名为【线】，在【Blinn 基本参数】卷展栏中将【不透明度】设置为 0，在【反射高光】选项组中将【光泽度】设置为 0，如图 13.84 所示。设置完成后，将该材质指定给选定对象，并将该对话框关闭。

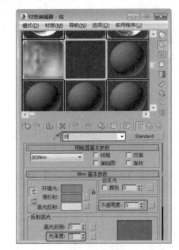

图 13.84

13.7 创建粒子系统

下面将介绍如何创建粒子系统，其具体操作步骤如下。

01 选择【创建】|■|【几何体】|◎|【粒子系统】|【超级喷射】工具，在左视图中创建粒子系统，在【基本参数】卷展栏中，将【粒子分布】选项组中的【轴偏离】下的【扩散】设置为 15，【平面偏离】下的【扩散】设置为 180，【图标大小】设置为 45，在【视口显示】选项组中，将【粒子数百分比】设置为 50%，如图 13.85 所示。

02 在【粒子生成】卷展栏中，将【粒子运动】选项组中的【速度】和【变化】分别设置为 8 和 5，【粒子计时】选项组中的【发射开始】、【发射停止】、【显示时限】、【寿命】和【变化】分别设置为 30、150、180、25 和 5，【粒子大小】选项组中的【大小】、【变化】、【增长耗时】和【衰减耗时】分别设置为8、18、5和8，如图13.86所示。

图 13.85

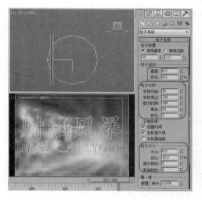

图 13.86

03 在【气泡运动】卷展栏中，将【幅度】、【变化】和【周期】分别设置为10、0和45。在【粒子类型】卷展栏中选择【标准粒子】选项组中的【球体】单选按钮，在【材质贴图和来源】选项组中，将【时间】下的参数设置为60，如图13.87所示。

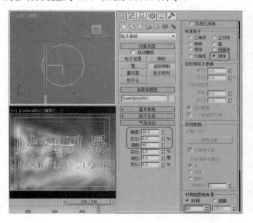

图 13.87

04 在【旋转和碰撞】卷展栏中，将【自旋速度控制】选项组中的【自旋时间】设置为60，如图13.88所示。

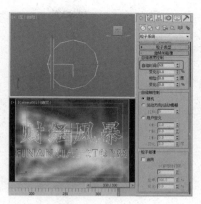

图 13.88

05 按M键，打开【材质编辑器】，选择一个新的样本球，将其命名为【粒子】，在【贴图】卷展栏中单击【漫反射颜色】后面的【无】按钮，选择【粒子年龄】贴图，如图13.89所示。

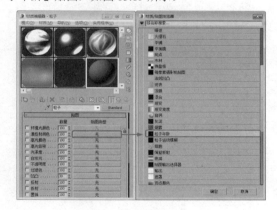

图 13.89

06 单击【确定】按钮，进入【漫反射】贴图通道，在【粒子年龄参数】卷展栏中，将【颜色 #1】的 RGB 值设置为 255,255,255，【颜色 #2】的 RGB 值设置为 245,148,25，【颜色 #3】的 RGB 值设置为 255,0,0，如图13.90所示。

图 13.90

07 单击【转到父对象】按钮，在【贴图】卷展栏中单击【不透明度】通道右侧的【无】按钮，在弹出的对话框中选择【渐变】贴图，如图 13.91 所示。

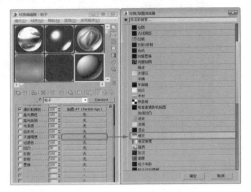

图 13.91

08 单击【确定】按钮，使用其默认参数。设置完成后，将材质指定给选定对象，并将该对话框关闭，在视图中调整其位置，如图 13.92 所示。

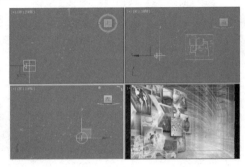

图 13.92

09 将时间滑块拖曳到 170 帧处，单击【自动关键点】按钮，激活前视图，选择工具栏中的【选择并移动】工具，确认当前作用轴为 X 轴，将粒子对象移动至【字母标题】对象的右侧，如图 13.93 所示，设置完成后单击关闭【自动关键点】按钮。

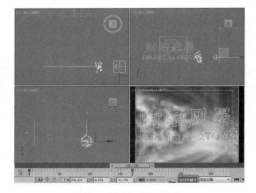

图 13.93

10 打开【轨道视图 - 摄影表】对话框，在对话框左

侧选择【SuperSpray001】下的【变换】，将其右侧 0 帧处的关键帧拖曳至 80 帧处，如图 13.94 所示。

图 13.94

11 调整完成后，将该对话框关闭，选择【创建】 ✱|【图形】 ◎|【螺旋线】工具，在左视图创建一条螺旋线，如图 13.95 所示。

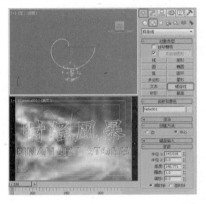

图 13.95

12 确认该对象处于选中状态，切换至【修改】命令面板中，将其命名为【路径】，在【渲染】卷展栏中取消选中【在渲染中启用】和【在视口中启用】复选框，在【参数】卷展栏中，将【半径 1】、【半径 2】、【高度】、【圈数】、【偏移】分别设置为 60、50、492、5、−0.04，并在视图中调整其位置，如图 13.96 所示。

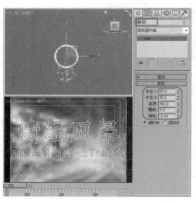

图 13.96

13 选择【创建】 | 【几何体】 | 【粒子系统】|【超级喷射】工具，在顶视图中创建粒子系统，在【基本参数】卷展栏中，将【粒子分布】选项组中的【轴偏离】和【扩散】均设置为180，【平面偏离】下的【扩散】设置为180；【图标大小】设置为3.9，在【视口显示】选项组中选中【网格】单选按钮，如图13.97所示。

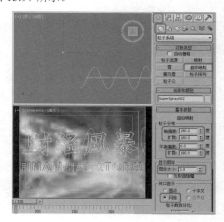

图 13.97

14 在【粒子生成】卷展栏中选中【使用速率】单选按钮，并将其参数设置为20，将【粒子运动】选项组中的【速度】和【变化】分别设置为0.46和30，【粒子计时】选项组中的【发射开始】、【发射停止】、【显示时限】、【寿命】和【变化】分别设置为150、250、260、54和50；【粒子大小】选项组中的【大小】、【变化】、【增长耗时】和【衰减耗时】分别设置为6.976、26.58、5和80，如图13.98所示。

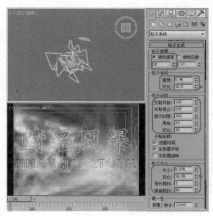

图 13.98

15 在【粒子类型】卷展栏中选择【标准粒子】选项组中的【面】单选按钮，在【材质贴图和来源】选项组中将【时间】下的参数设置为45，如图13.99所示。

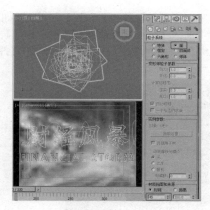

图 13.99

16 在【对象运动继承】卷展栏中，将【倍增】设置为0，在【旋转和碰撞】卷展栏中，将【自旋速度控制】选项组中的【自旋时间】、【变化】、【相位】分别设置为0、0、180，如图13.100所示。

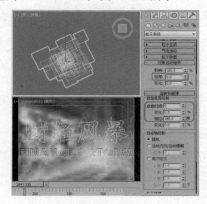

图 13.100

17 设置完成后，切换到【运动】命令面板，在【指定控制器】卷展栏中选择【变换】下的【位置：位置 XYZ】选项，然后单击【指定控制器】按钮，在打开的【指定位置控制器】对话框中选择【路径约束】选项，如图13.101所示，单击【确定】按钮。

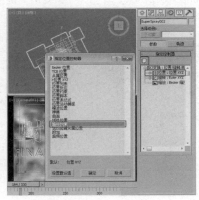

图 13.101

18 在【路径参数】卷展栏中单击【添加路径】按钮，在视图中选择【路径】对象，在【路径选项】选项组中选中【跟随】复选框，在【轴】选项组中选择【Z】选项并选中【翻转】复选框，如图13.102所示。

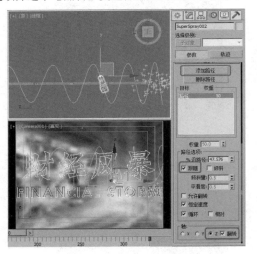

图 13.102

19 确认该对象处于选中状态，打开【轨迹视图 - 摄影表】对话框，在该对话框中选择左侧列表框中的【SuperSpray002】，将其左侧 0 帧处的关键帧拖曳至 150 帧处，如图 13.103 所示。

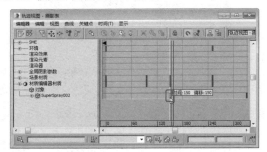

图 13.103

20 将【SuperSpray002】右侧 330 帧处的关键帧拖曳至 239 帧处，如图 13.104 所示。

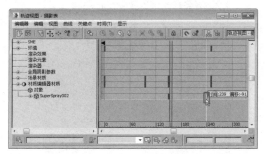

图 13.104

21 调整完成后，将该对话框关闭，按 M 键打开【材

质编辑器】对话框，将其命名为【粒子 02】，在【明暗器基本参数】卷展栏中选中【面贴图】复选框，将【Blinn 基本参数】卷展栏中【环境光】的 RGB 值设置为 189,138,2，如图 13.105 所示。

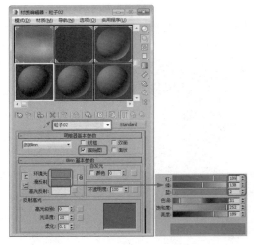

图 13.105

22 在【贴图】卷展栏中单击【不透明度】通道后面的【无】按钮，在打开的【材质 / 贴图浏览器】对话框中双击【渐变】贴图。在【渐变参数】卷展栏中，将【颜色 2 位置】设置为 0.3，【渐变】类型定义为【径向】，【噪波】选项组中的【数量】设置为 1，【大小】设置为 4.4，选择【分形】单选按钮，在工具列表中将【采样类型】定义为 ▢，如图 13.106 所示，设置完成后，将该材质指定给选定对象即可。

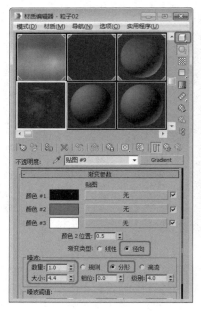

图 13.106

13.8 添加点

下面将介绍如何添加点，其具体操作步骤如下。

01 选择【创建】 ✛ |【辅助对象】 ◎ |【点】工具，在前视图中单击，创建点对象，如图 13.107 所示。

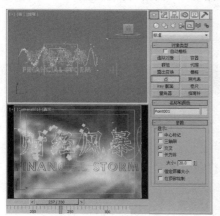

图 13.107

02 确定点对象处于选中状态，选择工具栏中的【选择并链接】工具 ⅋，然后在【点】对象上单击并拖曳至粒子对象上，当光标顶部变为白色时释放鼠标确定，如图 13.108 所示。

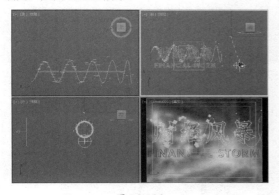

图 13.108

03 选择工具栏中的【对齐】工具 ▤，在场景中选择【粒子】对象，在弹出的对话框中选中【X 位置】、【Y位置】和【Z 位置】复选框，然后选择【当前对象】和【目标对象】选项组中的【中心】单选按钮，如图 13.109 所示。设置完成后单击【确定】按钮，将视图中的【点】对象与粒子对象对齐。

04 选择【创建】 ✛ |【辅助对象】 ◎ |【点】工具，在前视图中【财经风暴】的右上角单击，创建点对象，如图 13.110 所示。

图 13.109

图 13.110

05 确定新创建的点对象处于选中状态，将时间滑块拖曳至 310 帧处，单击【自动关键点】按钮，选择工具栏中的【选择并移动】工具，在视图中对其进行调整，如图 13.111 所示。设置完成后单击关闭【自动关键点】按钮。

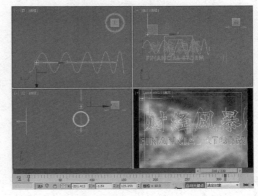

图 13.111

06 打开【轨迹视图 - 摄影表】对话框，在对话框左侧选择【Point002】下的【变换】，将 0 帧处的关键帧拖曳至 261 帧处，如图 13.112 所示，调整完成后，将该对话框关闭即可。

图 13.112

13.9 添加特效

至此，电视片头就基本制作完成了，下面将介绍如何为前面制作的对象添加后期处理，其具体操作步骤如下。

01 在菜单栏中选择【渲染】|【视频后期处理】命令，打开【视频后期处理】对话框，如图 13.113 所示。

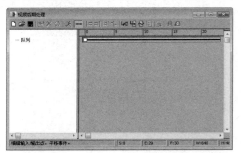

图 13.113

02 在该对话框中单击【添加场景事件】按钮 ，在弹出的【添加场景事件】对话框中使用默认的参数，如图 13.114 所示，单击【确定】按钮，添加场景事件。

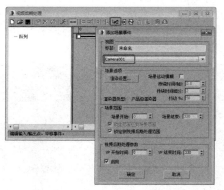

图 13.114

03 单击工具栏中的【添加图像过滤事件】按钮 ，在弹出的对话框中选择【镜头效果光晕】选项，将【标签】命名为【线】，如图 13.115 所示，设置完成后

单击【确定】按钮，添加光晕特效滤镜。

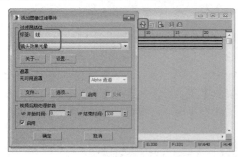

图 13.115

04 双击【线】选项，在弹出的对话框中单击【设置】按钮，打开【镜头效果光晕】对话框，单击【VP 队列】和【预览】按钮，选择【首选项】选项卡，在【效果】选项组中，将【大小】设置为 6，选择【颜色】选项组中的【渐变】单选按钮，如图 13.116 所示。

图 13.116

05 选择【噪波】选项卡，将【设置】选项组中的【运动】设置为1，然后选中【红】、【绿】和【蓝】复选框，在【参数】选项组中，将【大小】设置为6，如图13.117所示。

图13.117

06 设置完成后，单击【确定】按钮，单击工具栏中的【添加图像过滤事件】按钮 ，在弹出的对话框中将【标签】命名为【点01】，选择【镜头效果光斑】选项，如图13.118所示，设置完成后单击【确定】按钮，添加光斑特效滤镜。

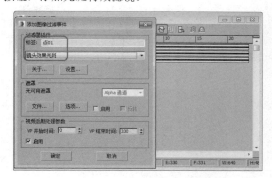

图13.118

07 在序列区域中双击【点01】，在打开的【编辑过滤事件】对话框中单击【设置】按钮，打开【镜头效果光斑】面板，单击【VP队列】和【预览】按钮，在【镜头光斑属性】选项组中，将【大小】设置为100，然后单击【节点源】按钮，在打开的对话框中选择【Point001】，如图13.119所示，单击【确定】按钮。

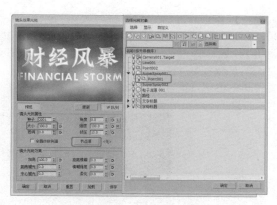

图13.119

08 在【首选项】选项卡中取消选中不需要的效果，选中要应用的效果，如图13.120所示。

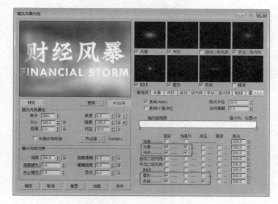

图13.120

09 在【光晕】选项卡中，将【大小】设置为20，【径向颜色】左侧色标的RGB值设置为225,255,162，将第2个色标调整至【位置】为19%位置处，并将RGB值设置为174,172,155，在36%位置处添加色标，并将RGB值设置为5,3,155，在55%位置处添加一个色标，并将RGB值设置为132,1,68，将最右侧的色标RGB值设置为0,0,0，如图13.121所示。

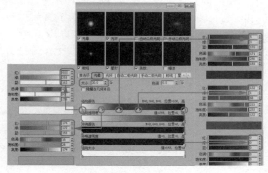

图13.121

10 选择【光环】选项卡，将【大小】设置为5，【径向颜色】左侧色标的 RGB 值设置为 218,179,12，右侧的色标 RGB 值设置为 255,244,18，【径向透明度】的第 2 个色标调整至 45% 位置处，第 3 个色标调整至 55% 的位置处，然后在位置为 50% 处添加色标，并将其 RGB 值设置为 255,255,255，如图 13.122 所示。

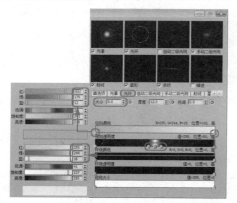

图 13.122

11 选择【射线】选项卡，将【大小】设置为 250，如图 13.123 所示。

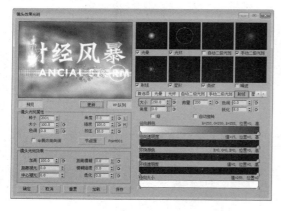

图 13.123

12 选择【星形】选项卡，将【大小】、【角度】、【数量】、【色调】、【锐化】和【锥化】分别设置为 50、0、4、100、8 和 0，在【径向颜色】区域中位置为 30% 的位置处添加一个色标，并将其 RGB 值设置为 235,230,245，将最右侧色标的 RGB 值设置为 180,0,160，如图 13.124 所示。

13 选择【条纹】选项卡，将【大小】设置为 25，如图 13.125 所示，设置完成后单击【确定】按钮，返回到【视频后期处理】对话框。

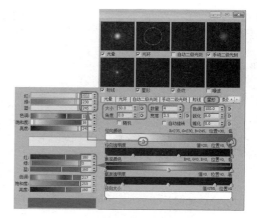

图 13.124

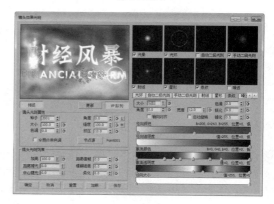

图 13.125

14 单击工具栏中的【添加图像过滤事件】按钮，在弹出的对话框中将【标签】命名为【点 02】，选择【镜头效果光斑】选项，将【VP 开始时间】设置为 261，如图 13.126 所示，设置完成后单击【确定】按钮，添加光斑特效滤镜。

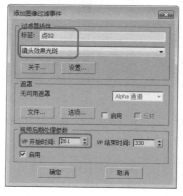

图 13.126

15 双击【点 02】，在打开的【编辑过滤器事件】对话框中单击【设置】按钮，在打开的【镜头效果光斑】对话框中单击【VP 队列】和【预览】按钮，在【镜头光斑属性】选项组将【大小】设置为50，单击【节点源】按钮，在打开的对话框中选择【Point002】，如图13.127所示，单击【确定】按钮。

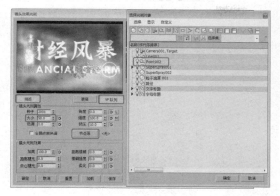

图 13.127

16 选择【首选项】选项卡，在该选项卡中选中要应用的效果选项，如图13.128所示。

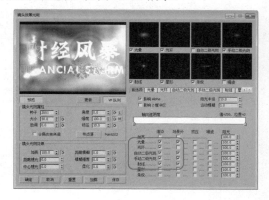

图 13.128

17 选择【光晕】选项卡，将【大小】设置为95，将【径向颜色】左侧色标RGB值设置为149,154,255，将第2个色标调整至30%的位置处，将RGB值设置为202,142,102，在54%位置处添加一个色标，并将其RGB值设置为192,120,72，在73%位置处添加一个色标，并将其RGB值设置为180,98,32，将最右侧色标的RGB值设置为174,15,15，将【径向透明度】左侧色标的RGB值设置为215,215,215，在7%位置处添加一个色标，并将其RGB值设置为145,145,145，如图13.129所示。

18 选择【光环】选项卡，将【大小】设置为20，在【径向颜色】区域中50%位置处添加一个色标，并将RGB值设置为255,124,18，将【径向透明度】区域中50%位置处添加一个色标，并将RGB值设置为168,168,168，将左侧的第2个色标调整至35%位置处，将右侧的倒数第2个色标调整至65%处，如图13.130所示。

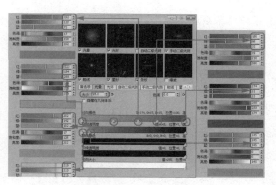

图 13.129

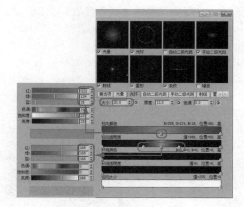

图 13.130

19 选择【自动二级光斑】选项卡，将【最小】、【最大】和【数量】分别设置为2、5和50，将【轴】设置为0，并选中【启用】复选框，然后将时间滑块拖曳至310帧处，单击【自动关键点】按钮，并将【轴】设置为5，如图13.131所示。

图 13.131

20 关闭自动关键帧记录模式，打开【轨迹视图-摄影表】对话框，选择【视频后期处理】下的【点02】，将其右侧0帧处的关键帧拖曳至261帧处，如图13.132所示，调整完成后，关闭该对话框。

图 13.132

21 选择【手动二级光斑】选项卡，将【大小】和【平面】分别设置为 95 和 430，取消【启用】复选框的选中，在【径向颜色】区域中将左侧色标的 RGB 值设置为 9,0,191，在 89% 位置处添加色标，并将其 RGB 值设置为 11,2,190，在第 92% 位置处添加色标，并将其 RGB 参数设置为 0,162,54，在 95% 位置处添加色标，并将其 RGB 值设置为 14,138,48，在第 96% 位置处添加色标，并将其 RGB 值设置为 126,0,0，将位置为 3%、50% 的色标删除，如图 13.133 所示。

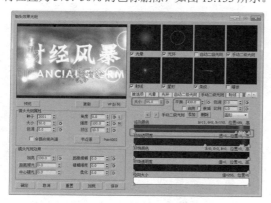

图 13.133

22 选择【射线】选项卡，将【大小】、【数量】和【锐化】分别设置为 125、175 和 10，在【径向颜色】区域中将最右侧色标的 RGB 值设置为 95,80,10，如图 13.134 所示。

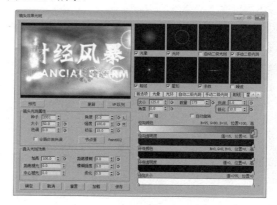

图 13.134

23 设置完成后单击【确定】按钮，返回到【视频后期处理】对话框，添加一个输出事件，在【视频后期处理】对话框中单击【执行序列】按钮，在弹出的【执行视频后期处理】对话框中将【范围】定义为 0 至 330，将【宽度】和【高度】分别定义为 640 和 480，单击【渲染】按钮，即可对动画进行渲染。

第14章

项目指导——人鱼动画

关于人鱼的传说有很多，有的神秘、有的浪漫。按传统说法，美人鱼以腰部为界，上半身是女人，下半身是披着鳞片的漂亮鱼尾，整个躯体既富有诱惑力，又便于迅速逃遁。本例的构思是在一片有阳光照射的海底，美人鱼在海水中畅游的场景。

14.1 动画概述

本例将介绍如何将人物模型修改为人鱼模型，首先将人物模型的左半部和下身删除，然后通过使用【选择并移动】、【选择并均匀缩放】、【选择并旋转】工具对边和顶点进行调整，调整出人鱼的下半身，最后为模型添加【对称】修改器，完成人鱼模型的制作，效果如图 14.1 所示。

图 14.1

01 打开本书相关素材中的素材\第 14 章\【人物模型 .max】文件，如图 14.2 所示。

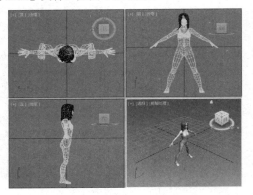

图 14.2

02 在菜单栏中执行【自定义】|【首选项】命令，如图 14.3 所示。

图 14.3

03 弹出【首选项设置】对话框，选择【视口】选项卡，单击【显示驱动程序】选项组下方的【选择驱动程序】按钮，如图 14.4 所示。

图 14.4

04 弹出【显示驱动程序选择】对话框，选择【旧版 Direct3D】驱动程序，单击【确定】按钮，如图 14.5 所示。

图 14.5

05 在场景中选择【人体】对象，然后右击，在弹出的快捷菜单中选择【隐藏未选定对象】命令，完成后的效果，如图 14.6 所示。

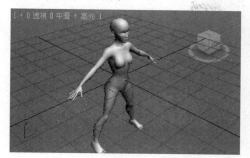

图 14.6

06 进入【修改】命令面板，在该面板中选择【网格平滑】修改器，然后单击【从堆栈中移除修改器】按钮，将【网格平滑】修改器删除，如图 14.7 所示。

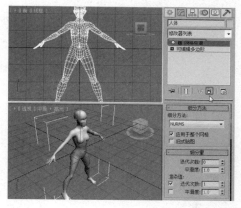

图 14.7

07 将当前选择集定义为【多边形】，在前视图中选择人物模型的左半部分，如图 14.8 所示，按 Delete 键将其删除，

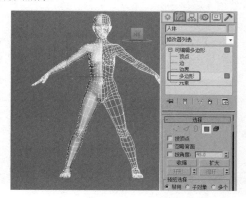

图 14.8

08 将右半部分下体部分删除，将当前选择集定义为【边】，选择如图 14.9 所示的边。

图 14.9

09 使用【选择并移动】工具，按住 Shift 键在前视图中向下拖曳，对边进行复制，如图 14.10 所示。

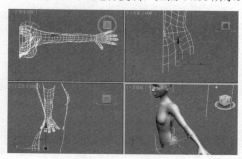

图 14.10

10 激活透视视图，在工具栏中右击【选择并均匀缩放】按钮，弹出【缩放变换输入】对话框，在该对话框中将【偏移：世界】设置为 117.2，如图 14.11 所示。

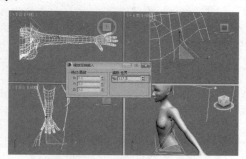

图 14.11

11 设置完成后，将该对话框关闭，将当前选择集定义为【顶点】，在前视图中调整顶点的位置，调整后的效果，如图 14.12 所示。

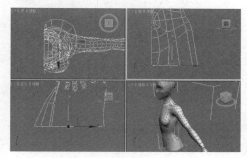

图 14.12

12 激活顶视图，在顶视图中调整顶点的位置，调整前后的对比效果，如图 14.13 所示。

图 14.13

13 在将当前选择集定义为【边】，在场景中选择最下方的边，在场景中按住 Shift 键向下移动复制边，如图 14.14 所示。

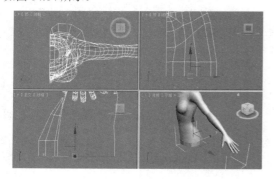

图 14.14

14 使用【选择并均匀缩放】工具，在前视图中将其向内均匀缩放，然后使用【选择并移动】工具调整边的位置，效果如图 14.15 所示。

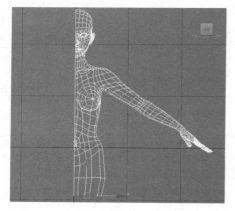

图 14.15

15 使用同样的方法复制边并进行调整，调整完成后的效果如图 14.16 所示。

16 选择最下方的边，按住 Shift 键，将其向下移动复制，然后使用【选择并缩放】工具将最下方的边放大，再使用【选择并旋转】工具在前视图中旋转，最后使用【选择并移动】工具调整位置，制作出鱼尾的效果，如图 14.17 所示。

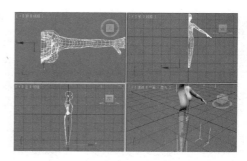

图 14.16

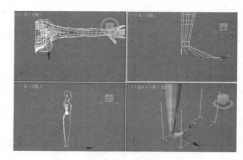

图 14.17

17 选择最下方的边，按住 Shift 键在前视图中向下移动一小段距离，如图 14.18 所示。

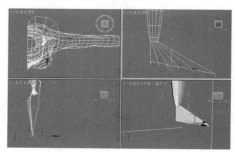

图 14.18

18 使用【选择并均匀缩放】工具，在透视视图中缩放，效果如图 14.19 所示。

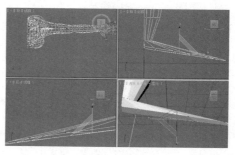

图 14.19

19 将当前选择集定义为【顶点】，在【编辑顶点】卷展栏中单击【目标焊接】按钮，将底端的顶点焊接，效果如图 14.20 所示。

图 14.20

20 将当前选择集关闭，在【修改器列表】中选择【对称】修改器，在【参数】卷展栏中，将【镜像轴】设置为 X，【阈值】设置为 0.1，如图 14.21 所示。

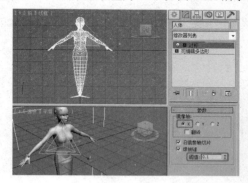

图 14.21

21 选择【对称】修改器，右击，在弹出的快捷菜单中选择【塌陷到】命令，如图 14.22 所示。

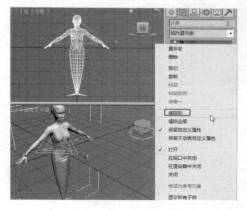

图 14.22

22 此时会弹出【警告：塌陷到】对话框，在该对话框中单击【是】按钮，如图 14.23 所示。

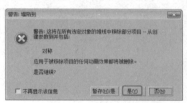

图 14.23

23 塌陷后的修改器为【可编辑多边形】，将【当前选择集】定义为【边】，将前视图更改为后视图，然后选择人鱼下身中间部分的边，如图 14.24 所示。

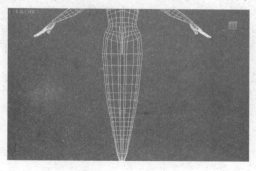

图 14.24

24 在【编辑边】卷展栏中，单击【移除】按钮，将选择的边移除，如图 14.25 所示。

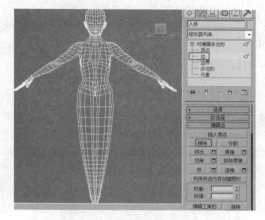

图 14.25

25 移除边后，将当前选择集定义为【多边形】，在场景中选择如图 14.26 所示的多边形。

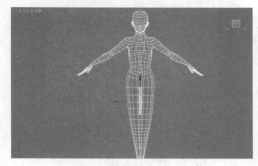

图 14.26

26 展开【编辑多边形】卷展栏，选择【倒角】右侧的【设置】按钮，在弹出的小盒控件中将【高度】设置为 3.2，【轮廓】设置为 −0.48，如图 14.27 所示，然后单击【确定】按钮。

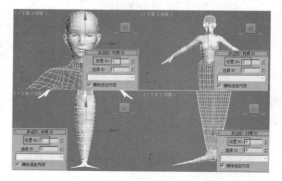

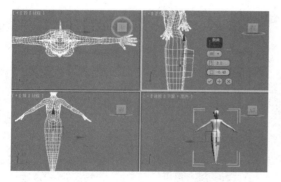

图 14.27

27 将当前选择集定义为【顶点】，在场景中调整【顶点】的位置，完成后的效果如图 14.28 所示。

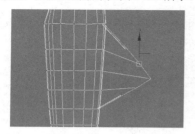

图 14.28

28 在场景中选择倒角处鱼鳍尖处的顶点，在【编辑顶点】卷展栏中单击【焊接】右侧的【设置】按钮，在弹出的小盒控件中将【焊接阈值】设置为 0.56，焊接效果如图 14.29 所示。

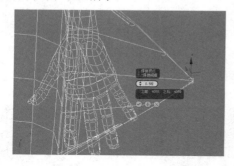

图 14.29

29 使用同样的方法分别为其他鱼鳍的顶点进行焊接，效果如图 14.30 所示。

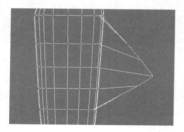

图 14.30

30 将当前选择集定义为【多边形】，在场景中选择多边形，在【多边形：材质 ID】设置对象的 ID，如图 14.31 所示。

图 14.31

31 在【修改器列表】中选择【网格平滑】修改器，然后在该修改器上右击，在弹出的快捷菜单中选择【塌陷到】命令，如图 14.32 所示。

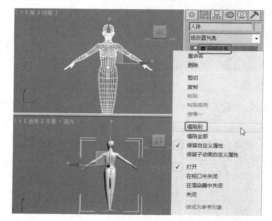

图 14.32

32 弹出【警告：塌陷到】对话框，在该对话框中单击【是】按钮，如图 14.33 所示。

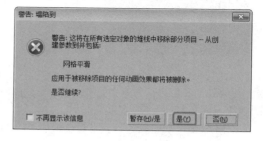

图 14.33

14.2 设置人鱼材质

下面介绍人鱼材质的制作方法，通过上一个实例为对象添加的 ID 将材质设置为【多维/子材质】，然后分别对各个 ID 材质进行设置，设置完成后将材质指定给人鱼对象。

01 在【修改器】列表中选择【UVW 展开】修改器，将当前选择集定义为【多边形】，在【选择】卷展栏中【选择】选项组的【按材质 ID 选择：XY】右侧的文本框中输入 3，将会选择如图 14.34 所示的多边形。

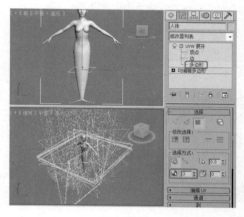

图 14.34

02 在【投影】卷展栏中单击【柱形贴图】卷展栏，在【对齐选项】选项组中单击【对齐到 Z】按钮，如图 14.35 所示。

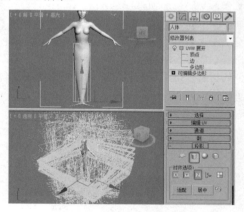

图 14.35

03 在【选择】卷展栏中的【按材质 ID 选择：XY】右侧的文本框中输入 4，然后单击【按材质 ID 选择：XY】按钮，将选择如图 14.36 所示的多边形。

04 在【投影】卷展栏中单击【平面贴图】按钮，在【对齐选项】选项组中单击【对齐到 Y】按钮，如图 14.37 所示。

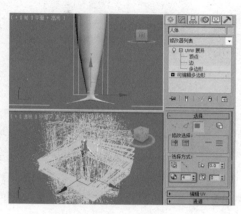

图 14.36

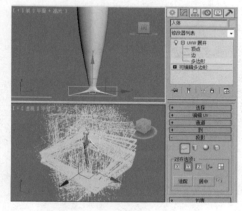

图 14.37

05 关闭当前选择集，按 M 键打开【材质编辑器】对话框，在该对话框选择一个空白的材质样本球，单击【Standard】按钮，在弹出的对话框中选择【多维/子对象】，单击【确定】按钮，如图 14.38 所示。

图 14.38

06 弹出【替换材质】对话框,在该对话框中选择【将旧材质保存为子材质】单选按钮,单击【确定】按钮,如图 14.39 所示。

图 14.39

提示

【丢弃旧材质?】选项为丢弃原材质。

【将原材质保留为子材质?】选项为将原材质保留为子材质。

07 单击【多维/子对象基本参数】卷展栏中的【设置数量】单选按钮,弹出【设置材质数量】对话框,将【材质数量】设置为 4,如图 14.40 所示。

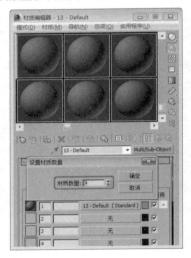

图 14.40

08 单击【确定】按钮,单击【ID1】右侧的材质按钮,在【Blinn 基本参数】卷展栏中选中【双面】复选框,在【Blinn 基本参数】卷展栏中单击【环境光】左侧的按钮,将【环境光】的 RGB 值设置为 0,0,0,【自发光】设置为 30,【高光级别】、【光泽度】、【柔化】分别设置为 16、30、0.5,如图 14.41 所示。

09 在【贴图】卷展栏中单击【漫反射颜色】右侧的【无】按钮,在弹出的对话框中双击【位图】,再在弹出的对话框中选择本书相关素材中的 Map\【人鱼面部.tif】文件,如图 14.42 所示。

图 14.41

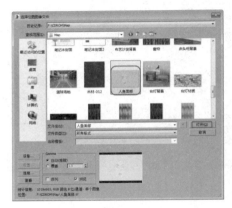

图 14.42

10 单击【打开】按钮,在【坐标】卷展栏中,将【偏移】下的 U、V 分别设置为 0.02、0.004,【瓷砖】下的 U、V 设置为 0.9、1,设置完成后,单击两次【转到父对象】按钮。在【多维/子对象参数】卷展栏中选择【ID1】右侧的材质,单击并将其拖曳至【ID2】右侧的材质按钮上,在弹出的对话框中选择【复制】单选按钮,如图 14.43 所示。

图 14.43

11 单击【确定】按钮，然后单击【ID2】右侧的材质按钮，在【贴图】卷展栏中单击【漫反射颜色】右侧的材质按钮，在【位图参数】卷展栏中选中【应用】复选框，将【U】、【V】、【W】、【H】分别设置为0.7、0.6、0.28、0.4，如图14.44所示。

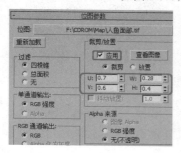

图 14.44

12 单击两次【转到父对象】按钮，在【多维 / 子对象参数】卷展栏中单击【ID3】右侧的材质按钮，在弹出的对话框中选择【标准】选项，如图14.45所示。

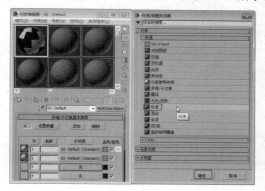

图 14.45

13 单击【确定】按钮，在【Blinn 基本参数】卷展栏中，将【自发光】设置为30，【高光级别】、【光泽度】分别设置为32、43，如图14.46所示。

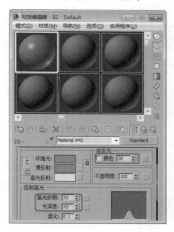

图 14.46

14 在【贴图】卷展栏中单击【漫反射颜色】右侧的材质按钮，在弹出的对话框中双击【位图】，并在弹出的对话框中选择本书相关素材中的 Map/【鱼鳞001.tif】文件，如图14.47所示。

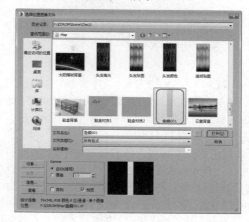

图 14.47

15 单击【打开】按钮，在【坐标】卷展栏中，将【瓷砖】下的【U】、【V】分别设置为10、1，如图14.48所示。

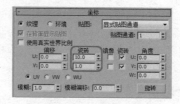

图 14.48

16 单击【转到父对象】按钮，在【贴图】卷展栏中将【漫反射颜色】右侧的材质单击拖曳至【凹凸】右侧的材质按钮上，在弹出的对话框中选中【实例】单选按钮，如图14.49所示。

图 14.49

17 单击【确定】按钮，在【贴图】卷展栏中，将【凹凸】右侧的【数量】设置为200，如图14.50所示。

图 14.50

18 单击【转到父对象】按钮,在【多维/子对象参数】卷展栏中,将【ID3】右侧的材质单击并拖曳至【ID4】右侧的材质按钮上,在弹出的对话框中选择【复制】单选按钮,如图 14.51 所示。

19 单击【确定】按钮,然后单击【ID4】右侧的材质按钮,在【贴图】卷展栏中单击【漫反射颜色】右侧的材质按钮,在【坐标】卷展栏中,将【瓷砖】下的【U】、【V】分别设置为10、0.01,在【位图参数】卷展栏中选中【应用】复选框,将【U】、【V】、【W】、【H】分别设置为0、0.474、1、0.526,如图 14.52 所示。

20 单击两次【转到父对象】按钮,确定【人体】处于选中状态,单击【将材质指定给选定对象】按钮,将设置好的材质指定给人体。将场景中对象全部取消隐藏,在视图中调整模型的位置,最后将场景另存为即可。

图 14.51

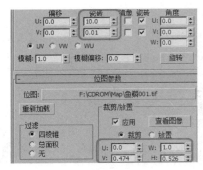

图 14.52

14.3 合并人鱼

下面将介绍如何通过【合并】命令,将制作好的人鱼模型导入到新的场景中。

01 重置场景,按8键打开【环境和效果】对话框,在该对话框中单击【环境贴图】下的【无】按钮,在弹出的对话框选择【位图】选项,如图 14.53 所示。

02 单击【确定】按钮,弹出【选择位图图像文件】对话框,在该对话框中选择本书相关素材中的Map\hdygzs.jpg 素材图片,单击【打开】按钮,如图 14.54 所示。

图 14.53

图 14.54

03 按M键打开【材质编辑器】对话框,将【环境贴图】下的贴图拖曳至一个空白的材质样本球上,在弹出的对话框中选择【实例】单选按钮,如图14.55所示。

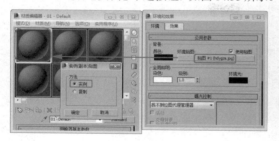

图 14.55

04 将【坐标】卷展栏下的【贴图】设置为【屏幕】,将对话框关闭,激活透视视图,在菜单栏中选择【视图】|【视口背景】|【环境背景】命令,此时,透视视图的背景将显示环境背景,效果如图14.56所示。

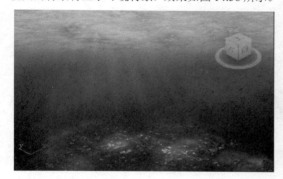

图 14.56

05 单击【应用程序】按钮,在弹出的菜单中选择【导入】|【合并】命令,弹出【合并文件】对话框,在该对话框中选择本书相关素材中的素材\第14章\【设置人鱼材质.max】素材文件,单击【打开】按钮,如图14.57所示。

图 14.57

06 在弹出的对话框中选择所用的对象,单击【确定】按钮,这样即可将人鱼导入,如图14.58所示。

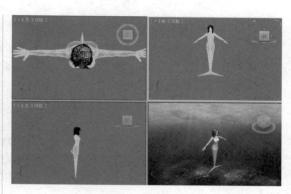

图 14.58

07 在视图中选择【人体】对象,在【修改】命令面板中选择【UVW展开】修改器,右击,在弹出的快捷菜单中选择【塌陷到】命令,在弹出的对话框中单击【是】按钮,选择【可编辑多边形】修改器,在【编辑几何体】卷展栏中单击【附加】右侧的按钮,在弹出的对话框中选择如图14.59所示的对象。

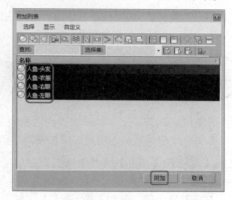

图 14.59

08 单击【附加】按钮,弹出【附加选项】对话框,在该对话框中选择【匹配材质ID到材质】单选按钮,单击【确定】按钮,如图14.60所示。

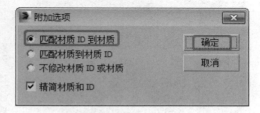

图 14.60

提示

当附加两个或更多已经指定了不同材质的对象时,会打开"附加选项"对话框。该对话框提供了合并两个对象中的子材质和材质ID的三种方法。

- 匹配材质 ID 到材质

修改附加对象的材质 ID 数目，使它们不大于指定到这些对象上的子材质的数目。例如，如果只为一个长方体指定了两个子材质，并且将该长方体附加到另一个对象上，那么长方体就只有两个材质 ID，而不是在创建时所指定的 6 个。

- 匹配材质到材质 ID

通过调整所获得的多维 / 子对象材质的子材质数目，从而保持附加对象的原始 ID 不变。例如，如果附加两个长方体，它们都只指定了一个材质，但是它们的默认指定为 6 个材质 ID，这样就产生了含有 12 个子对象的多维 / 子对象材质（6 个含有一个长方体材质的实例，6 个含有另一个长方体材质的实例）。当保持几何体中的原始材质 ID 非常重要时，可以使用此选项。

- 不修改材质 ID 或材质

防止调整结果子对象材质上的子材质数目。注意，如果一个对象上的材质 ID 数目大于其多维 / 子对象材质上的子材质数目，那么在附加操作后结果面材质指定可能会不同。

- 【精简材质和 ID】复选框

影响"匹配材质 ID 到材质"选项。启用该选项后，在对象上不使用的复制子材质或子材质，将从附加操作所得到的多维 / 子对象材质上移除。默认设置为启用。

14.4 将人鱼绑定到运动路径

将对象绑定到路径上，然后通过为对象添加关键帧，使对象沿着一条路径运动，这样可以提高工作效率，本例将介绍如何将人鱼绑定到运动路径的方法。

01 选择【创建】|【图形】|【线】工具，在顶视图中绘制一条线段，将其命名为【路径】，选择【修改】命令面板，将当前选择集定义为【顶点】，然后在视图中调整顶点的位置，调整完成后的效果如图 14.61 所示。

02 将当前选择集关闭，在视图中选择【人体】对象，在【修改器列表】中选择【路径变形（WSM）】修改器，在【参数】卷展栏中单击【拾取路径】按钮，在视图中拾取对象【路径】，如图 14.62 所示。

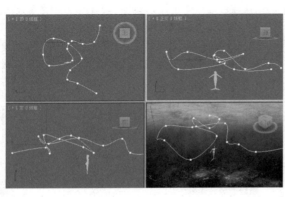

图 14.61

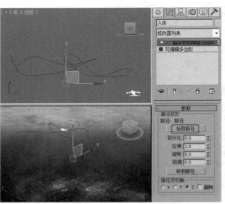

图 14.62

03 单击【转到路径】按钮，在【路径变形轴】选项组中选择【Y】单选按钮，如图 14.63 所示。

04 单击【时间配置】按钮，弹出【时间配置】对话框，在该对话框中将【动画】选项组中的【结束时间】设置为 500，如图 14.64 所示。

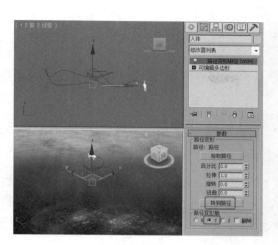

图 14.63

图 14.64

转到路径：将对象从其初始位置转到路径的起点。

第一次拾取路径时，根据路径上第一个顶点和对象位置间的偏移距离，对象由路径变形。因此，调整"百分比"微调器时，结果会根据偏移距离而扭曲。

注意

使用"向路径移动"按钮会将变换应用到对象上，如果后面将"转到路径"绑定从对象上移除，该变形效果也不会删除。但是，可以在执行变换后立即撤销变换操作。

05 单击【自动关键点】按钮，打开动画记录模式，将时间滑块拖曳至 500 帧处，在【参数】卷展栏中，将【百分比】设置为 100，如图 14.65 所示。

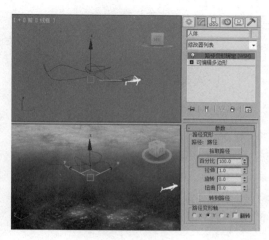

图 14.65

06 将时间滑块拖曳至 173 帧处，在【参数】卷展栏中，将【旋转】设置为 −184，如图 14.66 所示。

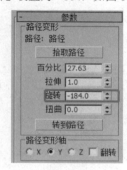

图 14.66

提示

【路径变形】修改器根据图形、样条线或 NURBS 曲线路径变形对象。

07 拖动时间滑块至 196 帧，设置【旋转】为 −138.5，如图 14.67 所示。

图 14.67

08 拖动时间滑块至 359 帧，设置【旋转】为 −262，如图 14.68 所示。

图 14.68

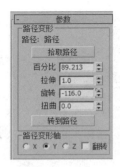

图 14.69

09 拖动时间滑块至 398 帧，设置【旋转】为 −116，如图 14.69 所示，单击关闭【自动关键点】按钮。

10 再次单击【自动关键点】按钮，关闭动画记录模式。

14.5 创建气泡

本例将介绍如何制作出海底气泡的效果，首先创建喷射粒子，然后设置粒子系统参数，最后为粒子系统指定材质。

01 选择【创建】|【几何体】|【粒子系统】|【喷射】工具，在顶视图中创建粒子系统，在【参数】卷展栏中，将【视口计数】、【渲染计数】、【水滴大小】、【速度】、【变化】分别设置为 650、650、1、0.5、0.5，选择【圆点】单选按钮，在【渲染】选项组中选择【面】单选按钮，在【计时】选项组中，将【开始】、【寿命】分别设置为 −400、500，选中【恒定】复选框，将【发射器】选项组中的【宽度】、【长度】均设置为 300，如图 14.70 所示。

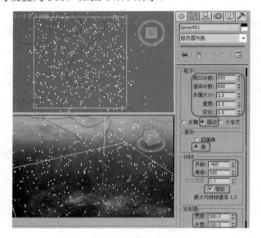

图 14.70

02 设置完成后，确定粒子系统处于选中状态，激活前视图，在【工具栏】中单击【镜像】按钮，在弹出对话框中选择【Y】单选按钮，如图 14.71 所示。

03 单击【确定】按钮，在其他视图中调整粒子系

的位置，完成后的效果如图 14.72 所示。

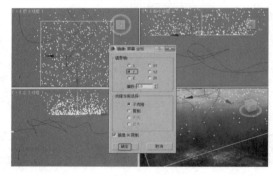

图 14.71

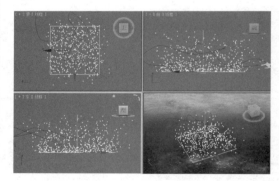

图 14.72

04 按 M 键打开【材质编辑器】对话框，选择一个空白的材质样本球，在【Blinn 基本参数】卷展栏中单击【高光反射】左侧的按钮，在弹出的对话框中单击【是】按钮，将【环境光】颜色 RGB 值设置为 0,0,0，

在【自发光】选项组中选中【颜色】复选框，将【颜色】RGB 值设置为 255,255,255，如图 14.73 所示。

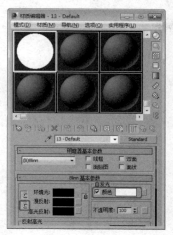

图 14.73

05 在【贴图】卷展栏中单击【漫反射颜色】右侧的【无】按钮，在弹出的对话框中双击【位图】，在弹出的对话框中选择本书相关素材中的 Map\BUBBLE3.TGA，如图 14.74 所示。

06 单击【打开】按钮，单击【转到父对象】按钮，在【贴图】卷展栏中将【漫反射颜色】右侧的材质拖曳至【不透明度】右侧的材质按钮上，在弹出的对话框中单击【实例】单选按钮，如图 14.75 所示。

07 单击【确定】按钮，确定粒子系统处于选中状态，单击【将材质指定给选定对象】按钮，然后将对话框关闭。

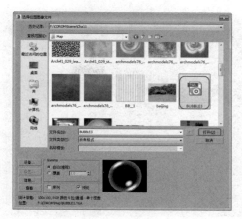

图 14.74

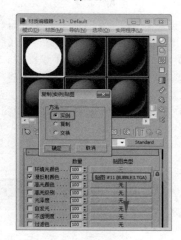

图 14.75

14.6 创建摄影机和灯光

本节将介绍如何创建摄影机和灯光。摄影机好比眼睛，通过摄影机的调整可以看清楚海底美人鱼的运动及气泡。

01 选择【创建】|【摄影机】|【目标】命令，在顶视图中创建目标摄影机，激活透视视图，按 C 键将其转换为摄影机视图，然后在其他视图中调整摄影机的位置，效果如图 14.76 所示。

02 进入【修改】命令面板，在【参数】卷展栏中，将【镜头】设置为50，【视野】设置为39.598，在【环境范围】选项组中，将【近距范围】、【远距范围】设置为400、600，如图 14.77 所示。

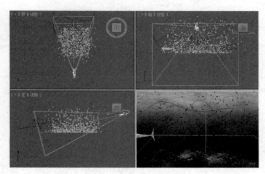

图 14.76

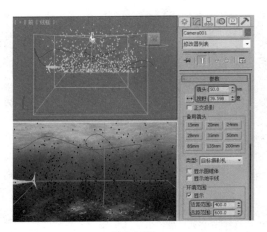

图 14.77

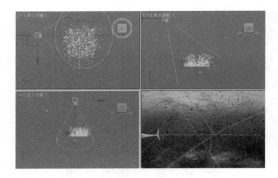

图 14.78

03 选择【创建】|【灯光】|【标准】|【目标聚光灯】命令，在顶视图中创建目标聚光灯，在【强度 / 颜色 / 衰减】卷展栏中，将【倍增】设置为 1.5，然后在其他视图中调整灯光的位置，如图 14.78 所示。

04 选择【泛光灯】工具，在顶视图中创建两盏泛光灯，将其在【强度 / 颜色 / 衰减】卷展栏中的【倍增】分别设置为 0.3、0.6，然后在其他视图中调整灯光的位置，如图 14.79 所示。

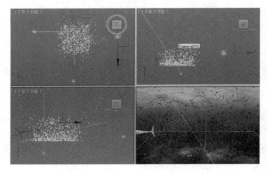

图 14.79

14.7 渲染输出场景

渲染是基于模型的材质和灯光位置，以摄影机的角度利用计算机计算每一个像素着色位置的全过程。在前面所制作的模型、材质、灯光等的效果，都是在经过渲染之后才能表现出来的。

01 按 8 键打开【环境和效果】对话框，选择【效果】选项卡，单击【添加】按钮，在弹出的对话框中选择【亮度和对比度】，单击【确定】按钮，如图 14.80 所示。

02 展开【亮度和对比度参数】卷展栏，将【亮度】设置为 0.6，【对比度】设置为 0.7，如图 14.81 所示。

图 14.80

图 14.81

03 激活摄影机视图，按 F10 键打开【渲染设置】对话框，在【公用参数】卷展栏中选中【时间输出】下的【活动时间段】单选按钮，将【输出大小】选项组中的【宽度】、【高度】设置为 640、480，如图 14.82 所示。

04 在【渲染输出】选项组中单击【文件】按钮，在弹出的对话框中指定保存路径，将【名称】设置为【海底美人鱼】，【保存类型】设置为【AVI 文件（*.avi）】，如图 14.83 所示。

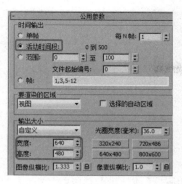

图 14.82

图 14.83

05 单击【保存】按钮，在弹出的对话框中单击【确定】按钮，返回【渲染设置】对话框，单击【渲染】按钮即可将场景渲染输出，输出完成后将场景保存。

答 案

第 1 章

1．三维动画的应用范围。

三维动画的应用范围包括：建筑领域、规划领域、三维动画制作、园林景观领域、产品演示、模拟动画、片头动画、广告动画、影视动画、角色动画、虚拟现实、医疗卫生、军事科技及教育和生物化学工程。

2．正确安装后启动 3ds Max 2016 软件的方法。

(1) 将安装光盘放入光驱，运行 3ds Max 2016 的安装程序，执行 setup.exe，进入 3ds Max 2016 的安装界面。

(2) 在弹出的安装界面中单击【安装】按钮。

(3) 在弹出的对话框中选中右下角的【我接受】单选按钮，然后单击【下一步】按钮。

(4) 在弹出的对话框中选中【我有我的产品信息】单选按钮，然后输入【序列号】和【产品密钥】，输入完成之后单击【下一步】按钮。

(5) 在弹出的对话框中设置产品的安装路径，可以根据自己的计算机，设置软件安装的位置，单击【安装】按钮。

(6) 弹出安装进度对话框。安装完毕之后会弹出一个如图 1.30 所示的对话框，单击【完成】按钮即可。

第 2 章

1．简述移动、旋转和缩放物体的方式。

第一种是直接在主工具栏选择相应的工具：【选择并移动】工具、【选择并旋转】工具、【选择并均匀缩放】工具，然后在视图区中用鼠标实施操作，也可以在工具按钮上右击，弹出变换输入浮动框，在其中直接输入数值进行精确操作。

第二种是通过【编辑】|【变换输入】菜单命令打开变换文本框，对对象进行精确的位移、旋转、放缩操作。

第三种就是在状态栏的【坐标显示】区域中输入调整坐标值，这也是一种方便、快捷的精确调整方法。

2．简述更改视图布局的方法。

在菜单栏中选择【视图】|【视口配置】命令，在弹出的【视口配置】对话框中选择【布局】选项卡，选择一种布局后单击【确定】按钮即可。

第 3 章

1．简述精确创建三维模型的方法。

在【键盘输入】卷展栏中输入对象的坐标值及参数，输入完成后单击【创建】按钮，具有精确尺寸的造型就呈现在你所安排的视图坐标点上了。

2．简述塌陷堆栈的作用。

编辑修改器堆栈中的每一步都将占据内存，这对于我们宝贵的内存来说是非常糟糕的事情。为了使被编辑修改的对象占用尽可能少的内存，可以塌陷堆栈。

第 4 章

1．简述建立二维复合造型的方法。

在创建二维符合造型时，需要在【创建】|【图形】命令面板中取消选中【对象类型】卷展栏中的【开始新图形】复选框。

2．简述【倒角】修改器的作用。

【倒角】修改器是对二维图形进行挤出成形，并且在挤出的同时，在边界上加入线性或弧形倒角，它只能对二维图形使用，一般用来完成文字或标志的制作。

第 5 章

1．【布尔】运算是对两个以上的物体进行并集、差集、交集和切割运算，简述每种运算类型的作用。

【并集】是将两个造型合并，相交的部分被删除，成为一个新物体，与【结合】命令相似，但造型结构已发生变化，相对产生的造型复杂度较低。

【交集】是将两个造型相交的部分保留，不相交的部分删除。

【差集】是将两个造型进行相减处理，得到一种切割后的造型。这种方式对两个物体相减的顺序有要求，会得到两种不同的结果。

【切割】布尔运算方式共有 4 种，包括【优化】、【分割】、【移除内部】和【移除外部】，【优化】是在操作对象 B 与操作对象 A 面的相交之处，在操作对象 A 上添加新的顶点和边。【分割】是沿着操作对象 B 剪切操作对象 A 的边界添加第二组顶点和边或两组顶点和边；【移除内部】是删除位于操作对象 B 内部的操作对象 A 的所有面；【移除外部】是删除位于操作对象 B 外部的操作对象 A 的所有面。

2．简述放样中【拟合】变形的作用。

在所有的放样变形工具中，【拟合】变形工具是功能最为强大的变形工具。使用【拟合】变形工具，只要绘制出对象的顶视图、侧视图和截面视图就可以创建出复杂的几何体对象。可以这样说，无论多么复杂的对象，只要能够绘制出它的三视图，就能够用【拟合】工具将其制作出来。

第 6 章

1．简述将模型转换为可编辑网格的方法。

通过快捷菜单转换物体为可编辑网格。在场景中创建任意物体，选择并右击该物体，在弹出的快捷菜单中选择【转换为】|【转换为可编辑网格】命令，切换到【修改】命令面板，在修改器堆栈中可以看到该物体已经转换为可编辑网格。

通过在【修改】命令面板的【修改器列表】中选择【编辑网格】修改器。在场景中选择物体，切换到【修改】命令面板，在【修改器列表】中选择【编辑网格】修改器，这样就可以对该物体添加【编辑网格】修改器。

通过在堆栈中将其转换为可编辑网格。在场景中选择物体，切换到【修改】命令面板，在堆栈中右击，在弹出的快捷菜单中选择【可编辑网格】命令，这样该物体即可转换为可编辑网格。

2．简述【编辑网格】修改器中【软选择】卷展栏的作用。

【软选择】卷展栏控件允许部分地选择邻接处中的子对象。在对子对象选择进行变换时，在场景中被选定的子对象就会被平滑地进行绘制，这种效果随着距离或部分选择的强度而衰减。

第7章

1．简述创建面片的方法。

方法一: 通过【车削】、【挤出】等修改器将二线形图形生成三维模型,然后将生成的三维模型输入为【面片】, 如图 6.5 所示。

方法二: 创建截面,再使用【曲面】修改器将连接的线生成面片,最后通过【编辑面片】修改器进行设置。

方法三: 直接对创建的几何体使用【编辑面片】修改器。

2．简述 NURBS 建模的优缺点有哪些。

优点: NURBS 代表非均匀有理数 B- 样条线。NURBS 已成为设置和建模曲面的行业标准。它们尤其适合于使用复杂的曲线建模曲面。使用 NURBS 的建模工具并不要求了解生成这些对象的数学原理。NURBS 是常用的方式, 这是因为它们很容易交互操作, 并且创建它们的算法效率高、计算稳定性好。

缺点: NURBS 建模的弱点在于它通常只适用于制作较为复杂的模型。如果模型比较简单, 使用它反而要比其他的方法需要更多的拟合, 另外它不适合用来创建带有尖锐拐角的模型。

第8章

1．简述【混合材质】的作用。

混合材质是指在曲面的单个面上将两种材质进行混合。可通过设置【混合量】参数来控制材质的混合程度, 该参数可以用来绘制材质变形功能曲线, 以控制随时间混合两个材质的方式。

2．简述材质的创建步骤。

（1）激活材质编辑器中的某个示例窗。

（2）单击【Standard】按钮, 在弹出的【材质 / 贴图浏览器】对话框中选择一种材质选项, 然后单击【确定】按钮。

（3）弹出【替换材质】对话框, 该对话框中询问用户将示例窗中的材质丢弃还是保存为子材质, 选择一种类型, 然后单击【确定】按钮, 进入材质设置的子集中, 可以设置材质参数。

第9章

1．简述【目标聚光灯】的作用。

【目标聚光灯】产生锥形的照射区域, 在照射区以外的物体不受灯光影响。创建目标聚光灯后, 有投射点和目标点可以调节, 它是一个有方向的光源,是可以独立移动的目标点投射光,可以产生优质、静态、仿真的效果。它有矩形和圆形两种投影区域, 矩形适合制作电影投影图像及窗户投影等; 圆形适合制作路灯、车灯、台灯、舞台跟踪灯等灯光照射, 如果作为体积光源, 它能产生一个锥形的光柱。

2．简述【目标】摄影机和【自由】摄影机有何不同。

【目标】摄影机包含两个对象: 摄影机和摄影机目标。摄影机表示观察点,目标指的是你的视点。你可以独立地变换摄影机和它的目标, 但摄影机被限制为一直对着目标。对于一般的摄像工作, 目标摄影机是你理想的选择。摄影机和摄影机目标的可变换功能对设置和移动摄影机视野具有最大的灵活性。

【自由】摄影机只包括摄影机这个对象。由于自由摄影机没有目标, 它将沿自己的局部坐标系 Z 轴负方向的任意一段距离定义为它们的视点。因为自由摄影机没有对准的目标, 所以比目标摄影机更难以设置和瞄准; 自由摄影机在方向上不分上下, 这正是自由摄影机的优点所在。自由摄影机不像目标摄影机那样因为要维持向上矢量, 而受旋转约束因素的限制。自由摄影机最适于复杂的动画, 在这些动画中自由摄影机被用来飞越有许多侧向摆动和垂直定向的场景。因为自由摄影机没有目标, 它更容易沿着一条路径运动。

第 10 章

1．简述【环境和效果】面板的功能作用。

（1）设置背景颜色和背景颜色动画。

（2）在渲染场景（屏幕环境）的背景中使用图像，或者使用纹理贴图作为球形环境、柱形环境或收缩包裹环境。

（3）设置环境光和环境光动画。

（4）在场景中使用大气插件（例如体积光）。

（5）将曝光控制应用于渲染。

2．体积雾和雾的区别。

【雾】效果会产生雾、层雾、烟雾、云雾或蒸汽等大气效果，作用于全部场景，分为标准雾和分层雾两种类型。标准雾依靠摄影机的衰减范围设置，根据物体离目光的远近产生淡入淡出效果；分层雾根据地平面高度进行设置，产生一层云雾效果。标准雾常用于增大场景的空气不透明度，产生雾茫茫的大气效果；分层雾可以表现仙境、舞台等特殊效果。

【体积雾】可以产生三维空间的云团，这是真实的云雾效果。在三维空间中它们以真实的体积存在，不仅可以飘动，还可以穿过它们。体积雾有两种使用方法，一种是直接作用于整个场景，但要求场景内必须有物体存在；另一种是作用于大气装置 Gizmo 物体，在 Gizmo 物体限制的区域内产生云团，这是一种更易控制的方法。

第 11 章

1．简述粒子系统的作用。

粒子系统是一个相对独立的造型系统，用来创建雨、雪、灰尘、泡沫、火花、气流等，它还可以将任何造型作为粒子，例如用来表现成群的蚂蚁、鱼群、吹散的蒲公英等动画效果。

2．【力】类型的空间扭曲中包括几种空间扭曲，分别包括什么？

9 种，推力、马达、漩涡、阻力、粒子爆炸、路径跟随、重力、风、置换。

3．简述视频后期处理的功能。

视频后期处理视频合成器是 3ds Max 中独立的一大组成部分，相当于一个视频后期处理软件，包括动态影像的非线性编辑功能，以及特殊效果处理功能，类似于 After Effects 或者 Combustion 等后期合成软件的性质，通过视频后期处理可以添加镜头光晕、镜头光斑、星形等后期效果。